森林經營學
理論釋義

Introduction to Forest Management
Algorithms and Techniques

林金樹 著

五南圖書出版公司 印行

圖 1.2　小面積皆伐作業的私有經濟林

圖 1.3(a)　新竹司馬庫斯紅檜老
　　　　　熟林固結土壤的根網

圖 1.3(b)　河流濱水區與集水區經營的保安林

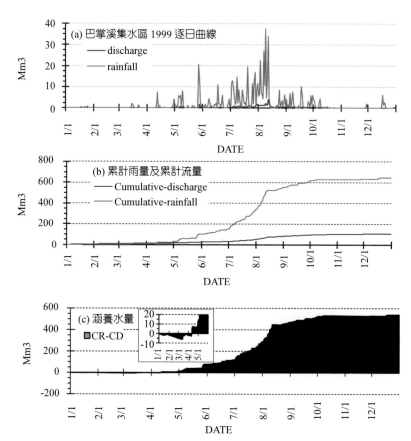

圖 1.3(c)　八掌溪集水區森林涵養水分功能計量圖，(a)1999 全年逐日降雨量及流出量觀測
　　　　　值、(b) 累計降雨量及累計流出量、(c) 粗水分涵養量。

圖 1.4　森林步道休閒遊憩（左）及臺灣森林遊樂區分布圖（右）

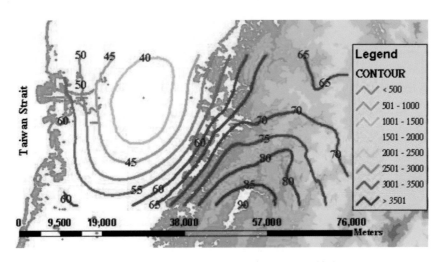

圖 1.6　森林經營與生物多樣性的空間特徵

圖 1.7　特用林產物經營──銀杏林

(a) (b) (c)

圖 1.8　人工採收栓皮櫟樹皮供生產軟木塞（a 和 b）。栓皮櫟平均壽命約 180±30 年，法
　　　規明定：17-20 年成熟木方得以採收樹皮、收穫期間隔至少 9 年、每次剝皮長度
　　　(m) ≤ 3(2πr)，r 為樹高 1.3m 處的半徑。軟木塞品質分三等次 (c)，第一次提取（僅用
　　　於研磨生產 cork dust 能源材料）；第二次提取（可供生產酒瓶塞，但有較多廢棄物
　　　需要研磨成能源材料，生產優質產品的效率低）；第三次和隨後的剝落（高效率生
　　　產酒瓶塞，少量的廢棄物用於研磨）。

（a,c 圖片來源：Dr. Nuno de Almeida Ribeiro, University of Evora, Portugal; b 圖來源：http://www.
discover-interesting-places.com）

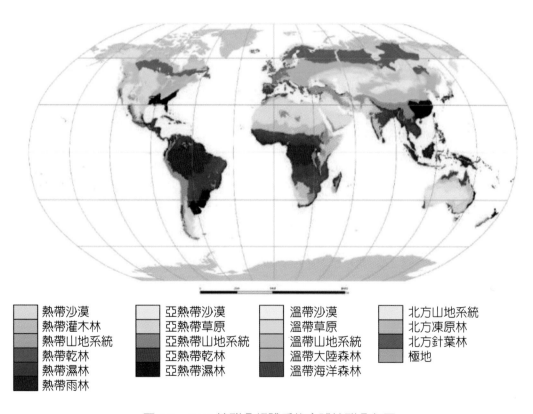

熱帶沙漠	亞熱帶沙漠	溫帶沙漠	北方山地系統
熱帶灌木林	亞熱帶草原	溫帶草原	北方凍原林
熱帶山地系統	亞熱帶山地系統	溫帶山地系統	北方針葉林
熱帶乾林	亞熱帶乾林	溫帶大陸森林	極地
熱帶濕林	亞熱帶濕林	溫帶海洋森林	
熱帶雨林			

圖 1.9　FAO 植群分類體系的全球植群分布圖

（資料來源：http://foris.fao.org/static/data/fra2010/ecozones2010.jpg）

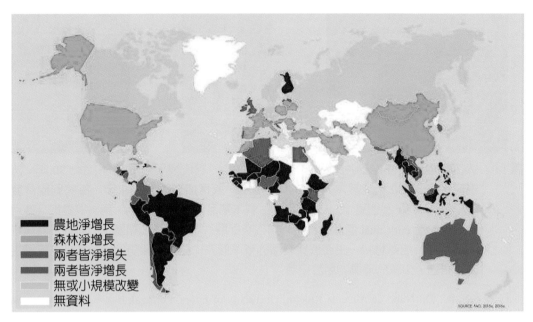

圖 2.3　全球農業及森林區域在 2000-2010 期間的變化

（資料來源：FAO, 2016）

圖 2.4　累積直徑生長及高生長創造林木收穫的基礎

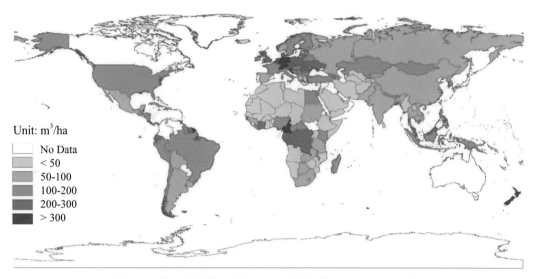

圖 2.6　世界各國每公頃森林面積蓄積量（FRA, 2015）

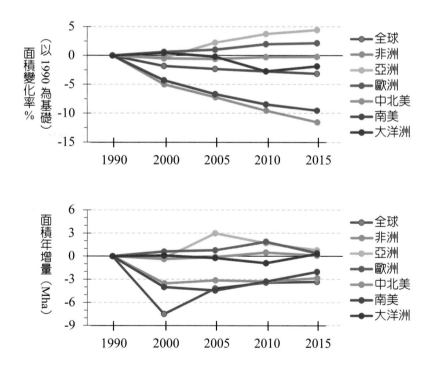

圖 2.7　全球森林面積變化趨勢。（上）以 1990 年面積為基礎的森林面積變化率，（下）以各段評估期間森林面積變化量為基礎的森林面積平均年增量。

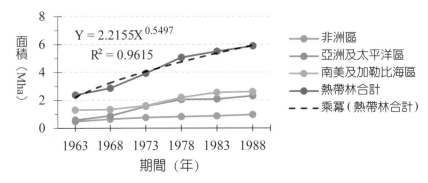

圖 3.1　熱帶區天然林及次生林永續收穫期間的年伐面積變化趨勢圖

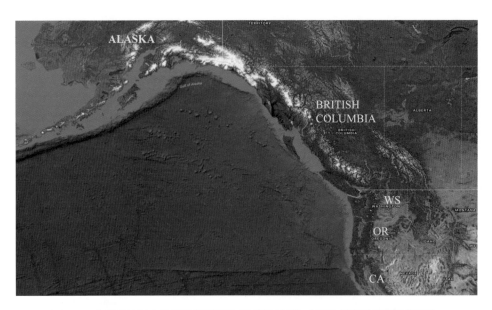

圖 3.3　美國西北太平洋區花旗松老齡林故鄉（奧立岡洲及華盛頓州）

（資料來源：Google Earth）

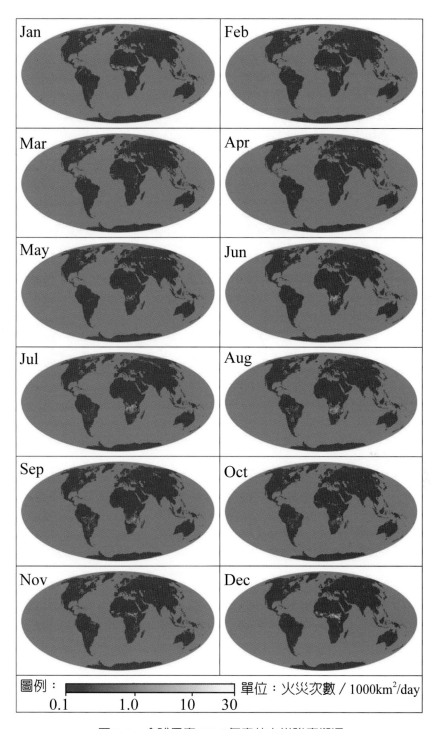

圖 3.4　全球尺度 2016 年森林火災強度概況

（資料來源：NASA Earth Observatory, 2017a）

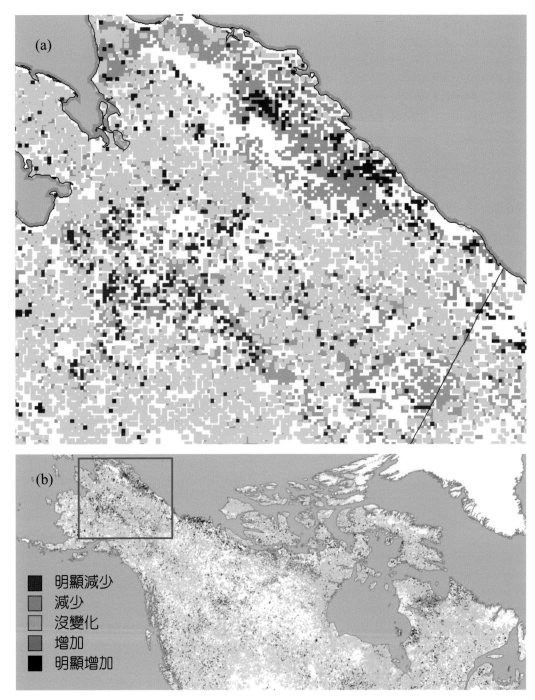

圖 3.5 阿拉斯加北方針葉林光合作用率（photosynthetic activity）的變化趨勢：圖 (a) 為圖 (b) 紅色方框的放大圖（資料來源：NASA, 2017b）

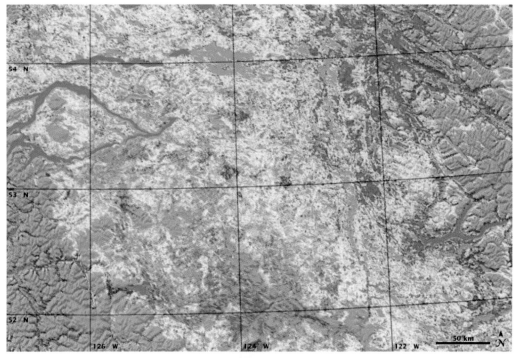

蟲害程度

嚴重　　中等　輕微　　未受害

圖 3.6　森林蟲害區測繪圖

（資料來源：Ranson and Montesano, 2008）

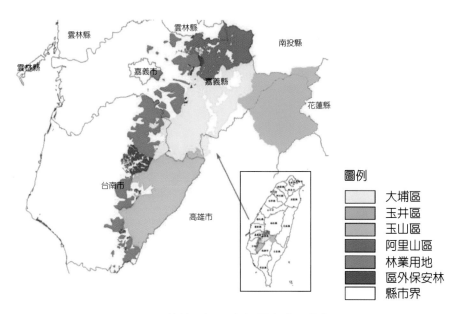

圖 4.3　嘉義林區管理處轄屬事業區分布圖

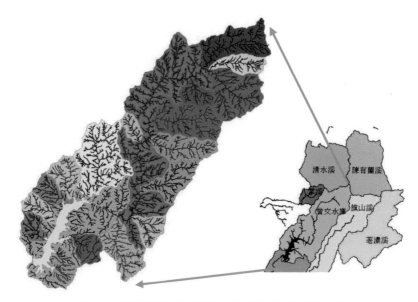

圖 4.4　國有林事業區以集水區邊界為劃分依據

（右圖：曾文水庫集水區及鄰近集水區，左圖：曾文水庫集水區子集水區）

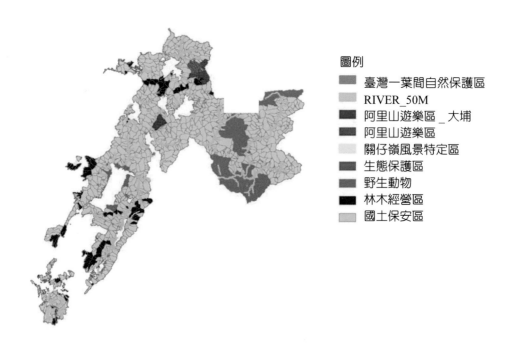

圖例

- 臺灣一葉蘭自然保護區
- RIVER_50M
- 阿里山遊樂區 _ 大埔
- 阿里山遊樂區
- 關仔嶺風景特定區
- 生態保護區
- 野生動物
- 林木經營區
- 國土保安區

圖 4.7　嘉義林區林地使用分區圖

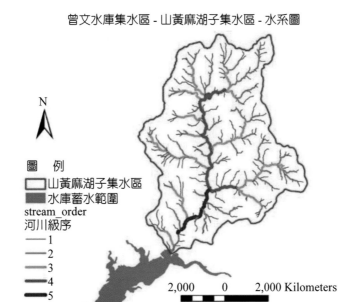

曾文水庫集水區 - 山黃麻湖子集水區 - 水系圖

N

圖　例
☐ 山黃麻湖子集水區
■ 水庫蓄水範圍
stream_order
河川級序
—— 1
—— 2
—— 3
—— 4
—— 5

2,000　　0　　2,000 Kilometers

圖 4.10　山黃麻湖子集水區及其五級河水系分布概況

伐採

撫育

造林

圖 5.1　森林作業法的典型作業

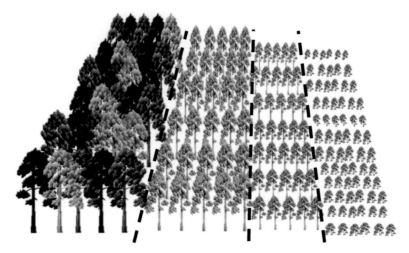

圖 5.5　同齡林林分平面空間結構特徵

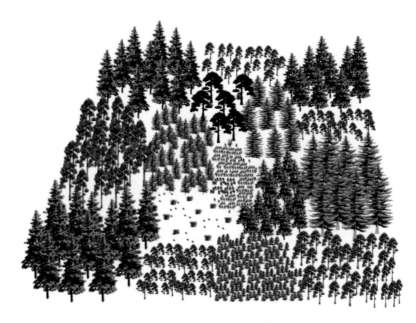

圖 5.8　異齡林林分平面空間結構特徵

（資料來源：RPB, 2015）

(a) 樹皮甲蟲

(b) 甲蟲大爆發及森林危害

圖 5.12 因樹皮甲蟲 (a) 傷害引發線蟲危害森林地景 (b)

（照片由 Prof. Dr. Frank Lam at Faculty of Forestry, UBC 提供）

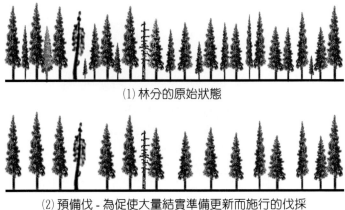

(1) 林分的原始狀態

(2) 預備伐－為促使大量結實準備更新而施行的伐採

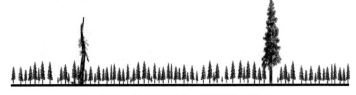

(3) 下種伐－創造大量林分孔隙促成天然下種更新

(4) 後伐－林分更新完成後移除成熟木

圖 5.16　傘伐作業法示意圖

（資料來源：RPB, 2015）

圖 5.21(b)　韓國濟州島 Gotjawal lava forest 火山區矮林作業森林（主要組成樹種 *Quercus spp.*）

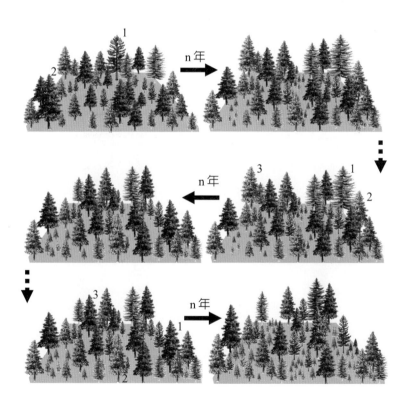

圖 5.22　單木擇伐作業法的林分發展概況示意圖

(a) 擇伐收穫前的分剖面

(b) 擇伐收穫後林分剖面

圖 5.23　單木擇伐作業法 - 擇伐收穫前後林分變化示意圖

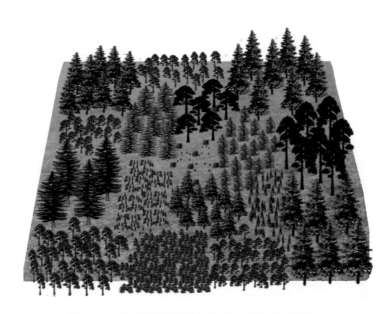

圖 5.25　群狀擇伐作業法的林分群團配置概況

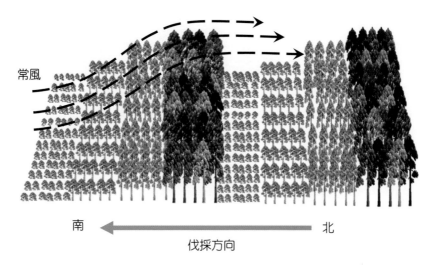

常風

南 ← 北

伐採方向

圖 5.27 帶狀擇伐作業法的林分配置概況（伐採方向與常風來向相對，帶狀寬度必須夠小到無法成為獨立的林分單元）

圖 6.4 北美五大湖區各州（Lake States）位置及森林分布圖

（來源：Google Earth）

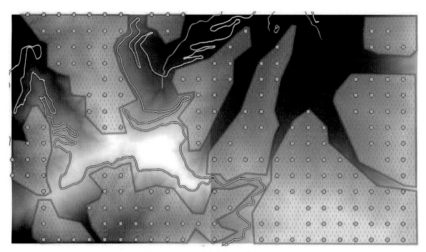

圖 7.5　區塊伐作業位置

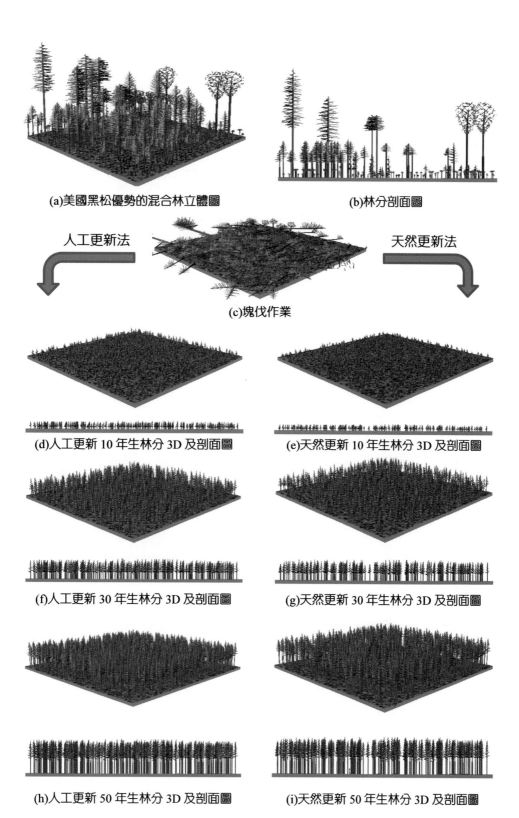

(a)美國黑松優勢的混合林立體圖　　　(b)林分剖面圖

人工更新法　　　　天然更新法

(c)塊伐作業

(d)人工更新 10 年生林分 3D 及剖面圖　　　(e)天然更新 10 年生林分 3D 及剖面圖

(f)人工更新 30 年生林分 3D 及剖面圖　　　(g)天然更新 30 年生林分 3D 及剖面圖

(h)人工更新 50 年生林分 3D 及剖面圖　　　(i)天然更新 50 年生林分 3D 及剖面圖

圖 7.7　塊伐作業法人工更新及天然更新美國黑松林分發展模擬

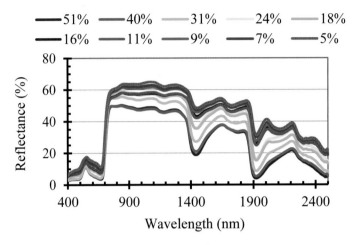

圖 8.2　植物光譜曲線及水分逆境造成的光譜曲線特徵變化

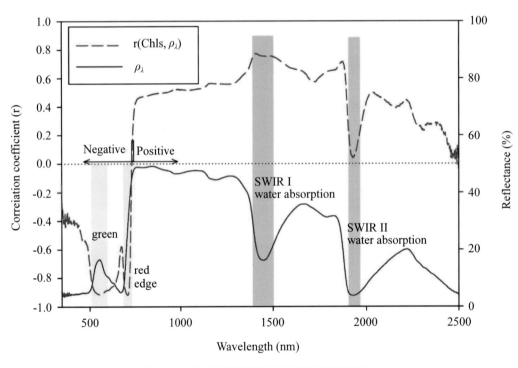

圖 8.3　森林健康葉綠素遙測光譜知識圖

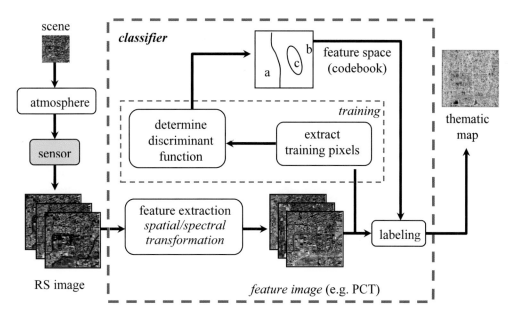

圖 8.4　遙測影像特徵萃取及分類流程示意圖

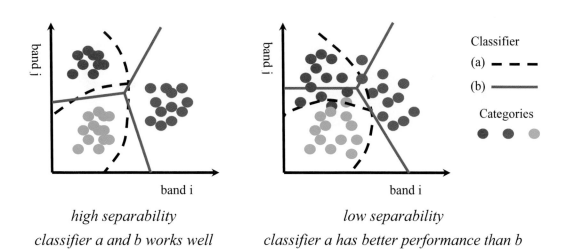

high separability
classifier a and b works well

low separability
classifier a has better performance than b

圖 8.5　影像光譜空間及分類方法示意圖

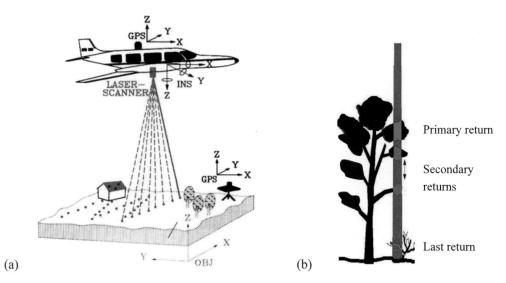

圖 8.7　光達遙測機制 (a) 及回波示意圖 (b)

圖 8.8　空載光達回波示意圖

（紅色：第一或唯一回波、藍色：第二回波、綠色：第三回波、黃色：第四回波）

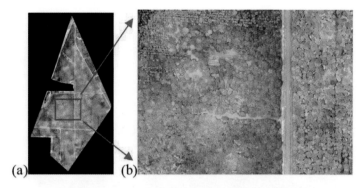

圖 8.9　UAV 影像於森林資源調查的應用

圖 8.10　UAV 影像建立林分冠層高度模型

(a) 樹冠分布現況

(b) 象限分割樣區

(c) 填塞後樹冠圖

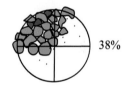

38%

(d) 林分鬱閉度

圖 8.12　樹冠填塞法估測林分鬱閉度示意圖

圖 8.13　GPS 控制點經導線測量決定地面調查樣區位置示意圖

圖例
●公路局 G5155 GPS 控制點（G 點）
○林內 GPS 控制點（W 點）
— 公路局 G5155 GPS 控制點（G 點）導線測量至調查樣區 P 點
— 林內 GPS（W 點）控制點導線測量至調查樣區 P 點
□樣區位置

作者簡介

林金樹教授

現職：

- 嘉義大學森林暨自然資源學系教授／系主任
- 嘉義大學農學博士學位學程教授
- 嘉義大學農學院農業科技全英碩士學位學程教授
- 臺灣森林生態系經營學會創會理事長
- 臺灣地球觀測學會第三屆理事
- 中華民國航空測量及遙感探測學會第 20 屆理事
- 中華林學會第 31 屆監事
- 嘉義市政府環境教育輔導團顧問
- 國際電機電子工程師學會 GRSS 地球科學衛載成像光譜技術委員會委員
- 國際林學研究機構聯盟 IUFRO 4.02.02 多目標調查研究群副召集人
- EI 農業資訊處理期刊 Information Processing in Agriculture 副主編
- SCI 森林科學期刊 Annals of Forest Research 編輯委員
- 日本森林規劃專業期刊 Journal of Forest Planning 編輯委員
- 國際電機電子工程師學會／美國航遙測學會／歐洲地球科學聯盟會員

學歷：

國立臺灣大學森林學研究所博士

美國德州農工大學訪問教授

日本東京大學訪問教授

經歷：

- 發表 SCI/EI/ 國內外期刊報告 81 篇及研討會論文 111 篇
- 考試院公務人員高普考試典試委員

- 考試院公務人員高普考／地方特考／原住民特考／升等考／技師考命題及閱卷委員
- 行政院科技部國家型中長程計畫審查委員／專題研究計畫審查委員
- 行政院農業委員會業界科專計畫審查委員
- 教育部高等職業學校評鑑森林專業類科評鑑委員
- 教育部高職生技能競賽評判委員
- 美國太空總署科學計畫審查委員
- Remote Sensing of Environment/Forest Ecology and Management/ISPRS Journal of Photogrammetry and Remote Sensing/IEEE Transactions on Geoscience and Remote Sensing 等 20 餘種 SCI 期刊報告審查委員
- 中國生產力中心農業生技產業化輔導委員
- 中國石油公司能源專案計畫審查委員
- 臺糖公司平地造林技術訓練專題講師
- 永續森林生態系經營國際學術會議（SFEM 2015）主席
- 國際遙測及地球科學國際學術會議（IGARSS 2011-2017）技術委員會委員

獲獎：
- 教育部獎勵特殊優秀人才 103-105 年生物及醫農科學類獎
- 科技部獎勵特殊優秀人才 101,102,104-106 年獎
- IEEE Tainan Section 2015 Outstanding Technical Achievement Award
- IEEE 2016 Senior Membership Award
- 國立嘉義大學 104 年傑出校友獎
- 國立中興大學森林學系 100 年傑出系友獎
- 台南市善化區大同國小第一屆傑出校友獎
- 中華林學會 94 年森林學術獎
- 2014 KAGIS Fall Conference- Best Presenting Paper Award
- 2017 日本數理統計研究所 FORMATH 國際學術會議邀請專題演講
- 2014 海峽兩岸森林經理學術會議北京林業大學邀請專題演講
- 2011 海峽兩岸森林培育高峰論壇福建農林大學邀請專題演講

通訊地址：

60004 嘉義市學府路 300 號

研究室：嘉義大學森林生物多樣性大樓 A37-305

實驗室：遙測及森林生態空間科學實驗室

　　　　　（Remote Sensing and Forest Biogeoscience Laboratory, RSFBioL）

E-mail: chinsu@mail.ncyu.edu.tw

https://sites.google.com/site/rsfbiolncyu/home

序言

　　森林生態系可視爲生產多元自然資源產品的森林企業體，森林經營學則爲管理森林生態系以合理且永續地創造最大價值的科學及技術的總成。森林是地球陸域生態系最大生產力的綠色體系，具有穩定地球生態環境以及提供自然財貨的能力及特性，溫帶林及熱帶林在 19 世紀及 20 世紀先後被大量開發，雖促成區域經濟及農業發展，但造成全球森林面積顯著減少；今爲維護農業發展及森林永續經營及減緩氣候變遷影響，提升農業及林業生產力乃成爲自然資源經營的首要目標。

　　百年前全球森林經營目標側重於木材生產，1960 年代擴及 FOREST 多目標生產，經營主題包含魚類及野生動物、戶外遊憩、放牧地及草地、環境美質與倫理、土壤與水以及木材等，至 21 世紀已發展爲永續生態林業，經營主題更擴及生態系生物多樣性、非木質林產物以及森林與其他土地的和諧關係，重視國際合作共同促成地球村森林生態系的永續發展。在空間限制條件下，未被經營森林的林木活力及自然生長能力和生長速率會隨時間遞減，可能致使森林抵抗自然災害或外部大型擾動的能力衰減。藉當代科技整合研究之賜，森林經營學理論發展多元化，實務技術更臻成熟，傳統粗放的林業經營得以躍進爲精準林業經營時代，有能力整合經營永續生態林業的相容性多元功能及實踐利益最大化的目標。

　　編者從事森林資源經營、遙測及地理資訊系統等空間資訊科技教學研究20 年餘，迄今已於期刊或研討會發表專業論文 192 篇。代表性的新創科技研究成果有林分動態評估理論、林分管理景觀美質評估、林木測繪技術、生物量及碳量評估技術以及林分健康評估技術水分逆境及有效葉綠素指標、UAV 點雲處理林木測高技術等等，應用高光譜、光達和 UAV 資料於森林資源調查新技術的突破性發展，具已發表於森林科學領域或遙測專業領域 SCI 優質期刊。謹以長年教學經驗及科學研究新知累積，參考國內外相關領域研究報告及專書

編撰《森林經營學理論釋義》乙冊，詳細說明經營理論及技術，以饗讀者。

　　本書從森林生態系的功能、類型以及分布等基本認知切入，依據全球森林生態系經營的議題，深入介紹林地分級和森林分區妥適經營的觀念、兼顧環境保護及資源生產的森林作業法設計實務、林分生長及生產力評估理論、林分管理技術、森林量化管理技術，以及野生動物在地保育保護區需求評估方法等，期以協助森林經營者能綜合考量生態系整體多元功能，依據森林生態系的物理環境、自然資源以及人文社會面向的特性，以調和多元功能創造森林價值並實踐保護區經營管理的目標。本書特別強化利用遙測技術於森林資源調查的理論論述，培養讀者正確認知遙測量化森林資訊的觀念及方法，理解遙測技術整合全球森林資源評估資訊一致性的重要性。

　　森林經營科學領域浩瀚，包含森林測計、空間資訊科技、林業經濟及林業政策等次領域知識，單冊書籍實難以涵蓋周全。編者本以闡釋森林經營核心理論及實務技術應用基礎為編輯目標，將本書定位為大學森林學專業教科書及環境科學或人文商管領域學生通識教材，也可供校外或社會參考讀物，期以滿足各級學生和關懷森林環境永續議題人士的基礎認知。本書雖經多次校訂，惟恐仍有遺漏謬誤處，尚祈讀者不吝賜教指正，編者銘感五內。本書編撰過程，得「遙測及森林生態系空間科學實驗室」博士生馬曉恩先生協助資料收集與整理，特以誌謝。

林金樹　謹識於

國立嘉義大學森林暨自然資源學系

遙測及森林生態空間空學實驗室

2017.08.12

目　錄

第一章　緒論（Introduction）

1.1 森林經營的意義與內涵

　　森林經營（Forest Management, FM）係指為提升森林蓄積的品質與數量以及提供林地良好被覆以保育土壤及水資源的一切措施或活動。森林經營的工作內容通常包含：(1)將現有的林地或其他的適合土地用於木材生產，(2)依據樹種、生長率以及對土壤的適應力決定林地立木族群的適當數量，(3)立木需施以疏伐、修枝以維持應有的材積生產量，(4)留存在林地上的大小枝條（twigs and limbs）等應予適當的減量，以降低發生林火的危險，同時可以維護地表的被覆、減少土壤衝蝕以及提供野生動物棲地，以及(5)當立木成熟時，即予伐採並重新造林。良善的森林經營可以增加營林的收入、減少土壤衝蝕、改善水質、提供野生動物棲地、增加土地美感以及固碳。

　　森林經營強調事前的規劃作業，經營者必須瞭解土地的特性與營林目的，方得以訂定適當的經營作業，以達成經營目標。土地的土壤特性是否適合於樹木生長、農牧用途或適合同時作為木材生產與農牧用途；若作為經濟林地，則應選擇具有經濟價值的樹種，瞭解該土地可生產的林產品種類以及市場。經濟林地於造林後必須注意撫育作業，利用割草、噴藥或砍伐等方式以控制雜草、灌木以及競爭植物，新植造林木低於一定高度前必須嚴格執行除草撫育，定期檢查造林地內是否發生鼠害、蟲害或病害。

　　森林為可再生資源（renewable resources），提供了多元的生物資源以及環境資源，妥善經營利用森林資源，可以為林主創造經濟利益，同時也可為國家提供社會財富。森林經營有關技術上應注意事項，至少應包含下列幾點：

　　1.種植適合林地土壤的樹種。

　　2.如果林地要作為放牧用途，要能夠同時正常的使用植生。

　　3.砍除會與目的樹木競爭陽光與水分之其他非目的樹木及灌木。

　　4.依據樹木大小所需生長空間，疏伐樹木以釋放足夠空間提供林木生長。

　　5.規劃伐採作業以減少伐木時可能對留存的林木、林地土壤以及道路的損害。

6.森林經營應考慮森林產物的使用效益以及生產成本的問題。

1.2 森林經營之構成因子

一、森林經營之淵源

中國古代時期，周武王（姬發）得眾諸侯擁護起兵伐商紂，於「牧野之戰」大敗商軍，定都鎬京，建立周朝，實行封建制度（feudalism or feudal system），又稱封地制或采邑制，將土地和人民分封給諸侯以「建國」，諸侯再將土地與人民分封給卿或大夫以「立家」，形成一種金字塔結構的政治、軍事以及經濟體制。

封建制度下，天子直接管轄的土地稱為「王畿」、諸侯管轄的土地稱為「國」、卿或大夫管轄的土地稱為「家」、士管理的土地稱為「采邑或采地」。土地按「井田制度」分給農民耕種，先把土地劃成井字，共九格，每格一百畝，外面八格為私田，由田主分給入戶農家，收穫自用；中間一格為公田，由八家共同耕作，收穫作賦稅。所以，在封地制的土地政策規範下，各級爵位的王功大臣，擁有其所屬封地（fief）的資源和收益，但必須向上級大臣或周天子繳納一定的進貢（繳稅），並負起作戰保衛中央的責任或義務。

春秋戰國時期，社會問題嚴重，連年的戰爭對生產力造成極大破壞。統治階級為滿足奢慾，聚斂財物的手段十分殘酷，人民為躲避戰亂大舉往森林逃亡，並開發山林以求生活。在這種歷史背景下，孟子提出政治及資源管理的兩個核心觀念，亦即「仁政思想」及「資源永續使用思想」，此等思想可由孟子所謂的「以仁治天下」以及「斧斤以時入山林，林木不可勝用也」體現之。這兩個核心思想對於人類及山林資源的尊重思維，被視為中國人最早對林業永續利用之開始。

土地稅收決定於產量，現有農業物資之調查成為稅收之基礎；而森林稅收（forest taxation）決定於森林林產物之產量，為促使每年均有森林稅的收入，必須作適度的收穫統制（forest regulation），因此，在十八世紀末至十九世紀初，乃有森林作業組織設立，並設「林官」，負責森林林產物之收穫統制，此為森林經營之開始。利用收穫統制的方法以控制每年所收取的林產物，即為森林經營之保續收穫（sustained yield）的精神。

二、森林經營之中心問題

　　森林經營乃係依據「保續與經濟」之要求，講究森林空間規劃與時間規劃之科學。傳統上，以追求林木經濟的森林經營，森林空間規劃的重點在於安排林木在林地上的配置，而時間規劃則在安排林木的伐採時間。森林為林木及林地的集合體，廣大面積林木的空間分布型態及存活時間或生命週期長短，是決定森林多元功能是否能有效發揮的基本元素，也會影響森林生物組成的豐富度、木材蓄積量的多寡，所以林木時間配置與空間配置乃成為森林經營的核心問題。在當代全球化、國際合作以及減緩氣候變遷影響之目標下，由地球陸域生態系經營觀點，決定適當的森林經營目標以發揮森林多元功能或服務（multiple forest services）的最佳化、最大化及永續性，乃成為當代森林經營的第三個中心問題。

A.時間安排（配置）

　　所謂時間布置係指成熟林木伐採時間點之安排。林木成熟與否之判斷，涉及林木之大小、木材利用性質以及可賣價金等許多的因素。林木成熟與否之判斷，早期是以物理觀點判斷，如今是以經濟觀點判斷之。

B.空間安排（配置）

　　所謂空間配置係指林木在林地內空間位置之安排。空間配置有消極的和積極的觀念二種。消極的空間配置，主要目的在消除林木生長過程中的相互競爭。林木生長需要滿足空間以及營養要素的需求，包含土壤養分及水分、林木生長空間等等，因此，對於各種不同年齡的林木應如何配置，以降低林木因相互競爭，而影響其生長，實為森林經營者所必要關注的重要議題。

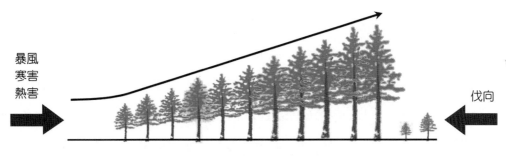

圖 1.1　利用林木空間配置達到保護森林目的之示意圖

　　積極的空間配置的主要精神在於使林木彼此可以相互保護，促進林木生長與健康狀態，以及森林生態系重要功能的發揮。因此，森林經營者為使林區內各種不同年齡的林木配置，能夠發揮「相互保護」的效用，當注意森林環境特徵以及林木的生態特性。例如，對於可能有氣象危害的地區，空間配置應考慮到林木配置的和諧關係，促成林木相互保護的目標；因此，對於風害、寒害或熱害（陽光之害）等，妥善安排林木在林地內的相對位置成為主要關鍵。以圖 1.1 所示，將林分建造成一個順風方向遞次升高的林分高度結構，將可有效的降低暴風的衝擊，伐採方向應與暴風來向相反；同理，若寒害來自北方，則林木配置宜以由北而南逐漸升高的林分高度結構為宜，伐採方向則應由南而北施行。

　　空間布置上應注意林木間之和諧關係。臺灣暴風無一定方向，所以空間布置上仍要注意運搬問題，即在搬運伐倒木時是否會傷及幼齡林木，故應把老齡木置於上坡，幼齡木置於下坡。

C. 森林經營目標的決定

　　森林經營之目的受到政治制度、自然環境因素及經濟因素之影響。一般而言，在計劃經濟制度之國家，由政府全權訂定之；在自由經濟制度之國家，由林主之自由意志作主觀性決定。由於森林多位處人類生活領域外圍的山區，在區域土地安定性以及提供人類生活資源等公共財的維護方面，在某些特殊條件下，自由經濟體制國家仍有以法律限制森林經營目的之需要。例如，林地位於集水區範圍內者，仍需受到「森林法」對於經營森林措施之限制。

　　森林經營目的可以森林功能為分類基礎。森林以生產木材供給傢俱用材、建築用材、紙漿用材、薪材（燃料）、飼料以及其他的工業用材之需，此以滿足森林直接功能為唯一目標者為經濟林經營；森林經營亦可提供森林的間接功能以滿足地方或國際社會對森林公益功能的需求為核心，提供並強化森林的國土保安功能（保安林）、水源涵養功能（水源涵養林）、野生動物棲息地（重要棲息地環境）、森林遊憩價值及生態教育（森林遊樂區）、降低噪音或空氣汙染（防風林）或改善環境景緻（都市景緻林）等；森林經營可兼顧森林文化或自然資源的價值以及生態系碳排減量，亦可為強化並滿足所謂的依賴森林而生存之地方社區（forest dependent communities）或人類對森林自然資源特殊價值的需求，而有所謂的森林生態系特用價值經營目標。

　　森林經營可單純地僅以實踐森林單一功能為經營目標，在林主自由意志及法令規範下，其或可為木材生產的經濟林經營、發揮社會公益功能的保安林經營、以創造森林景緻及生態教育功能為目的之遊憩教育林經營、以發揮森林碳吸存功能的碳匯經營、以維護生物多樣性為目標的資源保育經營、以創造森林特用價值的特產物經營、或以維護森林自然資源及文化遺產的保護經營；相對地，森林經營也可綜合考量生態系整體多元功能，依據森林生態系的物理環境、自然資源以及人文社會層面的特性，以調和多元功能為導向創造高總體價值的森林來決定森林經營目標。

1.3 森林功能（Forest services）

　　森林處於原野地區，易受外部環境干擾以及林木彼此競爭的影響，林木的生長以及健康狀態可能隨時間而有所變化；而森林生態系整體功能的表現，涉及林分的結構與組成、林分密度以及森林健康度。適當的森林作業法及優質的良善管理，可促成林分的適當發展，進而提升森林健康度及生產力，林分根系及冠層結構的良性發展，更有助森林抵禦強風豪雨的侵襲，降低可能的森林災害。

　　森林可能受到氣候變化的影響（特別是乾旱）使林木生理現象改變，有害昆蟲在林內的活動及危害程度，也會因林內環境而變化，所以，維護森林的健康狀態、活力以及適當的保護，可促成森林的適當發展，並確保森林功能的實踐。有關森林主要的功能說明如下：

一、木材生產功能（wood production）

　　木材是最好的建材及器材原料，舉凡居家裝潢、家具、造紙、薪炭燃料等皆是來自森林，所以木材的直接利用是人類長久以來的習慣。經濟林經營以生產木材為主要目的，促進連續生產有價值立木之最大材積，以獲得最高木材價格或貨幣收入為主要的營利事業。經濟林經營非常重視樹種選擇以及林地生產力的提高與維持，同時需要適當的林地環境為基礎，以避免因為密集的經營施業造成環境災害。70 年代以前，臺灣處於經濟發展階段，木材經濟收入是政府重要的財政收入，提供政府施政可靠的經費來源，也提供很好的就業機會。所以，木材生產曾是國有林經營的主要目標之一。

圖 1.2　日本山形縣小面積皆伐作業的私有經濟林

二、社會公益功能（protection）

　　森林對國土保安功能之達成主要憑藉 (1) 林木冠層的截流作用、(2) 地表枯枝落葉及腐植質層的吸水作用以及 (3) 林木根系對土壤的固著作用等三個過程，因此，理想的森林被覆可以有效地降低雨水直接對地表土壤的衝擊強度，防止土壤沖蝕（soil erosion）並延緩地表逕流（runoff），有助於山區邊坡之穩定，避免崩塌及土石流災害發生。森林土壤的多孔隙構造，可以將水分吸收到地層深處，成為地下水，涵養雨水成為自然的大水庫。

　　通常對於集水區範圍內的森林、水庫及河川流域、海岸濱水地帶以及陡坡山區容易發生崩塌地區等，均以保安林經營為主要目標。以生產木材以外的效益為目的，即以發揮森林間接效用為主的保安林與水源涵養林等，大多屬於國有林及公有林。圖 1.3(c) 所示為八掌溪集水區 1999 全年各雨量站及流量站的觀測數據導出的累計雨量及流量以及粗水分涵養量（gross quantity of water conservation），在非雨季 1-3 月期間仍可見集水區累計流量大於累計雨量的現象，足見森林涵養水分的能力。

圖 1.3(a)　新竹司馬庫斯紅檜老熟林固結土壤的根網

圖 1.3(b) 河流濱水區與集水區經營的保安林

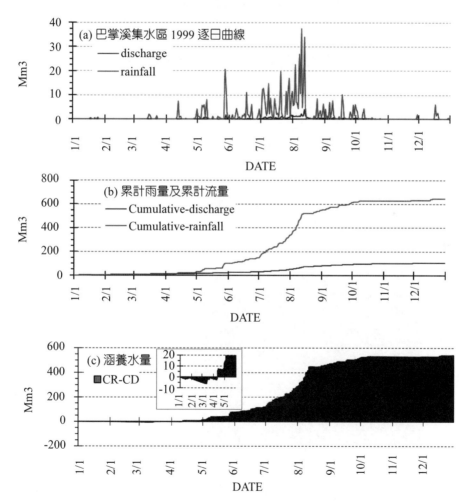

圖 1.3(c) 八掌溪集水區森林涵養水分功能計量圖，(a)1999 全年逐日降雨量及流出量觀測值、(b) 累計降雨量及累計流出量、(c) 粗水分涵養量。

三、森林景緻、生態教育及遊憩功能（recreation and education）

森林提供動植物生存的理想環境，森林環境與景觀隨季節變化產生多變的優質景色，構成極佳的休閒旅遊的好地方，社區森林公園更提供日常休閒活動場所。森林植物自然散發的芬多精（phytoncid），林分內的健行休閒及景觀欣賞能降低促成身體緊張狀態的 β 波及提升促成意識清晰身體放鬆的 α 波，舒緩身心壓力，對於慢性病有療癒的效果，近年來已形成森林療癒（forest therapy）學術研究風潮。

森林生態系水土資源涵養功能所產出的環境效益，在環境經濟學（environmental economics）是可量化計價的。國有森林環境資源的經營為政府實踐森林公共效益的責任，雖然受益者不必付費即可使用，但當以文化資源觀點或以森林遊樂區型態來經營森林時，民眾進入森林遊樂區活動與消費、享受森林保健效益，雖屬社會性功能但仍需支付基本費用。

森林生態系的組成很豐富，因此，遊樂區經營者多結合森林內的生物資源以及文化資產，提供較深度的旅遊休閒與遊憩教育機會，可以吸引更多民眾停留於森林遊樂區的時間，提升森林資源遊憩經營的效益。通常實施遊樂區生態旅遊經營的森林，多具有特定的主題或特色，與專門生產木材的經濟林相比較，遊樂區經營對於環境的衝擊比較小，同時可達到綠色經濟以及無煙囪工業經濟的理想目標。

圖 1.4　森林步道休閒遊憩（左）及臺灣森林遊樂區分布圖（右）

四、森林碳吸存功能（carbon sequestration）

　　森林會通過控制風速和空氣流量影響局部空氣循環，從而保持固體懸浮液和氣態元素，因此森林可以過濾空氣質量並保留汙染物。森林對鄰近的人類住區和作物特別有保護作用，這種能力有助於保護毗鄰工業區和城市林業的居民區。

　　此外，綠色植物進行光合作用（photosynthesis）以吸收大氣中二氧化碳（CO_2）並放出氧氣（O_2）的功能，對於維護空氣品質的效能一直為生物學家所樂道。森林植物降低大氣中溫室氣體（greenhouse gases, GHGs）二氧化碳的效益，在 1992 年首度獲得聯合國跨政府氣候變遷小組（Intergovernmental Panel on Climate Change, IPCC）認可。世界各國為抑制溫室氣體排放，重要工業國家於 1992 年簽訂「聯合國氣候變化綱要公約」（United Nations Framework Convention on Climate Change, UNFCCC），希望藉由各國共同努力來降低全球溫室氣體排放；而在 1997 年工業國家舉行的第三次締約國大會（The Third Conference of the Parties, COP3）中，通過「京都議定書」（Kyoto Protocol），以更具有法定約束力的國際協定來規範先進國家的減量額度。京都議定書在 2005 年 2 月 16 日正式生效，並開始實施。京都議定書明訂：1990 年以後所進行之新植造林（afforestation）、更新造林（reforestation）及森林砍伐（deforestation）所吸收或排放二氧化碳之淨值，可併入排放減量值（emission reduction）計算；同時允許已開發國家及開發中國家之間可進行碳排放交易（emissions trading, ET），以達成共同削減溫室氣體總量排放的目標。

　　樹木及任何綠色植物都會進行光合作用，過程中會吸收大量的二氧化碳，所製造

圖 1.5　無私無我的森林碳庫

的光合產物則儲存在樹幹、枝條、葉部及根部中。平均而言，估計植物體儲存的碳素約占生物量（全乾物重量）的 50%。砍伐的木材除了燃燒與腐朽會釋放出碳素外，經過適當處理的木材，可儲存相當數量的碳素達百年甚至千年之久。所以，碳吸存（carbon sequestration）與碳保存（carbon conservation）的適當組合，可以確保森林有效並持續的抵抗全球大氣異常暖化（global warming）的問題。經濟林、保安林、遊樂區經營的森林以及平地造林，均可滿足碳匯經營之目標。

五、維護生物多樣性功能（biodiversity）

森林通過生態過程運作並根據其健康，活力和最終的管理或保護方式來為植物和動物群提供棲息地。在歐洲地區，幾乎一半的蕨類植物和開花植物都在森林中生長。由於其大小和結構多樣性，森林中發現的動物物種多於任何其他生態系統。

森林生態系組成包含生物因子（植物、動物、微生物）、環境因子（土壤、空氣、水、地質及地形）以及人文因子（林業社區人文經濟）三大類，各類組成於生態系所扮演角色功能各異，也因其自然特性及重要性而成為森林保育經營的對象。森林生態系中，種的變異性、生物間的差異性及其生育地或棲地（habitat）的複雜性，構成生物多樣性（biological diversity or biodiversity）的本質，我們可由生態系、物種與遺傳等三個層級檢視生物多樣性的意義及功能。

森林生態系為動態變化的體系，因此生物多樣性的保育經營在使森林維持其生產

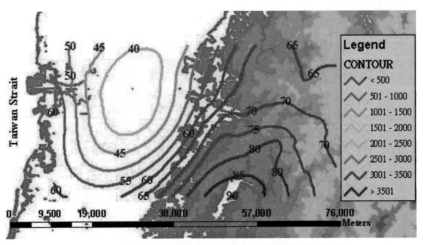

圖 1.6 臺灣嘉義地區生物多樣性的空間分布特徵

力（productivity maintenance）及復元能力（restoration ability），並關注生態系各組成的用途與輸出，以及輸入、互涉及過程等。對於生態系的干擾（disturbances）及森林更新（forest regeneration），必須規劃適當的經營與進行持續的監測（monitoring），限制林地轉作農業或都市用地，劃定保護區、管理森林植物及動物的收穫、預防外來病蟲害的入侵、利用適當的森林作業法建造森林地景推移帶（ecotone）以創造生物多樣性的發育基礎，並經由審慎地木材收穫以保護野生動物棲息地。

六、森林特產物之功能（non-wood goods and services）

近年來在全球投入森林非木質產物的研究人才快速累積，森林特產物種類愈趨繁多，用途甚廣，概可分為食物、醫藥、裝飾及特殊工藝用途等類。依據美國林務署 (US Forest Service) 所下的定義，所謂森林特產物（specialty wood products）乃泛指採自森林區或草生地之生物資源及遺傳資源，可供個人、教育、商業及科研利用之產物，但不包括伐木製成的木材及木製品、野生動物以及昆蟲等。由樹木或樹木的某些部位所生產的非木質產物，例如，樹瘤或樹節（burls）、樹皮（barks）、樹枝（branches and twigs）、灌藤類（shrub and rattan）、蕈類（mushroom），以及利用樹木枝條、藤類等所製作的家具、樂器、手工藝品（handicrafts, carvings, and turnings）等均可視為森林特產物；故森林特產物又稱非木質林產物（non-timber forest products, NTFPs）。建造森林不以伐木生產木材為目標，而以生產非木質林產物為主要經營目標者，稱為森林特產物經營。

森林植物資源之利用，在臺灣亦隨科技之進步而趨多樣化。臺灣主要特產物有牛樟菇、臺灣松茸、靈芝等真菌類，此外喜樹的喜樹鹼（Otsuka et al., 2015）、油茶種子的苦茶油、土肉桂為臺灣特產常綠木本植物，土肉桂的枝葉、樹皮具有豐富的精油，所含有的肉桂醛甜度為蔗糖的 50 倍，可做食品的添加劑，精油具有抗腐朽菌活性、抗白蟻活性、抗細菌活性、抗蟎活性、抗病媒蚊活性，因此有相當高的產品開發潛力。

加拿大及美國均為森林工業非常發達的國家，森林經營主要以生產建築及家具製材所需，經濟林為森林經營的核心，特別是針葉樹（軟木）原木、新聞紙和木漿等主要林產物的生產。但是，由森林所衍生的非木質資源，對加拿大及美國許多農村社區和家庭（total employment）從事地方林業工作營生的實踐也有重大貢獻。主要的 NTFPs 產物

類型有：

A. 食物類

加拿大森林區生產的食物有楓糖漿、野生藍莓、野生蘑菇和分布於各地方森林的下層動植物，如鱈魚和野山參。特別是楓糖漿年產量佔全球 85%，年產值約 3.5 億美元。美國森林區生產的食物有藍莓、黑莓、胡桃、野生稻、野韭蔥（ramps）、楓糖及糖漿、蕨類植物、矮松（pinyon pine）松果、蘑菇及真菌等，以奧立岡州、愛德華州及華盛頓州的野生蘑菇產業為例，其經濟規模在 1993 年可雇用約 11000 人，而楓糖漿在 1995 年約創造 2500 萬美元產值（Alexander, 1999; Lynch, 2004）。

B. 森林觀賞產品

加拿大以野生物種繁殖的園藝樹種（如雪松和楓樹）、聖誕樹和花圈、新鮮或乾燥的花卉植物（例如 salal）以及特種木製裝飾品或藝術品為木材以外的重要產物，其中聖誕樹國內外年銷量約 180 萬顆，產值約 3900 萬美元。美國西北太平洋林區的花卉工業可創造 GDP 約 8100 萬美元的產值，也提供約 10300 個野外採收花卉的就業機會，支付經濟的規模約 5000 萬美元（Schlosser et al., 1991）。美國原住民在籃子、面具、傳統服飾上所使用的樹皮、柳樹和枝條，阿巴拉契人的娃娃製作及籃子等，均以林區可取得資材為製作材料。西北太平洋林區及阿帕拉契森林平均每年收穫的乾燥苔蘚高達 2 萬條（Muir et al., 2006）。

C. 醫學藥物及護理產品類

紅豆杉科太平洋紫杉（*Taxus brevifolia*）樹皮萃取物「紫杉醇（paclitaxel）」，在醫學上用於治療癌症。其他具有潛在醫療用途的森林植物包括落葉松、柳樹和山楂的萃取物以及針葉樹精油等。草藥產品在美國具有重大商業價值，草藥年銷售額約 16-20 億美元，野生人參年出口值約為 2.9-5.8 億；由於某些物種相當罕見、稀少甚至瀕危，且使用這類型本地物種的實際影響難以監測或評估，故有州立法保護之。

銀杏（*Ginkgo bioloba*）葉萃取物含有高量的類黃酮（flavonoids）和萜類化合物（terpenoids）等抗氧化劑（antioxidants），可防止有害自由基（free radicals）引起的氧化細胞損傷（oxidative cell damage），抗氧化劑被認為有助於降低癌症的風險。馬里蘭大學醫學中心（the University of Maryland Medical Center, UMM）表示銀杏萃取物 EGb

圖 1.7　特用林產物經營——銀杏林

761 可以改善大腦的血液流動，最近的研究證實它可以保護神經細胞免受阿爾海默失智症（Alzheimer's dementia）的損害（Nordqvist, 2017）。

D.其他類

林木生產的樹脂及油脂，在美國已有長久歷史，提供工業香料使用，此外，狩獵、釣魚及野生動物觀察等動物性娛樂事業，也是相當重要 NTFP 品項。栓皮櫟（*Quercus suber*）森林的主要非木質產品為樹皮，主要用於生產酒瓶用木栓瓶蓋以及家具、裝飾品等，殘餘樹皮可處理成 cork dust 作為碳中和能源材料（a CO_2-neutral energy source），提升工廠用電效能。森林植物資源之利用，在臺灣亦隨科技之進步而趨多樣

(a)   (b)   (c)

圖 1.8　人工採收栓皮櫟樹皮供生產軟木塞（a 和 b）。栓皮櫟平均壽命約 180±30 年，法規明定：17-20 年成熟木方得以採收樹皮、收穫期間隔至少 9 年、每次剝皮長度 (m) ≤ 3(2πr)，r 為樹高 1.3m 處的半徑。軟木塞品質分三等次 (c)，第一次提取（僅用於研磨生產 cork dust 能源材料）；第二次提取（可供生產酒瓶塞，但有較多廢棄物需要研磨成能源材料，生產優質產品的效率低）；第三次和隨後的剝落（高效率生產酒瓶塞，少量的廢棄物用於研磨）。

（a,c 圖片來源：Dr. Nuno de Almeida Ribeiro, University of Evora, Portugal; b 圖來源：http://www.discover-interesting-places.com）

化。臺灣主要特產物有牛樟菇、臺灣松茸、靈芝等真菌類，此外喜樹的喜樹鹼（Otsuka et al., 2015；張淑華及何政坤，2017）、油茶種子的苦茶油、土肉桂為臺灣特產常綠木本植物，土肉桂的枝葉、樹皮具有豐富的精油，具有抗腐朽菌活性、抗白蟻活性、抗細菌活性、抗蟎活性、抗病媒蚊活性，因此有相當高的產品開發潛力（劉如芸，2006；林群雅，2008；陳燕秋，2011）。

七、森林文化及自然遺產保護功能（natural conservation and heritage）

文化遺產是一地區長期的記憶、傳統以及證據，並且為現代社會在發展群體認同中所考慮的證據（OMNR, 2007）。雖然當代全球化的城市社區，特別是工業化國家的城市社區，正努力的以接近自然的方式處理環境與自然資源問題，保有文化和宗教價值的開發中國家原始林仍然受到全球林業經濟發展的威脅。滿足森林保護機制中的文化層面，也是當前 21 世紀的林業所面臨的挑戰，而一些創新的管理選擇，例如世界文化及自然遺產的保存、REDD+ 以及社區林業的舉措，已具體展現出滿足這些文化層面的需求（Gottle and Sène, 1997）。以下列舉數個知名森林文化及自然遺產做為實際案例：

A. 日本屋久島自然遺產（Yakushima natural heritage）

屋久島（Yakushima）島嶼高山生態系於 1997 年被聯合國 UNESCO 列為世界自然遺產，為日本最早列入世界遺產的暖溫帶古代森林（warm-temperate ancient forest）自然景觀之一，位於日本九州大隅半島南方 60 公里處。屋久島世界遺產的範圍包含島上最高峰 "宮之浦岳" 及西邊原生的日本柳杉（*Cryptomeria japonica*）神木林，又稱為屋久杉，樹齡多超過 1000 年，其中最大群神木經考察約 6000 年，相近於日本繩文時代，故命名為繩文杉（UNESCO, 2017）。

屋久島本身為一火山島，因此具有相當豐富的溫泉資源，其中包含少見的海中溫泉。島上高山地區則因為世界遺產保護區域而成為野生動物的棲地，北方海岸為每年固定的海龜洄游產卵棲息地。

B. 美國紅木國家暨州立公園（Redwood National and State Parks）

紅木國家暨州立公園於 1980 年被指定為世界文化遺產，本區域位於美國加州北部太平洋岸的國家公園，海岸群山地景為美國紅杉或稱世界爺（*Sequoia sempervirens*）生育地，本區域的世界爺森林面積因 1850 年代掏金潮帶來的礦工與伐木工大規模的砍

伐，至 1968 年成立國家公園時已減少 90%。但就目前加州的世界爺森林面積而言，有 45% 的世界爺森林在此一自然遺產區域獲得保存；整個森林生態系也保存了瀕危物種如褐鵜鶘（*Pelecanus occidentalis*）、潮汐蝦虎魚（*Eucyclogobius newberryi*）、白頭海鵰（*Haliaetus leucocephalus*）、奇努克鮭（*Oncorhynchus tshawytscha*）、西點林鴞（*Strix occidentalis*）以及北海獅（*Eumetopias jubatus*）等野生動物，具有非常重要的自然資源遺產保存價值。本區也是北美原住民的傳統生活領域，其語言、宗教、習俗與當地自然環境緊緊相依。

C. 加拿大落磯山公園群（Canadian Rocky Mountain Parks）

加拿大落磯山公園群為 7 個公園連綿的高山群，包含班夫（Banff）、賈斯柏（Jasper）、庫特尼（Kootenay）及幽鶴（Yoho）等四個加拿大國家公園以及三個不列顛哥倫比亞省（British Columbia）的省立公園，全區豐富的自然資源諸如冰川、冰原、湖泊、瀑布、峽谷、針葉林及連綿高山群，造就壯麗迷人的自然景色，並以豐富多樣的野生物種而聞名世界。在落基山發現冰川地質過程之重要例證，包括冰場，殘餘穀冰川，峽谷以及侵蝕和沈積的典型例子。伯吉斯頁岩化石遺址（the Burgess Shale fossils sites）及其中所發現的海洋軟體動物化石（soft-bodied marine animal）則含有關地球演化的重要信息。加拿大落磯山公園群於 1984 獲 UNESCO 通過列為世界自然遺產。

D. 臺灣阿里山林業暨鐵道文化景觀資產及棲蘭山檜木老熟林自然資產

阿里山林業暨鐵道文化景觀鐵路係日本人為開發阿里山森林資源而鋪設的產業鐵道，於高山地區以「之字形爬升（switch back）路線」及「同心圓螺旋式登山（spiral movement）運動」的方式進行運輸作業，代表早期森林開發時期木材運輸及現代森林遊憩保育經營觀光運輸的綜合性鐵道，沿線低海拔到海拔 2,000 公尺以上高海拔的熱帶林、亞熱帶林、溫帶林的多重林相景觀，造就阿里山鐵道文化及自然資產的特色。基於表現人類與自然互動的文化意義、具有特殊性歷史文化或科學價值、具特定時代意義以及罕見性等基準，被評為文化資產。

為維護文化景觀資產特色，森林資源經營宜以鐵道路線安全維護以及多重林相景觀保護經營為導向，森林健康、景觀美質乃成為阿里山國有林區經營的重要目標。

棲蘭山檜木林占地約一萬公頃，除扁柏、紅檜外由於位在中高海拔山區之「霧林

帶」，加上山高、谷深的地形特性形成具孤島式的封閉生態系，使得針葉樹種在長期隔離演化下形成臺灣特有種，例如紅豆杉、巒大杉、臺灣杉、臺灣粗榧等而具有生態演化上的指標地位。棲蘭山因為霧林帶溫暖潮濕的特性，林下植群組成豐富，成為臺灣黑熊、長鬃山羊、山羌等重要野生動物的棲地，故兼具有動植物研究與保育的價值。棲蘭山早期最重要的人文活動為泰雅族原住民的居住、遷徙及各種生產活動。漢人移民臺灣初期以開墾平原地區為主，與原住民並無往來，日治時期於明治 28 年至大正年間推行的移民政策，原居於深山的泰雅族原住民被遷至「隘勇線」內或「理蕃道路」兩旁的移住地，原來的舊社聚落遂而形成舊社遺址。棲蘭山檜木老熟林區的自然與文化資源，使其有潛力被認列為世界複合遺產（mixed heritage）。

相較於上列兩個例子，其他由農委會依據文化資產保存法所劃定公告的自然保留區均可能依自然資源資產特性，而有發展成為文化遺產，而為達成此一目標，強化保留區森林資源保護經營為必須的手段。

1.4 森林經營之指導原則

傳統森林經營之指導原則（guidelines of forest management）為經濟性原則、公益性原則以及恆續性原則，但是根據民國 87 年 5 月 27 日修訂的森林法第一條之規定「為保育森林資源，發揮森林公益及經濟效果，制定本法」。第五條規定「林業之管理經營，應以國土保安長遠利益為主要目標」。因此，當今我國森林經營之指導原則應包括四大項，即保育性原則（conservation principle）、公益性或福利性原則（welfare or public interest principle）、經濟性原則（economic principle）以及保續性或永續性原則（continuation or sustainable principle）；其中保育、公益以及經濟三者可視為規範經營目標的優先性，永續性則為確保經營目標的持續、恆久存在。

一、保育性原則

森林資源包括植物、動物等生物性資源以及空氣、水、土壤等其他的非生物性資源，森林經營應充分了解並重視生物與非生物彼此間的相互關係。所以，保育原則就是以合乎生態法則的方法，經營管理森林自然資源與稀少性或瀕臨滅絕的特定物種以及生

態系統。

　　森林資源之保育可概分為基因型和族群保育二大類型，它必須以整個森林生態系作為保育的基礎。若考慮到森林其他社會性福利與經濟功能，則森林經營之保育性原則應與適性利用密切相關，並隨時注意維護生物多樣系、生態系穩定度以及生產力；因此，保留森林內的生態系乃成為森林保育原則的基本目標。

二、公益性原則

　　由於森林之存在，可使景觀幽美，空氣新鮮濕潤，溫度變化幅度小；樹根可以固結土砂，樹冠可以防風截雨；地面被覆枯朽枝葉，能使雨水逕流減少，滲透滲濾作用增加，因而可以涵養水源，調節河川流量，洪水不易氾濫成災；另方面，水源不竭，川流不息，乾旱季節，無虞於飲用水、灌溉水或發電水之缺乏，使人民增享水利之福，減除水害之殃。

　　經營森林應以滿足最多數人的各種不同之需求，不僅確保木材生產量、水收穫之數量與品質，尚須保護自然景觀與野生動植物生態，並強化各種公益性資源的時間及地點適當分配。公益性原則的森林經營目標以劃設並妥適經營國土保安林、水源涵養林、自然生態保護林、景觀遊憩林等，使森林發揮最大的公益功能，國民得到最大的公益。

三、經濟性原則

　　一般經營事業之首要在謀取最大的經濟利益。經營森林也是一種企業經營，故以常理判斷，經營森林的第一目標也應在謀取企業組織的經濟利益。臺灣早期的國公有林雖然屬政府經營的事業，但仍以創造經濟以補充政府推動行政事務對財務經費之需求。但在環境保護意識高漲時代，生物以及環境資源保育成為國人最關心議題，木材供給已成為極為次要的目標。

　　投資任何經濟事業，欲期達到營利之目的，恆須注重下列情況：(1) 以最小之費用獲取最大之經濟成果，(2) 以一定之費用獲取最大之經濟成果，(3) 一定之經濟成果所付之費用應使之最小。營利事業特別重視經濟度（economy degree），亦即經濟成果與生產費用的比率。所獲利益與所投資本之比率，又稱益本比（benefit-cost ratio, BCR）。凡投資事業之經濟度或益本比大者，即其事業之經濟意義大。一般林業之性質，主要重視

其間接利益，期望發揮森林的多元效益；經濟林之經營，主要重視其直接利益，亦即經濟利益。因為，營林所投之資本，如轉移投資於其他事業，亦可獲利，即使不投資於任何事業，而僅儲存於銀行中，亦可孳生利息。所以投資於林業，尤其經營經濟林者，最低限度亦希望賺回投資之利息。

森林經營講究立木度（stocking）、作業法（silvicultural system）以及容許伐採量（allowable cut）等，就是希望控制木材收穫以增加森林的經濟收益，並兼求林相美觀與林地的理想被覆，以擴大森林的直接與間接效益。

四、永續性原則

無論經營森林主要目標為追求企業個體利益的經濟性或社會公眾利益的公益性，若森林經營之成果，僅止於一時，而不能維持其恆久且不間斷，則經營森林的意義不大，將無法受到重視。因此，森林經營的第四個指導原則，乃為促成營林利益之永續性。無論以經濟性或公益性功能的實踐為首要目標，或以實踐二者兼容的多元目標，森林經營均須以永續性為導向，若木材生產的經濟林經營與森林公益功能衝突時，則應以公益性目標為首要。

傳統森林經營學理論，所謂的恆續經營、恆續收穫或恆續作業等名詞，均指sustained yield management 之意。森林永續經營或恆續收穫者，其優點如下：

- 可每年或定期由森林取得同量財物的收穫，收支均可近於穩定狀態，並有利長期經營的財務規劃；在國有林者，政府或機關有固定之財政來源，私有林可使生活安定。
- 經營作業各項措施的推動穩定，森林管理費用及設施費的支出固定，有利經營人才及作業技術的維繫與提升，木材收穫及市場供應量穩定，不會浪費地力及森林資源，也不致於造成市場供需不平衡。
- 透過合宜的森林作業方法，永續且適量的森林管理，有助於維護森林的林分結構組成、森林健康及生產力、理想的生物棲息環境，森林景觀美質、涵養水源、調和氣候、減緩大氣溫室氣體排放等公共效益亦能有效維持，可使公眾福利持續穩定。

1.5 **全球森林的分布及森林經營視野**

　　陸域生態系涵蓋許多類型的森林，聯合國糧農組織（FAO）依據氣候型和植被型的組合，將全球生態區分類系統分為二個層級 20 個生態類型。層級一係以溫度為標準，共區分為五個氣候帶：熱帶（tropical domain），亞熱帶（subtropical domian），溫帶（temperate domain），寒帶（boreal domain），極地（polar domain），在層級二中以降水作為附加標準區分出 20 個生態區（表 1.1）。為利於監測全球陸域生態系的發展與生態系受氣候變遷影響以及森林資源經營成效的評估，FAO 將全球各區域潛在植群圖配適於與 FAO 全球生態系分類架構，建立全球陸域生態區植群分布圖（圖 1.9）。配適植群分類架構與潛在植群圖的過程包含五個主要步驟：

表 1.1　FAO 全球陸域生態區的植群分類架構及準則（FAO, 2010）

層級一：主要氣候區		層級二：全球生態區	
名稱	準則	名稱	準則
熱帶	全年無霜，沿海地區超過 18℃	熱帶雨林	旱季 0 - 3 個月（含冬天）
		熱帶濕潤落葉林	旱季 3 - 5 個月（含冬天）
		熱帶乾旱林	旱季 5 - 8 個月（含冬天）
		熱帶灌木林	半乾旱，蒸發 > 降雨
		熱帶沙漠	乾旱
		熱帶山地系統	海拔 >1000m
亞熱帶	全年 8 個月或以上超過 10℃	亞熱帶濕潤林	濕潤無乾季
		亞熱帶乾旱林	冬天下雨，夏天乾旱
		亞熱帶草原	半乾旱，蒸發 > 降雨
		亞熱帶沙漠	乾旱
		亞熱帶山地系統	海拔 >800 - 1000m
溫帶	全年 4 至 8 個月超過 10℃	溫帶海洋森林	海洋性氣候，最冷月份 >0℃
		溫帶大陸森林	大陸性氣候，最冷月份 <0℃
		溫帶山地系統	山地高度約 >800m
		溫帶草原	半乾旱，蒸發 > 降雨
		溫帶沙漠	全年乾旱
寒帶	全年最多 3 個月超過 10℃	寒帶針葉林	植相以針葉林為主
		寒帶苔原林地	植相以沼澤疏林為主
		寒帶山地系統	海拔 >600m
極區	全年低於 10℃	極區	與層級一準則相同

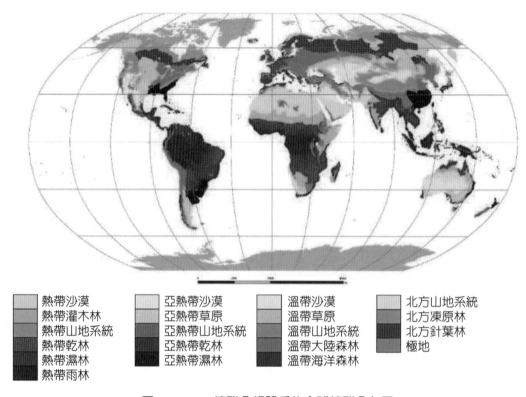

熱帶沙漠　亞熱帶沙漠　溫帶沙漠　北方山地系統
熱帶灌木林　亞熱帶草原　溫帶草原　北方凍原林
熱帶山地系統　亞熱帶山地系統　溫帶山地系統　北方針葉林
熱帶乾林　亞熱帶乾林　溫帶大陸森林　極地
熱帶濕林　亞熱帶濕林　溫帶海洋森林
熱帶雨林

圖 1.9　FAO 植群分類體系的全球植群分布圖

（資料來源：http://foris.fao.org/static/data/fra2010/ecozones2010.jpg）

(1) 確定某一地區的 Köppen-Trewartha 氣候類型及其山脈地區

(2) 建立區域／國家潛在植被類型與全球生態區之間的對應關係

(3) 全球生態區的最終定義和劃定

(4) 相鄰地圖之間的邊緣配置

(5) 驗證

　　FAO（2015）全球森林資源評估資料顯示：全球森林面積約為 40 億公頃，佔全球陸地面積 31%，相當於平均一人 0.6 公頃，而森林資源最豐富的 5 個國家（俄羅斯、巴西、加拿大、美國和中國）共佔森林總面積的一半以上。森林面積在各洲陸地的分布，則以歐洲所佔比例最高（25.4%），但其中大部分屬於俄羅斯，其次為南美的 21.1% 以及北美的 18.1% 排第三（表 1.2）。全球的森林面積有 7.2%（約 127,661,600 公頃）屬於人工林面積，可作為經濟林經營，相對地，天然林、紅樹林以及規劃為生物多樣性保護區經營的森林則可作為環境友善的生態永續林經營，以促達成生態資源保育與降低全球

表 1.2 全球森林資源分布（FAO, 2015）[†]

分類	森林（A）		天然林（B）		人工林（C）		原始林（D）		保護區（E）		紅樹林（F）	
各大洲及區域	面積	(A/T)	面積	(B/A)	面積	(C/A)	面積	(D/A)	面積	(E/A)	面積	(F/A)
東非及南非	274.88	6.9	270.273	98.3	4.613	1.7	5.652	2.1	33.395	12.1	0.840	0.31
西非及中非	313.00	7.8	309.714	99.0	3.286	1.0	128.051	40.9	50.845	16.2	0.035	0.01
北非	36.22	0.9	27.792	76.7	8.425	23.3	1.344	3.7	7.977	22.0	2.147	5.93
全非洲合計	624.10	15.6	607.779	97.4	16.324	2.6	135.047	21.6	92.217	14.8	3.022	0.48
東亞	257.05	6.4	165.224	64.3	91.823	35.7	33.25	12.9	16.751	6.5	0.082	0.03
南亞及東南亞	292.80	7.3	262.879	89.8	29.924	10.2	80.923	27.6	66.158	22.6	5.060	1.73
西亞及中亞	43.51	1.1	36.713	84.4	6.797	15.6	3.107	7.1	3.486	8.0	0.184	0.42
全亞洲合計	593.36	14.8	464.816	78.3	128.544	21.7	117.28	19.8	86.395	14.6	5.326	0.90
俄羅斯	814.93	20.4	795.089	97.6	19.841	2.4	272.717	33.5	26.511	3.3	0.000	0.00
歐洲（不含俄羅斯）	200.55	5.0	138.386	69.0	62.165	31	4.302	2.1	26.241	13.1	0.000	0.00
全歐洲合計	1015.48	25.4	933.475	91.9	82.006	8.1	277.019	27.3	52.752	5.2	0.000	0.00
中美洲	20.25	0.5	19.901	98.3	0.349	1.7	5.443	26.9	8.169	40.3	0.530	2.62
加勒比海地區	7.20	0.2	6.46	89.8	0.735	10.2	0.231	3.2	1.871	26.0	0.876	12.18
北美洲	723.20	18.1	680.972	94.2	42.235	5.8	314.28	43.5	116.735	16.1	1.183	0.16
全北美及中美洲	750.65	18.8	707.333	94.2	43.319	5.8	319.954	42.6	126.775	16.9	2.589	0.34
大洋洲	173.523	4.3	169.143	97.5	4.38	2.5	26.859	15.5	35.812	20.6	1.833	1.06
南美洲	842.01	21.1	826.989	98.2	15.021	1.8	400.457	47.6	130.374	15.5	2.007	0.24
全世界（T）	3999.13	100	3709.54	92.8	289.594	7.2	1276.62	31.9	525.24	13.1	14.777	0.37

[†]：面積單位為 $10000km^2 = 1000000ha$，面積比例為 %，B 欄天然林內涵原始林，E 欄生物多樣性保護區規劃面積。

碳排放量的永續目標。

2015 年世界林業大會發表德班宣言（Durban Declaration），強調森林是提供糧食安全、改善生計以及實現地球可持續發展的根本。森林透過提供食物和醫藥資源、木材和能源、飼料和纖維，並透過森林林分立體結構和整體環境穩定土壤資源、調節水資源、豐富生物多樣性以及減緩氣候變遷，適當的森林經營政策及做法，將可促支持農業永續發展，繁榮人類社會，提高地方社區及地球的韌性。所以，全球的森林經營宜適當且有效的整合土地利用方式，解決造成森林開發和土地利用變遷的因素，融合森林與農業全方位的經濟、社會及環境效益，利用永續經營的森林增加生態系統和社會的韌性，優化森林碳吸存的能力，維護森林景觀或森林生態系多元功能的價值。

參考文獻

劉如芸。2006。六種化學品系土肉桂葉子精油抗細菌、腐朽菌、病媒蚊幼蟲及室塵活性。臺灣大學森林環境暨資源學研究所碩士論文。79 頁。

林群雅。2008。桂皮醛應用為天然木材防腐劑之潛力評估。臺灣大學森林環境暨資源學研究所碩士論文。69 頁。

陳燕秋。2011。土肉桂精油對兩種植物病原菌的生長影響評估。中華科技大學健康科技研究所碩士論文。60 頁。

張淑華、何政坤。2017。抗癌尖兵 - 以生物技術生產喜樹鹼 (3)。林業研究專訊 24(1): 39-42。

Alexander, S.J., 1999. Who, what, and why: The products, their use, and issues about management of non-timber forest products in the United States. In Forest communities in the third millennium: Linking research, businesses, and policy toward a sustainable non-timber forest products sector, Davidson-Hunt, I., Duchesne, L.C., Zasada, J.C. (eds.). USDA For. Serv. North Cent. Res. Stn. NC-217. pp. 18-22.Cameron, S.I., Smith, R.F., 2008. Seasonal changes in the concentration of major taxanes in the biomass of wild Canada yew (Taxus canadensis Marsh.), Pharmaceutical Biology, 46, 35-40.

Cameron, S.I., Smith, R.F., Kierstead, K.E., 2005. Research partnerships and the realities of bioproduct commercialization, Pharmaceutical Biology, 43, 425-433.

Chamberlain, J.L., Bush, R.J., Hammett, A.L., Araman, P.A., 2002. Eastern national forests: Managing for nontimber products. Journal of Forestry, 100(1), 8 -14.

FAO, 2006. Global Planted Forests Thematic Study. Rome. 168pp.

Lynch, K.A., Jones, E.T., Mclain, R.J., 2004. Nontimber forest product inventorying and monitoring in the United States: Rationale and recommendations for a participatory approach. Institute for Culture and Ecology, Portland, OR. 50 p.

Muir, P.S., Norman, K.N., Sikes, K.G., 2006. Quantity and value of commercial moss harvest from forests of the Pacific Northwest and Appalachian regions of the US. Bryologist, 109(2), 197-214.

Nordqvist, J. 2017. Ginkgo biloba: Health benefits, uses, and risks. Retrieved at http://www. medicalnewstoday.com/articles/263105.php (a report reviewed by Dr. Wilson, D.R.)

OMNR, 2007. Forest Management Guide for Cultural Heritage Values. Ontario Ministry of Natural Resources. Queen's Printer for Ontario. Toronto. 84 p.

Otsuka, H., Fujii, T., Toh, U., Iwakuma, N., Takahashi, R., Mishima, M., Takenaka, M., Kakuma, T., Tanaka, M., Shirouzu, K., 2015. Phase II clinical trial of metronomic chemotherapy with combined irinotecan and tegafur-gimeracil-oteracil potassium in metastatic and recurrent breast cancer. Breast Cancer, 22(4), 335-342.

Schlosser, W.W., Blatner, K.A., Chapman, R., 1991. Economic and marketing implications of special forest products harvest in the coastal Pacific Northwest. Western Journal of Applied Forestry, 6(3), 67-72.

Smith, R.F., Cameron, S.I., Letourneau, J., Livingstone, T., Livingstone, K., Sanderson, K., 2006. Assessing the effects of mulch, compost tea, and chemical fertilizer on soil microorganisms, early growth, biomass partitioning, and taxane levels in field-grown rooted cuttings of Canada yew (*Taxus canadensis*). In Proceedings: 33rd Plant Growth Regulator Society of America Annual Conference, July 9-13, 2006, Quebec City QC. pp. 27-33.

Webster, L., Smith, R.F., Cameron, S.I., Krasowski, M., 2005. Developing improved nursery culture for the production of rooted cuttings of Canada yew (Taxus canadensis Marsh.). In Proceedings: 32nd Plant Growth Regulator Society of America Annual Conference, July 24-27, 2005, Newport Beach, CA, USA. Natural Resources Canada, Canadian Forest Service, Atlantic Forestry Centre, Fredericton, NB. pp. 95-100.

Yeates, L.D., Smith, R.F., Cameron, S.I., Letourneau, J., 2005. Recommended procedures for rooting ground hemlock (Taxus canadensis) cuttings. Natural Resources Canada, Canadian Forest Service, Atlantic Forestry Centre, Fredericton, N.B. Information Report M-X-M-X-219E.

UNESCO, 2017. World Heritage Center retrieved at http://whc.unesco.org/en/list/662.

第二章 全球森林的變遷
（Changes of the global forest cover）

2.1 全球土地利用變遷趨勢

土地被覆（land covers）係指被覆於地球表面的生物物理現象，而土地利用（land uses）反映人類使用土地行為及意圖，所以土地利用的變化與土地被覆的變化不一定相同。森林被覆既是土地被覆，也是土地利用的表現。根據 Global Forest Resources Assessment 2015（FRA, 2015），全球森林面積在 1990 - 2015 年期間下降了 1.29 億公頃（3.1%），於 2015 年的總面積約為 40 億公頃。

如圖 2.1 所示，森林損失可能是人為或自然原因所造成，而人為因素比自然因素所造成的森林面積損失及影響可能更廣泛，當人們清除森林並將土地用於其他目的，例如農業、基礎設施、人類住宅區和採礦時，如果森林未能自然地再生或者人類不施行再造林活動，就會發生毀林（deforestation）現象；同理，自然因素例如颱風豪雨、火災或地質災害等，也可能導致森林被毀而轉為其他土地利用型。相對於森林損失，森林會經由天然下種更新而自然擴張（natural expansion）獲得補償，也可利用人工栽植方式恢復森林面積。於原地重建森林以恢復森林面積的方法稱為更新造林（regeneration）或稱再造林（reforestation），而利用人工方法對原非林業使用土地，例如放棄的農地，進行造林以增加森林面積者稱為新植造林（afforestation）。

圖 2.1　森林變遷的驅動力

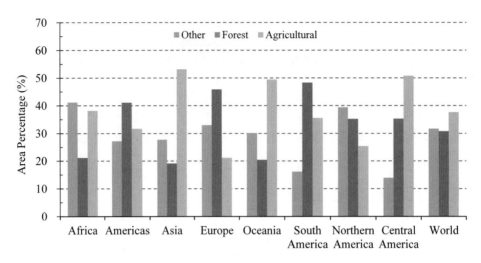

圖 2.2 　全球主要土地利用型面積的比較

（資料來源：FAO, 2016）

當森林面積減少並重新種植或森林經由自然再生而在相對較短的時間內自行恢復時，土地利用型便不會發生變化。森林的增加和損失為動態發生，因此即使採用高解析度的衛星圖像，要收集這些動態的可靠數據也是具有相當程度的挑戰性。FAO（2016）統計，以林業、農業及其他等三大類土地利用型比較，當前三類土地利用面積占全球面積的相對比例各約為 30.7%、37.7%、及 31.6%（圖 2.2），而亞洲地區的農業用地所占比例最高（52%），森林比例最低（19%）。

2.2 森林變為農業用途的因素

毀林或森林開發是因為發生於各種時間及空間尺度上多重原因的綜合結果，毀林的程度在不同的時空也有顯著的不同。儘管毀林已成為全球關切的議題，但造成毀林的直接或間接因素仍缺乏量化的具體資訊（Kaimovitz and Angelsen, 1998）。一般而言，農業擴張，城市增長，基礎設施發展和採礦等的人類活動，是造成毀林的最直接原因，其影響森林覆蓋的程度也最大；而人口、經濟、技術、社會、文化和政治因素的宏觀層面的相互作用則是造成毀林的間接原因（Kissinger *et al.*, 2012）。

據估計，因為農業擴張所減少的森林面積約佔全球毀林率的 80%（Kissinger *et al.*,

2012），而大型商業化農業與生計農業之間的重要區別就是毀林的驅動力。大規模農業
商品出口及商業化生產雖然可能帶來其他經濟效益並加強全球糧食安全，但是所涉及的
森林開發幅度卻相當大，因生計農業所減損的森林面積就相對地很少。圖 2.3 所示為全
球各國的農業與森林二種土地利用型相對增長或減少的比較，其中深褐色代表農業用途
土地面積淨增長及森林淨損失，例如：南美洲的巴西、阿根廷、祕魯，非洲的尼日爾、
安哥拉、馬利共和國、馬達加斯加、坦桑尼亞，歐洲的芬蘭，亞洲的印尼、泰國、緬
甸；綠色代表森林淨生長農地景損失，此以北美洲的美國，歐洲的德國、法國、義大
利、波蘭，亞洲的中國大陸及外蒙古為代表；森林及農業用地接損失者為淺褐色，主要
發生於中美洲的瓜地馬拉、尼加拉瓜以及大洋洲的澳洲，以及亞洲的南韓；森林及農地
皆淨增長者為深綠色，此以南美洲智利，歐洲的英國，非洲的阿爾及利亞、埃及，亞洲
的馬來西亞、越南、寮國為代表。

　　影響「森林轉變為農業」的因素包括人口增長、農業發展、保障土地使用權和土地
利用的管理。自 1990 年以來，全球人口增長了 37%，食品消費增長了 40%，這些數據
可以反映出城市和國際對農產品的需求是毀林的重要驅動力（DeFries *et al.*, 2010），而

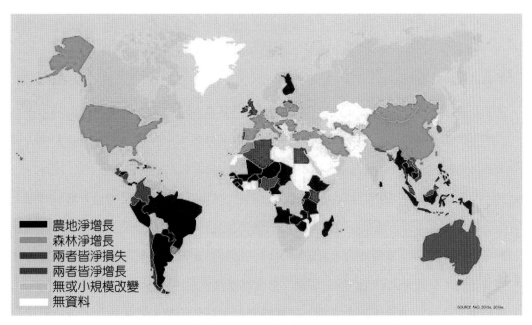

圖 2.3　全球農業及森林區域在 2000-2010 期間的變化

（資料來源：FAO, 2016）

市場條件和農業政策的變化可能會增加農地需求並導致森林開發。

　　最易受農業轉型影響的森林往往位於平坦、易於獲取的肥沃土地上，例如具有良好海上運輸與市場交通的海岸林和島嶼森林。高度貧困地區和低效的農業生產體系也可能造成森林開發的壓力，因為人們會在森林邊界尋求經濟機會。不良的治理會在多個面向驅使毀林的發生，最明顯的例子是印尼政府於 Kalimantan 省區南部所推動的「稻米生產巨型計畫（Mega Rice Project）」，現在普遍以 Ex-Mega Rice Project（EMRP）稱之。EMRP 計畫原係一個將數以百萬公頃計的原始森林面積開發為稻米、椰油生產等農業用途的大型計畫（Lin and Trianingsih, 2016），由於事前對於森林環境特性的評估不足，最後只能失敗收場。在部門間聯繫薄弱的地方，具較高優先權部門（如農業、採礦業、工業發展和能源部門）的政策可能比森林政策本身對森林產生更大的影響。

2.3 林業與農業的關係

　　林業與農業雖然同屬綠色產業，但二者在人力與資金的集約程度、農產品成熟判斷標準及生長收穫觀念等均有所不同，例如：

- 農業生長期限時間短，耗用土壤地力程度大，經濟產區主要位於平地；林業生長期限時間長，枯枝落葉可以回饋土壤養分，對土壤地力的耗用程度較小，經濟產區受到地形嚴格的限制。

- 農業是屬人力集約、資金粗放之事業，林業是屬人力粗放、資金集約之事業。人力或資金之集約度係依該產業所投下之人力與資金之多寡來評定之，投注的人力或資金愈多愈集約，愈少愈粗放。

- 農產品之成熟與否可由其生理外觀判斷。林木之成熟與否需由經濟損益之觀點判斷。

- 兩者收穫觀念不同，農業所收穫者為上期種實在這期（今年）所發生之生長量。林業則須經連年生長之累積方有木材收穫，但在某些特定目標經營上，林業有時並不注重實質的木材收入，例如防風林經營、景緻林或都市林經營。

- 農業通常完全收穫當年的生長量，但林業的年伐採量若超過年生長量，森林蓄積量會減少，也會造成來年生長量的減少；相反地，林業的年伐採量若低於年生長量，森林蓄積會增加，而來年的生長量也會增加。

圖 2.4 累積直徑生長及高生長創造林木收穫的基礎

圖 2.5 農林業產物對比（左）及日本庄內空港防風林展現森林環境多元價值（右）

　　儘管林業與農業在人力與資金的集約程度、農產品成熟判斷標準及生長收穫觀念有很大的不同，農業對與林業仍有相當的依存關係，永續經營的森林將提高生態系和社會的韌性，並優化森林和樹木在吸收和儲存碳的作用，同時提供其他環境服務（FAO，2016）。例如：森林既為林木及林地的集合體，整體的森林生態系各項組成，包含生物資源、土地及環境資源等，森林可藉由提供食物與醫藥資源、木材與能源、飼料和纖維，創造收入和就業機會，使社區居民改善生計和人類社會得以繁榮；森林亦可藉由整體生態系的動態立體結構、穩定土壤、調節水資源及氣候以及豐富生物多樣性，因此森林可以支持永續農業和人類福祉。

　　承 2.2 節所述：農業擴張為全球森林面積減少的主因（Kissinger *et al.,* 2012）；顯然地，農業發展已成為全球趨勢，許多未開發國家仍會積極地開發森林並以農業生產取代之，也成為聯合國維護森林資源永續及抵抗碳排放造成全球暖化或極端氣候影響的所必須面臨的挑戰。過度的（失控的）農業擴張對森林生態系的特殊依存關係，有違當今

全球為降低地球暖化或降低碳排放的目標。為促成農業適當的發展並維護健全的森林生態系多元功能，解決森林開發問題及其負面影響，改善土地利用方式實為必要手段。利用科學技術、土地利用政策以及國際合作關係，從經濟、社會和環境效益等面向，將森林資源經營與農業生產做全方位的結合，建立農林發展的正向依存關係或相容程度，維護大尺度森林地景的多元效益，遂成為地球村永續森林經營的至關重大的工作。

在 2000-2010 期間，森林損失面積約 6.2 Mha/yr，農地增加面積約 7.7 Mha/yr（FAO, 2016），顯然地，有極大量的森林淨損失面積轉為農地使用，而且主要發生於國民所得較低且其鄉村人口有明顯增加的國家。所以，利用國際合作導向開發中國家適當的農業發展，減低貧窮並增加糧食安全程度，成為降少森林開發促成森林永續經營的重要工作。表 2.1 所示為實踐整合農業發展及森林永續經營的具體目標，FAO 訂出五個策略目標以及各項目標應具體落實的工作項目內容。

表 2.1　FAO 實踐整合農業發展及森林永續經營的五大策略目標及作法（FAO, 2016）

策略	目標	具體作法
SO1	解決糧食問題、幫助缺糧地區消除飢餓和營養不良問題	1. 協調森林及食物安全政策 2. 改善森林及食物安全的資料取得 3. 改善現有政策
SO2	使農業、林業和漁業更具生產力和永續性	1. 森林永續經營 恢復乾旱地、山區、集水區 2. 全球森林資源評估、國家森林監測系統 3. 森林及氣候變遷 REDD+ 4. 野生動物、保護區、遺傳資源、混農林業 5. 政府及全球夥伴
SO3	減少農村貧困問題	1. 發展小型森林企業 2. 林業正式雇員 3. 強化森林及農村生產者組織
SO4	實現農業和食品系統的包容性及高效能	1. 生物經濟中的森林產品 2. 非木質產物及木質能源 3. 林產品統計 4. 森林法的強制性、管理及貿易
SO5	將生活彈性提高到可應付威脅和危機的程度	1. 森林火災 2. 森林健康 3. 災害風險管理 4. 氣候變遷適應

2.4 全球森林資源蓄積量及其變化

一、森林蓄積量及生物量的分布

　　生立木蓄積（growing stocks）提供有關現有森林資源的木材蓄積、生物量以及碳儲量等基本信息，為評估全球森林生態系永續性的基礎。表 2.2 所示為 FAO 以 2015 年為基礎所估計的全球森林資源蓄積量，在全球約 3999.13 Mha 的森林面積中，生立木的木材總蓄積量約 4.31 km^3（1km^3 = 1*109 m^3），其中約 56% 的木材蓄積量分布於南美洲及歐洲，二者各約有 1.29 及 1.14 km^3，最低蓄積量為大洋洲的 0.09 km^3；全球森林單位

表 2.2　全球森林面積及蓄積量統計表（FRA, 2015）

各大洲及區域	森林面積	生立木蓄積量		生立木生物量		枯立木生物量	
	Mha*	1000m^3	m^3/ha	kilotons**	ton/ha	kilotons	ton/ha
東非及南非	274.88	15625.7	56.8	58568.9	213.1	34.0	1.3
西非及中非	312.99	61159.9	195.4	117968.3	376.9	3544.2	11.3
北非	36.21	1695.1	46.8	5419.4	149.6	6.0	0.2
全非洲	624.10	78480.8	125.8	181956.5	291.5	3904.2	6.3
東亞	257.04	18645.4	72.5	22959.4	89.3	2215.3	8.6
南亞及東南亞	292.80	28761.9	98.2	74407.1	254.1	222.0	0.8
西亞及中亞	43.51	3106.4	71.4	4460.5	102.5	22.1	0.5
全亞洲	593.36	50513.7	85.1	101827.0	171.6	2459.4	4.1
俄羅斯	814.93	81488.1	100.0	98400.0	120.7	14900.0	18.3
歐洲†	200.55	32974.6	164.4	38254.7	190.7	670.4	3.3
全歐洲	1015.48	114462.6	112.7	136654.7	134.6	15570.4	15.3
中美洲	20.25	3167.5	156.4	5749.3	283.9	34.2	1.7
加勒比	7.19	483.3	67.2	1842.0	256.0	89.2	12.4
北美洲	723.20	45425.9	62.8	58173.0	80.4	4827.3	6.7
北美及中美洲	750.65	49076.7	65.4	65764.3	87.6	4950.7	6.6
大洋洲	173.52	9465.7	54.6	25003.4	144.1	342.6	2.0
南美洲	842.01	128548.8	152.7	277241.4	329.3	3169.1	3.8
全世界	3999.13	430548.3	107.7	788447.3	197.2	30396.4	7.6

†：不含俄羅斯在歐洲內的領土；*:Mha 代表百萬公頃；**:1 kiloton = 1000 tons。

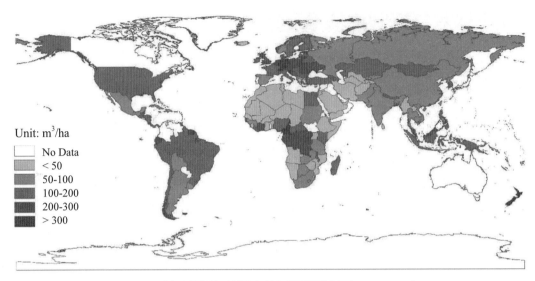

圖 2.6　世界各國每公頃森林面積蓄積量（FRA, 2015）

面積蓄積量約為 107.66 m³/ha，相對於該全球均值，西非及中非 195.4 m³/ha、歐洲 164.4 m³/ha、中美洲 156.4 m³/ha 及南美洲 152.7 m³/ha 等擁有較高的單位面積蓄積量，而亞洲地區 85.1 m³/ha 則顯偏低。單位面積蓄積量在全球各區域的空間分布特徵略可由圖 2.6 察知，單位面積高蓄積森林主要分布在南美洲和西非和中非熱帶森林以及歐洲的溫帶林和寒帶林。

　　生物量（biomass）為單位面積的生物體乾物重量，通常以 ton/ha 表示之。森林生物量（forest biomass）是分析評估生態系統生產力、生質能源潛力以及森林在生態系統碳循環作用的重要參數，森林生物量與生立木蓄積有直接相關。自全球第一份全球森林資源評估報告「FRA 1990」發表迄今，聯合國糧農組織已將森林生物量定調為評估全球森林生產力以及森林永續性的重要項目（FRA, 2015）。

　　森林生物量一般區分為地上部生物量（aboveground biomass, AGB）和地下部生物量（belowground biomass, BGB）。實務上，通常利用 IPCC 法以立木材積（tree volume, V）、木材密度（wood density, WD）、地上部擴展係數（biomass expansion factor, BEF）的乘積決定立木的 AGB，再透過碳重量百分比（carbon fraction, CF），估計得到立木的地上部碳存量（aboveground carbon stock, AGC）（IPCC, 2003; Lin et al., 2016），再利用地下部及地上部相對重量百分比（root-shoot ratio, R）可推論得到地下部碳存量（belowground carbon stock, BGC）。IPCC 法有三個重要的基本假設：

- 樹種的樹冠層生物量（canopy biomass, CB）與其立木樹幹材積生物量 (V · WD) 具有一定的比例關係，亦即

$$BEF = (V \cdot WD + CB) / (V \cdot WD) = AGB / (V \cdot WD) \qquad (2.1)$$
$$CB = (V \cdot WD)(BEF - 1) \qquad (2.2)$$

- 樹種的地下部生物量與地上部生物量具有一定的比例關係，亦即

$$R = AGB / BGB \qquad (2.3)$$

　　透過野外實務調查分析，可以建立樹種的 BEF 及 R 兩個常數的經驗值。所以，IPCC 法以生物量為基礎所估計的全株立木的總碳存量（carbon stocks, C）為

$$C = (V \cdot WD \cdot BEF)(1 + R) \cdot CF \qquad (2.4)$$
$$C = AGB(1 + R) \cdot CF \qquad (2.5)$$

- 雖然樹種的 BEF 及 R 在不同立木間存在著某種程度的變異，但仍可視為常數。

　　若單以生立木為計量對象，全球森林生態系的地上部及地下部總生物量蓄積，約 788 Mt（megaton，百萬公噸），單位面積生物量蓄積約 197 ton/ha（表 2.2），而碳蓄積量約 250Mt，單位面積碳存量為 63 ton.C/ha（表 2.3）；若計入枯立木及枯枝落葉等，則單位面積生物量及碳存量各為 205 ton/ha（表 2.2）及 80 ton.C/ha（表 2.3）。全球各區域的森林生態系生物量蓄積及碳存量，請詳見表 2.2 及表 2.3，該表所列各區域的絕大多數國家都使用 IPCC 所提供的轉換係數來估算生物量及碳存量，故各區域之間的森林蓄積量、生物量、碳量的相對關係，應與實際相對量相符。

二、森林資源的變遷

　　表 2.4 所示為聯合國糧農組織全球森林資源評估（FRA, 2015）的森林資源統計資料，自 1990 年以來全球森林面積仍呈現負成長趨勢，在各區域的變化趨勢則有負成長

表 2.3　世界各區域森林碳蓄積（FRA, 2015）

區域	生立木碳蓄積		枯木及落葉碳		總碳存量	
	kt.C	ton.C/ha	kt.C	ton.C/ha	kt.C	ton.C/ha
東非及南非	18,780.79	68	703.10	3	19,483.89	71
西非及中非	37,671.50	120	4,315.49	14	41,986.99	134
北非	2,327.06	64	149.67	4	2,476.73	68
全非洲	58,779.35	94	5,168.26	8	63,947.62	102
東亞	7,357.70	29	2,284.40	9	9,642.10	38
南亞及東南亞	24,729.62	84	763.05	3	25,492.67	87
西亞及中亞	1,792,26	41	594.40	14	2,386.67	55
全亞洲	33,879.58	57	3,641.86	6	37,521.44	63
俄羅斯	32,800.00	40	34,200.00	42	67,000.00	82
歐洲[†]	12,543.73	63	4,263.99	21	16,807.72	84
全歐洲	45,343.73	45	38,463.99	38	83,807.72	83
中美洲	1,903.65	94	51.20	3	1,954.86	97
加勒比	553.68	77	111.04	15	664.72	92
北美洲	19,323.00	27	13,897.14	19	33,220.14	46
全北美及中美洲	21,780.33	29	14,059.38	19	35,839.72	48
大洋洲	7,799.54	45	694.89	4	8,494.44	49
南美洲	82,485.74	98	6,615.94	8	89,101.68	106
全世界	250,068.30	63	68,644.35	17	318,712.65	80

[†]: 不含俄羅斯在歐洲內的領土

*:1 kiloton = 1000 tons and 1kt.C = 1000 ton.C

表 2.4　地球各區域別 1990-2015 期間的森林面積統計表 *

區域	1990	2000	2005	2010	2015
非洲	705.7401	670.3721	654.6789	638.2822	624.1026
亞洲	568.1215	565.9116	580.8676	589.4054	593.3616
歐洲	994.2709	1000.2816	1004.1470	1013.5720	1015.4825
中北美洲	752.4982	748.5587	747.9524	750.2786	750.6527
大洋洲	176.8252	177.6412	176.4853	172.0016	173.5236
南美洲	930.8136	890.8171	868.6114	852.1332	842.0106
全球	4128.2695	4053.5822	4032.7427	4015.6730	3999.1336

*: 面積單位 1 Mha = 1,000,000 ha

或正成長之現象。若以 1990 年為基準，全球森林面積累計變化到 2000、2005、2010、2015 年，所減少的森林面積比率各為 1.81%, 2.31%, 2.73%，以及 3.13%；持續的負成長現象主要係非洲及南美洲區域內的森林面積有明顯的持續減少情形，二個區域的 2015 年森林面積約為 1990 年的 90%，開發幅度很大；相對的，在亞洲及歐洲區域的森林面積則自 2000 年以來有明顯的增加趨勢，中美洲及北美洲的增加幅度較不明顯（圖 2.7 上）。以評估期間的森林面積平均年增加量評估時，非洲的年增率由 2005 至 2015 穩定維持在約 -3 Mha/yr 的幅度，亦即每年以 3 Mha 的幅度在開發森林；南美洲森林開發減少森林面積的比率由 2005 年的每年減少 4.5 Mha 逐步降低到 2015 年的 2.0 Mha。亞洲區森林面積最大年增率發生於 2000-2005 年期間，以每年 3 Mha 的幅度在提升森林面積，之後森林面積年增率逐漸減小至 2015 年約 0.8 Mha/yr。歐洲區森林面積的最大年增率則發生於 2005-2010 年期間，以 1.9 Mha/yr 的幅度在提升森林面積，至 2015 年的森林面積年增率則降至約 0.4 Mha/yr（圖 2.7 下）。依據 FAO（2016），全球森林面積增加的主要原因為新植造林（afforestation），這在亞洲區及綜合森林面積的變化趨勢，全

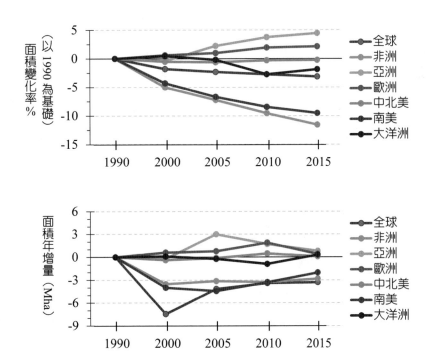

圖 2.7　全球森林面積變化趨勢。（上）以 1990 年面積為基礎的森林面積變化率，（下）以各段評估期間森林面積變化量為基礎的森林面積平均年增量。

球森林面積增加的潛能幅度逐漸在縮小，森林面積年增率逐年下降，應可反映新植造林的潛力變小，相對地，維持森林健康及提升森林生產力應是提升森林降低全球碳排放量的重要手段及方法。

2.5 臺灣森林面積的變化趨勢

臺灣歷年經過四次的森林資源調查，每次調查時間均歷時數年，若以各次歷程的調查中點時間為代表，歷次調查森林資源訊息的代表年（始末時間）各為民國 44（43-45）、64（61-66）、81（79-82）、100（98-102）年。第四次調查啟動時間為 97 年 6 月，但 98 年賀伯颱風造成嚴重災害，航照調查及地面調查時程稍受影響，故權以 98 年計至完成時間 102 年 6 月計其中間數。各時期的森林面積為 1.9695、1.8191、2.1024、2.1860Mha 相對於臺灣島嶼面積的森林被覆率各為 55.1%、50.9%、58.5%、60.9%（圖 2.8 左）。第四次資源調查對象廣及金門馬祖地區，若計入外島資料，則全臺灣森林面積為 2.1971 Mha，森林被覆率為 60.7%。以 44 年的第一次調查的森林面積為基礎，64 年的森林面積顯然地被大量的開發，整體森林面積減少比率高達 7.6%，平均每年減少 7.9158 kha；之後因為降低伐採量及大面積造林政策以及森林因天然更新自然擴張的結果，促成森林面積大幅度的恢復，此其的森林面積比第一次調查的資料高出 6.2%，在這 17 年期間，平均每年增加森林面積高達 17.7063 kha；81 年到 101 年期間的森林面積持續呈現明顯增加的趨勢，較第一次的面積增加了 10.3%，相對地在最近 20 年期間，平均每年增加 4.9842 kha（圖 2.8 右）。

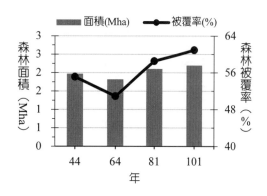
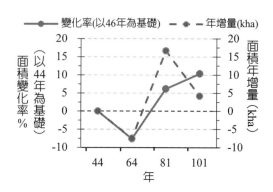

圖 2.8　臺灣森林面積被覆比率及變遷趨勢

2.6 臺灣與世界各國森林資源比較

　　FRA（2015）資料顯示：全球森林面積前十大主要國家為俄羅斯、巴西、加拿大、美國、剛果、澳洲、印尼、祕魯以及印度，其中俄羅斯及加拿大為寒帶針葉林（boreal forest）、美國及中國大陸為溫帶林（temperate forest），澳洲為亞熱帶林（subtropical forest），巴西、剛果、印尼、祕魯、印度為熱帶林（tropical forest）。表 2.5 所示，在 1990-2015 的 25 年期間，俄羅斯及加拿大的天然林面積呈下降趨勢，俄羅斯小幅下降後有恢復的趨勢，相反的，加拿大卻出現持續下降的現象。加拿大是林業相當發達的國家，強調森林監測、認證以及制訂完整的永續經營準則與指標（criteria and indicators），其 2015 年的天然林面積比 1990 年減少 3.6%，確實是值得省思的。美國的溫帶天然林雖然初期也有稍微減少，但後期也有補回的現象，這也反映先進國家森林保護經營的效果；中國大陸則呈現相對穩定增加的趨勢，在過去 25 年期間的天然林面積增加了 12.3%。亞熱帶及熱帶天然林大都呈現持續向降的趨勢，減少幅度以印尼的 10.6% 最大，其次為祕魯 6.4%、剛果 4.9%、澳洲 2.6%，印度則有微量增加的現象。

　　由表 2.5 的各國規劃保護的森林面積以及人均森林面積的統計資料，受保護森林係以法規或政策工具，指定森林為保護生物多樣性、水土保持、保存景觀價值或其他防護功能等特定用途者。雖然保護林面積可以反映對森林資源或環境需要保護的重要性，但人均森林面積可以代表國民綠色所得的觀念，相較於世界森林資源最豐富的十大主要國家，臺灣的人均森林面積只稍微大於印度，但低於有森林分布的所有國家人均森林面積平均值 1.4447±4.4362 ha/ 人。

表 2.5　臺灣森林資源屬性與全球森林面積前十大國家之比較

類別	年	俄羅斯	巴西	加拿大	美國	中國	剛果	澳洲	印尼	祕魯	印度	臺灣*
森林面積 (Mha)	1990	808.9	546.7	348.3	302.5	157.1	160.4	128.5	118.5	77.9	63.9	2.104
	2000	809.3	521.3	347.8	303.5	177.0	157.2	128.8	99.4	76.1	65.4	
	2005	808.8	506.7	347.6	304.8	193.0	155.7	127.6	97.9	75.5	67.7	
	2010	815.1	498.5	347.3	308.7	200.6	154.1	123.2	94.4	74.8	69.8	2.197
	2015	814.9	493.5	347.1	310.1	208.3	152.6	124.8	91.0	74.0	70.7	
天然林面積 (Mha)	1990	796.3	541.7	343.7	284.5	115.2	160.3	0.0	0.0	77.7	58.2	1.527
	2000	793.9	516.1	338.5	281.0	122.6	157.2	0.0	96.1	75.4	58.2	
	2005	791.8	501.1	335.9	280.3	125.8	155.6	126.0	93.2	74.8	58.2	
	2010	795.5	491.5	333.3	283.2	127.5	154.1	121.3	89.6	73.8	58.7	1.625
	2015	795.1	485.8	331.3	283.7	129.3	152.5	122.7	86.1	72.8	58.7	
受保護森林面積 (Mha)	1990	11.8	95.3	23.9	19.8	4.6	0.0	0.0	29.9	0.0	12.7	0.694
	2000	16.2	152.7	23.9	23.0	16.2	0.0	13.9	29.9	0.0	13.0	
	2005	16.5	185.6	23.9	28.2	23.8	0.0	17.0	29.9	0.0	15.6	
	2010	17.6	204.7	23.9	33.4	27.0	16.3	19.0	32.2	16.4	16.1	0.665
	2015	17.7	206.2	23.9	32.9	28.1	24.3	21.4	32.2	18.8	16.1	
人均森林面積 (ha/人)	1990	5.460	3.653	12.592	1.188	0.135	4.594	7.518	0.664	3.579	0.074	0.101
	2000	5.514	2.987	11.330	1.067	0.138	3.349	6.690	0.476	2.929	0.063	
	2005	5.619	2.722	10.777	1.022	0.146	2.882	6.220	0.436	2.724	0.060	
	2010	5.676	2.553	10.177	0.989	0.148	2.478	5.499	0.392	2.557	0.058	0.094
	2015	5.752	2.431	9.743	0.958	0.152	2.029	5.239	0.362	2.403	0.054	

*：以包含臺灣本島和外島的森林面積為比較基準。

參考文獻

林務局。2014。第四次森林資源調查。臺北，78 頁。

DeFries, R.S., Rudel, T., Uriarte, M., Hansen, M. 2010. Deforestation driven by urban population growth and agricultural trade in the twenty-first century. Nature Geoscience, 3: 178–181.

FAO, 2010. Global Forest Resources Assessment 2010 main report. Rome, 163pp.

Forest Resources Assessment, FAO. 2015. Global Forest Resources Assessment 2015 — How

Are the World's Forests Changing; Food and Agricultural Organization of United Nations: Rome, Italy, 54pp.

FAO, 2016. State of the World's Forests 2016, Forests and agriculture: land-use challenges and opportunities. Rome, 126pp.

IPCC. Good Practice Guidance for Land Use, Land-Use Change and Forestry; IPCC/OECD/ IEA/IGES: Hayama, Japan, 2003.

Kissinger, G., Herold, M., DeSy, V., 2012. Drivers of deforestation and forest degradation: a synthesis report for REDD+ policymakers. Vancouver, Canada, Lexeme Consulting.

Kaimowitz, D., Angelsen, A., 1998. Economic models of tropical deforestation: a review. Bogor, Indonesia, Center for International Forestry Research (CIFOR).

Lin, C., Trianingsih, D., 2016. Identifying forest ecosystem regions for agricultural use and conservation. Scientia Agricola, 70(1): 62-70.

第三章 森林永續經營觀念的發展
（Development of sustainable forest management models）

3.1 永續發展與生態問題

凡具有自我維繫能力，可以在短期內（至少不需要千萬年），透過繁殖或其他再生過程獲得補充的資源，稱為可再生資源（renewable resources），例如林木、農作物、牲畜、海洋及淡水生物，乃至於土壤、空氣、水等。相對於可再生資源繁殖或更新補充的機能，石油、煤等非金屬礦物以及各種金屬礦物，因為再生期過於漫長，故可歸類為不可再生資源（unrenewable resources）。不可再生資源的存量隨使用量而逐漸減少，基於空間限制的觀念，地球上有限儲量的不可再生資源，理論上將有耗竭的一天。

工業革命以來，人類積極追求高度的經濟發展，使用自然資源時並未關注自然資源耗竭的可能性及負面效應，缺乏資源保育及環境保護觀念，在 20 世紀後期造成嚴重的七大生態問題，包含 (1) 水汙染（water pollution）與水資源匱乏（water scarcity）、(2) 空氣汙染（air pollution）與酸雨（acid precipitation）、(3) 固體與有毒廢棄物（solid and hazardous waste）、(4) 土壤退化（soil degradation）、(5) 森林開發（deforestation）、(6) 生物多樣性喪失（loss of biodiversity）、(7) 大氣臭氧層的破壞（atmospheric changes）等。世界銀行（1992）於「世界發展報告 1992- 發展與地球環境」中指出：環境管理不善（environmental mismanagement）的主要衝擊在人類健康及生態系的生產力面向；由於過去長期汙染造成的環境問題無法在短期內解決以及多重因素交互作用的持續影響，氣候變遷（地球暖化及極端氣候）可能對生態系導致更劇烈且無法估計的衝擊。

永續發展（sustainable development）應可理解為人類社會的整體發展，至少應建立不傷害他人的道德責任，以及不對生態環境造成無法還原的破壞。基於滿足全球人口發展對於糧食安全的需求，促成環境永續利用的關鍵，應在於改變生產的方式，而非降低

產能；工業上，可透過科學技術避免不利環境發展的負面因子之發生，或控制降低其排放量及影響；在自然資源的經營利用上，應建立自然資源蓄積量及生產力基礎資訊，宜以生態倫理（environmental ethics）為出發點，在生態系統容受力（carrying capacity）基礎下，從量度（measuring）、評估（evaluation）以及驗證（verification）自然資源的數量與品質訊息的方法與基準等面向，建立適當的監測管理機制，才能確保生態系功能的永續性（ecological sustainability）以及人類社會經濟的永續發展。

國際自然暨自然資源保育聯盟（the International Union for Conservation of Nature and Natural Resources, IUCN）結合百餘個國家的官方與非官方組織及科學領域專家，以致力於促進生態系資源的保護及利用為目標。IUCN（1980）基於生態學的角度，認為永續利用（sustainable use）的意義為人類利用生物與生態系資源時，應兼顧保育，以使其得以再生不息。換言之，在使用環境資源的過程中，資源的質與量能夠獲得穩定且永遠的維持不變。從傳統林業經營「森林為林木及林地的集合體」的觀念，到當代「整合生物、環境、社會文化與經濟等三個主體面向的森林生態系經營」，森林經營的永續觀念已提升為兼顧森林生態系多元功能的森林生態系永續經營，但整個機制仍應以林木組成的森林有機體的永續經營為核心，並擴及於保護生態系環境資源；換言之，當代的森林資源永續經營係透過維護林木可再生特性的永續存在，連結並促成完整的森林生態系所有組成及其功能的永續存在。

3.2 永續森林經營

永續森林經營（sustainable forest management, SFM）的觀念係依據永續發展原則經營森林，以實踐森林功能的永續性。依據歐洲森林保護部長會議（the Ministerial Conference on the Protection of Forests in Europe, MCPFE），永續森林經營（sustainable forest management, SFM）係指應用適當的方法以管理及適量使用森林資源與土地，以滿足人類現在及未來對森林生態系有關生態的（ecological）、經濟的（economical）以及社會文化的（socio-cultural）功能之需求。使用森林資源時，必須維護森林的生物多樣性（biodiversity）、生產力（productivity）、更新能力（regeneration capacity）、生命力（vitality）以及森林環境的潛力（potential），同時不會損及其他生態系；永續森林經

營應不分國家或區域,而應以滿足全球人類對森林各項功能的需求為標準。

　　人類社會對使用森林資源(林產物以及經濟價值)的需求不斷的增加,在此過程中,人類對於森林健康的維護以及多樣性的保存可能造成負面的衝擊,因此,永續的森林經營可視為維持「森林經濟價值的可利用程度」與「森林生態的健康及多樣性保存」二者的平衡。這種平衡關係對於森林的生存以及依賴森林生存的社區(forest-dependent communities)存續發展至關重要。

　　對於森林經營者,永續地經營一塊森林代表著以實際明確的方式,決定今天使用森林的方法,以確保未來能夠使用該森林仍能具有今天使用森林所可能得到的相同利益、森林健康以及森林生產力。森林經營者必須評估並且整合許許多多的相互衝突或矛盾的因子,例如商業的與非商業的價值、環境條件、社區需要性及全球的衝擊,以訂定並實施合理的森林經營計畫。

　　當代的臺灣森林資源經營指導原則涵蓋保育性、公益性、經濟性以及永續性;其中保育、公益以及經濟三者可視為規範經營目標的優先次序,永續性則為確保經營目標的持續、恆久存在。依據森林法的精神,臺灣森林的永續經營首重保育性與保安性原則,其次才是經濟性原則。所以,推動臺灣森林永續經營時,具體經營措施應該注重四個面向:

- 經營原則或理念,
- 經營目標及經營的限制條件,
- 經營對象,以及
- 達成經營目標的手段;

欲達成有效的森林資源永續經營,必須注意四個面向的協調性以及一致性,同時應避免四者混淆不清的窘境,例如,將原則當成目標,或將目標當成限制條件。

3.3 森林經營永續觀念的發展

　　森林學領域中的永續發展(sustainable development)是由永續收穫(sustained yield)開始的。傳統的永續觀念主要著眼於以木材收穫或生產方面,重視經濟收入與資源的供給面;永續的計量基礎最早是強調森林面積的永續,而後演變成為生產材積的

永續以及價值的永續（羅紹麟，1993）。依據森林經營主題目標的改變情況，可以將森林經營永續觀念（sustainable forest management models）的發展，區分為永續收穫林業（sustained yield forestry）、永續多目標資源利用林業（sustained multiple resources use）以及永續生態林業（sustainable ecological forestry）等三個階段。各個階段的主題經營目標與核心觀念分述如下：

一、永續收穫林業

A. 木材收穫單目標經營

森林經營永續收穫起源於中世紀後期的歐洲（Heske, 1938）。這個時期因為缺乏完善的運輸和通訊系統，導致小而獨立的政治單位體系具有較高關稅壁壘，顯著的阻礙了區域貿易（Waggener, 1977）。當地消費幾乎完全依賴當地生產，地方社區在很大程度上必須自給自足。除非嚴格控制集體使用，否則就有可能用盡當地的木材資源，因此森林產品的生產和消費受到高度的管制；生產與消費的管制對象更由木材和薪柴採伐，擴及於落葉收集和放牧，因該兩種行為被認為會影響森林土壤的長期生產力。

森林資源及產品具有可永久再生的潛力，透過經營技術可強化森林生產力，以維持木材和其他產品的持續供應。森林經營永續性觀念係基於維護社會經濟和生物資源的概念，從對木材的需要面相觀之，永續性主要在避免地方的或區域的社會和經濟受到木材短缺所破壞。

古典的森林經營學乃基於一系列的調查林木生產資料、計劃及控制木材生產，對於林產品或服務等皆以經濟學的供需法則來控制產量，這種追求經濟利潤價值永續的生產觀念，在林業經營上演變成為以追求最大純利的永續收穫，也導引了 19-20 世紀「木材收穫最適輪伐期理論」的發展；在財務收益最大化目標下，將每個輪伐期所涉及收穫與更新機制以及勞力與投資資本等，皆要求其邊際收益大於其邊際成本（Duerr, 1993）。此一時期的森林經營強調木材收益與經濟效率（羅紹麟，2005），故稱為經濟性林業（economic forestry），也稱為永續收穫林業（sustained yield forestry）。

B. 時代特徵

主要林業國家的經濟高度發展成為本時期的重大特徵，但是天然林面積急遽減少，大量森林地被開發作為農業用地及其他用途。以表 3.1 為例，美國的森林面積自

表 3.1 美國森林面積變化統計表

年	1630	1907	1938	1953	1963	1977	1987	1997	2007	2014	2015
森林面積（Mha）	423	307	307	306	308	301	299	303	306	309	310
面積比例（%）	46.1	33.5	33.5	33.4	33.6	32.8	32.6	33.1	33.4	33.8	33.9

Mha：百萬公頃

1630 年至 1960 年代全國森林減少 115 Mha，森林面積減少約 27%。自 1970-80 年代森林面積的變化規模變小，減少約 2 Mha，但在 20 世紀末，森林面積開始增加，具體反映出自 1990 年代美國開始推動森林永續經營以及生物多樣性保育經營的成效。

依據聯合國糧農組織統計，世界各洲陸域森林面積在 1960 年代以來每年對原始林以及次生林的伐採面積逐年遞增，平均每年伐採面積由 1961 到 1990 逐年遞升，全球的熱帶雨林區國家每五年所伐採的森林面積約為其他地區森林伐採面積的 2-5 倍之多。表 3.2 所示為非洲區、亞洲及太平洋區以及拉丁美洲及加勒比海區等三個熱帶雨林區每五年為一期的年平均伐採面積（area of forest harvested annually, kha/yr）以及年平均伐採強度（average harvest intensity, AHI）統計資料，AHI 代表年平均伐採量（annual harvested volume），以 m^3/ha/yr 為單位。非洲原始林及次生林 1961-1965 第一個五年期的年平均伐採面積各為 394 kha 和 91 kha，亞洲和太平洋區為 510 kha 與 78 kha，拉丁美洲和加勒比海區則為 1247 kha 與 57 kha，三個區域的年平均伐採強度（AHI）各為 14、42、7 m^3/ha/yr。結合原始林及次生林的年平均伐採面積，三個熱帶區的伐採面積於連續六個時期呈現顯著的逐期增加趨勢，全球熱帶區天然林及次生林在木材收穫單目標經營期間的年伐面積由 2.378 Mha/yr 快速增加到 5.891 Mha/yr；雖然資料顯示在第二期至第四期的增加幅度最大，第五期至第六期的增加幅度較小，但整體而言，次一期年伐面積相較於前一期以 0.55 倍的幅度倍數增加。

表 3.2 顯示在以木材收穫為核心目標的時期，熱帶雨林被伐採的森林面積以及材積均快速增加，亞洲及太平洋區熱帶雨林的伐採強度甚至是其它雨林區的數倍大。全球大量伐採森林，雖然森林開發與木材產業對全球經濟作出不小貢獻；相對地，森林面積高度的開發也反映出環境破壞的嚴重性，特別是熱帶雨林地區森林高度的生物多樣性也因而受到嚴重影響。

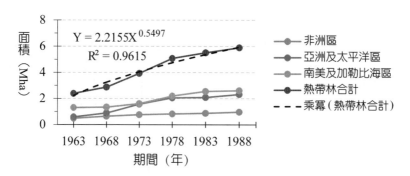

圖 3.1　熱帶區天然林及次生林永續收穫期間的年伐面積變化趨勢圖

表 3.2　熱帶區域闊葉林森林面積伐採速率統計表[†]（FAO, 1995）

區域別	非洲			亞洲及太平洋			拉丁美洲及加勒比海			合計		
期間	原始林	次生林	AHI	原始林	次生林	AHI	原始林	次生林	AHI	原始林	次生林	AHI
1961 - 65	394	91	14	510	78	42	1247	57	7	2152	226	17
1966 - 70	506	137	14	750	135	43	1260	76	8	2516	348	20
1971 - 75	593	166	14	1343	221	35	1485	119	8	3422	505	20
1976 - 80	612	215	14	1732	319	33	2011	183	8	4356	717	19
1981 - 85	634	239	14	1718	369	32	2297	251	8	4648	859	18
1986 - 90	723	248	13	1861	453	33	2287	320	8	4871	1020	19

[†]：原始林及次生林面積單位為 1000 ha/yr = 1 kha/yr，AHI 單位為 m^3/ha/yr。

C. 時值臺灣林業早期開發至轉型時期

　　臺灣林業的發展與經濟產業發展相關，1945 年林務局成立後的主要施政方針為「以林養林、加強造林」為原則，其中造林重點為保安林建造、施業案造林（經濟林造林）以及獎勵公私有造林等；1947 年林務局改為林產管理局，施政方針以「以林養林、伐植平衡」為原則，造林重點調整為加強荒廢林野造林、保林重於造林及造林重於伐木、加強獎勵公私有林以及獎勵耕地防風林；強化造林以復原森林伐採的林業政策成為 1940-1950 年代的主要施政方針。1958 年 10 月公布實施「臺灣林業政策及經營方針」，對於荒廢地與砍伐跡地實施限期造林，衝蝕地區與保安林優先加速造林，所以每年造林面積可高達 40,000 公頃，此一時期同時清理天然林作業，依據營林口號「多伐木、多造林、多繳庫」，可反應「伐木與造林」為 1950 年代後期的主要政策（焦國模，1998）。因為「伐木者快、造林者慢」，臺灣的林地面積在此時期呈現衰降趨勢；依據

林務局的森林資源調查資料統計，臺灣的林地面積由 1955 年 1.9695 Mha 降至 1975 年的 1.8191 Mha，林地面積百分比由 55.08% 減為 50.85%（表 3.3）。

　　1965-1976 年為臺灣林業經營的轉型期，政府大力推動林相變更（stand conversion; improvement-based stand conversion）計畫，以速生樹種（松樹、柳杉、相思樹）與長伐期固有樹種（臺灣杉、香杉、紅檜、扁柏、光臘樹、楓香）取代臺灣中低海拔地帶較低蓄積的闊葉林，提升森林蓄積水平。由森林資源調查所呈現的森林面積增加的幅度觀之，此一時期林相變更計畫對1990後臺灣綠地面積覆蓋率的顯著提升有重大的貢獻（圖3.2）。

表 3.3　臺灣四次森林資源調查森林面積統計表

土地利用型	第一次調查 43-45（1955）		第二次調查 62-66（1975）		第三次調查 79-82（1992）		第四次調查 97-102（2011）	
	面積（ha）	百分比	面積（ha）	百分比	面積（ha）	百分比	面積（ha）	百分比
針葉樹林	373000	10.43	400300	11.19	438500	12.21	299216	8.26
針闊混淆林	55300	1.55	155200	4.34	391200	10.89	200527	5.54
闊葉樹林	1427300	39.91	1138900	31.83	1120400	31.19	1469898	40.62
竹林	113900	3.19	124700	3.49	152300	4.24	227449	6.28
林地小計	1969500	55.08	1819100	0.85	2102400	58.53	2197090	60.71
全島	3576000	100.00	3577700	100.00	3591700	100.00	3618996	100.00

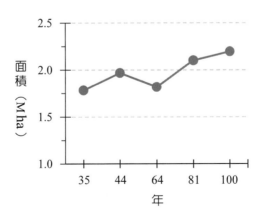

圖 3.2　臺灣森林面積之變遷趨勢

林相變更係以一個林分為單位，一次性的改變生長不良的既有樹種，多以皆伐作業法完成林分人工更新；相對於強勢的林相變更，林相改良（stand improvement）為比較溫合的改善林分蓄積的方法。當一林分既有組成樹種生長的表現優劣不一時，透過森林調查作業確認樹種組成及生長表現後，針對劣形或生長不良的數種，以擇伐方法移除，所留林分空間改由人工方法以優形樹種造林更新。

二、永續多目標資源利用林業（永續森林）

A. 森林經營目標

由於第二次世界大戰期間私人林地的木材供應大量枯竭，美國森林保護區成為20世紀40年代末和50年代後期經濟擴張和郊區住房繁榮的主要木材供應國。更多的閒暇時間和交通系統的改善使更多的美國人與國家森林接觸，並增加對娛樂、野生動物狩獵和其他非商品資源價值的需求，隨著森林遊憩頻率的增加，大規模木材採伐活動與其他用途相衝突。傳統的永續木材收穫追求最大化的木材生產，一般僅考慮土地的生物物理條件（biophysical conditions）亦即環境條件（environmental conditions）的限制概念，在多元服務效益的需求下受到很大的挑戰。

美國林務署（USDA Forest Service）在 1960 年提出「多目標利用永續收穫法案（Multiple Use-Sustained Yield Act, MUSY Act）」，強調森林的不同產物和服務之永續收穫觀念，希望在不損害土地生產力之前提下，國有林中不同的再生資源能永續達到或維持其高水準每年或定期的產出（羅紹麟，1993）。森林經營由傳統強調木材收穫單一目標轉向多目標資源利用，涵蓋層面有魚類及野生動物（Fishery and wildlife）、戶外遊憩（Outdoor creativity）、放牧地及草地（Range and grassland）、環境美質與倫理（Environmental amenity and ethics）、土壤與水（Soil and water）以及木材（Timber）等，六個類型資源的英文字首正可組合成 FOREST，這個時期的森林經營目標多元化，故稱為永續多目標資源利用林業，屬於綜合式資源的永續性森林經營，故也稱為永續森林（sustainable forests）（羅紹麟，1992）。

森林經營期望以多目標利用為導向，但是這些目標彼此具有某種程度的競爭，以致林業部門在相互競爭的利用目標上很難取得適當的平衡，木材生產仍為主要目標。在「多目標利用永續收穫法案」通過十年後，美國學界和有關公民即批評「高強度立木移

除」（亦即大規模皆伐）對非木材資源產生不可接受的影響，也威脅到長期木材生產的永續性（LeMaster, 1984）。

　　林業部門對於增加國家森林永續木材收穫水平的估計是基於技術性的假設，其中包括旨在提高林木生長率的再造林和育林措施。然而，政府僅資助較高的木材銷售水平，但沒有充分資助支持這一採伐水平所需的森林經營（Hirt, 1995）。大規模皆伐等地方性的公共議題最終引起國家對於林業局管理國家森林的爭議，幾個成功的法律爭議使國家森林的木材砍伐陷入僵局，迫使國會採取立法行動（LeMaster, 1984）。林業部門提出的政策變更將國家森林木材伐採提供新的法源依據，公眾對林業部門永續經營這些公共資源的能力及更廣泛公共利益方面的信心受到嚴重的影響，因此政府部門決定需要更多改變。

　　1976 年時美國的「國家森林管理法」（National Forest Management Act, NFMA）對國家森林的木材伐採增加了許多法規限制，並要求制定詳細的管理計畫，並讓公眾有充分參與國家森林管理決策的機會。其中許多限制旨在減少木材採伐對非木材資源的影響。根據木材永續生產的新定義，規定國有林的木材銷售限於「等於或少於可以移除的數量」。一些經濟學家批評這種所謂的「non-declining even-flow」對於當時許多西方國家中普遍存在的「老齡化」森林的管理效率低落（Clawson, 1983）。以前，旨在促進永續林業的政策主要表現在保持在生物和物質資源的限度內。但實際上，社會經濟永續性的考慮是隱含的且相互交織的國有林經營受到瀕危物種保育的影響，導致突然被法院裁定縮減木材供應量，特別是在西北太平洋區木材收穫水平明顯下降，並導致嚴重的地方性及區域性的經濟中斷（Shands *et al.,* 1990）。

B. 時代特徵

　　森林多目標經營時期強調森林多元面向的經濟效益，但是在中後期時代則受到外界過度強調資源保育的壓力，而使森林資源應用的經濟效益受到相當程度的壓抑。

　　永續森林多目標利用經營時期之中後期時代，野生動物保育及自然資源保存聲浪高漲，許多野生動物及生態學家的研究指出：在美國西北太平洋溫帶林區（Pacific northwest temperate forest）天然花旗松老熟林（old growth forest）長期開發的結果，嚴重破壞瀕臨絕種鳥類斑鴞（spotted owl）（學名為 *Strix occidentalis*）的棲地（habitat）。

生態學家估計，支持一對斑鳧生存的花旗松老熟林最小面積為 1000 公頃，森林過渡伐採造成花旗松林分面積急遽減少以及嚴重的森林破碎化（forest fragmentation）問題，使原來大面積連續分布的原始森林變成不連續的小面積塊狀人工林，棲地環境大改變嚴重影響威脅斑鳧的生存及在地保育（in-situ conservation）。小型海鳥「斑海雀」（marbled murrelet）（學名為 *Brachyramphus marmoratus*）為瀕臨絕種物種（endangered species），主要棲地為亦為成熟的老齡林分，開發老熟林也威脅到斑海雀的生存。保育研究指出過度伐採也造成溪流兩岸及水中鮭魚棲息地環境的改變與破壞，將使太平洋西北區溪流的重要經濟魚類，例如鮭魚（salmon），或其他重要的水生資源受到嚴重損耗。

從 1960 年代開始的環保運動因「一鳥一魚」的影響，迅速找到運動的重點。環保團體紛紛引用瀕臨絕種物種法（Endangered Species Act, 1979），訴之法律，阻止花旗松老熟林分的伐採，甚至以實際行動阻止伐採及運材作業的進行，因而造成奧立岡州及華盛頓州依靠木材作業、製材生活的社會無法生存下去。相對地，林業從業人員開始反擊，採取激烈對抗的行動，使得太平洋西北區花旗松老林分的經營形成死結的危機，難

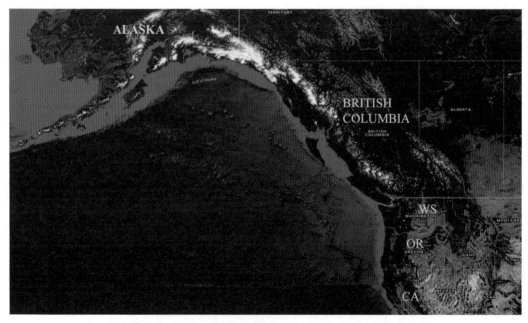

圖 3.3　美國西北太平洋區花旗松老齡林故鄉（奧立岡洲及華盛頓州）

（資料來源：Google Earth）

以解套（洪富文 1995）。

森林經營目標雖然多元化，但因環境保護聲浪極為高漲，對於野生動物資源的維持與保護要求很高，於 1980 年代資源保存及保育（resources preservation and conservation）逐漸成為主導森林經營的第一目標，各國普遍設置自然保護區及國家公園等。

C. 時值臺灣林業限縮伐木與資源保育經營初始時期

1970 年代起，生態保育意識興起，因社會大眾要求森林生態體系的保護，1975 年行政院指示臺灣林業經營三項原則：(1) 應以國土保安之長遠利益為目標，不以開發森林為財源；(2) 保安林區域應再予擴大，以加強水土保持；(3) 國有林地停止放租放領，縮減木材標售處分，維護森林資源。林業經營特點由以林養林，亦即以核定的林木砍伐量所得支應森林經營所需，逐漸轉而限制伐木，開始森林資源保育與遊樂區經營，並於 1989 年林務局改為公務預算機關，臺灣林業以林養林政策時期終於結束。

1976 年實施「臺灣林業經營改革方案」，開始限制林木砍伐，每年伐木量限制在 100-150 萬 m^3，伐木面積約 12000 公頃，造林面積約 13000 公頃；同時推動治山防洪計畫，擴編保安林約 43000 公頃，至 1980 年完成設置 16 處自然保護區，之後，更嚴格限制皆伐面積，廣設自然保護區以及森林遊樂區，至 1990 年時，自然保護區面積已超過 10 萬公頃，實施森林遊樂區更遍佈全省各地（焦國模，1998）。此一時期，林業經營環境進入較高海拔地區，已適地適木原則選擇造林樹種（姚鶴年，1994），雖然每年造林面積約只有 4700 公頃，但整體上，本時期因為實施限制伐木與造林政策並行，臺灣本島森林面積有顯著的增加，至 1992 年時，已達 2102400 公頃，林地面積已佔本島面積的 58.53%（表 3.3）。

三、永續生態林業

A. 森林經營目標

環境保護意識在 20 世紀中後期開始，得到大眾的關注，對於林業經營團體長期忽略森林的社會責任而僅著眼於提供木材利用的單一方式，多所批評。以美國為例，在 1950 年代森林經營強調木材生產，在 1960 年代則強調資源多目標利用，1970 年代則因為能源危機而特別強調森林生物量生產，1980 年代則因為全球溫室效應而強調碳吸存效益，1990 年代主張森林經營應關注在森林生態系經營、非木質林產物、生物多樣性

表 3.4　美國森林經營目標與林地資訊需求的變化（來源：Lund and Smith, 1997）

⇐ 永續收穫林業	⇐ 永續森林			永續生態林業 ⇒	
1950s	1960s	1970s	1980s	1990s	2000+
木材	木材	木材	木材	木材	木材
	多目標資源	多目標資源	多目標資源	多目標資源	多目標資源
		生物量	生物量	生物量	生物量
			地球溫室效應	地球溫室效應	地球溫室效應
				生態系、生物多樣性、非木質林產物	生態系、生物多樣性、非木質林產物
					與其他土地的關係

等議題，2000 年代則主張應該建立森林與其他土地及各種利用的關係（表 3.4）。

　　1992 年 6 月在巴西里約召開的聯合國環境與發展會議（United Nations Conference on Environment and Development, UNCED）或稱地球高峰會，公布了里約宣言（Rio Declaration）、21 世紀議程（Agenda 21）、森林原則（Forest Principles），並且起草生物多樣性公約（Convention on Biological Diversity）、氣候變化綱要公約（United Nations Framework Convention on Climate Chang, UNFCCC），隨後陸續完成簽署。雖然森林原則由於多種因素未能像生物多樣性公約以及氣候變化綱要公約成為具有約束性的國際協定，但仍與此二公約有密切的關係。因為森林是地球陸域最大的生態系，全球性的大面積森林破壞（global deforestation）對溫室效應以及物種滅絕問題影響甚巨。所以，從 1992 年起，因為里約會議的主題「永續發展（sustainable development）」的明確性，森林永續經營（sustainable forest management）乃成為國際上森林經營的主調，政府間森林小組（Intergovernmental Panel on Forest）持續就全球性森林破壞進行國際協商和管制。

B. 時代特色

　　本時期的森林經營特色在於協調資源保育以及經濟發展，使二者能夠均衡發展。簡言之，希望透過適當的資源保育手段以及森林經營作業與利用方法，達成依賴森林生活社區及產業的經濟權保障，同時可以達成自然保育的目標。森林經營作業強調以符合生

態原則的作業方法，進行調適性經營（adaptive management），並落實森林資源的有效利用，提升森林非木質林產物的利用價值，以及地景組成多元關係的調和經營。

美國總統克林頓受到太平洋西北區人民的請求，於 1993 年 4 月 2 日，在奧立岡州波特蘭市邀集各方人馬召開森林會議（forest conference），聽取各方意見，尋求解決之道。克林頓總統在森林會議時，即要求組成一個森林生態系經營評估小組（Forest Ecosystem Management Assessment Team, FEMAT），希望能以 3 個月的時間評估各種經營方案的後果，以形成解除此一危機的基礎；但是他也希望產生的經營替代方案能符合現存的法律，同時提供最高的經濟與社會福祉。

克林頓指示森林生態系評估小組應依現有的最佳技術及科學資訊，以生態系的方式，依據下列 4 點原則採取適應性經營與育林技術：

• 維持並回復生態多樣性，特別是老熟林分及演替後期的生態系；
• 維持森林生態系的長期生產力；
• 維持可更新資源的永續經營，包括木材及其他林產物；
• 維持林區內的經濟及社區。

C. 臺灣林業進入生態系永續經營時期

1990 年開始實施「臺灣森林經營管理方案」，引入地理資訊系統技術，規範國有林之經營管理，應依據永續作業原則，將林地作不同使用之分級，以分別發展森林之經濟、保安、遊樂等功能，並配合集水區經營之需要，種植長伐期優良深根性樹種，延長林木輪伐期，釐訂森林經營計畫。同時積極推動公私有林經營輔導，以補助金獎勵私人造林，擴大森林綠地面積。2003 年開始推動國有林出租造林地補償收回計畫，優先收回土石流潛勢地區、水庫集水區、河川區兩側、生態保護區、保安林以及其他限制伐採地區，進行造林復育。2004 年修訂森林法，於第一條文中宣告：臺灣的森林經營以保育森林資源、發揮森林公益及經濟效用為目標。

臺灣林業在 2001-2010 年推動森林生態系永續經營，主要目標為：

• 加強生物多樣性保育　　　　• 加強水資源改善與水生生態系的維護
• 發揮森林公益功能　　　　　• 充分發揮林地生產力
• 發展生態旅遊　　　　　　　• 加強森林健康之維護

- 加強社區林業之發展
- 維護林道系統暢通
- 加強林地管理、與當地社區之良性互動
- 加強社會服務功能

　　臺灣在此一時期亦積極投入全球化的森林生物量與碳吸存量、碳儲存以及碳替代管理上，鼓勵全民造林以及推動平地造林，擴大碳庫潛能，積極投入對抗全球暖化行列。

3.4 實踐當代的永續森林經營的要素

　　森林經營是指一套管理及利用森林資源和林地的規劃及實施流程，以滿足具體的環境、經濟、社會和文化目標。森林經營需要處理有關天然林和人工林整體行政、經濟、法律、社會、技術以及科學等面向的問題，包含為保護和維持森林生態系統及其功能的作為，以及改善符合社會偏好或具特定經濟價值物種林產品和服務的生產。所以，永續的森林經營（sustainable forest management, SFM）可視為森林資源的可持續利用和保護，其目的是透過人類干預來維護和增強森林多目標功能的價值，以永久地滿足人類社會對森林資源的各種需求。

　　森林永續經營的核心在防止森林退化（forest degradation）、毀林或森林消失（deforestation），同時增加對人類和環境的直接利益。在社會層面上，森林永續經營在滿足生計包括木材和食物需求，有助於創業和就業收入；在環境層面上，在保護和維護森林生態系統，有助於碳匯（carbon sink）和水土保持等重要服務。

　　聯合國定義 SFM 為一種動態的以及逐步發展進化的觀念，其目的在為當代及未來世代人類維護及強化所有類型森林的經濟、社會以及環境價值，換言之，SFM 包括經濟、社會、文化及環境等永續性四大支柱，在最低限度上，SFM 是一種要永遠維繫森林所有價值的多元觀念（multidimensional concept）。

　　世界上許多森林和林地，特別是熱帶和亞熱帶地區仍未能永續經營，主要原因乃部分國家缺乏適當的森林政策、立法、體制和鼓勵措施來促進森林永續經營，部分國家則可能因資金和技術不足而受限。在實施森林經營計畫的國家，有時限於確保木材的持續生產，而忽略森林的其他產品和服務；相較於森林經營，農業及／或其他產業因可在短期內獲得收入，使開發森林及改變土地利用更具經濟吸引力。

聯合國大會 2007 年 12 月 17 日第 62/98 號決議，通過「關於所有類型森林的無法律約束力文書（Non-Legally Binding Instrument on All Types of Forests, NLBI）」，NLBI 亦稱為 Forest Instrument，雖然是自願性質的規範，但它確定了森林永續經營的七個主題元素（thematic elements）。這些要素使森林所有者（forest owners）和利益攸關方（stakeholders）能夠在特定國家和當地條件下確定森林永續經營，即目標為何和如何管理森林來實現永續經營，並且始終尊重森林永續經營概念中的永續維護和加強森林價值觀等基本原則。

A. 森林資源面積（extent of forest resources）

森林面積是一個最容易理解的基準量（baseline information），它提供一個國家或地區森林的相對重要性，隨著時間的推移，森林面積的變化也表達林業和其他土地利用型對土地的需求。生長蓄積（growing volume stocks）和碳儲存（carbon stocks）可以顯示森林是否退化，以及森林對於減緩氣候變遷的貢獻。

森林資源面積係指森林區內及區外森林覆蓋和蓄積，充足的森林資源面積必須能夠支持林業的社會、經濟和環境層面的目標。所謂區內係指各類型森林區，區外係指各類型森林區以外的都市林（urban forest）、稀樹草原（savannah）等，以下統稱為森林。監測森林資源面積目的在了解並減少意外的森林砍伐、恢復和重建退化的森林景觀、評估各類森林的碳儲量（carbon stocks），以及決定森林的適當用途。

B. 森林生物多樣性（biological diversity）

這個主題關注森林景觀或生態系多樣性（ecosystem diversity）、物種多樣性（species diversity）以及遺傳多樣性（gene diversity）的保育及經營。生物多樣性保育包含保護脆弱生態系的地區，確保維持高歧異度的物種生命以及提供未來發展醫藥等新產品的機會，林木遺傳的改良（genetic improvement）可以幫助森林集約經營（intensive management），達到高水平的木材生產量（wood production），因此森林生物多樣性保育也可視為提高森林生產力（forest productivity）的一種手段。

C. 森林健康和活力（forest health and vitality）

森林需要經營以降低外部干擾因子侵害森林的風險以及影響。干擾因子包含森林火災（wildfires）、風害（storm felling）、入侵物種（invasive species）、蟲害（pests）、

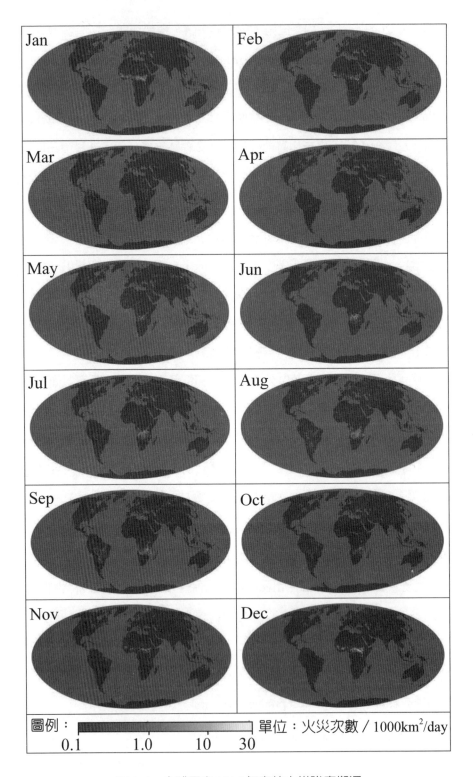

圖 3.4　全球尺度 2016 年森林火災強度概況

（資料來源：NASA Earth Observatory, 2017a）

病害（diseases）、極端氣候（extreme climate）以及崩塌（landslide）等，它們會影響森林的組成、結構和功能（Dale et al., 2001），進而衝擊到森林的社會、經濟以及環境等面向的經營目標。氣候變遷（climate change）會改變這些干擾因子發生的頻率、強度及持續時間，也可能會影響森林對干擾的敏感性。例如，由於氣候不斷變化、燃料負荷增加、更長的火燒季節、氣候條件惡化等，預計會導致森林火災活動增加（Mortsch, 2006）。

原生和外來的害蟲對森林健康及活力構成極大的威脅，分析和預測未來害蟲疫情、設計和實施森林保護策略以及成本效益控制等，都需要應用國家、區域和全球的數據，以每個害蟲的地理分布和生物學知識為基礎，制定減少害蟲跨界流動的植物檢疫措施。

火災會產生大量的煙塵汙染，釋放溫室氣體，並可能造成生態系統退化；火也可以清除死亡和垂死的叢林，幫助恢復生態系統的健康。本圖所示為 MODIS 影像偵測到的2016 年 1-12 月世界各地主要燃燒的火災地點，白色像素代表在每天 1000 平方千米的區域內發生火災多達 30 次，橙色代表 10 次火災，紅色區域顯示每天少於 1 次火災。全球火災發生或肇因於天氣乾燥或閃電自然週期性的結果，如夏天加拿大北方針葉林常見的自然火災；在世界的其他地區的火災則主因人類活動的結果，如南美中部地區的激烈燃燒是亞馬遜雨林和南部地區的塞拉多（草原／熱帶稀樹草原生態系統）人為觸發的有意和無意的火災的結果。在非洲的乾旱季節以及東南亞每年冬末和初春季節主要為農業焚燒。

一般預測全球暖化可能延長北方針葉林的生長期間而使其更健康更有活力，阿拉斯加在過去 100 年期間氣溫上升一倍，但其北方針葉林在 1982-2003 期間則呈現褐化（getting browner）而非綠化（getting greener）的變化趨勢（Scotz et al., 2005），對應1994 年以後北方針葉林二氧化碳吸收量的下降趨勢（Angert et al., 2005），阿拉斯加針葉林光合作用率下降，應可推論為森林生長變慢的原因，而全球暖化影響該區生態系季節性水分供給機制或特徵，應是生長變慢或森林健康度退化的主要原因。

圖 3.6 所示為 BC 省昆蟲危害森林嚴重度評估與地形圖的疊合圖，係美國 NASA 研究員利用 MODIS 衛星遙測測繪技術的結果，途中紅色表示最嚴重損害，黃色受害輕微，綠色表示沒有損害，灰色表示非森林地區（Ranson and Montesano, 2008）。受害木及未受害木在光譜訊號上有明顯的差異，很容易在遙測影像上分辨出來，也可以利用多

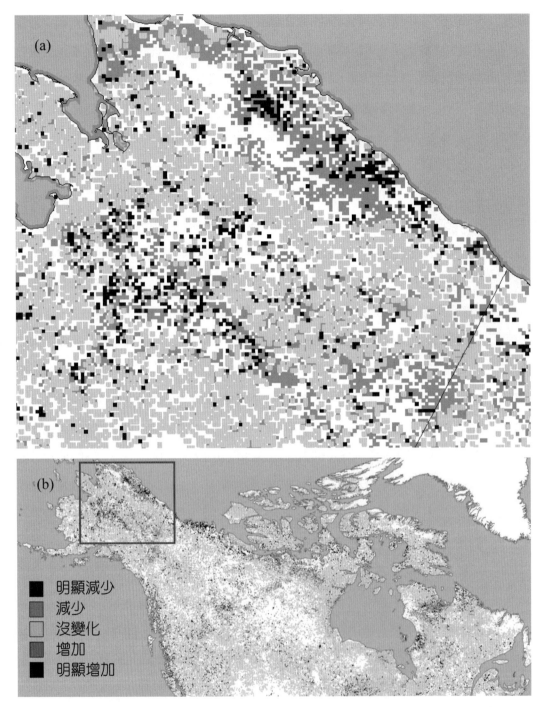

圖 3.5 阿拉斯加北方針葉林光合作用率（photosynthetic activity）的變化趨勢：圖(a)為圖(b)

紅色方框的放大圖（資料來源：NASA, 2017b）

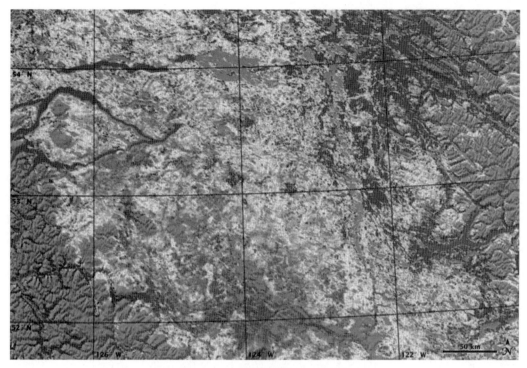

蟲害程度

嚴重　　中等　　輕微　　未受害

圖 3.6　森林蟲害區測繪圖

（資料來源：Ranson and Montesano, 2008）

時期影像水分差異指標（Enhanced Wetness Difference Index, EWDI）的特徵測繪森林蟲害發生的趨勢（Skakun et al. 2003）。MSI 指標（SWIR/NIR）與 red-attack damage 有很高的相關，可以檢測 Mountain Pine Beetle 蟲害問題（White et al., 2007），關鍵資訊與濕度指標（Tasseled Cap Index, wetness index）有關。

D. 森林資源的生產功能（productive functions of forest resources）

森林提供許多的木材及非木材林產物，森林資源的生產功能主要在強調維護森林持續提供有價值且足量的森林主產物（primary forest products）的重要性，同時確保木材生產及收穫是可永續的，不會損及未來世代使用森林資源的經營方案。森林主產物係指木材和薪炭材（能源用材）等木質產物，也包含食物（漿果、蘑菇、食用植物、肉類）和飼料等非木質林產物（NTFPs），因其對鄉村及都市居民的生計，以及國家財政甚至

世界經濟有顯著貢獻（Jensen, 2009）。

E. 森林資源保護功能（protective functions of forest resources）

森林有助於保護土壤、涵養水源以及調控水文循環系統，同時提供河流水域生態物種族群的穩定，降低洪水、雪崩、侵蝕和乾旱的風險和影響。森林資源的保護功能也有助於生態系統保育工作，為農業和農村生計帶來好處。Leslie（2005）認為目前全球對木材的需求僅略微增長，對非木質林產物（NTFPs）的需求平穩但緩慢增長，但對環境服務的需求大部分是無限的，所有的森林服務（forest services or forest functions）很大一部分與森林的保護作用有關。

F. 森林資源的社會經濟功能（socio-economic functions）

森林資源可以透過就業、林產品加工和銷售所產生的價值以及林業部門的能源、貿易和投資等方式，對整體經濟發展有很大的貢獻。森林也可以保護文化及遊憩價值高的土地及景觀，因此，這個主題包括土地使用權、土著和社區管理制度以及傳統知識的方面。由於森林對這類型社會貢獻的數量和價值很難量化，因此，森林的社會效益通常較難以衡量，但整體上仍可以提供社會就業人口或遊憩服務數量及時間量化並監測其效益。

G. 法律、政策和體制框架（legal, policy and institutional framework）

與森林有關的國家法律、政策和體制框架是森林永續經營的基礎。國家層級的森林計畫為制定和實施國家林業政策以及實踐國際承諾提供了一個國際協定框架。森林永續經營有關法律、政策和組織架構，包括參與性決策，治理和執法以及進度的監測和評估，乃係支持前述六項主題的重要基礎。

森林政策的有效發展和實施取決於國家和國家以下森林機構的能力，其中包括森林管理機構、負責執行森林有關法律或法規的機構，和森林研究和教育機構。這個主題還包括更廣泛的社會方面，包括公平利用森林資源，科學研究和教育，支持森林部門的基礎設施安排，技術移轉，能力培養、公共信息和傳播。

3.5 森林生態系經營對地球與社會的責任

A.森林生態系完整保存與地球溫室效應觀點

依據聯合國 FAO 發布的全球森林資源變化趨勢報告（FRA 2015）（第二章表 2.4 及圖 2.7），全球各區域的森林面積在 1990-2005 年期間的變化，只有亞洲及歐洲地區的森林面積呈現顯著的正成長趨勢，大洋洲持平發展，其他地區均呈現下降的趨勢；亞洲地區森林面積正成長主要貢獻者為東亞地區，南亞及中亞地區基本上是持平的成長，雖然東南亞呈現明顯的負成長，但因東亞地區的成長量相對很大，故使亞洲地區森林面積仍有很明顯的成長。美洲加勒比海地區的森林面積的成長趨勢也同樣令人振奮。而全球各區域的森林面積在 2005-2015 期間，亞洲、歐洲、北美皆呈現出正成長，顯示世界各國確實有正視全球暖化並藉由造林來緩和其影響，非洲及南美洲地區雖然仍為負成長，但已明顯較 1990-2005 期間來的緩和，大洋洲森林面積減少趨勢持續到 2010 年，但到 2015 年已出現正成長，整體而言，自 2005 年以迄 2015 全球森林每年平均減少 3 百萬公頃的林地，造成毀林的原因與解決方法需要進一步的探討。

以全球前 10 大森林面積最多的國家估計，巴西及印尼兩個熱帶雨林國家的森林在 1990-2005 年期間平均每年大約減少森林面積 266 萬公頃及 138 萬公頃，但在 2005-2015 年間則下降至每年減少 132 萬公頃與 68 萬公頃，雖然尚未達到森林面積正成長的趨勢，但仍逐漸減緩對於森林的破壞，因此未來發展值得關注。中國森林面積的增加幅度在 2005-2015 期間雖比 1990-2005 期間有所趨緩，但總體森林面積的增加量仍為亞洲最大，因此中國森林經營的情況對於區域甚至全球環境的影響具有舉足輕重的地位；數據顯示：亞洲地區熱帶雨林永續的適性經營（adaptive management），將成為地球村森林資源永續經營的關鍵指標之一。

綜合全球森林資源的概況，雖然森林破壞的情況仍在，但近年來全球森林面積銳減的速度雖已明顯減緩。森林永續經營不僅負有維護基因、物種以及生態的多樣性責任，同時也具有減緩或降低全球暖化衝擊的效益。因此，世界各國必須攜手合作，積極擴大復育森林面積，以增碳匯。非森林地區的造林運動，也可以擴大森林分布面積的比率，提升碳匯經營的成效。

B. 善用森林資源改善落後國家地區生活改善

世界資源研究所總裁 Jonathan Lash 指出：環境資源對貧困人口的重要程度遠超過其他任何因素。在 2005 年 8 月 31 日世界銀行（WB）、聯合國開發計畫署（UNDP）、聯合國環境計畫署（UNEP）和世界資源研究所（WRI）於聯合出版的《世界資源 2005：窮人的財富——通過管理生態系統來戰勝貧困》一書中，更具體的呼籲：積極的利用地方自然資源的管理來解決全球貧困人口的危機，而不應僅依援助專案、減免債務或貿易改革的方式。

由資源開發與環境保護議題的發展歷史觀察，環境組織未能足夠重視貧困問題，而開發機構則沒有充分考慮環境問題，世界資源 2005 指出：透過對土地、森林、水體、漁業等自然資源進行局部管理，可以使其成為貧困人口累積財富的最有效途徑。例如：位於非洲東部的坦桑尼亞（Tanzania）政府，對蘇庫瑪（Sukuma）700,000 公頃退化的林地和牧場進行了有效的控制和管理，而使得當地居民的家庭收入提高，食品條件改善，當地的樹木、鳥類和其他動物種類亦有所增加。在南太平洋的斐濟群島共和國（Fiji），通過政府對蛤蚌養殖和海岸水體的管理以及對當地漁業的嚴格控制，尤庫尼瓦諾（Ucunivanua）的紅樹林龍蝦和成熟蛤蚌的數量已經大幅度增加。地處南亞的印度（India），社會團體對流域的控制管理已經使代爾窪地（Darewadi）村的農作物種植現金收入增加了近 6 倍。

C. 由環境收益觀點發展資源有效經營模式

妥善使用自然資源可以有效減少貧困，相對地，過度限制使用資源可能導致自然資源退化。借助於環境資源所帶來的利益，可以滿足資源使用者的需求。當今，聯合國環境計畫署與開發計畫署均強調「環境收益」觀念，林業機關推動森林永續經營時，應將環境列為決策組成因子，以有效的經營模式，整合環境與森林自然資源的經濟效益以及社會責任，發揮森林生態系統自然資源的價值與經濟潛力，改善林業社區居民生活。

3.6 木材永續收穫的理由與必要條件

一、森林經營傳統的保續作業

傳統森林經營學所指的永續發展主要侷限在木材收穫和生產方面，追求永續的經濟收入，僅重視資源的供給面。森林經營為長期開發可利用森林資源以取得木材收穫永續發展所施行之經營作業，稱為保續作業（sustained yield use）。

A. 廣義的保續作業

一森林於伐採後即予造林，經 n 年林木成熟後，再行伐採與造林，如此每隔 n 年施行伐採與造林，一直到無限年。這種間斷作業（或稱隔年作業），其林木之生長是連續不斷的，但木材生產是間斷性的，此種保續作業方式，稱為廣義的保續作業。

B. 狹義的保續作業

年年有林木生長且年年有定量的成熟林木之木材供應，亦即林木的生長是連綿不斷，且木材的供應也連綿不斷，是為狹義之保續作業。狹義者所需之林地面積比廣義者要大，一般林地的保續作業是指狹義者。

C. 嚴正保續作業

保續作業強調連年式或間隔式的木材收穫，如果以維持木材材積的收穫量或供應量

伐採
伐採
伐採
伐採
伐採
n 年
n 年
n 年
n 年
未來
造林
造林
造林
造林
造林

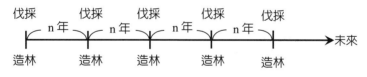

圖 3.7　廣義保續作業示意圖

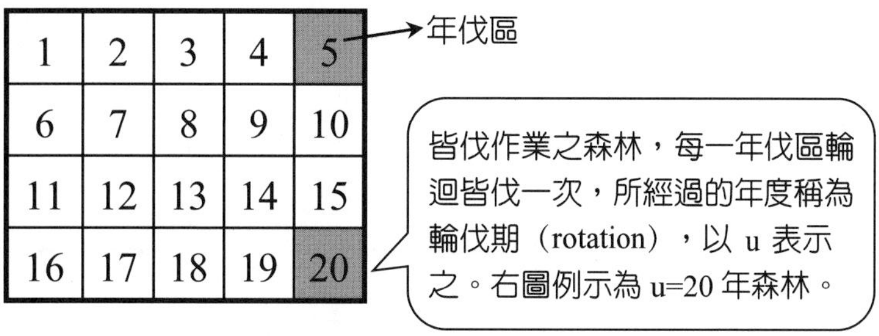

1 2 3 4 5
6 7 8 9 10
11 12 13 14 15
16 17 18 19 20
年伐區
皆伐作業之森林，每一年伐區輪迴皆伐一次，所經過的年度稱為輪伐期（rotation），以 u 表示之。右圖例示為 u=20 年森林。

圖 3.8　伐區觀念示意圖

年年相等或木材伐採面積年年相等者，稱為嚴正保續作業（normal sustained yield），又稱為法正保續作業。

D. Hartig 保續作業觀點

奧地利學者哈帝希（Hartig）氏對保續作業之觀點：森林經營實際上並不需要以達到嚴正的保續作業為目標，因為經過 n 年後，人口增加，而木材之需要量亦隨之增加，所以 Hartig 認為每隔定期（5-10 年）要增加 10% 之供給量。

E. Richter 保續作業觀點

Richter 認為：森林經營應該持續發揮木材供應的直接效益以及國土保安與水源涵養等間接效益，使其能永恒繼續並達最高限；對於木材之收穫可以不必每年皆有之，只需間隔一段時間能有適量的木材收穫者即可，此為廣義的保續作業。狹義保續則著重在永恒持續之木材供應，並達到最高限，使森林每年可有適量的成熟材收穫；若能維持森林每年均能有等量的木材收穫者，即為嚴正保續。

F. 減產作業（墾伐作業）

原有森林經砍伐後即改為農地，或原有草生地經整地造林，成林後即予砍伐並改為農地使用，此種作業稱為減產作業或墾伐作業，屬於森林開發的行為。

二、實行森林木材永續收穫之理由

以木材經濟為核心的永續林業，林業經營首重其持續存在，才能獲得森林直接利益及間接利益之保障。實行永續經營的技術性理由分述如下：

A. 改進森林經營業務及實務技術

從廣義或狹義的林業保續經營，均著重於定期或每年的木材收益。整個營林作業

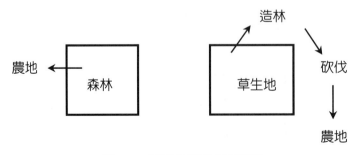

圖 3.9　減產作業觀念示意圖

中，主要的營林技術包含了造林、撫育及林分密度之控制與管理、伐木、集運木材、林分生長量及蓄積之調查與控制、森林經營計畫書之編定、執行、檢定與修訂等等，各項業務均需要熟練的技術與經驗才能保證成功，因此，對國有林、公有林及私有林而言，均期以保續各項森林業務，使林業成為永久事業，既可使林業人員技術熟練，更能創造林業經營利益。

B. 充分應用森林自然力與降低林業經營成本

林業上的生產技術常依賴自然力而誘導之，不間斷的進行小面積森林伐採，可以充分利用自然力。例如連續作業的森林每年進行小面積的伐採，既能由地力獲利，亦能因有留存林木之養分的回饋而可以保護地力。木材收穫之時期（輪伐期）愈長，每次伐採之面積愈大，大面積土地暴露造成地力減退，將使森林易遭荒廢，危害國土之保安，故實行保續作業以利保安。

林業經營設施因為永續經營得以充分而有效地應用，發揮最大使用效益，林業從業人員長期穩定的工作機會，使得人才培養效能得以延續，不必因為招募短期作業人員而浪費重複培訓人員的成本，亦即永續林業可以使經營成本隨永續度而遞降，因此，林業經營成本得以降低並提高產能，可以創造較大的財政利益。林業經營產能愈能永續，其產出效果愈佳。

從財政收支言，穩定收入支出將有較佳之週轉能力，如此對林主之地價稅或租稅、保險及薪資費用或管理費將可獲得更大的保障（Speidel 1984）。年年有收入，森林經營者無需另設資金以供支出租稅及管理費，對林主財政不會發生負面影響，可免財務週轉困難之發生。

C. 提高林業經營的安全性

林木為森林經營的主體之一。林木因為暴露於山林原野中，容易因為氣候乾燥或人為疏忽引發森林火災，也容易因為林內氣候林木容易因為森林火災及病蟲危害造成極嚴重的損失。永續經營的森林有助於設置永久性的森林防火設施以及健全林內的燃料管理機制，提高火場管理應變的機動能力，降低森林火災的損失；透過嫻熟的技能與適當的林分管理，可能降低林分病蟲發生的機率，或透過適當的林分樹種組成配置，降低可能的病蟲危害程度。所以，永續經營森林可以提高林業經營的安全性，並可保障林業經營

的成效；森林經營組織的穩定性以及林業技術人員的安定性，均可保障提高林業經營的安全性。

D. 確保森林發揮公益功能

臺灣地形陡峻，地質結構以砂岩、頁岩等脆弱岩層較多，山區土壤較為疏鬆淺薄，乾旱分明的季節造成雨量分布不均的現象，在夏秋季節常因颱風豪雨造成山區土壤沖蝕、崩塌或土石流等災害。良好經營的森林可以確保山區林木被覆完整，降低豪雨衝擊及損害土石結構的機率，進而降低災害發生的機會或損害程度，發揮森林國土保安的功能。永續經營作業可以確保森林地景的理想配置，穩定森林景致（forest scenery）以及局部氣候宜人的條件，發揮森林遊憩功能；亦有利於野生動物保育經營環境之營造。

E. 穩定木材供需及工作機會

森林提供人類生活所需的製材、紙漿材、建築用材等各種木材，長期以來人類對木材的需要性並沒有降低；森林永續經營可以連續不斷地提供人類使用木材之需，木材工業獲得穩定發展，可以提供林業經營技術人員以及工業生產人員之永久的工作機會。

臺灣的自然地理條件不是很好，不利毫無節制的伐木，近年來主要的木材使用量均來自國外，雖然木材生產迫切性降低，但仍應考慮全球對森林資源保護觀念的興起以及木材主要輸出國逐漸降低出口量的趨勢，儘速建立專門提供木材生產效益的經濟林，以應未來國內木材使用量的需求，亦有利於森林長期發展。

三、森林實施木材永續收穫的必要條件

A. 適地適木

為保證林木於山林原野中可以造林成功並順利地生長成林，「適地適木」絕對是首要的條件。不是每一樹種都適合生長於同一個林地內，林地的氣候特性因其所在地區之緯度及海拔而異，氣溫及雨量是影響林木分布及生長的主要環境因子，其次則為地形及土壤等地文因子。適於低溫多濕的林木在高溫乾燥的林地絕對很難培育成功，而在低溫短日照地區絕對難以發現喜歡高溫長日照的陽性植物。

B. 必須要有組織健全的林木以及保證造林成功

組織健全乃指森林經營面積的基本條件。因為樹種結構、土壤特性、收穫能力等級

和生產期間長短差異能影響森林經營作業最小面積之運作。中歐地區之最小面積至少維持在 50-150 公頃之間，但也隨樹種特性或天然林木生長特性或擇伐林等面積應有所調整。面積不足，生產潛力弱均將被迫採用間歇性經營方式。

森林必須有足夠空間來容納各齡階之林木蓄積，同時保證每年造林成功，方得以在適時適量以及每年有適量新生機能之林木生長補充的狀態下，保障保續作業之順利進行。

C. 依森林生長量調控伐採量以維持森林蓄積的動態平衡

森林蓄積（growing stock）為森林生長的基礎，整體林分的林木生長量也會影響到林分蓄積量；當收穫較多量的木材材積時，將使森林蓄積降低，因而降低後續的森林生長動能，反之，森林生長動能則可因為降低木材收穫量時而提高。所以，森林蓄積將因生長量與既有蓄積量的相互影響呈現動態變化的趨勢。

落實木材收穫的保續作業必須妥善管理森林蓄積，依據伐採量控制森林生長的基礎，以材積調整方法達到森林蓄積的動態平衡目標。

D. 穩健的林業組織與妥善的經營措施

健全穩定的林業組織將擁有完整的林業生產勞動技術，可以控制維護林地的自然力（地力）、妥善地養護林業生產機械設施與運輸系統，提高林業的生產潛能。

森林蓄積量與林分的樹高和直徑級之配置有相當密切之關係，樹高生長及直徑生長均受到地力以及林分管理措施的影響，穩健的組織人力因為具有較完善的能力可以訂定較完善的森林經營計畫，也因為其較為謹慎的經營態度，可以提高林業生產的安全性，不會因為財務準備不妥或經營不善導致財政困難而致整個的林業永續經營中斷。

四、森林收穫的意義及分類

一定期間在一定面積森林所產生之木材或其他林產物數量稱為森林收穫（forest yield），以木材材積或重量表示產物收穫者為物質收穫（material yield），以金錢計其收穫數量者為金錢收穫（monetary yield）。凡以更新為目的所得之林木伐採量，特稱為主林木收穫（principal yield），木材收穫量多質佳，為森林收穫之主體；相對地，在主伐收穫前所有為撫育目的而施行之伐採收穫，則稱為副林木收穫（intermediate yield），例如除伐（伐去非目的樹種）、疏伐（伐去被壓木）等，量少質較劣，目的在促進主伐

收穫之質與量。

　　金錢收穫因考慮之成本不同，又可分為總收穫、森林純收穫及林地純收穫等。總收穫為貨幣收穫未扣除工資、管理費、租稅之收入者，又稱粗收穫或毛收穫（gross yield）；森林純收穫為總收穫扣除為生產林木而支付之工資管理費、租稅等者，又稱淨收穫或林利（forest rent）；林地純收穫則為森林純收穫扣除蓄積資本利息後之盈餘，又稱土地純益（soil rent）。若以收穫時期區分，森林收穫可分為定期收穫、連年收穫及平均收穫等三種。定期收穫係指在一定期間內之收穫，如每五年或十年間之收穫；連年收穫即逐年收穫，通常可用定期平均收穫代表之。亦即某定期五年或十年間之收穫平均值，亦可視為連年收穫；平均收穫則是由種植林木開始起算至某一指定時期內（通常為輪伐期）的收穫平均值。

參考文獻

焦國模。1998。林政學。臺灣商務印書館。

羅紹麟。1993。永續發展的意義─森林經營的觀點。臺灣經濟預測與政策 24(1):131-152。

洪富文。1995。美國太平洋西北區的森林生態系經營。林業試驗所百週年慶學術研討會論文集，p181-192.

Angert, A., Biraud, S., Bonfils, C., Henning, C.C., Buermann, W., Pinzon, J., Tucker, C.J., Fung, I., 2005. Drier summers cancel out the CO2 uptake enhancement induced by warmer springs. Proceedings of the National Academy of Sciences, 102(31), 10823-10827.

Clawson, M., 1983. The federal lands revisited. Journal of Policy Analysis and Management 3(3):469.

Dale, V.H., Joyce, L.A., Mcnulty, S., Neilson, R.P., Ayres, M.P., Flannigan, M.D., Hanson, P.J., Irland, L.C., Lugo, A.E., Peterson, C.J., Simberloff, D., Swanson, F.J., Stocks, B.J., Wotton, B.M., 2001. Climate change and forest distrubances. BioScience 51(9): 723-734.

Duerr, W. A., 1993. Introduction to forest resource economics. McGraw-Hill, 485pp.

Goetz, S.J., Bunn, A.G., Fiske, G.J., Houghton, R.A., 2005. Satellite-observed photosynthetic trends across boreal North America associated with climate and fire disturbance. Proceedings of the National Academy of Sciences, 102(38), 13521-13525.

Hardin G., 1968. The tragedy of the commons. Science 162:1243-1248.

Heske, F., 1938. German Forestry. Yale University Press. First Edition.

Hirt P. W., 1995. A Conspiracy of Optimism: Management of National Forest since World War II. Lincoln University of Nebraska.

Jensen, A., 2009. Valuation of non-timber forest products value chains. Forest Policy and Economics 11(1): 34-41.

Kurz, W. A., Dymond, C.C,. Stinson, G., Rampley, G. J., Neilson, E. T., Carroll, A. L., Ebata, T., Safranyik, L. (2008). Mountain pine beetle and forest carbon feedback to climate change. Nature, 452, 987-990. doi: 10.1038/nature06777.

Leslie, A., 2005. What will we want from the forests? Estimating the current and future demand for forest products and services. ITTO Tropical Forest Update 15, 14-16.

Lemaster, D. C., 1984. Decade of Change: The remaking of forest service statutory authority during the 1970s. Natural Resources Journal 25:555-557.

Mortsch, L. 2006. Impact of climate change on agriculture, forestry, and wetlands. Pp. 45-68 in J. Bhatti, R. Lal, M. Apps and M. Price (eds.). Climate Change and Managed Ecosystems. Taylor and Francis: New York.

NASA Earth Observatory, 2017a. https://earthobservatory.nasa.gov/GlobalMaps/view.php?d1=MOD14A1_M_FIRE.

NASA, Earth Observatory 2017b. https://earthobservatory.nasa.gov/IOTD/view.php?id=6487.

Shands, W. E., Sample, V. A., Le Master, D., 1990. National Forest Planning: Searching for a Common Vision. USDA Forest Service. 101pp.

Skakun, R.S.; Wulder, M.A.; Franklin, S.E. 2003. Sensitivity of the Thematic Mapper Enhanced Wetness Difference Index (EWDI) to detect mountain pine needle red attack damage. Remote Sensing of Environment 86:433-443.

Speidel, G., 1984. Forstliche Betriebswirtschaftslhre. (Forest Management). Paul Parey,

Hamburg.

The World Bank, 1992. World Development Report 1992 - Development and the Environment. NY: Oxford University Press. 324pp.

Waggener, T. R., 1977. Community stability as a forest management objective. Journal of Forestry 75(11): 710-714.

White, J.C., Coops, N.C., Hilker, T., Wulder, M.A., Carroll, A.L., 2007. Detecting mountain pine beetle red attack damage with EO-1 Hyperion moisture indices. International Journal of Remote Sensing 28(10), 2111-2121.

第四章　森林區劃與林地分級分區經營
（Forest subdivision and land clarsification for forest management）

4.1 森林組織

一、森林法有關森林組織之規定

　　森林依土地所有權屬不同，可分為國有林、公有林、私有林等三大類。據我國森林法第十二條規定，國有林由中央主管機關劃分林區管理經營之，必要時得委託省（市）主管機關管理經營，或劃分地區委由國有林面積較大之省主管機關管理經營；公有林由所有機關或委託其他法人管理經營之；私有林由私人經營之。

　　各省（市）主管機關，得依其林業特性擬定各該省（市）公私有森林經營管理方案，報請中央主管機關核定。國有林者，所有權歸屬中央；公有林者，所有權歸屬具法人地位之公務機關，如省（市）、縣（市）政府；私有林所有權屬私人地主。依森林法第十八條之規定，造林業及伐木業者均應置林業技師或林業技術人員，且公有林、私有林之營林面積 500 公頃以上者，應由林業技師擔任技術職務，故森林組織可視為森林經營之基礎，是執行林業經營管理政策之主體。

二、臺灣林業主管機關組織及職掌

　　行政院農業委員會下設林務局（Taiwan Forestry Bureau, TFB）以及林業試驗所（Taiwan Forestry Research Institute, TFRI）兩個林業有關機關，林務局為我國林業中央主管機關，林業試驗所則為林業試驗研究機關，主要業務為森林經營管理以及林產品利用的科學試驗研究工作。

　　林務局內部設置六個業務組（Division），分別負責森林經營計畫、林業資源之保育、利用、開發等計畫之研擬、森林資源調查（森林企劃組）；森林管理、保護、林業

行政（林政管理組）；保安林經營管理、上游集水區之治理、林道與林業工程之規劃、督導及維護管理（集水區治理組）；造林之調查規劃、育苗及撫育、國有林與公有林之管理、林產物處分、民營林業及林產工商業之輔導（造林生產組）；森林遊樂區之規劃、開發、管理與經營（森林育樂組）及自然生態保育（保育組）等事項（詳表 4.1）。林務局設有 8 個林區管理處（District Office）以及 1 個農林航空測量所（Aerial Survey Office）等 9 個分支機構；林區管理處下設地方工作站（Work Station），負責各地區森林的實際經營管理作業；農林航空測量所主要負責航空攝影及多光譜掃描、航測製圖、農林資源調查以及圖資管理應用等。圖 4.1 所示為林務局組織架構圖。

表 4.1　林務局組織與執掌業務分組

業務部門	業務職掌
森林企劃組	辦理林業政策之計畫、森林資源之調查、保育、利用及開發、森林經營計畫之研擬、林業資訊之處理、辦公室自動化及國家森林志工等業務。
林政管理組	辦理森林管理、森林保護、林業行政及林業推廣等業務。
集水區治理組	辦理保安林之經營管理、治山防災工程之調查、規劃與勘查、林道與林業工程之規劃、督導及維護管理等業務。
造林生產組	辦理造林作業之調查、規劃、育苗與撫育、國有林、公私有林及原住民保留地有關林產業務之輔導管理、林產物之處分及民營林業及林產工商業之輔導等業務。
森林育樂組	辦理森林遊樂區之規劃、開發、管理與經營、國家步道系統之規劃建置等業務。
保育組	辦理各類自然保護區域設置規劃、審核、公告及經營管理、野生物與保育類動物之採集、獵捕、輸出入及利用審核、保育國際事務連絡及合作、自然保育科技學術研究及專案執行計畫、生物多樣性保育之推動、自然保育社區參與之推動等業務。

資料來源：林務局官方網站 http://www.forest.gov.tw

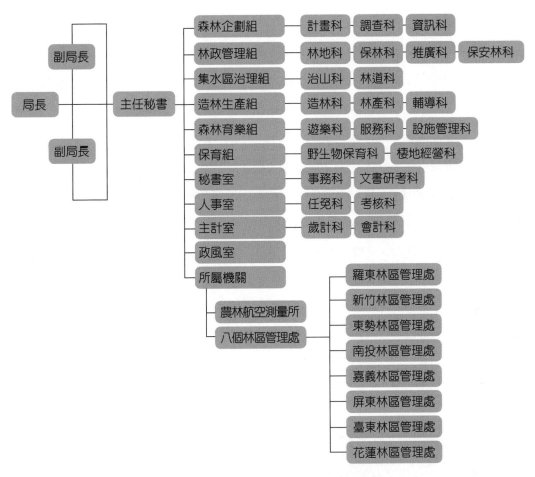

圖 4.1 行政院農業委員會林務局組織架構圖

（資料來源：林務局官方網站）

4.2 森林區劃

4.2.1 森林區劃之原因與目的

所謂森林區劃（forest subdivision）乃是將森林劃分若干個不同的單位或區塊，其目的在於方便訂定及實施森林經理計畫，以利於森林分區管理及推動各項森林經營技術，以達成各項森林經營的目標。

依據林務局第四次森林資源調查資料，臺灣地區土地面積為 3,618,996 ha（含外

島），森林達 2,197,090 ha，覆蓋率約為 60.71%（表 4.2），以地籍資料篩選出符合森林法施行細則第 3 條定義的林地區塊，臺灣全島林地總面積為 1,993,205 公頃，依所有權屬區分，國有林有 1,849,818 公頃，佔 92.8%，公有林 6,832 公頃，佔 0.3%，私有林有 136,555 公頃，佔 6.8%。在國有林中，以林務局所管國有林事業區占 1,533,811 公頃，原民會所轄原住民保留地之林地次之，為 111,454 公頃，另各大專院校實驗林地及林業試驗所所轄試驗用林地總計有 47,706 公頃（表 4.3）。

臺灣本島海拔 100 公尺以上的山坡地及高山地區多為森林分布（圖 4.2）。森林係由林木和林地組合成的綜合體，森林可因林地地形之變化產生極為複雜的植群分布型態或地帶。海拔高、坡向、坡度等地形因子深深影響林地的溫渡、濕度、日射能量、土壤深度或有效厚度、土壤水分或濕度等，甚至產生所謂的微地形、微氣候型態。因此，不同的地形條件與氣象條件，適生的植群或樹種亦會有所差異，而不同樹種的栽培方法或是育林措施、撫育措施，以及樹種成熟期或輪伐期都可能不同，所以有必要將該複雜的林地依林地特性做適當的區劃，將屬性相近的林地設置為相同的區劃單位，也方便於管理作業之實施，同時，更方便於森林經營作業之推行。

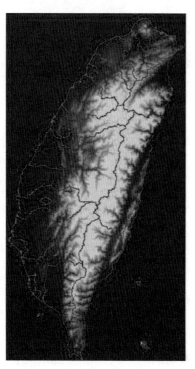 

圖 4.2　臺灣本島山區分布（左）與各縣市國有森林分布圖（右）

表 4.2　臺灣各縣市森林面積（林務局，2014）

土地利用型	森林地面積（ha）	非森林面積（ha）	總計（ha）	森林覆蓋率（%）
台北市	11,491	15,689	27,180	42.28
高雄市	170,523	124,239	294,762	57.85
新北市	155,483	49,774	205,257	75.75
宜蘭縣	168,384	45,979	214,363	78.55
基隆市	9,395	3,881	13,276	70.77
桃園市	47,134	74,961	122,095	38.60
新竹縣	104,211	38,543	142,754	73.00
苗栗縣	125,946	56,085	182,031	69.19
新竹市	2,804	7,611	10,415	26.92
台中市	113,963	107,527	221,490	51.45
彰化縣	10,104	97,336	107,440	9.40
南投縣	303,186	107,458	410,644	73.83
雲林縣	12,609	116,474	129,083	9.77
嘉義縣	79,888	110,476	190,364	41.97
嘉義市	773	5,230	6,003	12.88
台南市	54,148	165,614	219,762	24.71
屏東縣	156,194	121,366	277,560	56.27
台東縣	286,984	64,541	351,525	81.64
花蓮縣	372,781	90,076	462,857	80.54
金門縣	6,452	8,714	15,166	42.54
連江縣	1,393	1,487	2,880	48.37
總計	2,197,090	1,421,906	3,618,996	60.71

表 4.3　林地所有權屬面積（林務局，2014）

所有權屬	管理機關	森林面積（ha）
國有林	林務局國有林事業區	1,533,811
	林務局事業區外林地	82,817
	國有財產屬	64,538
	原民會	111,454
	林業試驗所	11,411
	大專院校實驗林地	36,295
	其他	9,492
	小計	1,849,818
公有林	縣市政府	6,832
私有林	-	136,555
總　　計		1,993,205

4.2.2 森林區劃之分類

　　臺灣全島的森林劃分為 8 個林區，各由林區管理處負責實際的經營管理作業。每一林區的森林區劃可分為林地區劃（land subdivision）和林木區劃（stand subdivision）二大類，其中林地區劃具永久性，故稱永久區劃（permanent subdivision），而林木區劃係暫時性，故稱暫時區劃（temporary subdivision）。

一、林地區劃

　　每一個國有林林區的永久性林地區劃均包含事業區（working circle）及林班（compartment）兩種。例如，嘉義林區劃分為玉山事業區、阿里山事業區、大埔事業區、玉井事業區等，各林區內再細分林班。

　　A. 事業區

　　森林經營的基本單位，為永久區劃，亦為森林經營計畫之編訂單位。事業區的邊界明顯，常以地形決定其範圍，其面積以能供保續收穫為準。

　　事業區乃是依個別經理計劃所經營之森林單位，普通用於國有林，其境界以集水區之境界為準。事業區的名稱常以山名、地名、河川名定之，例如，玉山事業區、大埔事

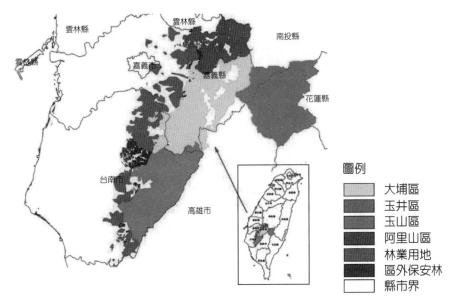

圖 4.3　嘉義林區管理處轄屬事業區分布圖

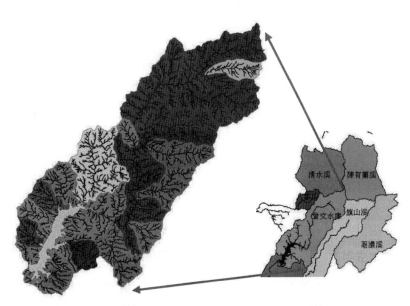

圖 4.4　國有林事業區以集水區邊界為劃分依據

（左圖：曾文水庫集水區子集水區，右圖：曾文水庫集水區及鄰近集水區）

業區、大甲溪事業區、大安溪事業區。

B. 林班

林班設於事業區內，係森林經理上，為求指導、管理與作業等目的而設的森林組織

圖 4.5　玉山事業區林班圖

單位,且為林木伐採更新之處分單位,為林地永久區劃之最小單位。林班之固定邊界為依天然地形線或人工界線設之。林班名稱以阿拉伯數字名之。

1. 林班區劃的要件(施行林班區劃時應注意的事項)

- 地況:同一林班的地況不可差異太大,盡可能求其相同。
- 邊界:林班的邊界為永久性的設置,故以天然地形線為佳。例如山嶺、河川、道路。
- 面積:林班不宜過大,以不超過 300 ha 為宜。
- 形狀:理想形狀為方形。實際上,因地形限制很難一致,但應避免二邊構成銳角的情況發生,才不致增加經營作業與規劃之困難以及防礙達成林木空間排列法正條件。

2. 構成林班的理想條件

- 林型簡單:樹種組成不要過於複雜。
- 齡級簡單:林班內之林木年齡分布幅度不要過大(較小)
- 輪伐期簡單:齡級簡單,輪伐期簡單之條件自然可成立,如圖 4.6

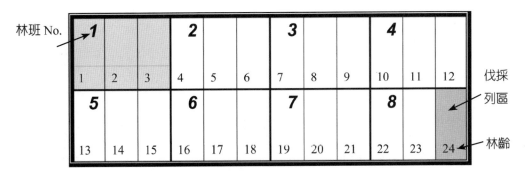

圖 4.6　林班內簡單的齡級與伐採列區配置

表 4.4　玉山事業區 49-50 林班林小班面積統計表 [1]

AREA (ha)	CMPT	SCMP	SCMPS	AREA (ha)	CMPT	SCMP	SCMPS
103.6436	49	1	0	191.8818	50	1	0
230.7652	49	2	0	62.0573	50	2	0
6.7042	49	3	0	7.7032	50	3	0
1.4151	49	4	0	1.2510	50	4	0
6.7770	49	5	0	25.3715	50	5	0
153.4088	49	6	0	22.9239	50	6	0
32.5649	49	7	0	11.7799	50	6	1
19.5802	49	8	0	4.2265	50	6	2
64.3366	49	9	0	2.2394	50	7	0
295.6115	49	10	0	71.3978	50	8	0
57.6049	49	11	0	3.3290	50	9	0
158.1828	49	12	0	50.3469	50	10	0
44.8188	49	13	0	13.9690	50	10	1
11.4791	49	14	0	5.6873	50	10	2
10.9814	49	15	0	3.1041	50	11	0
31.4308	49	16	0	64.2740	50	12	0
77.9357	49	17	0	3.8614	50	13	0
103.6928	49	18	0	154.1682	50	14	0
29.5083	49	19	0	1.3606	50	15	0
8.8073	49	20	0	73.0907	50	16	0
49.5073	49	21	0	143.1385	50	17	0
4.1361	49	22	0	8.3297	50	18	0
71.8064	49	23	0	3.5712	50	19	0
36.2621	49	24	0	123.4611	50	20	0
28.293	49	25	0	20.7441	50	21	0
22.6939	49	26	0	4.4920	50	950	0
1661.9479				1077.7600			

[1] CMPT、SCMPT 各代表林班及小班

- 產品供應應力求簡單—例如生產同材質木材
- 作業法簡單
- 林班面積約相等

二、林木區劃

A. 小班（Sub-compartment）

林班係林地永久區劃的最小單位，其面積可廣達數百公頃；因係以天然地形線為境界，除非有重大改革，林班之範圍與面積通常是不會改變的。在自然條件下，廣大面積的林班地內，其地況變異仍是很大的，組成樹種較複雜，林木的生長表現也會隨地形或地位差異而不同（林況差異大）。

森林經營時，若未考慮此一限制，而勉強將不同的林況劃分在同一經營單位，統一施予相同的作業法時，則將招致經濟上的損失；故在林班內，常依樹種、林齡、作業法、地位、地利及土地利用之不同，將森林區劃成若干個臨時性的施業單位，稱為小班。小班區劃應注意事項如下：

1. 林班內之小區劃，表示不同林分或與其他林分之不同處理。
2. 為施業上暫時設立之森林區劃最小單位。
3. 造林上之應用單位。
4. 記錄「台帳」之單位
5. 小班面積：依集約度而異，集約經營的面積小，粗放經營的面積大。小班面積差異太大亦屬不宜，在國有林區劃的結果，目前仍有小班面積小於 10 ha 或大於 200 ha 者。
6. 小班命名：1、2、3、……或 a、b、c、……或一、二、三、……
7. 小班區劃的要件：
   - 樹種不同：同一樹種林分，則為小班。
   - 林齡差別：天然林內林齡差別在 20 年以上者，可分為小班。
   - 林況的差異：林木的發展以及鬱閉情況不同者，需分別處理。
   - 地況之不同：地況相差較大處或行政上不同地區。
   - 施業限制地：施業上有需特別處理的部分，如砂防地、林役地。

B. 作業級（Working group）

在一事業區內，有相同林型、作業法、輪伐期以及同一經營目的而有恆續收穫之森林集團，純為經營目的所設之臨時區劃。作業級為森林組織的自然的及技術的恆續經營單位。

1. 分劃作業級的原因

- 同一作業種類因地位級不同，或經營目的不同者。

- 不同樹種其輪伐期及作業法均不同者。

- 林役權的關係，如部份森林放租者。

2. 劃分作業級的條件

- 作業級的設立，必須以供給林木收穫恆續的面積為原則。故面積小者，即使作業種類相同，也不能構成一作業級，只能併入其他作業級。中林、矮林或擇伐林雖為小面積且零星分散於全事業區內，若合併之，仍可行恆續作業經營時，則可將其綜合劃分成一個中林、矮林或擇伐林作業級。

- 面積大小不一定，最大者與事業區同，最小者則以能經營恆續作業原則。　通常喬林作業面積大於中林作業面積，伐區式作業大於擇伐作業面積。

C. 伐採列區（Cutting series）

伐採列區之設定目的乃係整理林分的空間配置，使有林木法正排列，導使於造林上、利用上、保護上均無缺陷，以達最經濟之目的。伐採列區之劃分宜注意：

1. 大面積森林常利用林班之區劃線為伐採列區之界線，以一林班為一伐採列區為理想，但仍可有 2、3 林班為一伐採列區（如圖 4.5）。一林班若面積過大，也可分成若干伐採列區。

2. 伐採列區之方向主要視暴風方向而定，以保護幼樹安全發育為要件，即當依迎風方向伐採。

4.3 國有林經營管理區劃之調整問題

國有林之經營管理以林區為單位，並設置林區管理處負責一切的經營作業。早期國有林林區之設置依地形或地區而定，但於 78 年推動林區整併時，改以地區為設置依

據。林區的大小不一，不屬於森林經營的正規區劃，也不能用為伐採上的區劃。

一、林區劃分的原則

A. 事業區為森林經營之基本單位，事業區的境界必須明顯固定，應以集水區的嶺線為邊界，方能符合集水區經營原則。避免利用溪谷為界線，如此才能將同一集水區之森林經營，在同一森林經理計畫中決定之。

B. 同一集水區的林地不可劃分為二個以上的事業區，或由二個以上之林區管理之。

C. 各林區面積不可差異太大。

二、調整森林區劃應遵行之原則

A. 林區可以依據行政管理屬性隨時調整，而事業區應利用林地數值地形模型，以集水區界為導向，依林區劃分的原則決定境界。

B. 調整後之事業區即為森林經理計畫編定的基準，必須以科學化的技術與知識，確立其權威性，各部門執行有關林業行政及環境資源管理措施時均應尊重之。

C. 不可任意解除國有林地及保安林，以維護事業區的完整。

4.4 林地分級與使用分區

一、林地分級的意義

森林多目標功能有其相容或互斥的性質，例如：經濟林木材生產相對於國土保安及森林遊憩景緻林的經營目標很難同時滿足，集水區經營、森林遊憩及療癒、生物多樣性保育、碳匯經營以及自然資源文化遺產等則可並存經營。林地分級（land classification）不同於土地利用型分類（land use classification）或土地被覆型分類（land cover classification），林地分級係以森林環境因子（physical factors）、生物因子（biological factors）以及社會經濟因子（socio-economic factors）為基礎，分析森林環境各項因子的屬性（environmental features），建立不同空間尺度的同質性土地單元（land units），利用土地適宜性分析（land suitability analysis），評估決定土地單元適當的土地利用（land uses）或者森林經營單一主體目標或多元目標。

　　林地分級與生態土地分類（ecological land classification, ELC）及土地評估（land evaluation）意義相似，林地分級分割建立的最小土地單元因為具有同質性的環境條件，依據生態原則規劃適當的土地利用、變更既有的土地利用狀態、或者選擇經濟林主體目標樹種及環境友善經營目標與森林作業方法等，都可提供最大的助益。對於致力於森林開發轉換農業經濟發展的國家，生態土地分類或土地評估成為必要且關鍵的技術工作，依據土地評估結果推動土地利用規劃（land-use planning），決定森林區的開發區位、開發程度以及新的土地利用型，可幫助兼顧森林永續經營及社會經濟的適當發展。

　　山區森林因地形地貌起伏多變，林地氣候、地質、海拔高、坡度、土壤等物理環境因子，影響林木及其他生物的分布，也創造多樣的自然資源文化景觀。在當前永續生態林業時期（sustainable ecological forestry），臺灣全島林業經營要實踐森林生態系目標功能涵蓋木材及多目標資源、生物多樣性、非木質林產物、環境友善與社會文化以及對抗地球暖化國際社會責任，主要關鍵在於林地分級的實施及成果應用的具體實踐。林地分級是二十世紀末臺灣林業的重點工作之一，其目的在對全島森林資源環境的林地特性進行總體評估工作，在維護環境安全及森林生態系功能前提下，區劃適當林地建造適生樹種以營造經濟林，實踐森林資源的木材經濟價值以及提供林業就業人口社會需求和維護林業技術及經營人才，從森林生態系經營的角度切入，以使林地區劃可以滿足森林資源永續經營之需求，並促成森林資源多元功能之發展與利用。

二、林地分級方法

　　如前節所述，林地分級應考量環境、生物、人文社會經濟等複雜的生態系組成因子的作用，複雜的林地分級分區體系需要先建立各項因子的龐大資料庫，為先行推動林地分級分區業務，林務局權衡基層管理單位推動林地分級的技術性需求以及實施的容易性，決議應用第三次臺灣森林資源及土地利用調查所得之林地土壤以及地形坡度資料進行評估分級，並配合本局國有林事業區經營計畫及檢訂調查資料，以及相關計畫所定義的區劃等，進行國有林土地適宜性分區，將森林規劃為自然保護區、國土保安區、森林育樂區以及林木經營區等。

㈠地文為基礎的簡易林地分級法

林務局「林地土壤及坡度簡易分級法」採用五級制土壤級和六級制坡度級，土壤級值愈高者愈不適合或無利於林木生長，坡度級值愈高者林地穩定性或安全性愈低。因此，依據土壤級與坡度級兩個主要因子進行林地分級時，林務局採用與級值相反的點數作為各級林地適合林業經營的權重標準，級值愈低者權重愈高，級值愈高者權重愈低；故土壤1級給定權重5分，土壤2級給定權重4分，依序遞減，土壤五級給定權重1分；同理，坡度級1級給定權重6分，坡度2級給定權重5分，依序遞減，坡度6級給定權重1分；兩個因子權重乘積為林地分級總權重，總權重21-30者為I級，13-20者為II級，7-12者為III級，3-6者為IV，1-2者為V級。

表 4.5　土壤級與坡度級不同級值權種之組合與林地分級對應表（林務局，1999）

坡度級 (權重)	土壤級（權重）				
	1(5)	2(4)	3(3)	4(2)	5(1)
1(6)	I (30)	I (24)	II (18)	III (12)	IV (6)
2(5)	I (25)	II (20)	II (15)	III (10)	IV (5)
3(4)	II (20)	II (16)	III (12)	III (8)	IV (4)
4(3)	II (15)	III (12)	III (9)	IV (6)	IV (3)
5(2)	III (10)	III (8)	IV (6)	IV (4)	V (2)
6(1)	IV (5)	IV (4)	IV (3)	V (2)	V (1)

表 4.6　坡度分級表（來源：林務局，1999）

坡度級	角度坡度（S）	百分比坡度（S）	備註
1	$0° \leq S < 5°$	$0\% \leq S < 10°$	平坦
2	$5° \leq S < 15°$	$10\% \leq S < 25°$	小起伏
3	$5° \leq S < 25°$	$25\% \leq S < 45°$	丘陵地
4	$25° \leq S < 35°$	$45\% \leq S < 70°$	山坡地
5	$35° \leq S < 45°$	$71\% \leq S < 100°$	山地
6	$45° \leq S$	$100\% \leq S$	陡峭

註：坡度分級標準與山坡地土地可利用限度分類標準不同

表 4.7　林務局土壤類型與土壤分級表（來源：林務局，1999）

土壤亞群及代號	代號	土壤型	土壤級					備註
			1	2	3	4	5	
乾性灰化土	01	PD I					PD I	依土壤有效
	02	PD II				PD II		深度區分：
	03	PD III		PD III深	PD III中			中：20 - 50
濕性灰化土—鐵型（Pwi）	04	PWi I					PWi I	公分深
	05	PWi II				PWi II		深：50 公分
	06	PWi III		PWi III深	PWi III中			以上
濕性灰化土—腐植型（Pwh）	07	PWh I					PWh I	依土壤堆積
	08	PWh II				PWh II		方式區分：
	09	PWh III			PWh III			定積土
棕色森林土（B）	10	BB					BB	匍行土
	11	BC				BC		崩積土
	12	BD(d)		BD(d) 崩	BD(d) 匍	BD(d) 定		
	13	BD	BD 崩	BD 匍	BD 定			
	14	BE	BE					
	15	BF		BF				
黃色森林土（yB）	16	y BB					y BB	
	17	y Bc				y Bc		
	18	y BD(d)		y BD(d) 崩	y BD(d) 匍	y BD(d) 定		
	19	y BD	y BD 崩	y BD 匍	y BD 定			
紅棕色森林土（rB）	20	r BB					r BB	
	21	r BC				r BC		
	22	r BD(d)		r BD(d) 崩	r BD(d) 匍	r BD(d) 定		
	23	r BD	r BD 崩	r BD 匍	r BD 定			
黃色土（Y）	24	YB					YB	
	25	YC				YC		
	26	YD(d)		YD(d) 崩	YD(d) 匍	YD(d) 定		
	27	YD	YD 崩	YD 匍	YD 定			
紅色土（R）	28	RB					RB	
	29	RC				RC		
	30	RD(d)		RD(d) 崩	RD(d) 匍	RD(d) 定		
	31	RD	RD 崩	RD 匍	RD 定			
暗紅色土（DR）	32	DRB				DRB		注意氣象災害之程度
暗紅色土（DR）	33	DRC				DRC		
	34	DRD(d)			DRD(d)			
	35	DR		DRD				

表 4.7　林務局土壤類型與土壤分級表（來源：林務局，1999）（續）

土壤亞群及代號	代號	土壤型	土壤級					備註
			1	2	3	4	5	
未熟土（Im）	36	Im clay					Im clay	
	37	Im loam					Im loam	
	38	Im sand					Im sand	
受蝕（Er）	39	Er α				Erα		
	40	Er β					Erβ	
石質土（Li）	41	Lid					Lid	
	42	Liw					Liw	
	43	Lih				Lih		
黑色土（Bl）	44	BlB					BlB	
	45	BlC				BlC		
	46	BlD(d)		BlD(d) 崩	BlD(d) 匍	BlD(d) 定		
	47	BlD	BlD 崩	BlD 匍	BlD 定			

㈡ 不同地位級的林地特性

依據表 4.5 - 4.7 所決定的各級地位級，其林地環境與土地利用等特性之概況，可摘錄說明如下：

A. 地位級 I

1. 環境條件

- 坡度在 15 度以下，土壤級為 1 級者。
- 坡度在 5 度以下，土壤級為 1、2 級者。

2. 土地利用

- 山坡地勢平緩，土層深厚，土壤水分養分豐富，有利林木生長良好。
- 育林作業效率高，可採用機械作業。
- 對國土保安及土壤沖蝕顧慮較少，可施行集約的喬林皆伐作業或農林牧業混和經營。

B. 地位級 II

1. 環境條件：未符合地位級 I 之條件，而有下列情形者：

- 坡度 35 度以下而土壤級為 1 級；或坡度 25 度以下而土壤級為 2 級者。
- 坡度 15 度以下土壤級為 3 級。

2. 土地利用

- 土壤有效深度 50 公分以上，一般植物生長良好。

- 因坡度較大，而機械作業漸感困難，需要依賴人力操作，土壤水分有季節性變化，需要注意選擇適當樹種之造林。

- 伐採後至造林復舊期間，表層土壤容易發生沖蝕，故對土地管理必須注意避免損失土地生產力。

- 供林地使用無困難，但農牧用地時需加以水土保持之處理。

C. 地位級 III

1. 環境條件：未符合地位級 I、II 之條件，而有下列情形者：

- 坡度 45 度以下而土壤級為 1、2 級；或坡度 35 度以下而土壤級為 3 級者。

- 坡度 25 度以下土壤級為 4 級。

2. 土地利用：

- 土壤深度或肥沃度可能影響根系擴張範圍，惟尚能更新造林。

- 坡度較大，不能使用機械作業，步行漸感困難，人力工作效率減低。或因坡度較大容易發生溝蝕現象，宜採帶狀砍伐，不宜皆伐作業。

- 林地一旦破壞則恢復困難，宜以林下混植方式以維持地力。

- 除坡度 25 度以下林地經加強水土保持處理後或可作農牧用地（國有林班地以林地使用為原則），否則僅供林業用地使用。

D. 地位級 IV

1. 環境條件：未符合地位級 I、II、III 之條件，而有下列情形者：

- 坡度 45 度以上而土壤級為 1、2 級；或坡度 45 度以下而土壤級為 3、4 級者。

- 坡度 35 度以下土壤級為 5 級。

2. 土地利用

- 土壤條件不良，一般林木生長不佳，無法期望木材生產，需以國土保安為重點經營。

- 坡度陡峻，造林整地、掘穴種植均有困難，工作效率低落。

- 林地裸露後有嚴重沖蝕或崩坍之虞，首重保育經營，經營作業應採用擇伐作

業法，但應注意不使林地裸露為要。

- 為維護國土保安、涵養水源，宜編為保安林使用。

E. 地位級 V

1.環境條件

- 坡度 45 度以上，土壤級為 3-5 級。

- 坡度 25 度以上，土壤級為 5 級。

2.土地利用

- 坡度急峻，僅用於生態保育及保安林經營。

- 土壤條件不適合林木生長，僅施行森林撫育以保護林地覆蓋。

- 放任其天然更新。

三、林地使用分區準則與用途

A.林地分區及歸併準則

國有林林地使用分區的準則與用途係林務局於 2002 年國有林事業區檢定調查工作期程調整會議決定的，林地處於山區，各地氣候、植生、交通狀況、海拔高以及土地利用現況異同不一，因考慮國有林事業區經營目標以及國家公園、風景區等相關計畫的法定區劃的林地使用用途，可將國有林地區分為自然保護區、國土保安區、森林育樂區及林木經營區等，林務局採行的分區原則與條件如下：

- 依相關法令劃設之區域，維持其劃設目的納入各分區，且盡量以天然界限為界。
- 依集水區為原則，將細碎的區域整併成完整的區塊。

B.林地分區類別及條件

1.自然保護區

以維護生物多樣性保育為主，保水固土為輔，依據相關計畫及指導法規，維護天然林演替的完整性以及野生動物資源之繁衍，以永久保護自然維生系統的完整。凡屬於自然保留區、自然保護區、野生動物保護區之核心區、野生動物重要棲息環境、國家公園生態保護區、特別景觀區與史蹟保存區、國家風景特定區計畫之特別景觀區與自然景觀區皆屬之。

2. 國土保安區

以國土保安之公益功能為重，如有危害國土保安區域，需輔以適當之復育及撫育措施或採用生態工法之治理方式，以加速達成森林覆蓋，確保森林之公益功能，保全森林健康及水源涵養。屬於林地分級為IV、V級、河流及其兩岸濱水保護區、保安林、水庫集水區、水源水質保護區、施業限制地、野生動物保護區之緩衝區、國家公園之部分一般管制區、不符林木經營區條件之非經濟林地或海拔高大於 2,500 公尺或坡度大於 35 度之地區。

3. 森林育樂區

配合國民生態旅遊需要，以經營自然景觀資源為導向，為生態環境教育而劃設的地區。本區應以保全自然優美景觀為主，尤以人力無法再造之特殊天然景緻；在不影響生態保育原則下，可於遊憩據點配置必要之設施，利用管理措施，維持環境承載量（或稱容受力），避免自然資源過度擾動而降低品質。本區包括設立之森林遊樂區及生態旅遊活動地區、國家公園法劃設之遊憩區、野生動物保育法劃設之野生動物保護區的永續利

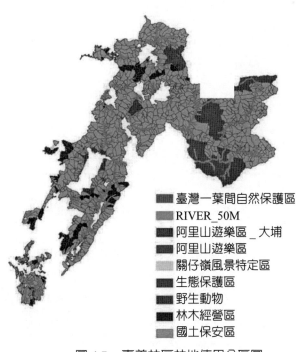

圖 4.7　嘉義林區林地使用分區圖

用區、國家風景特定區計畫之遊憩區與服務設施區等。

4. 林木經營區

以育林、林木生產、副產物培育利用為主要目標之經濟林，有效發揮林地生產力，厚植森林資源。本區為計畫性之集約經營區，除部分的經營除地及施業限制地外，以培育優質林木，提高木材品質，增加國內木材之自給潛力，並發揮森林對二氧化碳之吸存功能。本區屬於經濟林地且海拔高低於 2,500 公尺，且坡度小於或等於 35 度，國家公園之部分一般管制區（註解 4.1），國家風景特定區之一般使用區（註解 4.2），林地分級屬Ⅰ、Ⅱ、Ⅲ級之區域。

註解 4.1：國家公園一般管制區

國家公園法（第十二條）將國家公園區域，依據區內現有的土地利用型態及資源特性，劃分為一般管制區、遊憩區、史蹟保存區、特別景觀區、生態保護區。第十四條規定：一般管制區或遊憩區內，經國家公園管理處之許可，可以建設或拆除公私建築物或道路、橋樑，填塞、改道或擴展水面、水道，勘採礦物或土石、開墾或變更使用土地、垂釣魚類或放牧牲畜、興建纜車等機械化運輸設備、溫泉水源之利用、設置廣告、招牌或其他類似物、原有工廠之設備需要擴充或增加或變更使用者以及辦理經主管機關其他許可事項。前項各款之許可，其屬範圍廣大或性質特別重要者，國家公園管理處應報請內政部核准，並經內政部會同各該事業主管機關審議辦理之。

表 4.8　國家公園管理分區之定義

分區	定義
一般管制區	係指國家公園區域內不屬於其他任何分區之土地與水面，包括既有小村落，並准許原土地利用型態之地區。
遊憩區	係指適合各種野外育樂活動，並准許興建適當育樂設施及有限度資源利用行為之地區。
史蹟保存區	係指為保存重要史前遺跡、史後文化遺址，及有價值之歷代古蹟而劃定之地區。
特別景觀區	係指無法以人力再造之特殊天然景緻，而嚴格限制開發行為之地區。
生態保護區	係指為供研究生態而應嚴格保護之天然生物社會及其生育環境之地區。

註解 4.2：國家風景區一般使用區

國家風景特定區土地使用分區計畫之「一般使用區」，係指不屬於「特別保護區、自然景觀區、遊憩區、服務設施區」之地區，或現有土地使用無礙風景區計畫目的而准許使用之地區。一般使用區之使用保護管制為：

1. 一般使用區之土地使用，可依原來之土地使用編定類別。

2. 一般使用區的資源許可時，可適度開放供遊憩使用，需研擬遊憩發展計畫送交主管機關審查，配合現行主要發展構想提送開發計畫，並從事環境影響書說明。

4.5 地形特徵與集水區區劃基本邏輯

利用集水區及地形線進行森林永久區劃，主要原因為地形特徵是自然成形的，非有重大外力干擾不會有所變化，例如颱風豪雨造成山崩、地震造成走山等，只有嚴重的天然災害發生才會改變局部地區的地形特徵，因此，利用天然地形線將可建立相對穩定且易於現場辨識區界或林班界，方便管理作業。

集水區（watershed）係以山區地形特徵稜線（ridge or crest line）為邊界的一個不規則且完整的多邊形，在稜線包圍區域內之局部地形最低點，連接而成的不規則線段（polyline or arc）稱為水道（channel）或可通稱為溪河（stream），一個集水區至少由一個稜線多邊形以及一個水道線段組成（圖4.8）。

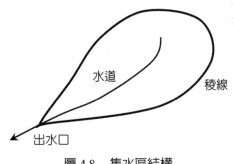

圖 4.8　集水區結構

依據地形特徵，水道與稜線一定共同存在或出現，在局部地區的相對高點位置所發展出來的水道，稱為一級水道，地形線向低處繼續發展可以發現有兩個一級水道匯流成為一個新的水道，稱為二級水道，同理，可以定義出三級水道、四級水道、五級水道，甚至更多級的水道，水系分級的觀念示如圖 4.9。每個層級的水道均可因其稜線之包圍成為一個集水區，所以會有一級河集水區、二級河集水區、三級河集水區、四級河

集水區等等。圖 4.10 所示為曾文水庫集水區實際水系及集水區分布圖，山黃麻湖子集水區為五級河集水區，區內最上游的一級河水系向下流匯集，逐次建構成二級河、三級河、四級河以及五級河水系，並流入曾文水庫庫區。

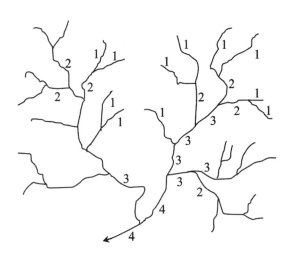

圖 4.9　水系分級觀念示意圖

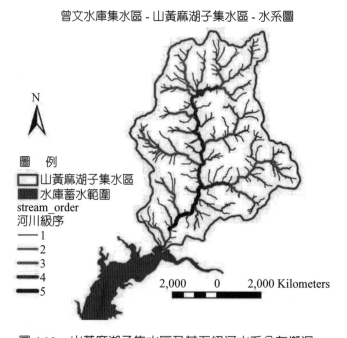

圖 4.10　山黃麻湖子集水區及其五級河水系分布概況

參考文獻

林務局。1999。第三次臺灣森林資源及討地利用調查林地分級報告。臺灣省林務局出
　　版。222 頁。

林務局。2014。第四次森林資源調查。臺北，78 頁。

第五章 森林作業法
（Silvicultural systems）

5.1 森林作業法的基本觀念

5.1.1 森林作業法的定義

森林作業法（silvicultural system）是一套規劃完整的作業方案，對林分生命發展周期中，規劃森林的建造與更新（regeneration）、林分撫育管理（stand tending）以及伐採收穫（harvesting）的特定方法，使森林具有特定的林分結構目標（stand structural objectives），以達成在長期的森林經營時間尺度上，能持續地從森林獲取可預測的收益。換言之，典型的森林作業法包含林分更新、林分撫育以及伐採收穫等三個作業流程（圖 5.1），依據林分結構目標、伐採強度及方式、伐區形狀及大小、伐採更新之早晚等，森林作業法可以細分成許多不同的類型。基本上，依森林作業法所建立的整體林分結構差異，可分為同齡林作業法（even-aged silvicultural systems）及異齡林作業法（uneven-aged silvicultural systems）。

森林經營者希望林地可用的空間均能夠充分的種植生長有用的植物（useful plants），包含提供用材的樹木、薪材樹木以及其他的森林植群，也希望長期的林分結構動態變化可以符合規劃目標。在永續木材收穫時期，森林作業法以實踐最大木材生產量為主要目標；當今永續生態林業時期，森林作業法則兼顧森林生態系多元資源的永續利用及保育（保護），以符合生態原則的多元目標為首要。所以，為達成森林經營目標，經營者必須建立森林經營計畫，規劃長期的森林更新、撫育管理以及森林收穫目標等各項處理。一般而言，伐採目的在促進林分更新者稱為更新收穫（regeneration cutting），而為促進林分內現有林木特性者稱為間伐（intermediate cutting），通常在林分成林後到成熟收穫前，包含疏伐（thinning）、改良伐（improvement cuts）、除害伐

圖 5.1　森林作業法的典型作業

（salvage cuts）等，撫育目的在於控制競爭植物及促進優質樹型的發展。一般而言，森林作業法應該具有下列的基本原則性目標：

- 符合經營的原則性目標（goals）及要具體實踐之目的項目（objectives）
- 提供及時可得的多目標森林資源（不僅提供木材）
- 可以長期生產並預測得到的收穫
- 平衡生態及經濟的利害關係以確保再生資源的永續
- 使森林適於更新
- 有效的利用生長空間以及土地生產力
- 妥慎處理森林健康的問題

5.1.2 林分結構目標

一、林分結構的定義

　　Oliver and Larson（1996）指出林分結構（stand structure）為樹木及其他植物在林分內的空間及時間分布（*the physical and temporal distribution*）；承此，林分結構涉及林分內的樹種或植物組成（species composition）、林齡（age）、立木位置（location）、直

徑（diameter）及樹高（tree height）以及該等林木參數所衍生的林分特徵，包括植物多樣性（biological diversity）及材積（volume stocks）分布。林木在林地內的空間排列稱為空間結構；林木立木數量依年齡時序排列可以反映林齡結構（age structure），依據直徑大小排列或樹高大小排列可以反映直徑結構（diameter structure）或高度結構（height structure）。

　　森林因為組成林木的林齡結構，可區分為同齡林（even-aged forest）及異齡林（uneven-aged forest）。一般而言，同齡林林分有一個齡級，在雙層高度林冠結構的天然林或人工林中可以發現二個齡級的同齡林，這些林分呈現發展完全的林冠，並呈現規則的林分高度。相對地，異齡林林分有三個以上發展完全且可清楚分辨的齡級，異齡林林冠通成為不平整且很不規則的型態（irregular canopy, broken canopy），形成許多的孔隙（gaps），允許較大量的光線穿透到林地內，促使林分內立木的樹冠長度較深長（deeper crowns），並形成較大變異的垂直結構（vertical structure）。因此，利用林分結構資訊推估林分材積蓄積量所得準確度優於林分高度法（Tsogt and Lin, 2014）。

二、決定擬建立的林分結構

　　經營森林所擬建立的特定林分結構稱為林分結構目標（stand structural objectives）。森林建造與更新、撫育管理以及伐採收穫等階段，均可表現出特定型態的林分結構；營林者必須瞭解林地狀況，並將森林經營目標與林地資訊整合，方得以決定所想要建立的林分結構。

林分結構目標至少包含下列幾點：

- 林齡級的結構（age-class structure）。
- 林地可使用期（租地有效期）及目標樹種及樹種組合。
- 樹木位置的空間分布型態（spatial distribution of trees），例如群狀型（clumpy）、規則型（uniform or regular）、或隨機型（random）。
- 維護或建立想要的結構屬性，例如野生動物生存所需要的樹木（wildlife trees）。

圖 5.2　預期的森林狀態

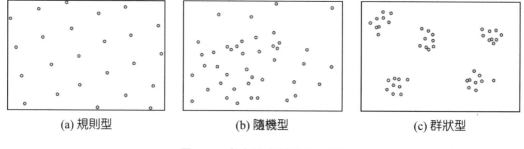

(a) 規則型　　　　　　　(b) 隨機型　　　　　　　(c) 群狀型

圖 5.3　立木的空間分布型態

　　林分結構是動態的（Lin et al., 2016），經營者必須考量樹種的育林特性以及不同樹種混植在相同林地時的混合林生態關係，同時應該考慮到林木生長和生態變遷因素，以規劃營造長期經營所期望呈現的林分結構。當要考量到林分的動態結構特性時，要將木材生產及其他的長期經營林分結構標的結合在一起是很有挑戰性的。但是，一旦明確地定義好長期的林分結構標的，就可以在森林作業法中清楚地說明達成這些標的之一切必要的處理方法。

5.1.3 同齡林及異齡林的林分結構特徵及經營導向

一、同齡林分

A.定義

森林經營以齡級（age classes）來表示樹木種群的年齡階段。林木年齡完全相同的林分稱為絕對同齡林分，差異不超過一個齡級的稱為相對同齡林分，林木年齡相差超過一個齡級以上的林分稱為異齡林分。一般而言，同齡林分具有一個至兩個齡級。

在自然演替情況下，同齡林分常會自然的發生，但是很少會以純林的型態存在。當森林發生大型的干擾之後，就會啟動林分的更新機制，天然同齡林就會發生，這些林分常常能維持同齡的結構直到下一次發生干擾的時候。林火為大尺度干擾之一種，當森林發生大火後，林地環境改變而成為特殊的生態棲位（ecological niche），許多喜好這種棲位的演替階段植物（seral species），例如赤楊（red alder）、苦櫻桃（bitter cherry）、大葉楓（big leaf maple）等陽性樹種，會很容易地在這些林地上發展成為天然同齡林。由這些陽性樹種所組成的林分雖多為同齡林，但在森林演替（forest succession）過程中常有耐陰樹種或中等耐陰樹種入侵和更替，最後又形成異齡林。可見天然林在不受干擾的情況下以異齡林為主，穩定性大；而同齡林往往處於過渡階段，穩定性小。

B.立木空間分布特徵

人工林多為同齡林，在人為控制經營下，可以保持較大的林分穩定性。通常同齡林分立木的空間排列，間隔非常規則有致；同齡林的發育過程可明顯地分為幾個階段：即幼齡林、中齡林、近熟林、成熟林和過熟林。異齡林則同時具有幾個階段的林木。

圖 5.4 同齡林林分剖面結構特徵

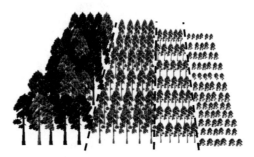

圖 5.5 同齡林林分平面空間結構特徵

C. 林分結構特徵

同齡林分的高度基本上較為相似且均一，規則的高度分布造成同齡林的胸徑及年齡的株數分布和異齡林不同。同齡林分通常只有一個齡級，在某些天然的二層林分（two-layered stand）雖然可以發現有兩個齡級，但這些林分的冠層發展得很好而且冠層高度相近，非常的有規則，仍可歸類為同齡林分。

同齡純林的直徑分布通常為近似鐘型分布（bell-shaped distribution），這個分布函數代表平均直徑的立木數量最多，離平均直徑越遠的兩端（向左為小徑木、向右為大徑木），立木數量越少。同齡林分直徑分布特徵隨著年齡增加，林分平均直徑越大，鐘型曲線越向右偏移，而且有愈趨扁平的趨勢（圖 5.6）。但是，同齡林鐘型直徑分布無法反映出林分的年齡結構。在天然同齡林分中，最小的樹木通常是細長的、擁有很好的樹勢，但是主要均分布在上層林分冠層之下。

D. 經營的重要性

人工林經營之目的主要在於提高森林面積被覆率、提高碳吸存量及碳庫保存量以及木材經濟考量，主要經營機制在於選定符合木材利用標的之樹種，依據樹種輪伐期實施經營作業。

人工經營的同齡林分，以更新為目的所施行之伐採（regeneration cutting）主要集中於輪伐期末，所施行的收穫伐採面積較大，不耐陰樹種（shade-intolerant species）通常

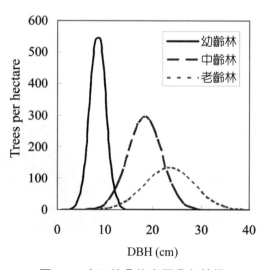

圖 5.6　人工林分的直徑分布特徵

可以很快完成更新，發展成新林。因為同齡林經營很容易規劃、實施以及規整森林收穫，符合經濟林的發展模式；所以，主要木材經濟體都採用人工林方式經營經濟林。通常，人工林的更新期間（regeneration period）不會大於輪伐期時間長度的 20%，亦即假設以生產大徑木為目的之柳杉人工林，輪伐期為 50 年時，該林分的更新期不會大於 10 年，更新期的長短將會反映在林分內最老樹木與最幼樹木之間的林齡差異。

二、異齡林分

A. 定義

異齡林分（uneven-aged stands）與多群林分（multi-cohort stands）或全林齡級林分（all-aged stands）同義，比較被廣泛使用的名詞為異齡林分。

異齡林分是一個由更新級（regeneration class）、桿材級（pole class）以及成熟級（mature class）等三個明顯齡級的立木所組成之林分，各齡級立木的林齡、樹高以及胸高直徑均不相同。更新齡級林分的林木通常為幼齡樹（sapling），立木的胸高直徑小於 10 公分；桿材齡級林分的林木通常稱為桿材林木（pole），立木的胸高直徑大於 10 公分但小於 30 公分；成熟齡級林分的立木通成稱為成熟木或壯齡林木，立木的胸高直徑大到可以提供製材用的大小，通常成熟林的林齡大於 50 年生。人工建造的異齡林可能是由相同的單一樹種或多樣的樹種所組成，天然異齡林則具有很高的樹種多樣性。

B. 立木空間分布特徵

異齡林分是由許多小區塊群狀分布或隨機分布同齡林所組成的鑲嵌體。在天然林中，連續不斷發生的火災、風害、病蟲害等週期性的干擾（cyclic disturbances）會造成

圖 5.7　異齡林林分剖面結構特徵

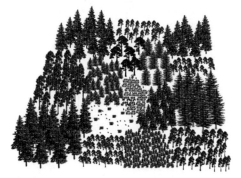

圖 5.8　異齡林林分平面空間結構特徵

林分內隨機分布的立木枯死，也會使不同林齡級的立木，隨時間波動而分散在整個林分中。在一個單純天然的異齡林中，也許並不存在著空間上及時間上高度隨機分布的林齡級。

C. 林分結構特徵

異齡林分的冠層結構參差不齊，非常不規則，常常會有許多的孔隙（gaps）。破裂的冠層可以讓更多的陽光穿透到林內，讓更下層的樹冠可以利用陽光而成長，並造成林分高度擁有較大的垂直結構。

大多數的立木屬於最小直徑級及年齡級，因為更新，這些小樹很快地會填滿林分的冠層孔隙。經由林分內樹種的正常競爭，隨著直徑級或年齡級越大的立木數量越少，一直到最大直徑級或年齡級的立木數量會非常少，而且既使林分內立木的空間分布可能很規則，但是這些最大直徑級或年齡級立木的空間分布是非常隨機的，因為異齡林的更新始於林內的小孔隙位置，是許多的耐陰性樹種最喜歡的更新環境。

圖 5.9 代表異齡林的直徑分布結構的理想分布函數，其直徑分布與林齡分布非常近似。異齡林經營的林分直徑分布將會趨近於古典的反 J 型（the classic inverted-J form），看起來就像是鏡子裡面沒有頂部的 J，這代表著在每一公頃的異齡林分中，最小直徑級的林木數量最多，而隨著林分直徑級的增大，每公頃內的林木株數會成幾何倍數的下降。天然闊葉樹異齡林小徑木株數會隨著林齡增大而數量變少，但是基本上仍呈

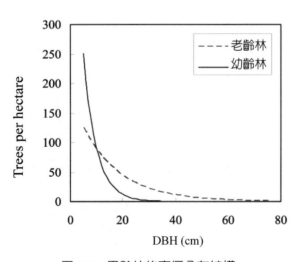

圖 5.9　異齡林的直徑分布結構

現反 J 型分布。反 J 型直徑分布結構亦稱為 *Arbogast* structure。

　　雖然直徑分布經常被用來區分同齡林及異齡林，但是單獨使用直徑分布定義林分結構應該要很小心，最好同時注意林分的其他特性，例如林齡以及每一直徑級的活力（vigour）。在真正的異齡林分，所有林齡級的林木都有很好的活力。

D. 經營的重要性

　　異齡林特殊的林分結構，可以提供林分外觀視覺上的美感，同時非常有利於耐陰性樹種的更新、林分健康、土壤分化以及防火，也可提供多樣性的棲地環境等因素，所以異齡林經營可以應該是森林經營的重要目標。一般而言，耐陰樹種（tolerant species）在低光度林分內可以很快更新完成，耐陰樹種在林分冠層下的生長很慢，木材密度較高，材質較佳，有利於經濟效益。請注意，實施群狀擇伐（group selection）可能造成較大的林分孔隙，開放空間較大時會有足量陽光進入，有利於不耐陰樹種快速發芽完成更新。

　　經營異齡林需要移除一些自然的隨機性，以使整個林分長期上擁有更多的可預期的林分發展。對異齡林施行更新性質的伐採處理，經過完整的輪伐期將可促進異齡林有效的經營，達成連續不斷的森林更新（a perpetual regeneration）經營目標。

5.1.4 發展森林作業法的最終目的

　　考慮當代的地球環境與資源利用的總體價值觀以及森林經營趨勢，森林學家研究發展或設計森林作業法時必須將保育（conservation）的觀念反映在森林作業中，同時應使所經營的森林，可以用來預測未來林產品的收穫量或價值。

　　結合社會經濟、環境資源保育及氣候變遷等多目標元素的「永續性」，私有林及公有林經營仍應注意環境倫理（ethical issue）及政策性議題（political issue），森林作業法是解決該等議題的核心。承此，當我們投入經營森林行列，並實際從事規劃或設計森林

圖 5.10　考慮森林多元目標經營設計森林作業的方法

作業法時，應設法將永續性長期實踐滿足多元經營目標的觀念連結到個別的林分。觀念上，森林人應該對所經營森林的各個林分設計或發展一套獨特的森林作業法（Nyland, 1996），而所有的森林作業法均應納入更新、林分撫育以及收穫等三個基本作業的處理方法。

5.2 森林作業法的種類

森林作業法依據更新機制可分為喬林作業法（high-forest system）、矮林作業法（coppice system）、中林作業法（coppice with standard system）以及竹林作業法（bamboo system）。凡以種子完成更新森林的森林作業方法，稱為喬林作業，以培養大喬木的用材為主要目標。凡以萌芽更新方式完成更新森林的方法，稱為矮林作業，本法所培養的林木偏屬中小徑材，主要目標為薪炭材、紙漿材或其他工業用材，例如相思樹薪炭林、杉木林、泡桐林。若一森林，部份以喬林作業方式完成更新，部份以矮林作業方式完成更新者，稱為中林作業；其中以喬林作業經營之林木稱為上木（overwood），以矮林作業經營之林木稱為下木（underwood）。竹類之經營方法，稱為竹林作業法，為利用竹類之地下莖或竹桿育成竹林之特種方法。

喬林作業可依營林目的分成同齡林作業法（even-aged systems）以及異齡林作業法（uneven-aged systems）。同齡林作業法係以建造同齡林（even aged stand）為目的，此一作業法係將全林劃分成若干區，於各年中伐採一區林木（稱為年伐區）並完成造林，如此在整個林區中，各年齡林木各佔一定面積者；故同齡林作業法又稱為伐區式作業法。同齡林作業法（even-aged systems）包含皆伐作業法（clearcut system）、母樹作業法（seed tree system）、傘伐作業法（shelterwood system）、矮林作業法（coppice system）、區塊伐作業法（patch-cut system or patch clear cutting system）、留伐作業法（retention system）等。

異齡林作業法則以建造異齡林（uneven-aged stand）為目的，此一作業係將全林劃分成若干區，但於各年伐採之林木並不限於單一分區（年伐區），而係就全林選擇性伐採，再利用天然更新方式完成造林者，如此在整個林區之每一分區中，均有各年齡之林

木分布者；故異齡林作業的方法稱為擇伐作業法（selection system）。

同齡林（伐區式作業）與異齡林（擇伐作業）兩大類的森林作業法係以林分內林齡級的數量為定義基礎，同齡林包含一至二個齡級，異齡林包含三個以上的齡級。伐區式作業與擇伐作業二者，相對的林分特性，比較如下：

- 伐區式作業以造成同齡林為主；擇伐作業以造成異齡林為主。
- 伐區式作業造成同等樹冠高度，同等根系，空間利用和地力利用較小，對風和病蟲害之抵抗力較差；擇伐作業造成不同樹冠高度（立體樹冠），不等根系，空間利用和土地利用較大，對風和病蟲害之抵抗力較強。
- 伐區式作業同一年伐區主間伐之時間不同或同一年度主間伐之地點不同；擇伐作業同一年伐區主間伐之時間相同（圖 5.11）。
- 伐區式作業根據年齡來採伐，年齡對林木之支配作用很重要；擇伐作業根據直徑大小來伐採，年齡對林木之支配作用並不重要。

5.2.1 同齡林森林作業法

一、皆伐作業法（clearcut system）

皆伐作業法通常會在一次收穫中，伐採林分內所有的立木，隨即在伐木跡地（cleared block）上，立刻以人工播種法、實生苗栽植法或天然下種更新法，重新建造新的同齡林。皆伐作業法一般是用於以有活力的新林分取代老林分的最快速方法；早期的臺灣森林經營，最普遍的森林作業方法就是以皆伐作業配合人工栽植法造成新林。

(1) 伐區式作業 $u = 20$ 年

1	2	3	4	5
6	7	8	9	10
11	12	⑬	14	15
16	17	18	19	**20**

(2) 擇伐作業 $\ell = 12$ 年（$u = 36$ 年）

1　　25 　13	2　　26 　14	3　　27 　15
4　　28 　16	5　　29 　17	6　　30 　18
7　　31 　19	8　　32 　20	9　　33 　21
10　　34 　22	11　　35 　23	⑫　　**36** 　㉔

圖 5.11　伐區式作業森林與擇伐區作業森林主間伐實施差異觀念示意圖

（圓圈數字為疏伐實施對象，粗體底線數字為主伐實施對象）

　　皆伐作業法因為全部採伐林木，技術要求較簡單，作業地點集中，所以集材及殘材處理均較容易，管理也方便，新林生長快速均勻，林相整齊。但是，伐木跡地全部曝露，林地容易乾燥硬固，致雨水不易滲透土中，易發生地表逕流（runoff），導致林地沖蝕，最終可能造成土砂填塞河床，河流氾濫，洪水成災，因此皆伐作業的實施地點常受限制。伐採後森林景觀品質低落，成林後林相整齊均一使景緻較為單調；且同齡純林是病蟲危害後很容易蔓延，難以控制防除。

A. 必須採用皆伐作業的情況

- 變更林相或改換樹種時。
- 林木發生嚴重病蟲害或火災之後，為清理現場以絕後患。

B. 絕對不宜採用皆伐作業的情況

- 水源地區或都市集水區（municipal watershed）之範圍內。
- 水庫周圍及其主流河川兩側之山坡上。
- 一般活河川（active stream & river）兩側 100 公尺以內之坡地上。
- 風緻林（scenery forest）、遊樂林（recreation forest）、古蹟林（ancient remained forest）及紀念林（memorial forest）等。

C. 實施皆伐作業法的客觀有利條件

- 林地坡面緩斜或近於平坦之處
- 土層深厚緊密，不易沖蝕之處
- 距離河川較遠，而不致沖潰河岸之處
- 為其他重要建設之障礙，而森林必須清除之處。
- 臺灣之地理情況特殊，地處亞熱帶，山高坡峻，河短流急，風強雨豪，土質疏鬆，極易發生水土沖蝕，釀成水災。故森林更新時，非必要時應儘量避免採用皆伐作業法，藉可減少洪水為災之機會。不可因為皆伐作業法之執行容易，成本低廉，獲利優厚而執意採行該法，畢竟社會公眾的安全與福利，才是臺灣森林經營之最高指導原則。

D. 同齡純林受病害影響的實例

以北美的 Lodgepole Pine（*Pinus contorta*）為例，這種常綠型松樹的老齡松林樹幹會

裂開，而且很容易被一種樹皮甲蟲（*Dendroctonus ponderosae*）（英文名稱為（mountain pine beetle））於啃食樹皮過程中帶來病源菌而感染，常形成大面積森林危害（圖5.12）。

　　許多的生長與收穫模式以及工具可以使用，幫助森林經營者設計皆伐的方法以生產特定材積及木材產品。林分撫育措施，例如疏伐、修枝以及施肥等，都能夠很容易地加入到這個作業法中，以符合森林經營的目標。皆伐（clear cutting）對所經營森林的生態系很有可能造成最大程度的改變，對於不同類型的森林或者對於不同的森林經營目標而言，這種改變也許是經營需要的或不需要的，可以接受的或無法接受的（Kimmins, 1992）。一般而言，老熟林木樹冠面積會變小，導致老熟林分的森林鬱閉率降低，老熟林木的木材品質也會因腐朽等問題而降低，但老熟林分的固有存在價值在於提供野生動

(a) 樹皮甲蟲

(b) 甲蟲大爆發及森林危害

圖 5.12　因樹皮甲蟲 (a) 傷害引發線蟲危害森林地景 (b)

（照片由 Prof. Dr. Frank Lam at Faculty of Forestry, UBC 提供）

物棲息重要環境。因生物多樣性及林分景觀美質，林業高度發展的區域（例如北美）民眾持續發聲期望森林經營者能改變皆伐作業法，以達成建立老齡林分的目標。因應方法可以調整全林為較小帶狀面積配置的帶狀年伐區（cutting unit），將傳統皆伐作業法調整為區集式皆伐作業法（block clearcut system），可逐年逐區接續伐採（progressive strip clearcut）或逐年隔數區非連續伐採（alternate strip clearcut）；如果區集面積調整到 1ha 或以下，就可變型為區塊伐作業法（patch cut system）。

二、母樹作業法（Seed tree system）

母樹作業法的伐採收穫單元（entire cutting unit）的管理方式與皆伐作業法相似，母樹作業法幾乎伐採所有林木，但保留母樹約 5-10 stem/acre（相當 12-24 stem/ha），以單株或成群方式均勻分布於整個林地，以生產種子完成天然下種更新，當新生小苗（seedling）普遍發生後（更新完成），會一次伐採所有母樹。所以，留存的母樹應該注意立木外觀特徵，將優良表現型（phenotypes）立木留存下來以保留優良基因性狀（genetic traits）。

母樹作業法以天然更新法重建下一代森林，但可能因留存母樹種子產量及天然下種不均，或因林地乾燥等因素，而無法完成天然更新，故常需以人工栽植方法（tree planting）促進更新。通常母樹作業法可能會使林分的蓄積水平降低（a reduced stocking levels）。

施行母樹作業法應注意留存的母樹易遭風倒風折之害，通常是用於陽性深根性樹種，更新完成後伐採母樹時，幼樹易遭損傷，若留置不伐，棄而不用，則必減少應有之收穫，亦即等於投下額外之造林成本，若留至新林更新同時伐採，則養成過熟木（over mature timber），消耗地力，仍為營林上之損失，故僅適於小粒及中粒或帶翅種子之樹種，方可實行。母樹作業法也不宜應用於過老的老熟林分，臺灣高山地區之松類鐵杉等林，可用此法以行天然更新；而中低海拔地區由於雜草繁生速迅，雖然樹種具有備適當之條件，但因氣候因素所構成之植生環境，此種作業法難全適用。

三、留存母樹作業法（seed tree with reserves system）

留存母樹作業法以母樹作業法為基礎，一個林分於更新完成時，不伐除原有母樹，

而任其繼續留存在林地上者稱為留存母樹作業法（圖 5.13），其目的不僅止於更新，更期以符合長期的非木材資源經營目標的利益，例如景觀美質經營及提供野生動物棲息地。母樹作業法及留存母樹作業法相似於育林學領域所稱之保殘作業法及保殘母樹法。

A. 何謂留存木？留存木的作用為何？

伐採收穫中所保留下來的個別立木或立木群稱為留存木（reserved trees or reserves），森林經營者可採用留存木觀念來彈性調整同齡林作業法，建立更具彈性的經營措施（management operations），提供非木材價值，例如野生動物棲息地、森林美學以及生物多樣性等，保留樹通常會留下來一個輪伐期甚至更久的時間；不過，第一次更新的留存木在後續時期可由已完成更新的林分取代之。換言之，當更新後森林的林分結構特徵（屬性）達到原來森林所能提供的林分結構特徵時，例如：樹木大小長到可以提供野生動物利用程度（large wildlife trees）、有粗糙的木材碎屑以及林分冠層孔隙（canopy gaps）成形時，原來的留存木即可功成身退。

以加拿大不列顛哥倫比亞省為例，約有 90 種野生動物或 16% 的脊椎動物在某些程度上需要依賴野生動物樹木來繁殖、餵食下一代以及作為庇護所；更具體而言，對北美馴鹿（mountain caribou）所需的林分結構特徵為早冬型棲地，其關鍵屬性為常綠型矮灌木、風倒木及枯枝落葉生長的地衣，以及能阻斷雪的針葉樹冠層。

B. 每一種森林作業法是否都能修改成為具有留存木的作業法呢？

留存木最常與皆伐作業法合併使用，正如留存母樹作業法，各種作業法均可與留存木的觀念結合，以建立並保護林分多元目標經營所需的野生動物樹木（wildlife trees）、沒有受到干擾的森林地表層、粗糙的木質碎屑及其他重要的林分屬性。

四、傘伐作業法（Shelterwood system）

傘伐作業法是以一系列的伐採方式，將老林分收穫以促進建造一個基本上是同齡林的新林分。在老樹的保護下，所建造完成的新林分必須推行各項林分撫育措施，使得新林分可以長成理想的森林，能夠在未來同樣地施行相同的收穫作業。傘伐作業法的主要目的在於保護及遮蔽仍處於發展中的更新幼樹。雖然傘伐作業法可以天然下種更新完成，也許會需要以人工方式種植一些樹木以提高林分內樹種的混淆程度（或樹種多樣性）以及提高蓄積的支持物（bolster stocking）。

圖 5.13 留存母樹作業法林分示意圖

圖 5.14 留存木

　　傘伐作業法的主要特徵是將上層的留存木（overstorey leave-trees or reserves）（圖5.14）保留在林地上以保護下層更新木，直到下層更新木不再需要保護時為止。在某些方面上層留存木也許會因為樹冠擴張與遮陰效應而開始抑制下層樹木的發展，這個現象會因上層樹木的密度以及經營樹種的種類而異。

　　A. 母樹作業法及傘伐作業法選留立木（留存木）的準則

- 大型的優勢木
- 抗風能力強的樹木
- 目的樹種
- 理想的物理特性（desired physical charactistics）

　　B. 傘伐作業法的各項伐採

　　施行傘伐作業之施行係以預備伐（preparatory cuts）、下種伐（establishment cuts, seeding cut, regeneration cut）、後伐（removal cut/cuts）等一系列的收穫伐採方式（a series of harvesting entries）為之，每一種伐採均具有其特定的本質（natures）與目的（intents），圖 5.15 可表示各種伐採的相對關係。欲完全瞭解傘伐作業法就必須要瞭解這一系列伐採的本質以及目的或功能。傘伐作業可能因為特別的需要，有時會施行除害伐（salvage cut），收穫伐採尚可利用的受害立木。施行傘伐作業經營的森林，其林分狀態的發展概況，請詳見圖 5.16。

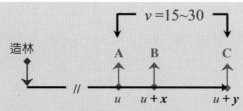

圖 5.15　傘伐作業法各種伐採的相對關係

　　假設施行傘伐作業的森林，若經營目標樹種的輪伐期（林木成熟期）為 u 年，則於 *u* 年時，先施行預備伐 (A)，使留存林木有更佳的生存與發展空間，並能得到較佳的光度，促使林木能夠大量結實並進行上方天然下種更新；經 *x* 年後（設為 5-10 年）實行下種伐 (B)，讓林地之種子有適合發芽生長之空間，並逐步養成同齡林；再經 *y* 年（設為 10~20 年）實行後伐 (C)，釋放出全林地空間，讓更新建造完成的同齡幼林可以發展。由 A 到 C 的期間稱為更新期。

1. 預備伐

　　林分實施一次或數次的預備伐可以改善林木將來生產種子的能力，讓林木可以生產抗風能力強的健康果實。大多數的預備伐都集中在低冠層級的林木，實際上，預備伐很像低度的商業性疏伐，如果留存的林木可以反應並改善生長及林木活勢，這種預備伐可以有極大的貢獻成就傘伐作業法。同樣地，預備伐可以提供可用的木材材積（harvestable volume），意即施行預備伐時，林木通常已經長成一定的大小，達到可供工業使用的木材規格，而在預備伐前的林木還太小，無法提供工業使用。

2. 下種伐

　　在某些林分，下種伐也可能是第一次伐採，下種伐的目的在於提供更新林木的生長空間以建立並提供新生幼苗的保護樹（shelter）。

3. 後伐

　　林分更新完成後，森林蓄積量就可達到可接受的程度，同時林分內將不再需要保護樹，所以通常會將這些保護樹伐除掉。否則，這些保護樹留在林地內太久，可能會因為陽光、水分以及營養分的高度競爭，而妨礙更新林木的生長與發展。對於耐陰性樹種而

言，也許有必要在一段時期內，慢慢地以多次的除伐方式，移除這些上層的保護樹。

　　傘伐作業法可以促進同齡林分的發展，因為伐採及更新時期仍然是集中在接近輪伐期末的時間點上。

　4. 除害伐

　　除害伐（salvage cutting）主要目標在於伐除林分中的風倒木、害蟲或病菌受害木等，是一種不規則的商業性伐採。受害伐可以充分利用受害木的經濟價值，避免因受害木因腐朽而失去製材利用的機會，同時移除受害木也可以避免林分其他的立木受到感染，造成更大的損失。受害伐的主要精神在於挽救受害木的價值以及林分其他立木的健康，具有救助（salvage）的意義。

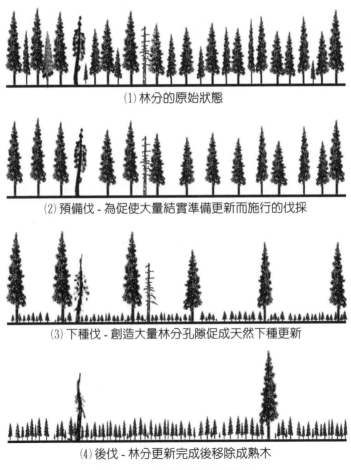

(1) 林分的原始狀態

(2) 預備伐 - 為促使大量結實準備更新而施行的伐採

(3) 下種伐 - 創造大量林分孔隙促成天然下種更新

(4) 後伐 - 林分更新完成後移除成熟木

圖 5.16　傘伐作業法示意圖

C. 傘伐作業法與母樹作業法之區別

森林人常以收穫後的林分外觀來命名森林作業法，但是作業法的名稱應該是依據收穫型態（harvesting patterns），例如皆伐、擇伐；作業法真正的不同點在於更新方式以及林分發展。母樹作業法（seed tree system）與傘伐作業法（shelterwood system）在更新過程中均有留存木的需求，但是，不能單純的只以留存木的密度區別之，而應該考慮留存木的留置目的。如果留存的林木只用於生產種子已完成天然更新者，就稱為母樹作業法，如果留存母樹之目的在於生產種子以供天然更新以及同時提供庇護所以保護幼樹者，則稱為傘伐作業法。

一般情況下，傘伐作業法的留存木數量通常會比較多，我們無法單純的以一個林分的留存木數量來區別傘伐作業法與母樹作業法，因為傘伐作業法必須決定於局部區域的氣候特徵以及決定於樹種更新時的特定要求。

D. 保護樹留存數量之決定

對於森林經營者而言，留存木的密度及分布應該取決於保護樹的需要性。例如：林地土壤溫度會影響天然下種的發芽率，樹種的發芽特性不盡相同，留存木或稱為上層留置木（residual overstorey trees）數量的多寡就會影響林地土壤溫度。在某些個案中，保留林分斷面積（basal area）20-25% 的立木數量也許足夠保護發芽更新的需要，但如果上層林木種子發芽條件需要較高的土壤溼度，則較多數量的保護樹應該可以被保留下來（原始林分斷面積的 30% 或以上）。

決定留存木數量也應適度考慮林木的種子產量以及林地的地位情況，以確保適當程度的下種更新以及保護更新後幼苗免於氣象危害。例如：在加拿大不列顛哥倫比亞省 West Kootenays 的西方落羽松（學名：*Larix occidentalis*，英名：western larch），由於種子產量很差，傘伐作業法應該保留較高密度的保護樹，對於母樹作業法亦然；但是，類似於北美黃松（學名：*Pinus ponderosa*，英名：ponderosa pine）的耐寒先驅樹種，傘伐作業法所保留的母樹較少，在嚴峻的林地可能會顯得非常空曠。因此，在林分現場若想單純以林分外觀來分辨傘伐作業法與母樹作業法，必須很小心。

五、區塊伐作業（Patch cut system）

區塊伐作業法係以 1 公頃小面積區塊為作業範圍（圖 5.17），一次全部伐採區塊內

所有林木，再利用天然下種、人工造林、或天然及人工兩種方法併用的方式，完成更新的森林作業法（圖 5.17）。區塊伐的作業面積很小，很容易在短時間內完成更新，故每一區塊均為同齡林，一個大面積林分，經系統設計實施多時多區的小區塊伐採及更新，整個林分空間即為多元小區塊同齡林的組合體（圖 5.8），成為大林分異齡林經營的林分結構。

　　觀念上，區塊伐作業法是皆伐作業法的一種變形，但區塊作業法所造成的特小區空地（very small openings）的特性，決然不同於典型的皆伐作業法。育林學領域所謂的天然孔狀或群狀皆伐下種造林法，若群狀孔隙面積夠小，符合面積小於 1 ha 的條件，似可視為區塊伐作業法。Smith（1986）提出不同觀點，他認為區塊伐作業法是皆伐作業法的一種，區塊伐作業法可以促進小區空地的天然更新，並作為個別的林分經營單元，但是群狀擇伐（group selection）及群狀傘伐作業（group shelterwood）所造成的空地並不能作為經營單元。

圖 5.17　區塊伐作業法示意圖

（局部區塊立木於輪伐期齡時雖一次全部伐採收穫完畢，伐採跡地於收穫後很快就會發生更新而且很快完成，故小面積區塊伐的跡地可成為獨立的經營單元。）

六、留伐作業法（Retention silvicultural system）

　　留伐作業法係指在伐採收穫林木時，總是保留個別的立木或成群的立木，以維持整個伐採區林分面積內的結構歧異度，留存木至少保留一個輪伐期；二分之一以上的伐採區（cutblock）面積應該留在離留存木樹高的距離內，不論留存木是以單木或成群的方式保留在伐採跡地內或伐採跡地外，這個一倍樹高的準則都一樣。

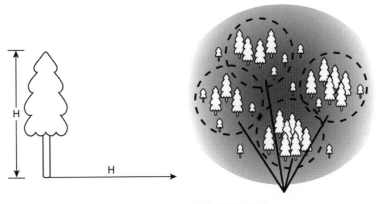

圖 5.18　森林影響範圍圖

(虛線區域等於一個樹高直徑所決定的森林影響區域)

　　依據 Kimmins（1992）之定義：皆伐（clearcutting）為在一次伐採中將一大片面積森林的所有樹木全部收穫完畢，使得在整個的伐採區域內，森林影響（forest influence）被徹底的移除。對照於皆伐作業，留伐作業法伐採後所留下的開闊地（伐採跡地）仍可以處於周遭的樹木影響（保護）範圍內；一般而言，樹木可以發揮的森林影響可及於樹木高度的範圍，所以粗略估計留伐作業法的伐木跡地約有一半以上是處於留存木的影響範圍內。利用林地內空地比例（the proportion of an opening）可以區分皆伐與保留作業法二者的不同。

　　留伐作業法主要思考著「什麼該被保留」，而不是「什麼可以被移除」，它的主要精神著重於規劃伐採後的森林空間結構，希望透過妥善的設計，分配留存木在林分的分布位置（保留區的位置），提供晚期森林演替的結構以提高歧異度，強化整個地景中棲地的連通性（habitat connectivity），同時提供那些分散各處而存活下來的物種所需要的庇護所。

圖 5.19　留存木的空間結構可以是分散、成群或二者之結合

七、變動留伐作業法（Variable retention system）

A.變動留伐作業法的定義與特色

變動留伐作業法（variable retention system）是留伐作業法的引申，也是遵循自然模式的一種新的森林作業法；主要特徵就是每次伐採收穫林木時，一定保留部分的森林面積，以持續維持立木的存在。變動留伐作業法所留存的立木，可以分散的方式或集中的方式，留在伐木跡地（cutblock）內，以具體實現某些特殊的目標，例如：保留林分的結構特徵，包含枯立木（snags）、大型木材碎片、不等大小及冠層高度的幼齡樹木與老齡樹木等，以作為森林生物的棲地。變動留伐作業法的伐採收穫，亦能促進理想的天然更新，同時保留森林地景的獨特特徵，例如美學、微棲地、具遺產價值的林木（legacy trees）、水質、土壤穩定性等等。

採用變動留伐作業法時，要先決定所要保留下來的森林區，再決定要伐採的森林區。這種作業法提供許多不同的保留容量（retention level），通常保留的森林面積約為整體作業區的 10-40%，同時可視情況或需要增加保留面積的比例；而且所保留下來的樹木也可以在森林完成更新之後，永久的留存下來。變動留伐作業法可以配合許多不同的收穫方法實施，同時可以結合傳統的森林作業法例如傘伐作業法或擇伐作業法。

變動留伐作業法之所以稱為「變動留伐 variable retention」，主要原因為在收穫作業中必須彈性的保留「可變動的比例」的森林覆蓋面積。不論在整個天然更新林分的過程中將要保留多少的樹木，少量或許多樹木，這些留存木將能夠以群狀（clump）或區塊（patch）或者是規則配置的方式，分布在整個林分中。變動留伐法有兩種形式：

圖 5.20　變動留伐作業法留存木在林分內分散式（左）及群狀式分布（右）

Smith（1993）建議：不要企圖以小量材積作為林分層級的永續收穫單位量（sustained yield units），也不要只在意於維繫林分內成熟大樹蓄積量的連續，而應密切注意維持「林分齡級結構的平衡」。

- 分散留伐法（dispersed retention）：保留下來的立木分散在整個伐採跡地內。

- 群狀留伐法（aggregate retention or group retention）：保留下來的樹木已群體的方式留在伐採跡地內。

B. 變動留伐作業法的價值

在資源保育與資源經濟發展兼顧的目標下，變動留伐作業法逐漸成為一種常用的改善森林經營的工具，他可以有助於解決經營森林時要同時滿足人類對木材的需要性以及維持生物多樣性的困難。環境資源保育團體與林業經營者所爭議的主要論點為：經營的森林中，有多少面積可以伐採，而不會妨礙（adversely interfering）森林內其他的生態過程（ecological processes）的正常運作，更不會造成不利的影響。

變動留伐作業法的收穫過程對森林生態系的傷害遠小於皆伐法，從作業法理論及實務面向評析，變動留伐作業法可以解決木材生產的大面積伐木與生態保育衝突的議題，因為：變動留伐森林作業法在施行收穫伐採作業時，可以維持適量的林木分布及連續的森林披覆等關鍵的結構性元素（key structural elements），這些元素可以達到提供森林生物多樣性以及森林過程的目標。森林管理委員會（Forest Stewardship Council）已將變動留伐作業法所生產的木材列為「認證木材（certified wood）」。

變動留伐作業法有四種主要的機制可以維持森林的生物多樣性：

- 提供後收穫時期（post-harvest），穩定的森林生態結構（ecological structure）。保留木在伐採跡地上，可以將森林的結構特徵包括老樹、大樹、小樹、枯立木以及木材碎屑等留存於林分，這些結構特徵是維持生物多樣性很重要的元素。在傳統的伐木收穫過程中，這些特徵很容易被破壞，因此保留作業法特別強調留存木所組織的林分結構特徵，可以達成兼顧生態資源保育的目標。

- 提供足夠數量的庇護所（adequate refuge）給對環境比較敏感的物種（sensitive species），讓他們可以在所經營的森林環境中生存，就如同生活在已經發展成為適合他們生活的森林環境一般。

- 建構棲地區塊，這些區塊可以成為重要的基礎，來散佈新一代動植物的後代、種子以及孢子，有利於森林的存續發展。例如枯立木可以提供森林中的真菌（fungi）與附生植物（epiphytes）生長所需的介質，也可以提供昆蟲與鳥類的食物與庇護所。

- 增加所經營林分的結構歧異度,提供植物及高價值樹種足夠的機會以進行天然更新以及生長發展的空間,有助於幫助森林內原有的針葉樹與闊葉樹優勢樹種,恢復其在林分中的原有優勢,進而達成永續經營目標的實現。

C. 變動留伐作業法在加拿大不列顛哥倫比亞省的應用

在加拿大不列顛哥倫比亞省(包含 MacMillan Bloedel 公司)所有的森林作業(forest operations),均使用變動留伐法(variable retention method)收穫並更新太平洋海岸分布的溫帶雨林(temperate rain forests)(RPB, 1999)。

實施變動留伐作業法時,會減少開發林道,降低破壞森林地表層。森林中經常發生小尺度的自然干擾(natural disturbance),整個干擾過程對於一棵樹並不至於造成傷害;因此,伐木工人在伐取經濟價值樹木時,例如側柏(red cedar)與花旗松(Douglas fir),會降低可能的干擾程度,避免傷害到週遭的樹木(standing trees and snags),也會保留小樹使其繼續生長,也會避免伐採原住民文化或宗教上所尊敬的老樹。所以,基本上變動留伐作業法應不會對森林造成傷害的。

變動留伐作業法相對於傳統的皆伐而言,是一種比較困難且辛苦的方法。因此,在加拿大仍有許多的伐木公司(logging companies)並未承諾逐步淘汰皆伐法,改用變動留伐法收穫木材;就連 MacMillan Bloedel 公司偶而也無法達到其承諾,逐步淘汰皆伐法。主要原因為變動留伐法相較於皆伐法很麻煩,費勞力、費時、費成本,木材生產成本大增,相對也提高消費者購買家具以及其他木材製品的成本。雖然全球的市場開始要求認證的木材應該完全使用變動留伐法收穫(RPB, 1999),但是廣大的木材消費者是否願意以較高價格購買認證木材的產品仍尚未知。

八、矮林作業法(Coppice system/coppice forest system)

矮林作業法是同齡林作業法的一種,這種作業法主要是利用樹木的萌芽特性(vegetative sprouting)進行森林更新的方法,故又稱為萌芽更新法(sprout system),是育成同齡矮林最簡單的更新方法;例如由伐倒木的母株根株長出芽條建成樹形矮小的森林(圖5.21a),這種作業方法只適合應用於萌芽力強的短輪伐期闊葉樹種之經營,而且主要經營目的在生產燃料用薪材以及工業用小材(圖5.21b)。

圖 5.21(a)　矮林作業法更新的森林概況

（左：伐採前的林分，右：伐採後 10 年生林分）

圖 5.21(b)　韓國濟州島 Gotjawal lava forest 火山區矮林作業森林（主要組成樹種 *Quercus spp.*）

　　在中世紀時代（the Middle Ages）歐洲羅馬人以矮林作業法經營森林，主要目的為提供木柴當作燃料使用。歐洲地區長於低窪地區實施矮林作業法，美國早期主要仍靠矮林作業提供燃料用材，當前在許多能源缺乏的國家地區，矮林作業因為可以提供薪材，故仍受到重視。相對於矮林作業法，皆伐作業法、母樹作業法、傘伐作業法以及擇伐作業法均稱為喬林作業法（high forest systems），主要原因為這些作業法係以種子為更新材料，利用天然更新法或人工造林法完成森林更新。

九、中林作業法（coppice with standards）

在歐洲地區，利用種子更新的闊葉樹林有時在矮林經營的林分中會混和喬林作業林木經營，這種混和矮林及喬林的森林作業法稱為中林作業法。中林作業法通常是在兩排矮林造林木中間插入一排喬林造林木，這種作業法特別適合於耐陰性闊葉樹，例如山毛櫸（beech），也更適合於維護非木質林產物價值的經營方法。如果經營樹種具有不耐陰的特性（shade-intolerant nature），則為促進根株芽條發生，伐採矮林時應該造成比較開放性的林地面積（opening sizes），相反地，耐陰樹種矮林經營時，可以維持小於 1ha 的伐採面積。

5.2.2 異齡林作業法

一、擇伐作業法（Selection system）

以林分尺度觀點小面積區塊伐而形成的眾多小尺度經營單元可以組合成多元齡級及多元樹種〈品合林〉結構的林分。林分的年齡結構取決於樹種的生物特性、生態習性、立地條件及森林發生的歷史過程。由於混交林或稱混合林（mixed stand）各樹種的耐蔭性及更新能力不同，樹齡差異大，大多是異齡林。純林（pure stand）中，耐陰樹種具有強大天然更新能力，所組成的林分也多為異齡林，如中國高山地帶的雲杉、冷杉林，溫帶的紅松林，亞熱帶的常綠闊葉林。

從經營單元尺度評論，擇伐作業法是異齡林經營的唯一方法。擇伐作業法在所經營的異齡林分內，以單木（single-tree selection）或小面積群狀（group selection）的方式收穫伐採林分內的成熟木材，並利用天然更新的方式完成伐採跡地的造林更新。每次的擇伐收穫，均會釋放出部分的林分空間，同時伴隨著林分更新的意義在內。

擇伐作業法依賴新生樹木的補充以建立後續的齡級（successive age classes），也依賴著可用材齡級（merchantable age classes）的收穫，這種擇伐收穫是可以預測的。利用在全林分內零星分散的方式，使用群狀疏伐、單木收穫伐採、或者最成熟齡級群狀立木的收穫伐採等方式，以建立或釋放出小小的林分空間，而且相對於其他的森林作業法，擇伐作業所實施的伐採頻度較高，亦即會在相對較短的時期內，於全林分實施疏伐以及單木或小群狀立木的擇伐。

二、擇伐作業法的分類

A. 單木擇伐作業法（Single-tree selection）

單木擇伐法針對全林分中所有直徑級的林木，以單木而不以群樹為對象，選伐分散於全林各直徑級不等量的單株立木，以維持林分為異齡林分，同時達成其他的林分結構目標。當異齡林的林分結構達到平衡狀態，亦即反 J 形的直徑級分布時，實施單木擇伐作業法的森林，在全林多處移除單木所產生的許多小面積林分孔隙（small openings），一般會由許多同齡小苗組成，使全林成為複合體林分（complex mixture）；而且，隨著時間推移，經過疏伐處理後，個別小群的同齡立木，可以產生成熟的大樹；理論上，這些同齡群團的立木，至少會有一株可以長成達到指定的最大直徑成熟林木。

理論上，單木擇伐收穫成熟立木時，所釋放的孔隙面積很小，最大約等於單株成熟立木樹冠幅所涵蓋的範圍；實際上，實施單木擇伐作業的林分，於全林各處移除單株成熟林木後所產生的孔隙總體面積並不小。單木擇伐作業法通常用於耐陰性樹種（shade-tolerant species）的更新。應用單木擇伐作業法以建立多樹種混合的森林，並不容易，特別是對於較不耐陰的樹種所組成的森林；因為，不耐陰的樹種必須在林分空間較為疏開的環境下才能完成更新，實施擇伐作業時，必須釋放更大的林分空間才可行。

不耐陰樹種所組成的森林，其林分的齡級結構會很混亂，要使其規整成為擇伐林結構的森林會非常複雜。通常在每一個單位林分中（each entry），剩餘蓄積（residual stocking）、最大直徑（maximum diameter）以及直徑分布（diameter distribution）（通常以 q-ratio 表示），以及回歸年（cutting cycle）會被用來作為指導原則。Smith（1993）提建議：不要企圖以小量材積作為林分層級的永續收穫單位量（sustained yield units），也不要只在意維繫林分內成熟大樹蓄積量的連續，而應密切注意維持「林分齡級結構的平衡」。Nyland（1996）表示：擇伐作業森林在經過一個回歸年之後，q 分布絕不會繼續維持穩定的狀態，故不宜過度依賴 q-ratio 理論所定義的直徑分布。

在建立理想的擇伐作業森林之前，可以利用 q-ratio 作為森林經營過度期的指導原則，同時實施定期測計作業以及密切監測林分發展，促使森林在經過完整的回歸年（cutting cycles）之後，可以達成擇伐林的林分結構特徵，同時符合現實生物學的經營目標。要成功地實現單木擇伐作業法的基本原則就是要提供充分的孔隙，以供林分更新

之需，同時以維持整個林分的活勢（vigour）。

單木擇伐最受爭議的問題在於選伐林木的直徑條件，特稱為伐木直徑閾值（diameter limit），林木直徑大於該直徑閾值時均予伐採；如果規劃的不理想，設計一個不適當的伐木直徑閾值，這種伐採會與優勢木伐採（high-grading）相似。

與單木擇伐作業法相似的方法稱為結構樹作業法（Frame Tree system），主要應用於西歐國家。在林分發展的早期，森林經營者會先將一些較高品質的立木選出來，之後逐次地對林分施予疏伐，以促成這些高品質立木成長潛能的釋放，最後當這些主伐木長到一定大小的時候，就會伐採收穫主伐木，以求經濟收入的最大化。在整個過程中，天然更新所產生的次代林木會佔據伐採跡地，林地因此得到林木的連續被覆（continuous cover）；這種連續被覆方法可作為皆伐作業法的替代方法，以避免造成林地過度的暴露。

單木擇伐法（圖 5.22）於林分內伐採收穫成熟的單株立木以及其他未成熟的單株立木；在擇伐過程中，成熟的單株立木在收穫後，林分可以釋放出林地空間，形成小孔隙，提供更新，長出新齡級的幼木；而對其他未成熟齡級林木的擇伐，則具有疏伐作用，可以降低釋放空間，降低立木的擁擠程度（圖 5.23）；所以，單木擇伐作業法在林分內會產生規則散佈的林齡級與直徑級，很少會產生大於成熟木樹冠幅大小的孔隙。

B. 群狀擇伐法（Group selection）

群狀擇伐作業法是單木擇伐法的變型。群狀擇伐作業法不以分散的單株林木為伐採對象，而是以群團（group）的方式伐採林木（圖 5.24），這種作業法會在林地內造成許多的群狀孔隙（group openings）。如果所造成的孔隙夠大，而且林地內種床（seed-bed）環境情況有利於下種時，則群狀擇伐作業法將會有利於非耐陰性樹種（shade-intolerant species）例如櫟樹（oaks, *Quercus spp.*）生長。典型的單木擇伐作業法，非耐陰性樹種幾乎無法在伐木跡地內更新，只有耐陰樹種可以完成更新。

如果群狀孔隙夠大時，也足以提供適當的環境，讓某些演替初期出現的非耐陰性樹種（shade-intolerant seral species）能夠在孔隙內發生；群狀擇伐作業法會促成異齡林分中同齡的小群團林木之發展（圖 5.25），這種情形在全林所有的伐採單元內均可能會發生。但是，與單木擇伐作業法不同的是，這些同齡的小群團林木足以調適森林環境，發展成為更耐陰的極盛相樹種。如圖 5.25 所示，在林分中相距較短的空間內所產生的許

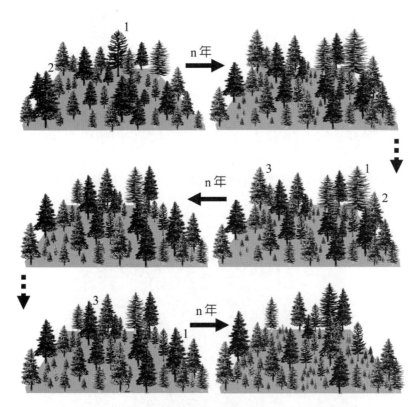

圖 5.22　單木擇伐作業法的林分發展概況示意圖

（資料來源：RPB, 1999）

(a) 擇伐收穫前的分剖面

(b) 擇伐收穫後林分剖面

圖 5.23　單木擇伐作業法 - 擇伐收穫前後林分變化示意圖

圖 5.24　施行擇伐收穫伐採作業的林分（左）10 年後的林分狀態（右）

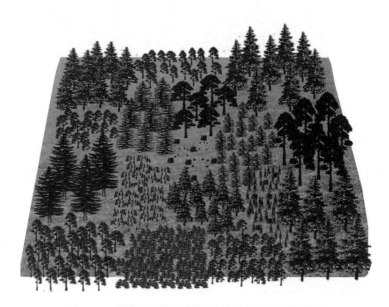

圖 5.25　群狀擇伐作業法的林分群團配置概況

多小孔隙，會發展成為至少三個齡級以上的異齡林鑲崁體，分布於整個森林中；施行群狀擇伐前後的林分剖面變化請見 5.26。但是，請注意：當實施群狀擇伐所造成的孔隙太大時，將會招致議論，認為群狀擇伐與皆伐沒有什麼不同。

　　群狀擇伐法以群團狀的方式，依據預先決定的某一特定比率的林分面積，伐採林分中相鄰的成熟立木，留下大約鄉等大小的林分孔隙面積作為更新之用，更新後產生的新齡級立木則以群團的方式集中於該孔隙範圍，而不是規則的分散於林分中。在各個同群團的較老林木內，必須同時進行撫育性質的伐採，以保持林木的活勢，長成優良形質的立木。

(a) 擇伐收穫前林分剖面

(b) 擇伐收穫後林分剖面

圖 5.26 群狀擇伐作業法 - 擇伐收穫前後林分變化示意圖。

C. 帶狀擇伐作業法（strip selection system）

帶狀擇伐作業法係以規則帶狀的方式（而非不規則群的方式）來管理林分的齡級。帶狀擇伐法主要係考量到風倒的問題，它可以避免留存木受到強風的影響，帶狀必須與常風來的方向垂直，如果伐木方向以面對著風的來向進行，則林分會發展出符合空氣動力學外形（aerodynamic shape），可以達到防風的效果（圖 5.27）。

帶狀擇伐所施行擇伐的條帶寬度必須夠窄，可以產生一種環境與帶狀皆伐所產生的環境完全不同，帶狀擇伐的條帶寬度要夠小，而且小到無法形成獨立的林分單元。因為帶狀擇伐所形成的帶狀比群狀還小，以相對的大小來看，在空間上可視為「單一維度（one long dimension）」的長條，而非二個維度的面；一般而言，欲養成樹高約為 30-35m 的成熟林木，可以依據條帶方向、地形以及經營目標，設置條寬約為 15-50m 的擇伐作業法。帶狀擇伐作業法對每一條帶的回歸年大約是 15-30 年，擇伐帶狀所形成的異齡林齡級結構則依經營樹種的輪伐期以及回歸年而定。與群狀擇伐作業相似，若帶狀擇伐面積太大，就與帶狀皆伐沒什麼不同。

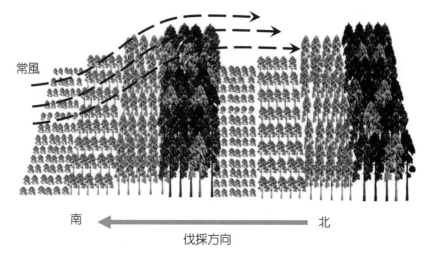

常風

南 ← 伐採方向 → 北

圖 5.27　帶狀擇伐作業法的林分配置概況（伐採方向與常風來向相對，帶狀寬度必須夠小到無法成為獨立的林分單元）

三、應用擇伐作業法的考慮

A. 經營目標與實施作業困難度

在實施面以及管理面上，群狀擇伐作業法都比單木擇伐作業法簡單且容易實行，雖然二者都能符合「孔隙更新林分 gap-regenerated stands」的生態學意義，如果孔隙夠大，大多數的本地植群（local vegetation）都能在孔隙位置內更新，並發展成為有利於野生動物棲息的多樣化棲地並提升林分的生物多樣向。如果森林先經過林分經營單元的規劃與製圖，擁有適當的擇伐區配置，則大孔隙更新的林分的收穫作業，可以使用面積配分法為基礎的收穫預定技術經營之，可以降低擇伐作業的困難度。但是，如果群狀擇伐所釋放的孔隙太小，而且林分齡級太多，則這樣的森林宜以單木擇伐作業法經營之。

群狀擇伐或單木擇伐的選擇應該考慮各層級資源的經營目標（resource management objectives）以及林分的現況與地位（stand and site conditions）。雖然擇伐作業法對林分有許多的好處，但是，對於那些有許多經營目標相互衝突的地區而言，群狀擇伐作業法並不是解決問題的萬靈丹，因為，在廣大地區內施行同一種作業法可能會不利於某些經營目標的實現。以加拿大不列顛哥倫比亞省 Vernon Forest District 施行的小型經濟林業企劃專案（the Small Business Forest Enterprise Program）為例，在 1994-95 年間，林區內有 68% 的年容許伐採量是以傘伐作業法、單木擇伐作業法、群狀擇伐作業法或帶狀擇

伐作業法所伐採的，剩餘的 32% 木材年伐採量則是以母樹作業法（seed tree systems）與留存木皆伐作業法（clearcut with reserves）伐採的。

B. 群狀孔隙的大小

群狀擇伐作業法於成熟林木收穫時所形成的孔隙以 2-3 株立木的空間為宜。依據實地觀察，雖然森林經營者規劃採用單木擇伐作業法，但在實務操作上，常會發生一次伐採數株立木，而非理論上的單株收穫；所以，在加拿大森林經營實務上，有些森林學家建議：實行群狀與單株擇伐混合作業法（group/single tree selection combination）以及區塊擇伐作業法（patch selection system）；區塊擇伐作業法係指在散佈全林內的固定小區塊面積中，實施單木擇伐作業法。

森林經營目標以及樹種的生態特性不盡相同，森林收穫所造成的林冠孔隙（canopy openings），其面積大小森林的影響應也不盡相同；但是，全世界的森林學家應該都會認同：「從生態學觀點，如果群狀伐採所造成的孔隙大於 50%，則所造成的林地環境就如同大面積皆伐所造成的環境一般；同時，由於地形特徵會影響太陽輻射能量以及風的流動，所以，林分邊緣（stand edge）對生態的影響，會隨坡向、坡度以及其他的地形特徵而變。」

群狀擇伐因以「群」為單位伐採林木，所以與皆伐很像，但最大的不同點在於作業面積的大小，群狀擇伐類似小尺度的皆伐。一個實施群狀擇伐作業的森林，必須周期性的實施小規模群狀擇伐，也因此會形成同齡林木的小面積群狀分布，但對整個森林而言，全林分擁有許多不同的齡階及齡級。群狀擇伐的主要優點在於森林景觀美質的價值以及多樣化的地景可以提供野生動物的理想棲地，且較之於單木擇伐更有較高的經濟效率，也可提供不耐陰樹種的生長機會。

總而言之，實施擇伐作業時，必須考慮森林資源的經營目標（含目標樹種）以及森林影響，當收穫森林時，若造成的林分孔隙大於數倍樹高的寬度，就可能使林分環境接近於皆伐作業所造成的環境；所以，比較理想且嚴謹的群狀擇伐作業群狀孔隙大小（size of group openings），應該等於或小於樹高的 2 倍。加拿大林務署官方的定義就是以兩倍樹高當成群狀擇伐孔隙大小的限制目標（RPB, 1999）。

四、與擇伐作業法容易混淆的名詞

伐木方法可分為部分伐採（partial cutting）及全部伐採（clear cut）兩大類，但是部分伐採法並不等於與擇伐作業法，兩者容易混合，應避免誤用名稱，而造成認知的差距。最常與擇伐作業法（selection system）混淆使用的名詞有 selective cutting、selection cutting、selection felling 等，三個名詞字面意義都在強調「伐木的選擇性或部分伐木的觀念」，但其實質意義或使用文字所隱含的意義卻並不完全符合擇伐作業法的精神。

A. 選擇伐採（selective cutting）

選擇伐採或簡稱選伐（selective logging）與擇伐作業法（selection system）的意義是完全不同的。「選擇伐採」係指單純針對林分中最大的及最佳品質的樹木之伐採行為。選擇伐採代表著「開發」的意思，幾乎不需要森林經營及育林技術，選擇伐採無法提供規律的永續收穫，同時常會導致林分密度太高（overstocked stand），並因此造成林分基因庫退化的現象。從長期經營的觀點來看，長期的選擇伐採，將只伐採林分中生長表現以及優良品質的立木，留下來的立木在表現型上是屬於較不理想的，經由天然更新，將造成林分組成立木的品質退化的潛在危機。所以，選擇伐採的收穫方法，就好像是賽馬活動一樣，只取最優的馬匹參與競賽，其他的或退休的馬匹只能留做配種之用。

在過去也有許多人使用選擇伐採這個名詞，雖然選擇伐採並不是將所有林木皆伐，且在林分內留置了大量的留存木，所以，直到今天仍有許多人繼續使用 selective cutting 來描述非皆伐的收穫作業。但是，當代的森林經營者並不將選擇伐採（selective logging）當成擇伐作業法的同義字，也不視其屬於任何一種森林經營的作業方法。對於一些非皆伐性質的其他作業方法，使用「部分伐木作業法（partial cutting systems）」比較適當。

B. 擇伐（selection cutting）

Selection cutting 並不完全與 Selection system 一致，主要問題在於 cutting 這個字眼。因為 cutting 不只有伐木或伐採之意，它還代表著「完全地、徹底地」的意思，這種意思在 selection method 中是不存在的（Ralph Hawley, 1929）。所以，在描述森林經營計畫書中描述使用擇伐作業法時應該慎重，避免誤用名稱 selection cutting。

Selection cutting 是指育林作業中以某比例收穫伐採老熟林木或疏伐部分林木以改

善林分材質的措施。這個方法可以應用於同齡林及異齡林，經營目標包含森林土壤保護、野生動物棲地的維持獲改善、單株立木生產力的提升、刺激物種多樣性更新或林地視覺美質的改良。Selection cutting 包含了增加開闊地面積以促使需要更多陽光的樹種能夠快速成長以符合皆伐的材質大小之目標，是擇伐作業法的措施之一。

C. 擇伐（selection felling）

Selection felling 具有擇伐的意義，代表選擇性的伐採方式，但它僅表達出選擇伐採可利用樹木的觀念（John Mathews, 1989 ），卻未兼顧森林作業法有關更新、撫育以及伐木等三大要素的實質意義。因此，要提升為森林作業法的層次，則不僅考量伐採可利用樹木的方式，還有許多其他的東西必須考量。

D. 上層伐採（Overstory removal）

上層伐採（overstory removal）或稱保護樹伐採（shelterwood cutting），是選擇伐採（selection cutting）的一種變異法，本法將林分內所有的大樹全部伐採，只留存下層的小苗與小樹以供更新之用。上層伐採需要注意避免傷及留存的林木。在美國的中西部，典型的上層伐採分成兩個步驟：第一步為疏伐，最高伐採 25% 的上層林木，最少留下約 75% 的林木被覆；此一做法提供更新林木的生長空間，可以保留林地表面豐富的種子來源，也不會改變林地內的微氣候。當新生代林木建立完成以後，一般約需25-30 年，在第一次疏伐作業中所留存的上層林木，實施一次伐採。同樣地，第一次疏伐的林木長至成熟時，再重複第一及第二個步驟。

留存的樹木可能會阻礙伐木作業，也可能會被伐木作業所損害，因此，需要較高密度的集材道路（logging roads）以及滑道（skid trails）。受到地形的限制，有時候可以利用索道集材（cable logging）或直昇機集材（helicopter logging）。

E. 優勢木伐採（high-grading）

優勢木伐採法只選伐最高品質的樹木，而留下其他立木的作業法（cut the best and leave the rest），單存選伐特定直徑以上的優勢木伐採（diameter limit cut）；這種方法常常會與擇伐作業法混淆。這種作業法可以帶來較高的收入，但是林分內卻只留下不需要的樹種或低品質之目的樹種，而使留下的林分變成較低品質。這種伐採會造成林分在幾十年內缺乏理想品質的木材。

一般情況下，林主通常會標售或委託由伐木公司執行伐採作業，如果林主沒有特別注意或缺少森林專家的管理，伐木公司通常只會伐採林分的優質立木，伐木公司會因此得到大量優質木材的材積與利潤。這種伐採的影響將會是長遠的。事實上應該只有極少數的公司會以這種方式（一點也不正常的方式）伐木。如果由流氓公司（rogue company）負責標記伐採木，將會對森林地景造成極大的損害。要避免優勢木伐採作業，就必須邀請獨立的森林專家執行林分伐採立木的標記工作。

5.3 森林作業法的決策流程

森林經營應依其經營目標選擇適當的森林作業方法，森林經營者應考慮森林環境、政策法令規章、森林資源特性以及資源保護與避免社區居民利益衝突等多面向因子，綜合各類因子的相互影響，以反饋式的迴圈方式，不斷地檢討整個森林作業法之實施過程中，各種面向因子的和諧性或者利益調和程度，以多目標資源經營導向的多層次規劃方法，決定適當的森林作業方法。

設計森林作業法是一個創造性的過程，行動前的反思是確保設計成功的重要元素，設計者必須不斷地的重新審視回饋設計過程的各個面向，以有效組合森林作業方法的所有元素。圖 5.30 所示為階層遞迴式的森林作業法設計流程，有關設計邏輯及考慮元素說明如下：

一、確定森林經營目標

茲以多目標森林資源經營為例，由臺灣全島森林的上位層級、林區及事業區中位層級、林班地下位層級為例，說明不同層級森林的森林作業法的規劃流程。

A. 全國森林層級（National planning level）

臺灣全島森林幾乎涵蓋所有縣市土地的國公私有林，林區森林經營以森林法及森林經營管理方案為依歸，森林資源經營目標乃係林分層級各項作業的指導方針，以全島森林 8 個林區管理單位為例，各林區森林可向上整合為國有林，而有別於公有林和私有林。上位層級森林經營計畫（higher level plans, HLPs）雖然無法為特定的林分設定具體的森林經營作業，但其目標旨在規範森林經營實踐其社會、經濟和環境層面的目標。

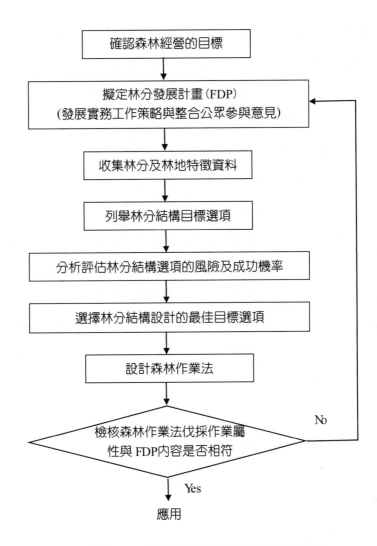

圖 5.28　森林作業法階層遞迴式決策流程

B. 區域層級（regional planning level）

　　區域層級森林經營計畫較上位層級有更明確的資源管理優先次序，以國有林為例，每一林區的事業區或稱為森林資源經營區（resource management zone, RMZs），均設有更具體而明確的資源經營目標。同理，縣市層級的土地利用可因地方自治法的規範而在縣市間有所差異，公有林涵蓋若干縣市鄉鎮範圍，各機關所轄林區或可設若干事業區，故可視為區域型層級森林經營計畫，其經營目標的規劃與土地利用計畫有關。

　　HLPs 的經營目標及策略會影響森林資源經營區容許年伐量（allowable annual cut, AAC）的決定，森林經營團隊決策者決定 AAC 時，應該明白指出伐採林木時的收穫分

配（harvesting allocations）和特殊注意事項（special considerations）。依據森林法等相關條文，收穫木材必須經由森林主管機關核定，而木材收穫預定涉及木材生產區（timber supply areas, TSAs）和木材生產許可證（tree farm license, TFL）的問題，當前臺灣均屬非常小面積疏伐性質的木材收穫。

C. 地景單元層級（landscape unit planning level）

地景單元（landscape unit, LU）可視為生態原則林地分級的集水區單元，是實踐永續生態林業多元經營目標的具體單元，所以地景單元層級計畫就是集水區經營計畫（watershed unit planning）。集水區流域整體資源的使用計畫，應該明確指出生物多樣性維護、森林資源景觀美質（價值）的敏感性、設定景觀美質目標、木材經濟價值的經營、老熟林保護經營或自然資源文化遺產保護經營以及其他經營目標功能的重要性及價值等等，才能更具體地反映在林分層級森林作業系統的選擇以及相關的經營決策之參考。從階層式目標管理（hierarchical objectives management）的觀念，地景單元的經營目標實際亦為建立 HLPs 計畫目標的基礎。集水區層級也是森林資源調查的單元，有關森林環境、林木資源以及生物景觀資源等各類資訊，可供瞭解森林場域林木被覆及生長蓄積、地位、森林遊憩步道、甚至地形變遷等細部資訊，可提供林分整體環境及其與資源特徵的關係，可以直接反應到森林經營有關的特定議題，有助於從具衝突性的多元目標中，決定適當的林分層級（stand level）森林經營目標。

二、擬定森林發展計畫

森林發展計畫（forest development plan, FDP）是營林者據以選定森林作業法的工作計畫（operational plan），FDP 所載內容包含一般資訊（general information）以及申請或已核准資訊（approved or proposed information）兩類，一般資訊為 HLPs 所定計畫目標，申請或已核准資訊為需要主管機關（或併同有關機關及公眾）詳細審查，經修訂通過後即可決定森林作業法及後續的各項森林經營作業。一般資訊包含該計畫與上位計畫目標的關係，申請或已核准資訊則包含擬收穫的伐採列區位置（cutblock locations）、收穫方法（harvesting method）以及運輸計畫（access plans），而且此一階段應明確是否採用皆伐或者部分伐採的收穫方法。

三、收集林分資料及地位資料

　　森林作業法的決定必須以特定地點為基礎（site-specific basis），各地點的林地環境不盡相同，一種作業法不盡然全適用於所有的地方；在有兩種以上森林作業法可選時，以所擬建立的林分結構為導向的思考，可以幫助選出一種最適合方案。正確收集林分資料（stand data）以及林地資料（site data）是選定最適合森林作業法的關鍵。

四、列出林分結構設計的所有選項

　　林分結構目標必須與現實一致，經營團隊或林業技師必須先瞭解林地及林分特徵，才能正確識別可資定義林分結構的所有目標選項。以局部性的伐採（partial cutting）而言，詳細的林分特徵（stand features）資訊特別有助於釐清林分結構設計的所有選項，充分詳細的資料可以提供現實林分的全貌，可以向林主、上級主管或審核監督機關證明所設計林分結構的合理性。林分特徵資訊一般可用林分表（stand table）表現之，林分表係以表列方式呈現單位面積的樹種別（species）和直徑級（diameter classes）立木數量，這種資料也可以林分立木直徑級直方圖的方式表現之。以長期的林分結構資料觀之，不同時期所展現的多樣化林分結構型態（stand structural pattern），既可描述林分內單木的生長型（growth form）及競爭型（competition form），也可表現生態植群社會發展（ecological community development）的訊息，有利於林分演替發展階段（stand's successional stage）的評估。瞭解林分結構及林分演替資訊之後，就可從個別樹種以及樹種交互作用角度，研究林木與環境的關係（the silvics of individual species and species-interaction）。

五、分析評估各項林分結構選項的風險及成功機率

　　經過前述幾個步驟，經營計畫書所載各項資源經營目標似乎是可行的，但每一選項是否能夠成功實踐，尚需經過下列三個分析階段（analysis phases）：

　　A. 檢視與林分經營關鍵目標有關的指導手冊及參考資料，例如，林分經營必須考慮木材、野生動物和景觀美質（aesthetic value），則必須參考野生動物管理和視覺景觀管理的資料，同時密切檢視所經營森林的目標樹種林木，在不同光度環境下的生長和收穫資料，此時尚無需考慮林木伐採所需考慮的各項複雜

工作（logging logistics）。林木收穫對森林景觀，特別是道路兩側景觀美質的影響很大，如果以 20 公頃大小的伐採區域為例，在道路 30 公尺範圍內，維持 37-62 株／公頃的留存木，可以降低伐木對景觀美質的衝擊程度依據（WRD, 2000），而留存木的森林影響及營造的棲地多樣性也有利於野生動物棲息。

B. 考慮執行或處理每個目標選項時的內在風險（inherent risk），亦即在缺乏控制或修正實際情況的行動方案下，可能因為實際情況差異所造成的損失機率（the loss of probability）；例如建議留伐作業法（retention silvicultural system）方案，因為伐採面積較大致使留存木受颱風侵襲而風倒的機率大增，延滯林分更新時間以及無法達成預定的林分結構。請再次比對有關的各項參考資料，分析評估所有選項的風險並比較各選項風險對實踐目標的影響程度，以刪除風險超出可接受程度的選項。

C. 選擇符合經營目標的最佳選項，並考慮所有在營運、細部工作、社會、風險以及經濟問題。營林者必須認真考慮實質管理林分所要執行的伐木（logging）、整地（site preparation）、造林（planting）以及林分撫育（stand tending）各項工作上的能力以及相關的成本。通常比較合理的最佳選項（best option）是在可接受風險程度內且可滿足經營目標的選項，而首要考慮為執行各項工作的能力，其次為執行成本；若能確認高風險的問題並已有解決可能發生問題的計畫（contingency plans），也可以採用該高風險選項（high-risk option）。

六、選擇林分結構設計的最佳目標選項

林分結構設計的最佳選項在整個推演過程中應該是顯而易見的，而林分結構設計必須很清楚的瞭解從短期（5-25 年）到長期（25-100 年）林分結構的變化或發展。例如：經過整個推演過程，比較偏好的林分結構選項（stand structural option）為同齡林、單冠層結構、多目標樹種混合林、並混有短成熟期林木（short-term mature trees）、小群狀且廣泛分布的留存木、永久保留所有的留存木使其成為林分現場的老熟木（old-growth component）。

七、設計森林作業法

　　一般都會有幾種森林作業法可以長期配合所擬建構的林分結構（stand structural design），回到樹種與環境關係的生物學或生態學的問題（例如：耐陰程度、更新能力、生長特性等）上，以決定一個森林作業法確定方案。由於林分結構設計時，以經過分析可以掌握林分組成及發展狀態，所以營林者有最佳機會，可以預測所採用的森林作業法在整個經營期間各時期的收穫量，以及預見符合所設計的林分結構。

5.4 由多目標經營效益談當代適當森林作業法的決定

　　羅紹麟（1993）曾從森林生態系經營的角度出發，為顧及當代森林經營的保育性、公益性及永續性等主要指導原則或方針，以正效應（+），負效應（-）和不明顯（*o*）來表示育林效應時，可將各種作業法對森林的保存、保安功能、自然保護、遊憩、木材生產等若干目標功能加以評估，合計各項作業之效應總和，作為選擇適當的森林作業方法的參考。表 5.1 顯示：天然更新效應 +4 明顯優於未施業林 +1 及人工更新 -3，作業法以皆伐作業為最不理想的森林作業法，效應總和 -6，遠低於傘伐 +2 及單株擇伐作業法 +5，混合林的多元經營目標可達成效應與單株擇伐作業法同，從林木開發成本、總經營成本及生產毛額等三個經濟面向的效應均相同。

　　相較於單株擇伐作業法，著者補充注釋群狀擇伐、帶狀擇伐、小面積塊伐的多元效應餘下表，考慮後三者在森林作業上所營造的林分屬性均類似於單株擇伐作業法，故在保存森林、木材生產、遊憩、景觀維護、保安功能及自然保護等效應價值均可認列為單株擇伐作業法的效應，但該三種方法因施業度較單株擇伐容易，故林木開發成本粗估為不明顯效應，而採認為總經營成本及生產毛額與單株擇伐作業法的效應。

表 5.1　不同森林作業法對多元經營目標之效應（修改自：羅紹麟，1993）

評估因子	保存森林	木材生產	遊憩	景觀維護	保安功能	自然保護	林木開發成本	總經營成本	生產毛額	合計
皆伐	−	O	−	−	−	−	+	−	−	-6
傘伐	+	O	O	+	+	O	−	O	O	+2
單株擇伐	+	O	+	+	+	+	−	O	+	+5
群狀擇伐 *	+	O	+	+	+	+	O	O	+	+6
帶狀擇伐 *	+	O	+	+	+	+	O	O	+	+6
塊伐 *	+	O	+	+	+	+	O	O	+	+6
留伐	+	+	O	O	O	+	O	O	O	+4
混合林	+	O	+	+	+	+	−	O	+	+5
天然更新	+	O	O	+	+	+	−	O	O	+3
人工更新	−	O	−	O	−	O	+	−	O	-4
未施業林	O	−	O	O	O	+	+	+	O	+1

*：著者新增注釋項目

註解 5.1：原則性目標與具體目標

　　有關自然資源經營的法案文書，常以廣泛式陳述（broad statements）的方法，表達經營的方向及實踐的目標，這種目標稱為原則性目標（goals），是不可量度的原則；相對地，具體目標（objectives）或可稱為目的，是為實踐原則性目標所必須實現或完成的事項，也是可用某種指標（indicators）加以量度的實質標的（objects）。所以，原則性目標與具體目標二者的成形具有先後的程序（圖 5.30），規劃森林經營作業法應先決定原則性目標，再決定實際可以定量或測度之具體目標或目的。例如 1992 年聯合國環境與發展會議（地球高峰會議）在巴西通過的森林原則（Forest Principles），第 8 原則第 1 要點，略以「……透過管理現有森林資源等資源生態、經濟和社會上健全的方式，努力保持並增加森林覆蓋面積，提高林區生產力。」為原則性目標；2015 年聯合國氣候峰會通過巴黎協議（Paris Agreement），明定以工業革命前全球平均氣溫為基準，將全球暖化平均氣溫升幅降在基準值以下 2℃之內，這種減碳目標即為具體目標，而平均氣溫就是決定目標是否達成的指標。

訂定原則性目標 Developing Goals	→	發展可量度的具體目標 Developing measurable objectives

圖 5.29　森林經營原則目標與具體目標的對應關係

註解 5.2：枯立木生態學（snags of ecology）

　　從木材生產觀點，枯立木（snags）常被認為是沒有價值的而欲立即移除的樹木，但生態學家認為枯立木可以提供森林多樣化的生命，枯立木在野生動物生態學上扮演了很重要的角色。當枯立木最終倒下時，它仍能繼續對森林整體的健康作出貢獻。生物學家稱倒木（downed logs）為森林生態系的熱點（hot-spots），它是提高森林生物多樣性所必需的元素（FLNRO, 2015）。倒木如同枯立木一樣，它可以提供哺乳類、鳥類、兩棲類以及爬蟲類開闢庇護所或

圖 5.30　枯立木的生態功能

（資料來源：FLNRO, 2015）

生活洞穴的場所，像松鼠（squirrel）和花栗鼠（chipmunk）一樣的小型動物將倒木當成通過森林的通路。倒木也可以扮演類似苗圃的角色，它可以提供豐富養分的苗床，植物很容易生根立足於其上，阿里山遊樂區內的三代木即為一例。

　　愈來愈多的生態學家將枯立木（snags）及枝幹有孔洞的活立木（den trees or cavity trees）稱為野生動物的樹木（wildlife trees），以表揚它們對鳥類以及其他許多生物的巨大價值。它們提供許多種類野生動物存活所需食物及棲息場所。樹木枯死後，即開始緩慢腐朽的過程，在此過程中，鳥類會使用枯立木休息、餵食及築巢（MDC, 1994），單以加拿大 Ontario 地區森林而言，至少有 50 種鳥類及哺乳動物依賴枯立木存活（FLNRO, 2015），在林地中枯立木提供許多生物棲地及食物所需；但是，並不是所有的枯立木都能夠吸引所有種類的野生動物，枯立木的直徑至少要大於某一最小直徑（minimum diameter）才能供鳥類在樹幹上築巢，通常直徑愈大的枯立木可以支持愈多物種之需。MDC（1994）建議：每英畝 DBH ≥ 50 cm 枯立木株數應至少 1 stem/ac，方可滿足枯立木冠紅啄木鳥或稱北美黑啄木鳥（pileated woodpeckers，學名 *Dryocopus pileatus*）及紅頭啄木鳥（red-headed woodpeckers，學名 *Melanerpes erythrocephalus*）棲息所需；南方飛鼠（the southern flying squirrel）及美洲隼（the American kestrel）棲地需要 $25 \leq DBH \leq 50$ cm 枯立木最少 4 stems/ac；東藍鴝（eastern bluebird）及黑冠山雀（black-capped chickadee）需要 $15 \leq DBH \leq 25$ cm 枯立木至少應有 2 stems/ac。

註解 5.3：可能影響選定森林作業法的其他考慮

　　林分於發生森林火災或伐木等干擾之後，在林分內自然演替過程中最早出現的先驅植物，例如闊葉樹赤楊及針葉樹二葉松，這類演替早期樹種（early seral species）具有種子生命力長、萌芽率高、初期生長快速的特性。自然演替下，森林發展可能成為異齡混合林，某些敏感性物種（sensitive species）只能生存於很狹窄的生態環境（生態幅度小），稱為狹幅生態物種。狹幅生態物種是一種環境指標，當它在某一地區逐漸的消失，代表該地區環境改變或受到嚴重汙染。狹幅生態物種依賴著特定的棲地條件，這些物種的族群數量有限，侷限分布，或者特別是對於開發非常敏感。瀕危的植物或動物物種（endangered species）、考慮即將列為瀕危或受威脅物種（candidate species）都是敏感性物種，對於決定森林作業法或者留存木等均必須考慮森林環境的維護。

　　林分的年齡結構（age structure of a stand）通常係指組成林分的主要樹種在年齡階段上的排列分配，林分的年齡結構取決於樹種的生物特性、生態習性、立地條件及森林發生的歷史過程。在每一單位面積（ha）異齡林分內，每個齡級所佔據的林地面積均相等者稱為均衡的異齡林分（a balanced un-even aged forest）。由於混交林或稱混合林（mixed stand）各樹種的耐蔭性及更新能力不同，樹齡差異大，大多是異齡林。純林（pure stand）中，耐陰樹種具有強大天然更新能力，所組成的林分也多為異齡林，如中國高山地帶的雲杉、冷杉林，溫帶的紅松林，亞熱帶的常綠闊葉林。

參考文獻

羅紹麟。1993。永續發展的意義 - 森林經營的觀點。臺灣經濟預測與政策 24(1): 131-151。

CBC News, 2008. Retrieved at www.cbc.ca/news/technology/pine-beetle-outbreak-adds-togreenhous-gas-woes-1.725982 on June 2009.

Resource Practices Branch, 1999. Introduction to Silvicultural Systems. BC Ministry of Forests, Lands and Natural Resource Operations (FLNRO), British Columbia. Victoria, BC. Retrieved at https://www.for.gov.bc.ca/hfd/pubs/ssintroworkbook/steps.htm

Kimmins, J.P., 1992. Balancing Act: Environmental Issues in Forestry. Vancouver: UBC Press.

Lin, C., Tsogt, K., Zandraabal, T., 2016. A decompositional stand structure analysis for exploring stand dynamics of multiple attributes of a mixed-species forest. Forest Ecology and Management. Forest Ecology and Management 378: 111-121.

Missouri Department of Conservation, 1994. Snags and Den Trees in Forest and Wildlife Benefits on Private Land. 4p. Retrieved at http://www.forestandwoodland.org/uploads/1/2/8/8/12885556/snags_and_den_trees.pdf.

Nyland, R.D., 1996. Silviculture: Concepts and Applications. McGraw-Hill, 633pp. NY.

Oliver, C.D., Larson, B.C., 1996. Forest Stand Dynamics. NY: John Wiley & Sons, 520pp.

Smith, D.M., 1986. The practice of silviculture. NY: John Wiley & Sons. pp. 329-511.

Tsogt, K., Lin, C., 2014. A Flexible Modeling of Irregular Diameter Structure for the Volume Estimation of Forest Stands. Journal of Forest Research 19(1):1-11.

Weiser Ranger District, Payette National Forest, 2000. Brownlee Vegetation and Access Management – Draft Environmental Impact Statement. USDA Forest Service.

第六章 擇伐作業法應用實務
（Guidelines for implementing selection system）

6.1 決定擇伐作業法林分齡級

　　異齡林森林作業法主要的特性與同齡林森林作業法不同，森林經營者絕不會在同一個時間點或者在相對較短年數的期間內，一次全部伐採所有的林木；相反地，森林經營者會伐採每一個單位林區的成熟林木，並在該局部林地內進行更新，建立最新的幼齡級林木；在實施更新伐採的同時，對未成熟林木（intermediate/immature age classes）施行撫育伐採，以培養其生長或發展。森林經營者於適當時期，收穫木材以支付營林成本或再投資於營林事業上；在異齡林的經營過程，必須同時對擇伐作業森林，實行林分更新、撫育以及收穫等措施（treatments），是擇伐作業法的重點特色，但也會增加整體作業的複雜性以及施業的困難程度；因此，營林者必須分析全體林分特性以及預先訂定適當的經營措施，才能確保異齡林經營成功。如果森林經營者可以成功地經營異齡林，擇伐作業法可以提供許多的益處：

- 可以持續的且定期的從林分中獲取林產品與經濟收穫；
- 可以穩定森林的環境與結構等特性；
- 可以長期且完整的利用整體林地；
- 定期的以新生幼齡級林木更新成熟林木；
- 及時地釋放留存木個體，可以保證林木擁有良好的活勢或稱生長勢（vigor）與直徑生長；
- 長期提供森林相當穩定的棲地條件以及視覺品質。

　　由於擇伐作業法係以擇伐方式（selection cutting），定期的從異齡林或事業區林分中，伐採林木個體或小群體，使其在各個林分中更新建立新的林木群體；如果將林分的成熟年齡（the age at maturity）設為 u，回歸年（the cutting cycle）設為 ℓ，則森林經營

者可以決定所經營的林分齡級數（the number of age classes, N）等於成熟期與回歸年之商，如公式（6.1）。

$$N = \frac{u}{\ell} \qquad\qquad (6.1)$$

施行擇伐作業法的森林具有可以預測的林分結構以及林分密度，例如林分直徑分布為典型的反 J 型分布（reverse-J curve）（圖 6.1a），擇伐林在一個回歸年到次一回歸年，甚至長期的經營時期當中，森林的林分結構與林分密度非常穩定，不太會有變動；從許多面向思考，擇伐作業林是永續林業的具體象徵。假設紅檜天然下種林分，成熟期為 100 年，回歸年 20 年，全林分的齡級數為 5；以單一齡級的林木分布具有同齡林的鐘型分布型態，但全林所有齡級的林木分布則為穩定的反 J 型分布型態（圖 6.1b）。圖 6.1c 所示為虛擬具有五種齡級組成紅檜林的全齡級異齡林（a balanced uneven-aged stand），各齡級林木散佈於整個森林，不同齡級林木的直徑與樹高等之變化，具有非常明確的異齡林植群社會結構特徵；亦即全齡級異齡林分共同的結構特徵，包含：

- 具有製材級（sawtimber）的成熟齡林木廣泛的分布於全林，可供製材的林木在林分內具有最大的直徑與樹高；
- 具有桿材（poles）與小製材級（small-sawtimber）階段的中間齡級林木（intermediate/ young trees），散佈於大製材級林木之間；桿材級與小製材級林木比大製材級林木具有較小的直徑與樹高；
- 幼齡級的小樹（saplings）明顯的比其他齡級林木矮小；
- 林分內有更多的耐陰樹種的更新級小苗（primarily seedlings）。

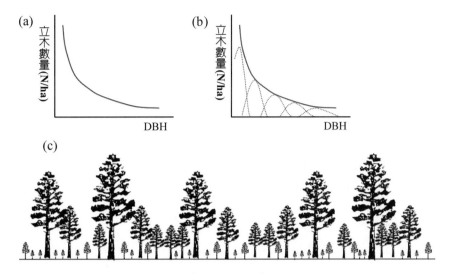

圖 6.1　具有五種齡級屬性的擇伐作業異齡林。本圖可以看出全齡級森林的異齡林植群社會的結構屬性，散佈於全林的林木，具有很明顯的直徑大小與不同齡級組成的林分，由林木的直徑大小以及高度，可以具體反應出林木的年齡。

6.2 定義剩餘結構（Defining a residual structure）

歐洲於 19 世紀中葉開始擇伐作業法，所實施的方法稱為稽核法（check method）；林業經營者以 6-10 年的回歸年為經理期，維持高密度林分，以培育林木成為較大徑級老齡林木，並可持續的經營森林目標。為了找出林分直徑分布與齡級分布之平衡，他們由同齡林經營的經驗中得到兩種主要觀念：

A. 可以利用控制規劃的方法（regulation systems），控制森林內不同年齡林分的面積比例。理想上，具有完整齡級分布的森林（a balanced forest），各個不同林齡的林分面積應該相等；同樣地，他們推論具有完整齡級（全齡級）分布的異齡林，也應該具有幾個齡級，每一齡級佔有的面積也會相等，而且各齡級的面積比例決定於齡級數量。例如，對於一個具有 10 個齡級的林分而言，每一齡級佔有林地空間的面積比例為 10%。

$$齡級面積比例（\%）= 1/\text{齡級數} *100\% \qquad (6.2)$$

B. 利用法正收穫表（normal yield tables）作為規劃與實施疏伐撫育作業並決定各直徑級林木應該留存數量之參考基準。法正收穫表係表示完整蓄積林分各齡級的立木數量表，它可以說明林木因為樹種組成、地位品級、林分年齡以及林分密度等訊息；所以森林經營者推論因為具有完整齡級分布異齡林，每一齡級林木會佔有林分面積一定的比率，因此，該齡級林木的密度相對於所有齡級林木的密度，也將會成一定的比率。所以，如果一個林分的完整齡級數量為 10，則每一齡級林木的立木密度在法正收穫表中所佔據的比率也會等於 10%。

上列觀念引出了「完整齡級林分的觀念（the concept of a balanced stand）」，組成林分的所有齡級的立木，將佔據林分的整個林地空間，也具有某一適當的材積生產量；法正收穫表可以表現齡級立木的相對數量，因此依據法正收穫表所反映的訊息，定期實施林分撫育工作，可以規整每一齡級的立木度（the density of each age class）；在每一次的回歸年伐採作業（each cutting cycle）時，也可以確保相對數量的成熟老齡林木能夠被收穫，從一個林分到另一個林分，在每個回歸年實施收穫伐採以及撫育伐採，可促使各齡級林木有穩定的直徑生長。

森林不論其為同齡林或異齡林結構，均可在預先規劃的經營目標規範下，實施擇伐作業法，建構理想的擇伐作業林結構，滿足長遠的永續森林經營目標。以圖 6.2 為例，反 J 型分布曲線為異齡林林分內各直徑級林木株數的理想分布比例，圖 6.2 a 及 b 的直方圖各別代表同齡林及異齡林現實林分的各直徑級的實際立木株數，反 J 型曲線上方的

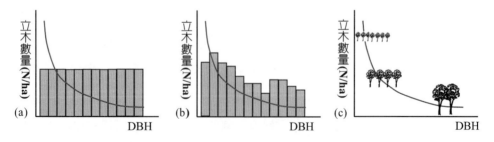

圖 6.2　現實林的林分結構與建立擇伐作業的剩餘結構曲線。(a) 同齡林各齡級的立木數量相同或佔有等量的林地面積或林木蓄積，(b) 異齡林各齡級的立木數量或林地面積或林木蓄積與生長等不盡相同，以及 (c) 擇伐作業法剩餘曲線規範的各齡級不同樹高、林分密度與不同直徑級的立木數量，造就全齡級分布的異齡林結構。

株數為各直徑級超出理想值的數量，若移除各直徑級超出的立木數量，則各直徑級剩餘立木數量的分布稱為剩餘結構（a residual structure）。所以，剩餘結構與反 J 型分布具有相似的意義，一者代表伐除直徑級中超出目標數量立木後的剩餘立木組成，另一則代表直徑級目標數量的立木組成；二者對於異齡林擇伐作業森林的林分結構控制意義相同，亦即決定反 J 型分布曲線與決定剩餘結構是一致的。

6.3 決定剩餘結構的方法

一、Q 結構法與 BDQ 方法

　　森林學家觀察發現：異齡林經營的森林各個相鄰直徑級的立木數量的比例非常相近，可視為一個定數；若以 m 代表最大直徑級的立木數量，相鄰直徑級立木數量比例為 q，則由最大直徑級到最小直徑級的異齡林林分的立木數量，將呈現 6.3 式的幾何型態，此一分布結構特稱為 Q 結構（Q structure）。

$$m, mq, mq^2, mq^3, ..., mq^n \qquad (6.3)$$

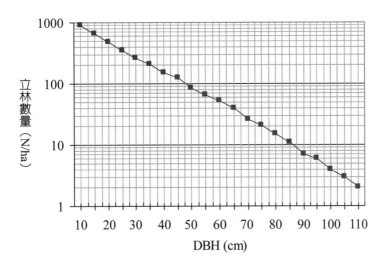

圖 6.3　異齡林虛擬林分直徑分布的半對數分布圖

　　利用半對數二維圖（semi-logarithmic plot），將依變數對數轉換值表示為自變數的函數，亦即 ln(y) = a + bx，可以將具有 Q 結構的各直徑級立木數量幾何分布型態轉換成為直線分布型態（圖 6.3）。假設異齡林擇伐作業林分內某一直徑級 (D) 的立木株數為 N，依據 Q 結構，直徑級與立木株數的關係可以指數下降曲線模式（公式 6.4）表示之，如果以自然對數（natural log）轉換法，公式 6.4 中的林分直徑（cm）可轉變成為獨立變數，該直徑級的立木數量 lnN 變成依變數，林分直徑與立木數量二者的關係可轉變成為直線關係（公式 6.5），直線的斜率 *a* 代表相鄰直徑級立木數量的減少速率（the rate that numbers decline across progressive diameter classes），截距 lnk 代表林分調查紀錄資料的最小直徑級立木數量。

$$N = k \cdot e^{-aD} \qquad (6.4)$$

$$
\begin{aligned}
\ln N &= \ln k + \ln(e^{-aD}) \\
&= \ln k - aD \ln e \\
&= \ln k - aD
\end{aligned}
\qquad (6.5)
$$

二、Arbogast method

　　在美國農業部林務署所屬 Lake States Forest Experiment Station，長期實施擇伐作業異齡林經營，主要樹種 sugar maple, beech, yellow birch, basswood, hemlock 等，主要的林型為 Sugar maple-beech-yellow birch, sugar maple-basswood, sugar maple, hemlock-yellow birch 等；Lake States 森林研究站為林務署與明尼蘇達大學共同合作經營管理，在 1957 年，林務署林業研究員 Carl Arbogast Jr. 依據 Lake States Forest（圖 6.4）長達 20 年的森林發展行為（20 years observation of stand behavior），基於林分直徑與林齡成比例關係的邏輯架構，提出北美闊葉林擇伐作業法的伐採原則（marking guides），在每一期的回歸年施行收穫伐採時，對於全齡級或不同直徑級的立木，訂定每單位面積應保留立木數量（trees/acre）的 Arbogast guide，維持適當的林分斷面積，可以促成林分的良好生長、連續的晉級生長以及苗木再生（不是萌蘖）等，提供永續的異齡林經營之基礎。為方便讀者應用，本書將 Arbogast guide 由原始的英制單位換算成公制單位版本，例如：每公頃單位面積林分內各直徑級應保留的立木數量（N/ha）以及斷面積（BA, m²/ha）。表 5.1

圖 6.4　北美五大湖區各州（Lake States）位置及森林分布圖

（來源：Google Earth）

顯示在實施伐採作業後，擇伐作業林當下的林分剩餘斷面積的理想結構，這樣的林分結構擁有旺盛的生長勢，如果採用短伐期作業，回歸年介於 8-15 年，異齡林分將可連續不斷的維持很好的定期生長量（periodical growth）。

Arbogast 表示：當考慮全齡級全直徑級的蓄積時，與立木數量或材積相比較，斷面積（basal area）是一個比較適當的參數；依據擇伐作業法北美闊葉樹異齡林林分發展行為的長期觀察，林分冠層可以分為優勢木（dominant）、中勢木（intermediate）以及被壓木（supressed）三層，不同林分冠層所生產的立木大小為製材級（sawtimber）、桿材級（poles）以及小樹級（saplings），林木胸高直徑吋（in）一般介於 10 in 以上、5-9 in 以及 2-4 in，於施行擇伐後的當下，林分宜留存的斷面積（平方呎／畝）為 65-75、10-20 以及 5-10（ft²/ac）。留存 10-24 in 製材級林木斷面積 65-75 ft²/ac，林木可以生長良好並維持良好木材品質，也可允許足夠的光線透過上層樹冠到達地面層，提供下層林木生長與發展之所需。中勢木留存的桿材級 10-20 ft²/ac 斷面積則提供足夠的林分發展核心立木，可以連續不斷地長成製材級林木，同時，該斷面積組成的冠層被覆度也可

以允許足夠的光線到達地面層，使林分下層有適當的光環境，下層的小樹將可快速發展，並取代桿材級林木發展成可製材級林木時的林分空間；換言之，在林分擁有 85ft²/ac 斷面積時，林分將有足夠的光線，小苗發生率以及小樹生長的速率均可以非常適當且穩定（satisfactory rate）；如果全林分的小樹、桿材級與製材級林木擁有 95ft²/ac 的林分斷面積，不但可以使小苗自然地順利發生，也可以抑制林木萌櫱的發生；當林分滿足 Arbogast guide 的剩餘結構，而且下層、中層以及上層的立木斷面積分配比例適當，則異齡林擇伐作業森林將能擁有永續地天然更新能力，且林木將擁有良好的質量生長。

表 6.1　公制基準的 Arbogast guide

DBH (cm)	株數 N/ha	BA (m²/ha)	註1	註2	DBH (cm)	株數 N/ha	BA (m²/ha)	註1	註2	DBH (cm)	株數 N/ha	BA (m²/ha)	註1	註2
5.0	292	0.5725	S	S	25.0	17	0.8491	T	P	45.0	7	1.1790	T	LT
7.5	131	0.5786	S	S	27.5	15	0.8806	T	P	47.5	7	1.3136	T	LT
10.0	77	0.6016	S	S	30.0	12	0.8733	T	T	50.0	5	0.9704	LT	LT
12.5	52	0.6368	P	S	32.5	12	1.0250	T	T	52.5	5	1.0698	LT	LT
15.0	37	0.6550	P	P	35.0	12	1.1887	T	T	55.0	5	1.1742	LT	LT
17.5	30	0.7132	P	P	37.5	10	1.0917	T	T	57.5	2	0.6417	LT	LT
20.0	22	0.6987	P	P	40.0	10	1.2421	T	T	60.0	2	0.6987	LT	LT
22.5	20	0.7860	P	P	42.5	7	1.0516	T	T	-	-	-		

註 1：Arbogast (1957) 材級分類，註 2：Nyland (2002) 材級分類；S: saplings，P: poles，T: sawtimber，LT: large sawtimber。

表 6.2　理想蓄積建議表

樹冠級 *⁾ （Crown class）	立木大小 （Tree size）	DBH 值域 (in)	DBH 值域 (cm)	建議蓄積量（以 BA 表示） (ft²/ac)	建議蓄積量（以 BA 表示） (m²/ha)
優勢木層	製材級	≥ 10	≥ 25.0	65 - 75	14.9 - 17.2
中勢木層	桿材級	5 - 9	12.5 - 22.5	10 - 20	2.3 - 4.6
被壓木層	小樹級	2 - 4	5.0 - 10.0	5 - 10	1.2 - 2.3

*：依據優勢木、中勢木與被壓木三層樹冠理想蓄積量，可以推論擇伐作業異齡林分製材級、桿材級、小樹級三者的理想的蓄積量百分比為 76：16：8。

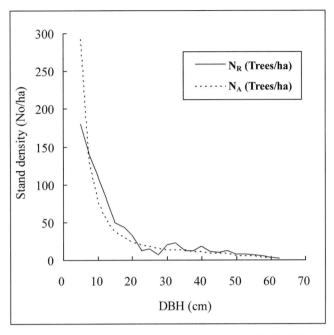

圖 6.5　虛擬闊葉樹現實異齡林的林分結構與 Arbogast 理想曲線的比較。虛線所示為
Arbogast guide 曲線，代表各直徑級應保留的立木數量，亦即伐採後的林分直徑分布
或剩餘結構；實線代表現實林各直徑級的立木實際數量。理論上，第 i 直徑級的立
木實際數量 N_{Ri} 若大於應保留數量 N_{Ai}，則該直徑級超出的立木數量為伐採數量，亦
即 $C_i = N_{Ri} - N_{Ai}$，$C_i > 0$ 或 $C_i \leq 0$；但是在標記伐木對象時仍宜考慮不同樹冠級或立
木大小等級內 N_{Ri} 與 N_{Ai} 的平衡，若同一樹冠級內伐木數量合計小於 0，則應對同級
內 $C_i > 0$ 的直徑級採取彈性處理方式，或不予伐採，或減少伐採，以避免較高樹冠
級內的直徑級，在未來的林分發展中發生立木數量不足的現象。

三、異齡林 Q 結構觀察實例

A. 短伐期與低伐採密度控制林分生長

由歐洲的集約經營擇伐林實例觀察（Nyland, 2002），以 Q 結構為基礎的異齡林，
各別的林分擁有最大直徑級（最老齡級）的剩餘立木（residual trees），而且林分的剩
餘密度（residual density）也非常高，森林經營者藉由採用短回歸年以及低伐採密度來
控制林分的直徑生長率（diameter increment rate）以及枯損率（mortality rate），使林分
的直徑生長率以及枯損率在可接受的範圍以內；但是，高密度剩餘林木的林分同時也會
對林分內新生苗木數量造成限制，也間接的限制了這些幼齡立木長成較大直徑級立木的
最大數量。

最大直徑、剩餘密度、回歸年長度以及結構類型（不同的 q 值）時，對異齡林經營的經濟目標（economic objectives）會產生不同的影響。在以生物統計學以及電腦模擬研究的結果發現：林分結構不同會造成不同的林分發展型態，也會改變林分的最適生產目標，包含材積總生長量（total volume growth）、製材級大型木材的總產量、林分總體價值（composite stand value）的增加、或是複利型的經濟收益（compound rate of economic return）目標的最大化等（Hansen and Nyland, 1987; Nyland, 2002）。不論何種情況，決定的回歸年長度，必須使所經營的異齡林具有充分的時間，可以重建足夠的蓄積量，提供下一個商業性的收穫處理之需。

B. 直徑級大小對 Q 結構經營林分的反應能力

許多研究人員將 Q 結構方法應用於不同社會型態植群組成的森林，並改稱為 GDL 法（guiding diameter limit）或稱為 BDQ 法（basal area, maximum diameter, and Q）。首先利用 Q 結構理論定義剩餘結構，此法擁有簡單易行的好處，森林經營者選定一個目標剩餘密度（target residual density），B，一個最大直徑（D）以及一個 q 值（Q）；然後他們可以提出一個最大直徑級的立木數量 m，將其乘以 q 值，以求算相鄰的較小直徑級的立木數量，繼之重複相同步驟，計算較小直徑級立木數量，以決定所有相鄰的各個較小直徑級的立木數量；通常以 2 in 或 5 cm 為一個直徑級大小。藉由調整最大直徑或最大徑級的立木數量，森林經營者可以維持林分的總斷面積於所訂定的目標值。

在許多案例中，使用 q 以產生 1 in 直徑級的剩餘結構，通常會得到不真實的總立木數量或斷面積，除非使用的 q 值非常小，例如 q = 1.2。但是，在這些案例中，小的 q 值，經常會低估更新的幼苗數量以及長大進入幼齡級（sapling）與小桿材級（small-pole）立木的數量，由於此種障礙（complications），許多森林經營者偏好使用預先建立好的 q 值表，因為這種 q 值表以 2 in 為一直徑級，所定義的立木數量分布圖、剩餘密度、最大直徑等均較符合正常情況。

C. 林分 Q 結構的多元變異特性

在英國的某些擇伐作業森林研究案例顯示：挪威雲杉（Norway spruce）擇伐林從新生幼苗、小桿材級林木、製材級林木等不同直徑級的林木數量，相鄰直徑級立木數量的比率不是完全固定的，大型製材級（large sawtimber）的 q 約為 1.12，幼齡級林木的 q 約為 1.54。在美國 Lake States 森林實地觀察研究發現：經過長期干擾（例如伐採）的

林分具有多元的 Q 結構（multiple-q structures），直徑級分布圖呈現變動的 S 型（rotated-S shape）（圖 6.6a）；伐採後發生大量更新的幼苗長成大量的小樹，這些小樹數量逐漸因為枯死而逐漸減少，致使小直徑級林木數量有向下銳減的趨勢，進入中直徑級或齡級的林木數量，因為枯死率相對較低，所以可以維持較長時間的穩定數量，林分直徑結構圖在中直徑級位置呈現緩斜下降發展的趨勢，大直徑級立木數量也會因為高齡造成較高的枯死率而下降（圖 6.6b），大樹高枯死率的情形通常發生於老齡級的成熟林分（old growth uneven-aged stand），所以，活立木可以維持於老熟林分的直徑大小，通常就是異齡林經營者所設定的最大直徑，而變動 S 型最後會簡化成為反 J 型（reverse-J shape）的林分結構。

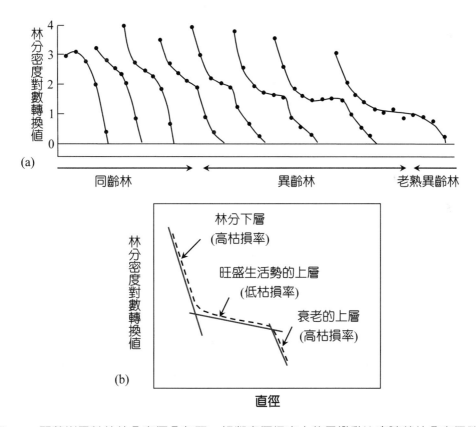

圖 6.6　闊葉樹異齡林林分直徑分布圖。相鄰直徑級立木數量變動比率隨著林分直徑發展有所變動，圖 (a) 顯示變動 S 型林分結構圖，該結構於異齡林老熟林分達到穩定成為反 J 型的林分結構。圖 (b) 所示為林分立木度與直徑級的變動關係，在林分下層立木具有較高的枯死率，在具有良好生活勢的上層林分枯死率較低，在生活勢退化的上層林分的枯死率上升。（資料來源：Goff and West（1975））

6.4 實施擇伐作業法的程序

一、林分調查與決策程序

　　實施擇伐作業法經營異齡林的初始程序為森林調查，以 2-5cm 為一級距，建立林分的直徑級分布圖，瞭解林分結構，可以有效地檢驗林分內各直徑級立木數量不足或超出目標數量的情形。森林經營者必須執行下列事項：

- 決定成熟木直徑大小。
- 確認與林分經營目標相符的最適合剩餘密度以及回歸年長度。
- 製作林分直徑分布圖，並決定剩餘結構的方法，建立剩餘結構曲線。
- 依據所製作標記剩餘結構的曲線，決定各直徑級（或齡級）超出的立木數量。
- 標記伐木對象並完成伐採作業，以重新建立理想的林分結構與林分密度。

　　要對全林分進行每木調查幾乎是不可行的，同樣地要在林分內逐一記錄所有小直徑級立木的數量也極為費事。所以，典型的擇伐作業法會以樣區調查法所調查得到的樣區立木資料，來預測全林各直徑級的立木數量，建立直徑級剩餘曲線（residual curve），以決定各直徑級立木應保留的立木數量以及過多應伐採的立木數量。在北美地區通常以 Arbogast guide 建立剩餘曲線，實務經驗上則可利用 Q 結構理論，設定林分成熟木直徑所屬的最大直徑級，以該直徑級所得立木數量為基礎，以 BDq 方法，利用公式 6.5 決定之。

　　在林地內，森林工作者將會使用 Bittelich sampling 技術來決定某一樣區中心點週遭的立木斷面積，如果該點位的斷面積大於設定的剩餘斷面積（desired residual），就可以將樹木標記為應伐採的林木（trees are marked to bring it down）；標記數量應以剩餘曲線為依歸，標記木選擇順序則應依下節將介紹的決定伐木對象的因子與基準選定之。

　　標記伐採林木即為擇伐對象，對於單木擇伐作業法而言，不至於發生擇伐面積太大的問題，但是施行群狀擇伐時，則應注意擇伐面積不宜超過 0.04 公頃，特別是乾燥地區，若群狀擇伐造成太大的跡地，很容易引起草類、灌木或低材質的陽性樹種入侵，進而造成新林生長延遲的現象，不利異齡林永續經營目標的達成。

二、決定伐木對象的因子與基準

大多數闊葉樹林分含有大量的有缺陷、樹形不良的林木，以及不是林主經營所想要的樹種，雖然在未施業或未經營林分內所能發現的完美林木很少，但是林分內仍然擁有不良到優良林木的分布。所以，標記伐木對象的人員應該先決定最差品質的林木或經濟特性最差的林木，而留下最好的林木。

優良的林分蓄積量足夠支持林分發展成為具有高價值木材的林分，擇伐後所留下的林木應該是具有很好的生活勢，足夠快速的生長，也具有優質的樹形適合於高品質木材的生產，而且沒有大缺陷。理想上，林分的剩餘林木應該是強健的、單一主幹、分枝較細、大型樹冠以及沒有彎曲或傾斜，而且主幹上無枝節的長度至少為樹高的三分之一至二分之一。

在決定哪些樹應該伐採以及哪些樹應該留下的時候，標記人員必須熟記下列六項條件因子與基準：

A. 風險（risk）

林木存有很高的風險，不太可能活著一直生長到下一個回歸年，施行伐採的時間，第一優先伐除。亦即生活勢很弱的林木，應該第一優先標記為應伐採林木。

B. 劣種樹（cull）

劣種樹或者有嚴重缺陷的林木，若令其生長至下一個回歸年施行伐採的時間，其價值仍不可能增加者，應該伐除。

C. 樹形、樹冠與枝條特性（form, crown, and branching habits）

樹幹彎曲（crooked trees）或傾斜（leaning trees）的林木，林木枝條與樹幹呈銳角關係，以及樹幹枝下高太小的林木（太多枝條發生位置太低，造成樹冠長度太長），或者具有大直徑枝條的林木等，為第三優先宜伐除的林木。

D. 樹種（species）

有許多原因都可能造成樹種的品質低劣，但是樹種材質先天上的差異，可以作為標記伐木對象的參考。如果樹木幹型優良時，則材質較高的樹種具有較高的經濟價值，所以，在前列三項低品質樹木伐除之後，樹種材質的差異應該是考慮的因素。以北美五大湖森林區闊葉樹林為例，黃樺 *Betula alleghaniensis*（yellow birch）、菩提樹 *Tilia americana*（basswood）、糖槭 *Acer saccharum*（sugar maple）是較受歡迎的材質，紅楓 *Acer rubrum*（red maple）與水青岡 *Fagus spp.*（beech）的材質次之。材種價值可能因地方木材市場而異，森林經營者應該因地制宜，決定樹種保留的優先順序。

E. 林木位置（crown position）

第五項因子為林木的相對位置，對於那些受到高潛力優質材種的優勢林木干擾的其他林木，應該考慮伐除；因此所釋放的空間，可以提供較優勢林木所需，林木樹冠可以不受限制的往各個方向的空間去發展。

F. 林木大小（size）

最後應考慮的因子是林木直徑的大小。一般而言，在北美地區闊葉樹森林中，大部分樹種當林木直徑長至 20-24 in（成熟木直徑）時，多可以成為高經濟價值樹種；所以，相較於較小直徑的林木，符合成熟木直徑或大於該直徑的林木，均可以列為伐採對象，森林經營者可以取得高價的收入。

三、Arbogast guide 應用實例分析

表 6.3 所示為北美五大湖區闊葉樹異齡林的研究案例，依據林分調查結果，闊葉樹林分的直徑分布介於 2-25 in（相當於 5-62.5 cm），以 1 in（2.5 cm）為一個直徑級，可以得到全林的林分結構，林分密度約 390 株 /ha，約為 Arbogast guide 所定義的理想林分密度約 800 株 /ha 的一半；現實林分的小樹級林木數量嚴重不足，桿材級林木數量亦有不足現象，只有製材級以上林木的數量與斷面積超出理想蓄積量。所以，以各直徑級對應比較現實林分林木數量或斷面積決定應伐採數量時，必須彈性考慮未來各直徑級隨著林分發展過程，小樹級、桿材級以及製材級各類型材種的平衡關係，彈性決定 10cm 直徑級的林木數量雖有超出，但仍不伐採為宜，以補充進入小樹級與桿材級的不足數量，製材級林木數量與蓄積整體上均有超出剩餘曲線的標準，故仍決策伐採之，總計伐採 26 株林木，林木斷面積合計為 2.0938 m2/ha，約佔原林分斷面積 10%，亦即該次回歸年所施行的擇伐，保留 90% 的林分斷面積。現實林分的林分結構（NR）與 Arbogast 剩餘結構（NA）二者之比較，請詳見圖 6.7。

表 6.3　林分結構評估與利用 Arbogast guide 決定擇伐林的剩餘結構與擇伐木

| DBH (cm) | 林分原始調查資料 | | Arbogast guide 分布資料 | | 直徑級林木超出量 | 標記伐木數量分析 | 伐木數量最終決策 | 備註 | 備註 |
	N_R (N/ha)	BA_R (m²/ha)	N_A (N/ha)	BA_A (m²/ha)	Excess_N (Trees/ha)	Mark_N_C (Trees/ha)	Decision Mark N	一	二
2.5									
5.0			292	0.5725	-292	0.0	0		小樹級
7.5	20.3	0.0895	131	0.5786	-111	0.0	0		
10.0	103.0	0.8093	77	0.6016	26	26.4	0		
12.5	28.4	0.3487	52	0.6368	-23	0.0	0	(*)	
15.0	29.4	0.5196	37	0.6550	-8	0.0	0		桿材級
17.5	24.7	0.5944	30	0.7132	-5	0.0	0		
20.0	22.5	0.7064	22	0.6987	0	0.2	0	(**)	
22.5	11.1	0.4421	20	0.7860	-9	0.0	0		
25.0	12.4	0.6065	17	0.8491	-5	0.0	0		
27.5	7.7	0.4550	15	0.8806	-7	0.0	0		
30.0	17.5	1.2401	12	0.8733	5	5.2	5		製材級
32.5	17.8	1.4759	12	1.0250	5	5.4	5		
35.0	12.8	1.2363	12	1.1887	0	0.5	0		
37.5	11.9	1.3100	10	1.0917	2	2.0	2		
40.0	11.9	1.4905	10	1.2421	2	2.0	2		
42.5	8.4	1.1919	7	1.0516	1	1.0	1		
45.0	9.6	1.5327	7	1.1790	2	2.2	2		大製材級
47.5	10.9	1.9267	7	1.3136	3	3.5	3		
50.0	7.9	1.5526	5	0.9704	3	3.0	3		
52.5	4.0	0.8559	5	1.0698	-1	0.0	0		
55.0	2.5	0.5871	5	1.1742	-2	0.0	0		
57.5	4.4	1.1550	2	0.6417	2	2.0	2		
60.0	2.0	0.5589	2	0.6987	0	0.0	0		
62.5	1.5	0.4549			1	1.5	1		
ALL	382.5	21.1400	790.7	20.4919		54.9	26		

＊：同屬小樹級的其他直徑級林木數量嚴重不足，為平衡未來進入桿材級的林木數量，故不予伐採。
＊＊：小於 0.5，不足一株，故不予伐採。

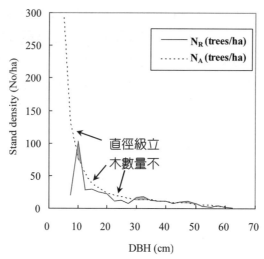

圖 6.7　擇伐林伐採前林分結構與 Arbogast guide 林分結構比較圖

四、方法應用實例分析

　　表 6.4 係一天然林的直徑級別林分株數表，該表係以樣區調查法，綜合多數樣區所推求得的單位面積林分株數分布資料，以 5cm 為一直徑級計量林分的林木株數，N_R 及 BA_R 各代表單位面積林木株數（N/ha）與林木斷面積（m^2/ha），相鄰直徑級株數變動率為 q。依據調查，本例設定林木成熟直徑級為 90cm，換言之，90cm 及以上直徑的林木為實施單木擇伐的主要伐採對象，在森林經營上屬於成熟林木的收穫，其他直徑級林木的收穫則屬於撫育性質或林分整理的伐採，所有伐採的林木依其直徑大小與木材利用特性，仍具有其經濟價值。

表 6.4　現實林分結構評估與利用 BDq 法決定擇伐林的剩餘結構與擇伐木

DBH (cm)	林分原始調查資料			BDq_DBHmax=90 分布資料			直徑級林木超出量	標記伐木數量分析	伐木數量最終決策	備註 一	備註 二
DBH (cm)	N_R (N/ha)	q	BA_R (m²/ha)	N_BDq (N/ha)	q	BA_BDq (m²/ha)	Excess_N (Trees/ha)	Mark_N_C (Trees/ha)	Decision Mark N	一	二
5			0.00	297.66		0.58	-298	0.0	0		小樹級
10	160		1.26	220.40	1.35	1.73	-60	0.0	0		小樹級
15	130	1.23	2.30	163.20	1.35	2.88	-33	0.0	0		桿材級
20	114	1.14	3.58	120.84	1.35	3.80	-7	0.0	0		桿材級
25	97	1.18	4.76	89.47	1.35	4.39	8	7.5	0	(*)	桿材級
30	65	1.49	4.59	66.25	1.35	4.68	-1	0.0	0		製材級
35	58	1.12	5.58	49.06	1.35	4.72	9	8.9	8	(**)	製材級
40	38	1.53	4.78	36.32	1.35	4.56	2	1.7	2		製材級
45	26	1.46	4.14	26.90	1.35	4.28	-1	0.0	0		
50	23	1.13	4.52	19.91	1.35	3.91	3	3.1	2	(**)	
55	20	1.15	4.75	14.75	1.35	3.50	5	5.3	5		
60	13	1.54	3.68	10.92	1.35	3.09	2	2.1	2		
65	10	1.30	3.32	8.08	1.35	2.68	2	1.9	2		
70	8	1.25	3.08	5.99	1.35	2.30	2	2.0	2		大製材級
75	5	1.60	2.21	4.43	1.35	1.96	1	0.6	1		
80	3	1.67	1.51	3.28	1.35	1.65	0	0.0	0		
85	2	1.50	1.13	2.43	1.35	1.38	0	0.0	0		
90	1	2.00	0.64	1.80	1.35	1.14	-1	1.0	1	(***)	
95	0	-	0.00	1.33	1.35	0.94	-1	0.0	0		
100	1	0.00	0.79	0.99	1.35	0.77	0	1.0	1	(***)	
ALL	774	1.31	56.60	846.35	1.35	54.97		35.1	26		

*：同屬桿材級的其他直徑級林木數量嚴重不足，為平衡未來進入製材級其他直徑級的林木數量，故不予伐採。

**：考量低一直徑級立木樹梢有不足，酌量調整。

***：直徑大於或等於成熟木直徑，避免過熟，故予伐採。

　　將成熟木直徑級及其以下各直徑級的林木株數對數轉換值設為依變數，直徑級為獨立變數，利用簡單線性迴歸分析法（方法請詳見 6.5 節）建立二者的迴歸直線模式（圖6.8），InN = 5.9953 - 0.0601DBH，據此模式推估所得的各直徑級每公頃剩餘密度（理論株數）N_BDq（N/ha）及剩餘斷面積 BA_BDq（m²/ha）詳見表 6.4 第五及第七欄，直徑級株數變動率 q = 1.35，將現實林分的直徑級分布（林分結構）與剩餘結構比較（圖

6.9），可計算得到各直徑級的林木株數超出量（第八欄）以及可標記伐木的林木數量（第九欄），綜合各材質品級內直徑級林木數量的平衡，最終可決策各直徑級應伐採的立木數量（第十欄）。

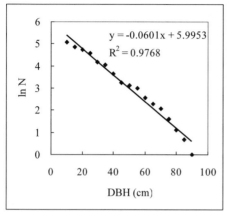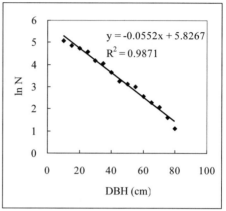

(a) DBHmax= 90cm, exp(lnK)=402　　(b) DBHmax= 80cm, exp(lnk)=339

圖 6.8　BDq 法決定直徑級株數的理論分布曲線

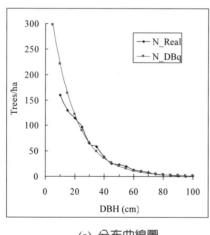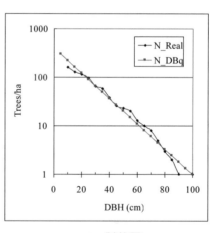

(a) 分布曲線圖　　　　　(b) 對數圖

圖 6.9　天然異齡林現實林分結構與 BDq（DBHmax=90cm）理論林分結構的比較

6.5 應用簡單直線迴歸分析法建立林分特性值推估模型

一、迴歸分析的模式與用途

　　迴歸分析（regression analysis）係以數學模式表現變數相互間關係的方法，例如林木的胸高直徑生長與年齡的關係，林木材積生長與年齡的關係，林木樹高與胸高直徑的關係等。以圖 6.10 為例，假設在一個紅檜林分內，調查 16 株樣木，測得其樹高及胸高直徑如表 6.5，我們若以一直線模式（linear model）表示胸高直徑（x）與樹高（y）的關係，則可將二者的關係表示如下：

$$y_i = \beta_0 + \beta_1 x_i + \varepsilon_i \tag{6.6}$$

　　式中 β_0 稱為截距（intercept），β_1 為直線模式的斜率（slope），但是表 6.5 所有的觀測值並不完全落在直線上，實測的 y 值與直線 $y_i = \beta_0 + \beta_1 x_i$ 有一些差距，此差距 ε_i 稱為誤差（error）或殘差（residual）（詳見圖 6.10）。公式（6.6）稱為簡單直線迴歸模式（linear regression model），x 稱為獨立變數（independent variable）或推測變數（predictor）或迴歸變數（regressor variable），y 稱為依變數（dependent variable）或反應變數（response variable）。迴歸分析主要用途在於用以定義任意兩個變數的關係模式，亦即定義依變數受到獨立變數的影響情形，實務上具有利用獨立變數預測依變數的意義。當給定獨立變數一個明確的變化量，利用公式（6.6）即可求得依變數相對應的變化量。

　　簡單直線迴歸模式中，β_0 與 β_1 為未知母數，二者統稱為迴歸係數（regression coefficients），統計學提供一些方法可以依據實際的觀測值，估算得到未知母數之估值 b0 與 b1，最常用的無偏估值估算法為最小平方法；估算得到的簡單直線迴歸模式可表示為公式 6.7

$$\hat{y} = b_0 + b_1 x \tag{6.7}$$

表 6.5　紅檜樹高與胸高直徑調查表

No.	1	2	3	4	5	6	7	8
胸徑（x）	46.1	24.7	41.9	30.6	23.1	48.2	46.2	25.3
樹高（y）	23.5	16.6	28.4	26.9	16	25.4	22.1	17.5
No.	9	10	11	12	13	14	15	16
胸徑（x）	40.5	31.2	22.6	23.2	22.1	20.2	18.1	15.3
樹高（y）	27.8	25.8	17.2	16.5	15.4	13.2	11.7	9.65

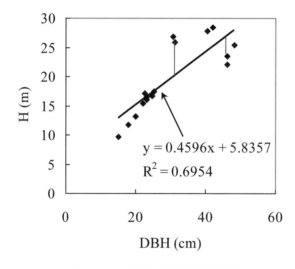

$$y = 0.4596x + 5.8357$$
$$R^2 = 0.6954$$

圖 6.10　簡單直線迴歸與殘差圖

二、迴歸係數的計算方法與迴歸模式適合性檢定

迴歸分析最重要的過程有二：其一在於估算迴歸係數估值與檢測該等係數是否存在或具有實質的意義，亦即分析 $b_0 = 0$ 或 $b_1 = 0$ 的假設檢定，其二為檢定實測資料值 y 與迴歸模式的估測值 $\hat{y}$ 的差距是否合理等。

由表 6.5 樣本資料對，可以依據公式（6.8-6.10）求算獨立變數的離均差平方和、依變數的離均差平方和以及獨立變數及依變數二者的離均差乘積和，再以兩變數的乘積和除以獨立變數離均差平方和，可得到迴歸係數 b_1，再利用公式 5.12 得到迴歸係數 b_0。

$$S_{xx} = \sum_{i=1}^{n}(x_i - \bar{x})^2 = \sum_{i=1}^{n}x_i^2 - \frac{\left(\sum_{i=1}^{n}x_i\right)^2}{n} \tag{6.8}$$

$$S_{yy} = \sum_{i=1}^{n}(y_i - \bar{y})^2 = \sum_{i=1}^{n}y_i^2 - \frac{\left(\sum_{i=1}^{n}y_i\right)^2}{n} \tag{6.9}$$

$$S_{xy} = \sum_{i=1}^{n}(x_i - \bar{x})(y_i - \bar{y}) = \sum_{i=1}^{n}x_i y_i - \frac{\left(\sum_{i=1}^{n}x_i \cdot \sum_{i=1}^{n}y_i\right)}{n} \tag{6.10}$$

$$b_1 = \frac{S_{xy}}{S_{xx}} \tag{6.11}$$

$$b_0 = \bar{y} - b_1 \cdot \bar{x} \tag{6.12}$$

$$\hat{y} = b_0 + b_1 \cdot x \tag{6.13}$$

利用變方分析法（analysis of variance, ANOVA）或 t 值測驗法，可以檢定由樣本資料求得的迴歸係數之有效性，特別是直線的斜率是否等於 0。檢定程序中，通常假設殘差項獨立的，且服從均值為 0，變方為 σ^2 的常態分布，亦即 $\varepsilon_i \sim N(0, \sigma^2)$。所以，我們有下列的假設檢定為：

$$H_0 : \beta = 0$$
$$H_1 : \beta \neq 0$$

A. 變方分析法

若設資料樣點數為 n，依據公式求算迴歸平方和（regression sum of squares, SSR）、殘差平方和（residual sum of squares, SSE）、總平方和（total sum of squares, SST），配合迴歸自由度（regression degree of freedom, dfR）、殘差自由度（residual degree of freedom, dfE）求算迴歸均方（regression mean square, MSR）及殘差均方（residual mean square, MSE），以迴歸均方與殘差均方二者之比值，算出實測 F 值，並據以建立變方分析表（表6.6）。

表 6.6　迴歸分析變方分析表

變因	自由度	平方和	均方	實測 F	理論 F
迴歸 R	1	$SSR = b_1 S_{xy}$	$MSR = SSR/1$	MSR/MSE	$F_{\alpha(1, n-2)}$
殘差 E	n - 2	$SSE = S_{yy} - b_1 S_{xy}$	$MSE = SSE/(n-2)$		
總計 T	n - 1	S_{yy}			

$$SSR = b \cdot S_{xy} \tag{6.14}$$

$$SSE = SST - SSR = S_{yy} - SRR \tag{6.15}$$

$$MSR = SSR/dfR \tag{6.16}$$

$$MSE = SSE/dfE \tag{6.17}$$

$$F = MSR/MSE \tag{6.18}$$

若實測 F 值大於統計 F 值，則棄卻 H_0 假設，接受 H_1 假設，代表迴歸係數不等於 0，亦即 x 的變化會影響 y 的變異；相反地，若實測 F 值小於統計 F 值，則接受 H_0 假設，地表迴歸係數等於 0，無法由 x 的變化解釋 y 的變異現象。

B. 迴歸係數顯著性測驗（t 檢定法）

利用 t 檢定法測驗迴歸係數是否等於 0，需分別依據公式（6.19）及（6.20）求算統計 t 值，並與理論 t 值（顯著水準為 α/2, 自由度為 n-2）相比較，若實測 t 值大於理論 t 值，接受 H1 假設，代表迴歸係數不等於 0，否則接受 H0 假設，代表迴歸係數等於 0。

$$t = \frac{b_1}{\sqrt{MSE / S_{xx}}} \sim t_{\alpha/2, n-2} \tag{6.19}$$

$$t = \frac{b_0}{\sqrt{MSE(1/n + \bar{x}^2 / S_{xx})}} \sim t_{\alpha/2, n-2} \tag{6.20}$$

C. 決定係數（coefficient of determination）

迴歸模式（公式 6.13）表示依變數 y 隨獨立變數 x 而變化的關係，具體的邏輯思維乃是表示「y – x」的依存或因果關係。以觀測數據所求得的 y 的離均差平方和 (S_{yy}) _^()/_ ()/_ _D_ 存在著對 y 有影響的 x 時，迴歸平方和 () 即代表 y 的變異量或訊息受 x

影響或決定的程度。所以，迴歸平方和與總平方的比例即為決定係數（公式 6.21），以 R^2 表示，其值介於 0 – 1，當 R^2 越接近於 1，表示 x 可以解釋 y 變異量的比例越大，換言之，x 可以準確的估測 y 的訊息。

$$R^2 = \frac{SSR}{S_{yy}} = 1 - \frac{SSE}{S_{yy}} \qquad (6.21)$$

三、胸高直徑與樹高迴歸分析實例

以表 6.5 所載紅檜林分樣區調查的立木樹高（H, m）及胸高直徑（DBH, cm）的資料為例，利用簡單直線迴歸分析法建立樹高 - 胸徑模式（Height-DBH model），各項計算如下：

A. 平均值、平方和及乘積和計算及 ANOVA 分析

$\bar{x} = (46.1 + 24.7 + \cdots + 15.3)/16 = 29.96$

$\bar{y} = (23.5 + 16.6 + \cdots + 9.65)/16 = 19.60$

$S_{xx} = \sum_{i=1}^{n}(x_i - \bar{x})^2 = (46.1 - 29.96)^2 + (24.7 - 29.96)^2 + \cdots + (15.3 - 29.96)^2 = 1821.46$

$S_{yy} = \sum_{i=1}^{n}(y_i - \bar{y})^2 = (23.5 - 19.60)^2 + (16.6 - 19.60)^2 + \cdots + (9.65 - 19.60)^2 = 553.26$

$S_{xy} = \sum_{i=1}^{n}(x_i - \bar{x})(y_i - \bar{y})$
$\quad = (46.1 - 29.96)(23.5 - 19.60) + \cdots + (15.3 - 29.96)(9.65 - 19.60) = 837.12$

$R^2 = \frac{SSR}{SST} = \frac{384.727}{553.262} = 0.6954$

B. 迴歸係數計算及顯著性測驗分析

$b_1 = \frac{S_{xy}}{S_{xx}} = \frac{837.12}{1821.46} = 0.4596$

$b_0 = \bar{y} - b_1 \cdot \bar{x} = 19.60 - 0.4596 \times 29.96 = 5.8357$

表 6.7　紅檜樹高與胸高直徑迴歸模式變方分析表

變因 SV	自由度 DF	平方和 SS	均方 MS	實測 F	理論 F
迴歸 R	1	384.7273	384.7273	31.9588	0.000
殘差 E	14	168.5350	12.0382		
總計 T	15	553.2623			

註解：實測 $F = 31.959 > (F_{0.05, (1, 14)} = 4.6001)$

表 6.8　紅檜樹高與胸高直徑迴歸模式迴歸係數（t 檢定）顯著性測驗表

變數	未標準化係數		標準化係數	實測 t	顯著性
	β 之估計值	標準誤	Beta 分配		
常數	5.8357	2.5852		2.2573	0.040
DBH	0.4596	0.0813	0.8349	5.6532	0.000

註解：實測 $t = 5.653 > (t_{0.05/2, 14} = 2.145) > (t_{0.01/2, 14} = 2.977)$

　　結論：樹高 - 胸徑模式為 H = 0.406 + 5.836 DBH，迴歸直線的斜率 0.4596，顯著機率值 < 0.000，代表該斜率顯著地不等於 0；換言之，依據調查樣本所建立的迴歸直線，其迴歸係數斜率具有實質的意義，當紅檜的胸高直徑每增加 1 cm，其樹高約增加 0.4596 m。常數項係數 5.8357 並無特別的意義，因為獨立變數 DBH 並不包含 0，故只能表示該迴歸直線與 y 軸相交的位置。本試驗顯示：利用紅檜樣木的胸徑推測樹高，可以解釋紅檜樹高的變異量約為 70%。

參考文獻

Goff, F.G., West, D., 1975. Canopy-understory interaction effects on forest population structure. Forest Science 21: 98-108.

Hansen, G.D., Nyland, R.D., 1987. Effects of diameter distribution on the growth of simulated unevenaged sugar maple stands. Canadian Journal of Forest Research 17(1): 1-8.

Nyland, R.D., 2002. Silviculture: Concepts and Applications, 2nd ed. McGraw-Hill, New York, 633 pp.

第七章　區塊伐作業法應用實務
（Guidelines for implementing patch-cut system）

7.1 區塊伐之目的與原理

　　相較於北美早期常用的單木擇伐（single-tree selection），群狀擇伐（group selection cutting）及區塊伐（patch cutting or patch clear-cutting）等部分收穫方法，對林分的擾動程度是異齡林作業法中比較能接近自然因子造成擾動的程度，這類方法能形成較複雜結構和功能的林分（Kuuluvainen, 2002, 2009）。區塊伐作業法在伐木集材及天然下種更新方面的可行性比單木擇伐更容易，研究顯示：區塊伐作業法相較於單木擇伐而言，更可使耐陰性樹種生態重要性能夠永續的存在（Huth and Wagner, 2006）。

　　區塊伐作業法（patch-cut system）以小面積為經營單位，在全林分尺度（a whole-stand scale）的經營規模下，區塊伐作業法為部分收穫（partial harvest）及天然更新的作業法。區塊伐作業法實施機制核心主要與伐採區塊的屬性有關，包含全林分區塊單元的總數量、區塊單元的面積大小、每次施行伐採作業的區塊數量多寡以及伐採區塊在林分內的分布。一般而言，規劃良善的區塊伐作業法，無論目標樹種數量，應在目標樹種輪伐期內，循序伐採收穫全林分所有區塊單元林木，每批次的伐採區塊完成天然更新後，才繼續施行後續流程。當區塊單元維持在較小面積條件下，應無須在區塊中設置留存木，若有留存木設計，則當全林分所有區塊輪迴伐採一次後，可一次完全伐除所有的留存林木，又若有畸零地林木分布，亦一次全部伐除後更新。

　　區塊伐作業法是以相當快速的方式逐步的更新整個林分，而不是轉換為以維持林分永久連續覆蓋的擇伐系統，其目標為藉由小面積同齡林經營，建立具有相同特徵的小區林況以更新整個林分，並使全林分呈現明顯高異質性空間結構的林況。請注意，每次區塊伐採的數量、空間位置及時間架構的設計，會影響全林分的林木大小、林分空間及林

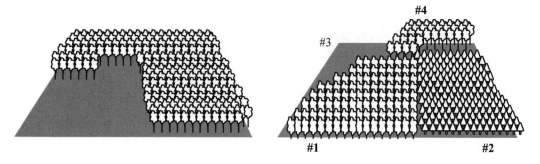

圖 7.1　區塊伐作業林分伐採區塊空間及時間配置差異形成異質林況空間示意圖

（https://www.for.gov.bc.ca/hre/stems/patchcut.htm）

齡等林分結構的同質性。圖 7.1 所示為分配於四個不同年度施行小區塊伐採面積的林分（No.1 - No.4），檢視圖 7.1 左及右兩個分圖可以知悉區塊發展的情況。在區塊伐作業中，會逐次以一個區塊或數個不連續分布的區塊，分階段逐漸更新整體林分，單一區塊雖為經營單位，但因面積小，不至於產生林分的區隔作用；此與傳統的皆伐作業法一次大面積伐採並更新整個林分的方式不同，也與留存母樹作業法設有單一或群狀保留母樹散置於林分的方式不同，傳統的皆伐作業法及留存母樹作業法均會造成林況極大的空間區隔。

7.2 區塊伐作業之優缺點

一、優點

1. 具有小面積皆伐的特性，施行伐採、監督及管理都易於執行。

2. 伐採後可利用天然下種及種子床更新，相較其他天然下種作業法，區塊伐作業法的更新期比較短。

3. 可將特定的小區塊作為常設的林道或集材設施，利於造林伐採作業之實施。

4. 可生成小面積天然同齡林，容易發展成枝下高長且幹形完滿具較高經濟價值的立木。

5. 伐採跡地可獲得充分光照，有利於種子發芽及苗木生長。

6. 光照可使林地溫度上升，促進枯落物與腐植質的分解，加速林地養分回歸循環。

7.以區塊為單元伐採成熟木、過熟木，可避免林木過熟而影響其利用及經濟上的價值。

8.區塊伐集材可避免傷害苗木。

二、缺點

1.區塊伐雖較皆伐面積為小，但土壤仍可能受到沖蝕影響。

2.區塊中心仍具有皆伐特性，更新初期易受草本、灌木或速生樹種入侵，與苗木發生競爭現象。

3.大型區塊伐採跡地容易受到雨水沖蝕，應盡可能避免。

4.區塊單元空間分配不善情況下，容易產生大面積同齡林林相，致使其對天然災害的抵抗力較弱，但可利用獨立伐培養林衣以建立保護作用。

5.有些樹種可能不適合天然下種更新，需輔以人工造林促成更新。

6.小徑木或無用樹仍需伐採，增加作業成本。

7.3 區塊伐作業在森林經營上之決策

一、區塊位置、面積與距離之決定

　　施行區塊伐作業法首需於目標林分規劃合適的區塊作業位置，與其他同齡林作業法相同，區塊伐作業法的區塊伐採位置的配置仍應考慮森林法及相關法規的限制，對於水源保護區、自然保護區、國土保安區及森林育樂區，仍應避免同時於林分不同區位進行大量的小面積塊伐，以免一次造成相對較大面積的裸露。依據森林法24條明文限定「各種保安林之經營，不論權屬均以社會公益為目的，並應以擇伐作業法，依林地特性，實施合理的經營、撫育及更新。臺灣地形較為陡峭，從林分安全角度，如果能夠將塊伐面積控制在相對保守的較小面積，例如1公頃甚至0.5公頃以下，同時實行位置及區塊數量控制得宜，則其效應與擇伐作業相似。

　　區塊單元在林分的空間分配可依空間分布型態特徵設計，例如規則型（uniform）、隨機型（random）以及群狀型（clumped）分布型態（圖 7.2）。實際上，決定伐採的區塊單元應具有動態變化的特性，亦即須考量林分的地形、水文、氣候以及林道等條

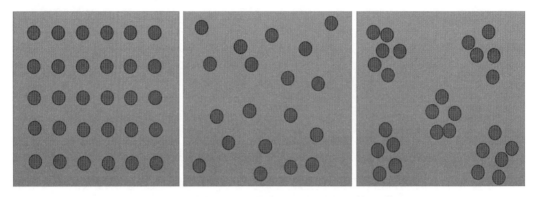

圖 7.2　區塊單元在林分空間上的分布型態示意圖

（左：規則型、中：隨機型、右：群狀型）

件，利用地形圖導出林分地形資訊以輔助法採區塊的空間配置及伐採順序之決策，可使塊伐作業維護林分小面積裸露及林分景觀美質，避免負面效益的發生，並可使林分狀況的發展與既有規劃方案相符，可以避免實行偏誤增加經營成本。

　　美國農業部（USDA）建議：區塊伐作業位置應選擇滿足林地內至少有 **50%** 的斷面積達到成熟、過熟或有缺陷需要處理的程度。區塊伐作業法的區塊面積通常介於 0.5~2ha 之間，以維持運作及經濟彈性，並保持林分邊緣效應（保護作用）的容受性。Nyland（1996）及 Helms（1998）指出，群狀擇伐造成林分孔隙開闊地的直徑約為成熟立木樹高的 1-2 倍，對於成熟林分而言，塊伐形成的孔隙與群狀擇伐沒有太大的差異。

　　決定塊伐單元面積應同時考慮天然更新樹種的特性，因為區塊伐採仍具有皆伐的部分特性，伐採跡地會快速地由草本所佔據並影響後續林分的發展（Vanha-Majamaa *et al.*, 1996）。一般情況下，傳統的皆伐作業所產生的大面積跡地不利於混合林中的針葉樹種更新，相對地，小面積區塊伐採則會促進耐陰性樹種更新，由於區塊面積較小，林分更新完成並達到鬱閉程度的時間較短，林分競爭會提早發生，而可能使新林木的生長受到限制。以挪威雲杉（學名 *Picea abies*，英文名 Norway spruce）為例，在區塊單元的中心區域因受到草本競爭而較區塊邊緣區域的蓄積量為低，而銀樺（學名 *Betula pendula*，英文名 silver birch）則具有相反的狀況。因此區塊伐作業法在規劃時期即必須考慮到樹種天然更新的特性，以避免天然更新失敗而需要人工造林補充。施行區塊伐作業法時，實施伐採的區塊單元間之距離也需要納入考慮，相鄰區塊伐採或區塊空間配置不當

時，會間接擴大伐採作業的強度，並造成棲地破碎化（habitat fragmentation）的現象，使野生動物無法藉由通道（corridors）往來棲地之間。

依據 Huth and Wagner（2006）有關孔隙大小與天然更新的研究，在德國 Tharadter Forest 挪威雲杉林分內的孔隙大小介於 21-2157 m^2，中位數的孔隙為 75 m^2，孔隙面積合計約為全林分的 7-11%；孔隙大小對於孔隙內天然下種的銀樺的更新有顯著差異，較多數的 2-4 年生更新小苗主要出現在面積小於 50 m^2 孔隙，且這些小苗的生長速度顯著的大於其他面積孔隙者，在面積大於 1000 m^2 的孔隙則少有小苗發生，主要原因為雜草競爭的影響。圖 7.3 顯示塊伐作業法區塊單元面積的大小對林分更新及未來林木生長的影響，因此區塊單元面積的決定可因森林所在氣候區、林分特性及目標樹種特性等而有所調整。

依據 Yamasaki et al.（2014）在美國 New England 北方闊葉林傳統大面積皆伐、傘伐及區塊伐等森林作業法更新試驗研究的結果，區塊伐作業法 1.2 ha（3 ac）大小的區塊單元，可以促進較大量耐陰性樹種水青岡（學名 *Fagus grandifolia*，英文名 beech）並減少非耐陰性樹種黃樺（學名 *Betula alleghaniensis*，英文名 yellow birch）的發生，其作用與「留存木傘伐作業法（shelterwood system with reserves）」相似。綜合考量不等耐陰程度目標樹天然更新的小苗數量及生長速度，區塊單元面積大小至少應大於 0.1 ha，並以 0.5～1.0 ha 為度。

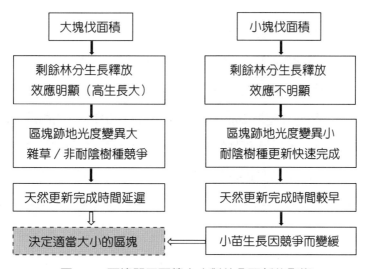

圖 7.3　區塊單元面積大小對林分更新的影響

二、林分伐採後之更新

根據森林生態系經營之原則，林分經營應同時滿足資源保育與經濟發展，人工林或經濟林雖然以木材生產為優先，但為顧及生物多樣性，區塊單元的伐採跡地仍宜以天然更新為最優先選擇，芬蘭南部的挪威雲杉林（學名 *Picea abies*，英文名 Norway spruce）天然更新（Valkonen et al., 2011）以及加拿大哥倫比亞海岸山脈的太平洋銀杉（學名 *Abies amabilis*，英文名 Pacific silver fir）及西部鐵杉（學名 *Tsuga heterophylla*，英文名 western hemlock）林分天然更新（Mitchell et al., 2007）即可為塊伐天然更新的範例。

區塊伐作業法是以伐採區塊外圍林分為下種母樹以及伐採區塊內既有種子床進行天然更新，由於區塊單元的外圍林分具有調節區塊單元內外微氣候的功能，森林經營者在實施林分經營作業，例如：高風險立木移除、剩餘林分環境改善及林分更新控制時，必需作廣泛的風險評估，以免造成林分的傷害（Nyland, 2002）。

許多研究（Hanssen *et al.,* 2003、Valkonen and Maguire, 2005）指出：林地整理作業對於林地種子床可能有更多的正面效益，並有利於植群的天然更新。在良好的土壤基質及氣候適宜種子豐收的情況下，雲杉林分區塊伐作業法可以達成非常理想的天然更新。區塊伐採跡地整理可使林地腐植質與礦質土壤暴露，可促進更新（Valkonen and Maguire, 2005），但完整移除有機質會嚴重影響苗木養分獲取並降低葉片的氮濃度；因此可配合於伐木後使用耙子輕度整理伐採跡地，以創造較適於種子發芽的天然更新環境。

較大面積伐採區塊會使剩餘林分獲得生長釋放，促成明顯的林分高生長，有可能導致區塊更新的延遲；相反的，較小面積的伐採區塊有利於維持立木與下層植群的競爭，但立木間的過度競爭反而也會使新生小苗生長趨緩，因此，若要確保耐陰性樹種的更新順利，伐採區塊單元直徑宜超過 20m（Valkonen *et al.,* 2011）。對耐陰性樹種而言，小區塊可避免其他樹種的入侵，大區塊的伐木跡地常因大量速生草本及灌木生長優勢，使針葉樹幼苗在無法獲得足夠光照的情況下生長不良，此時必須以人工造林可確保更新結果；對天然更新不易成功的樹種，於施行區塊伐採後仍應考慮人工造林輔助更新。

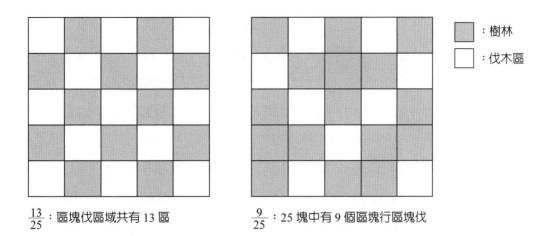

$\frac{13}{25}$：區塊伐區域共有 13 區　　　　　　$\frac{9}{25}$：25 塊中有 9 個區塊行區塊伐

：樹林

：伐木區

圖 7.4　高強度（左）及低強度（右）區塊伐作業法應用實例

7.4 區塊伐作業對臺灣森林林木經營的效益

一、對森林永續經營之影響

使用森林資源並兼顧維護森林生物多樣性、生產力、更新能力、生命力及森林環境的潛力是森林永續經營之目的。臺灣森林多位於山區，森林經營特別需要注意山區地形因素的影響，例如：依據林務局的林地分級分區經營原則，國有林的林木經營以低於海拔 2500m 且坡度小於或等於 35 度的林地為原則，但當與保育及保安相競情勢下，經濟林經營仍為次要。

此外，根據「開發行為應實施環境影響評估細目及範圍認定標準」第 16 條第五項規定，位於山坡地或臺灣沿海地區自然環境保護計畫核定公告之一般保護區，皆伐面積 2ha 以上者須進行環評。換言之，以 1ha 小面積為導向的區塊伐作業法將可因作業面積限縮在法令基準面積 2ha 以內，而避免環評作業的衝擊，同時可降低額外經營成本並提高森林經營生態性及時效性。

二、對環境之影響

區塊伐作業法在本質上仍屬於皆伐作業之一種，因此在規劃時仍需要注意到地形

影響，減少作業後林地裸露所造成土壤沖蝕。同時，區塊伐作業法倚賴周邊剩餘林分（residual stands）的天然下種及自身種子庫（seed bank）的種子發芽，因此需要針對周邊林分進行疏伐作業促進林分生長與下種，也需要視林地現況進行整理作業，一方面促進枯落物的腐質化與養分的流動，另一方面可將土壤中之種子翻至表層促進發芽，但需要注意樹種是否適合天然更新並輔以人工造林。

伐採作業後之廢材除少部分作為營造生物多樣性之用，大部分以堆積、截斷或焚燒處理，長期堆積的廢材容易成為病蟲害孳生的來源，廢材截斷散佈於林地內可加速腐化分解並對於裸露林地有所保護，如將廢材加以焚燒可加速分解形成灰分，但因區塊面積小而需要熟練人員控制才能施行，以避免引起森林火災。

三、對生物多樣性之影響

生物多樣性的維護對於人工林經營非常重要，因為人工林中的生物相是維持生態系過程的關鍵。人工林常因為樹種單一造成大規模的危害爆發，例如天牛帶來的松材線蟲、赤腹松鼠對於柳杉、杉木環剝破壞等，加上部分物種並不適合生存於人工林的單一林相中，因此藉由區塊伐天然更新可在單一林相中產生許多具有複層林特性的鑲嵌區塊，提供脊椎及無脊椎動物有利的棲地（Lindenmayer, 2000；Davies *et al.,* 2001）。

一般而言，在人工林中保持較大的原生植群區塊可維持更高的生物多樣性。有些研究指出：鳥類社會的組成會隨著區塊大小而改變（Lindenmayer et al., 2002），同一林地陸域哺乳類及樹棲有袋動物的出現，也明顯地受到區塊伐採後的剩餘林分面積大小、樹種組成及地面坡度的影響（Lindenmayer *et al.,* 1999a）。存在於人工林地景的天然河岸植群是許多物種的重要棲地，河岸地區通常具有較高的物種豐富度。因此，我們可以推論：施行區塊伐作業的人工林，區塊伐採後的剩餘林分在空間上的分布特徵也會影響野生動植物的分布。

三、對森林景觀之影響

森林具有多目標經營之功能，雖然受限於經營目標無法兼顧所有的功能，以森林木材收穫來說皆伐雖可獲得最大的材積量，但由於伐木跡地全部暴露，所以最直觀的缺點莫過於景觀美質的破壞。區塊伐作業法在本質上與皆伐作業相同為一次性作業移除林地上所有立木，而作業後的剩餘林分則需要進行疏伐等撫育作業來促進樹木生長

圖 7.5　森林景觀 3D 模擬

(a) 最差之景緻，(b) 林分原有狀況，(c) 最受歡迎之景緻

及下種。然而不論是區塊伐作業或是疏伐作業皆會對森林景觀造成視覺影響（Visual impact）。在永續生態林業的概念下，林木收穫區雖然以木材收穫為主但仍應兼顧到森林的其他效益，因此需要以景觀美質評估法（Scenic beauty evaluation, SBE）來評估景觀變化對於視覺的影響為何。Lin *et al.,*（2012）以 GPS 定位出阿里山柳杉林分中的立木位置後，根據立木調查數據建構出樹木的 3D 模型並制定不同的疏伐強度並評估 SBE（圖 7.5）。將此 SBE 作業流程擴展為地景尺度後，便可作為評估區塊伐作業法區塊大小、位置對於大尺度森林景觀上的影響程度，使森林作業法可同時滿足森林木材供給、生物多樣性、森林景觀等多元效益。

7.5 區塊伐作業法規劃實務

一、伐木作業區塊之位置與面積決定

A. 地形與氣候

臺灣為多山區地形之島嶼，同時每年皆會受到強勁的東北季風及颱風的侵襲，同時區塊伐作業會產生小面積的裸露林地，使得剩餘林分容易受到風害影響，因此區塊伐作業在位置的選擇上需根據法正林排列的原則，將伐採順序與風向相反以減少暴風的影響。如地況及林況具一致性，區塊之形狀可維持矩形以方便配置，但若地形複雜，則區塊形狀則會配合地形起伏進行改變，如圓形、橢圓形、不規則形等，其結果與孔狀皆伐相似。在區塊位置的選擇上可利用 digital elevation model（DEM），根據地形特性事前進行模擬配置。

B. 水文

臺灣由於河川短且降雨強度大，為了確保水土資源的完整性，河川區域的林地經營應以擇伐為主，避免較大面積的林地裸露所帶來的土壤沖蝕，因此區塊伐作業法所選擇的位置應剔除河川區域。根據「臺灣森林經營管理方案」指出，伐採作業距離應距離河川至少 50m，以保護河川不受土壤沖蝕影響。此外，在森林永續經營的情況下，作業位置應避免土石流潛勢區以減少潛在危害。

C. 集材與林道

林分實行伐採作業後，最重要的即為如何將木材運出森林。臺灣由於為多山地形，因此在集材上仍以傳統架空索集材系統為主，運材車為輔將木材運至集材廠後，再以林道將木材輸送至木材加工廠進行後續處理。然而，伐採作業對於森林景觀具有負面之影響，因此在道路周邊之林地應以景觀美質評估評估後施以疏伐，達到維護森林景觀之效益。

D. 非森林之土地利用型

臺灣由於地狹人稠，山區開發程度相當高，諸如高山茶園、農地、建築等，皆無法用於森林作業之上，因此應先予以排除，以確保區塊伐作業之選址可正常使用。

在實際運用上，首先將各個圖層（DEM、河川、林道、土石流潛勢）以 GIS 系統加以疊合，根據上述條件圈選出適合作業的區域後，在各作業範圍內以規則型散佈區塊伐作業位置後即可得到合適之作業地點（圖 7.6）。

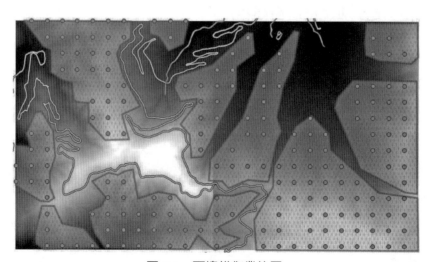

圖 7.6　區塊伐作業位置

二、伐採跡地整理、更新與撫育

　　區塊伐作業後之林分以天然更新為主，因此林地上種子的發芽率會直接影響到林分能否更新成功，也因此在伐採後應視情況進行林地整理作業（如深耕），使腐質層中的種子得以接觸日照而發芽。同時林地整理作業可加速枯落物的腐質化並使腐植質與土壤完全混合以增加養分有效性。區塊伐作業與皆伐相同，伐採跡地容易受到速生之草本與灌木的入侵，連帶壓迫新生苗木的生長，因此在造林初期需要密集進行撫育作業，確保林分可順利更新。此外，由於影響林分更新成功的因素相當多而未必能兼顧，因此在經營時須隨時根據更新狀況，以人工栽植或播種造林的方式進行補強避免林分更新失敗。

三、伐採後林分之經營

　　區塊伐作業後之剩餘林分為林分更新天然下種的重要來源，也是野生動物的重要棲地，因此需要進行疏伐作業使剩餘林分生長釋放並加速結實與下種。疏伐一般以下層疏伐方式進行選木，挑選的順序如下：(1)枯死木、瀕死木(2)受害木(3)傾斜木、彎曲木(4)被壓木(5)分叉木(6)擁擠之中庸木(7)次優勢木(8)優勢木。藉由疏伐除可使留存木獲得生長釋放並維持林分健康外，同時疏伐所產生的孔隙可提高林分地面溫度，促進枯落物的腐化及養分的有效性，並且疏伐木可做為野生動物、昆蟲棲地，達到提高生物多樣性的目的。

四、剩餘林分之移除

　　人工林進行伐採作業的時間點，主要是以林木成熟期及林地最大純益輪伐期為依據進行作業，此一概念同樣適用於區塊伐作業法。但值得注意的是，相較於其他同齡林作業法，區塊伐作業法在實施伐木作業後會留下相當面積的林分，待伐採跡地之林分更新成功後才會逐步進行伐採，並且在殘留林分無法有效更新後會全部伐除。因此，當初始林分完整移除之後，林分便會由數個齡階的區塊所組成，待區塊林分達到輪伐期即可進行伐採。同時區塊以相近面積為原則期達到各齡級區塊面積之法正，但仍需視林地現況進行調整以不超過 2ha 為準則。

五、林分發展模擬輔助決定經營作業方案之決策

　　依據美國林務署森林資源調查的美國黑松（學名 Pinus contorta, 英文名 lodgepole pine）生長資料，編者以實際林分的美國黑松優勢林分混合林（圖 7.7）為例，進行小面積（1 ac）塊伐作業法的模擬，並以天然更新（林分密度 1000 stems/ac，枯死率 30%）及人工更新方法（林分密度 1000 stems/ac，枯死率 10%）建立林分，預測兩種更新方法在更新後 10、30、50 年等期間的林分狀態，二種更新方法所建立的林分 3D 結構及剖面異質性不會太大，但是林分直徑結構及高度結構則有些微的差異（圖 7.8）。人工更新的林分直徑於 50 年生時的直徑分布高峰值位於 4-6 in（相當於 10-15 cm），樹高分布高峰則位於 30 ft（相當於 9 m）；天然更新的林分直徑主要分布於 6 in（15 cm），樹高分布高峰則為 40 ft（相當於 12 m）。由林分直徑及林分高度的差異，顯示塊伐作業法配合天然更新有利於林分蓄積的發展。

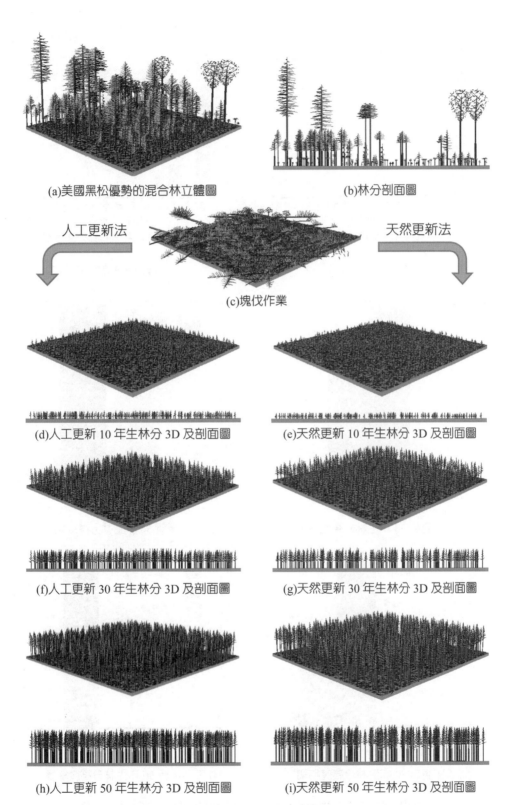

(a)美國黑松優勢的混合林立體圖

(b)林分剖面圖

人工更新法

天然更新法

(c)塊伐作業

(d)人工更新 10 年生林分 3D 及剖面圖

(e)天然更新 10 年生林分 3D 及剖面圖

(f)人工更新 30 年生林分 3D 及剖面圖

(g)天然更新 30 年生林分 3D 及剖面圖

(h)人工更新 50 年生林分 3D 及剖面圖

(i)天然更新 50 年生林分 3D 及剖面圖

圖 7.7　塊伐作業法人工更新及天然更新美國黑松林分發展模擬

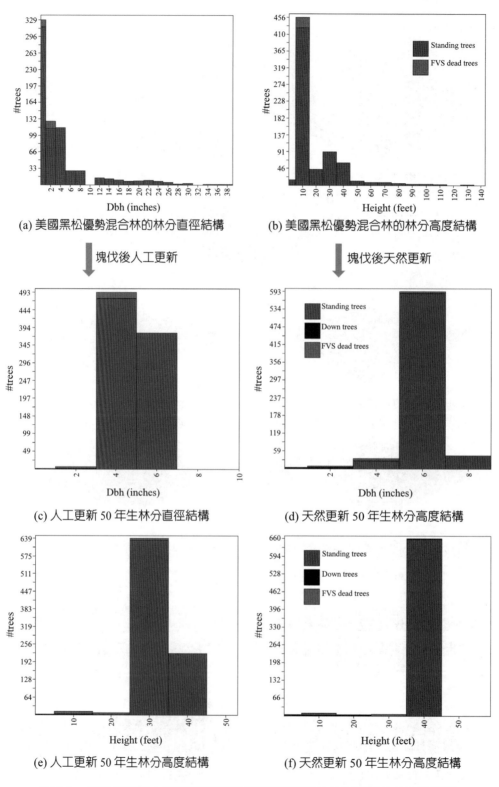

(a) 美國黑松優勢混合林的林分直徑結構

塊伐後人工更新

(b) 美國黑松優勢混合林的林分高度結構

塊伐後天然更新

(c) 人工更新 50 年生林分直徑結構

(d) 天然更新 50 年生林分高度結構

(e) 人工更新 50 年生林分高度結構

(f) 天然更新 50 年生林分高度結構

圖 7.8　塊伐作業法人工更新及天然更新美國黑松林分直徑及林分高度模擬

參考文獻

Davies, K.F., C. Gascon and C. R. Margules (2001) Habitat fragmentation: consequences, management and future research priorities. In: Soulé, M. E., Orians, G. H. (Eds.), Conservation biology: rcscarch priorities for the next decade. Island Press, Washington DC, pp. 81-97.

Hanssen, K. (2003) Natural regeneration of *Picea abies* on small clear-cuts in SE Norway. Forest Ecology and Management 180:199-213.

Hanssen, K. (2003). Natural regeneration of *Picea abies* on small clear-cuts in SE Norway. Forest Ecology and Management 180:199-213.

Huth, F. and S. Wagner (2006) Gap structure and establishment of Silver birch regeneration (*Betula pendula* Roth.) in Norway spruce (*Picea abiest* Karst.) stands. Forest Ecology and Management 229:314-324.

Karlsson, M., U. Nilsson and Örlander, G. (2001). Natural regeneration in clear-cuts: Effects of scarification, slash removal and clear-cut age. Scandinavian Journal of Forest Research 17:131-138.

Kuuluvainen, T. (2002) Natural variability of forests as a reference for restoring and managing biological diversity in boreal Fennoscandia. Silva Fennica 36(1): 97-125.

Kuuluvainen, T. (2009) Forest management and biodiversity conservation based on natural ecosystem dynamics in Northern Europe: The complexity challenge. Ambio 38(6):309-315.

Lin, C., G. Thomson, S.-H. Hung, Y.-D. Lin (2012) A GIS-based protocol for the simulation and evaluation of realistic 3-D thinning scenarios in recreational forest management. Journal of Environmental Management 113:440-446.

Lindenmayer, D. B., J. F. Franklin (2002) Conserving forest biodiversity: a comprehensive multiscaled approach. Island Press, Washington DC.

Lindenmayer, D. B., R. B. Cunningham, M. Pope, C. F. Donnelly (1999) The response of arboreal marsupials to landscape context: a large-scale fragmentation study. Ecological

Applications 9, 594-611.

Lindenmayer, D.B. (2000) Islands of Bush in a sea of pines. The Tumut Fragmentation Experiment. A summary of studies. Land and Water Resources Research and Development Corporation Research Report 6/00. Land and Water Resources Research and Development Corporation, Canberra, 48 pp.

Mitchell, A. K., R. Koppenaal, G. Goodmanson, R. Benton and T. Bown (2007) Regenerating montane conifers with variable retention systems in a coastal British Columbia forest: 10-Year results. Forest Ecology and Management 246(2-3):240-250.

Nilsson, U., G. Örlander and M. Karlsson (2006) Establishing mixed forests in Sweden by combining planting and natural regeneration - Effects of shelterwoods and scarification. Forest Ecology and Management 237:301-311.

Nyland, R. D. (2002) Silviculture: concept and applications. 2nd ed. McGraw-Hill, New York. 682pp.

Nyland, R. D. (2002) Silviculture: Concepts and application. 2nd ed. McGraw-Hill, New York. 682 pp.

Pre vost, M. (2008) Effect of cutting intensity on micro environmental conditions and regeneration dynamics in yellow birch - conifer stands. Canadian Journal of Forest Research 38(2): 317–330.

Valkonen, S. and D. Maguire (2005) Relationship between seedbed properties and the emergence of spruce germinants in recently cut Norway spruce selection stands in Southern Finland. Forest Ecology and Management 210: 255-266.

Valkonen, S., K. Koskinen, J. M. Kinen and I. Vanha-Majamaa (2011) Natural regeneration in patch clear-cutting in *Picea abies* stands in Southern Finland. Scandinavian Journal of Forest Research 26:530-542.

Vanha-Majamaa, I., E. Tuittila, T. Tonteri and R. Suominen (1996) Seedling establishment after prescribed burning of a clear-cut and a partially cut mesic boreal forest in Southern Finland. Silva Fennica 30(1):31-45.

Yamasaki, M., Costello, C.A., Leak, W.B., 2014. Effects of clearcutting, patch cutting, and low-density shelterwoods on breeding birds and tree regeneration in New Hampshire Northern Hardwoods. USDA Forest Service, Northern Research Station, Research Paper NRS-26. 20p.

第八章 遙測森林資源調查法
（Remote sensing-based forest resources inventory）

8.1 森林資源調查的範疇及目的

　　森林資源調查（forest resources inventory）是取得森林資源質量（quality）及數量（quantity）資訊的過程，是形成森林規劃（forest planning）及森林政策（forest policy）的重要基礎。永續的森林經營和森林調查的早期概念偏重於木材生產，但現代的森林調查概念涵蓋整體的森林生態系統，包含木材生產、多樣的森林功能，更需要了解森林生態系統的功能機制（functioning mechanism of forest ecosystem）。森林資源評估（forest resources assessment）對森林多面向的分析及研究，提供重要資訊有助於森林及林業的發展，包含社會經濟面的原料供應、就業、收入及相關工業的生存，生態面向的生物多樣性保育、生物圈的生態平衡，以及國家永續發展面向的食品安全與環境穩定等；為了環境保護以及從可持續地從森林中取得多樣化的產品及工業原料，森林確實需要被明智審慎的妥善經營（judicious management）。

　　世界某些地區的生物資源正在枯竭的速度快於可再生能源，「森林生態系調查和監測是實施永續森林經營的成功關鍵」已成為全球意識（global recognition）。決定森林經營方針和規劃所有經營活動需要有關森林整體環境可靠的基礎資訊（basic environmental information），包含制定有效的土地利用和保育政策（land use and conservation policy）、評定森林服務和福利的價值（evaluation of forest services and benefits）、規劃經營活動（planning management activities）以及有效執行和追蹤活動的成果，評估其後續影響以確認現行經營活動結果符合永續性，以及確認是否需要調適經營（adaptive management）以更符合永續性的原則目標。可靠的基礎環境資訊可以直接支持和評估永續性準則和指標（criteria and indicators of sustainability）的狀況，也可作為知識庫以供研究和發展之需。

世界林學研究聯盟（IUFRO）森林資源調查研究群的目標即希望透過通訊及會議提供資訊及協助予森林經營者和其他對森林調查及監測有興趣的人，並提請研究人員注意「森林資源調查研究的需求及填補相關領域知識的缺口」；透過促進全球聯網（networking）合作，強化森林調查技術理論及監測實務作業方法、統計以及資訊管理分析等面向，實踐全球森林資源調查及監測（forest resources inventory and monitoring, FRIM）的幾個重要主題內涵：熱帶區、溫帶區及寒帶區森林資源資料、多目標資源調查、多時期資源調查、空間資訊系統、遙測及全球森林監測以及大尺度森林資源調查及情境模擬。

8.2 聯合國森林資源評估對森林資源調查的啓發

京都議定書（Kyoto Protocol）的意涵在於透過全球土地利用、土地利用變遷及林業（Land Use, Land Use Change and Forestry, LULUCF）三個基本元素，規範鼓勵各國執行各項減緩氣候變遷影響活動。換言之，以土地利用為基礎，任何人為因素直接將森林改變為非森林或者將非森林改變成森林狀態的活動，均可視為 LULUCF 活動。以1989/12/31 之前的土地利用狀態為基礎，締約國土地利用的改變，符合 LULUCF 活動的項目者，均可計入京都議定書所指定的碳排減量計算基礎。這些活動包含：

- 新植造林與再造林（afforestation and reforestation, AR）。新植造林係指將長期（連續50 年）不是森林的土地施予造林，將其改變為森林地；再造林則是指森林地雖被伐採成為非森林地，但在短期內即予再造林，使成為森林地（不同於常態的「造林 - 伐木 - 造林」的循環式森林經營活動）。對於新植造林及再造林的碳排放量及碳吸存量的評估方法是一樣的，計量基準在京都議定書中是相同的。
- 毀林（deforestation, D），係指將森林地轉換為非森林地的活動。
- 森林管理（forest management, FM）：指林地使用及管理的一個完整的作業法，所經營的林地可以分為天然林及人工林。
- 農地管理（cropland management, CM）：指用於農作物生產的土地或者暫時性的未用於農作物生產的農地。

- 放牧地管理（grazing land management, GM）：指用於畜產養殖的土地管理，主要管理目標在於放牧需要的植被種類及數量以及所生產的畜產種類及數量。

- 植被恢復（revegetation, RV）：係指直接以人工方法促進土地碳存量增加的活動，通常透過建立面積至少 0.05 公頃以上的植群的方式；這種方式與新植造林及再造林不同。

聯合國希望減少森林開發或森林退化的碳排放量（Reducing Emissions from Deforestation and forest Degradation, REDD）以減緩氣候暖化（global warming）速度。降低全球的碳排放量可由工業工程技術或者強化森林資源體系經營以增加森林碳匯為本，但為避免開發中國家為經濟發展，沒有採用有效措施管理森林開發行為，或者疏於管理而引起森林退化；以致全球碳匯（carbon sink）總量減少，也影響全球碳排減量目標無法實現；京都議定書乃設計鼓勵開發國家及區域經濟整合組織與開發中國家合作的「REDD+」機制，透過政策制定具體的鼓勵措施，由開發國家提供經濟及技術支援，以積極鼓勵開發中國家增加森林被覆面積並減少碳匯的損失。所以，REDD+ 是一種為鼓勵開發中國家實踐 REDD，維持森林持續健康地存在於開發中國家的最有效方法，是屬於政策性質的方法，也是為達成 UNFCCC 減緩氣候變遷的非強制性的自願方法（voluntary approach）。REDD+ 的五種碳排減量機制或活動為：(1) 減少森林開發的碳排放，(2) 減少森林退化的碳排放，(3) 保護森林以避免森林碳存量的損失，(4) 永續經營森林，(5) 改善森林質量及活勢以提升森林碳存量。

從地球生態系觀點，國家層級的森林資源調查必須滿足聯合國糧農組織整合評估全球森林資源狀態及變遷的需要。FAO 評估「維持森林生態系完整性及生物多樣性」，強調基於 (1) 保留區以及保護區的面積（conservation and protected areas），(2) 生物量及碳蓄積的變化（biomass and carbon stock changes），(3) 水土資源以及環境服務的保護（protection of soil, water and environmental services）等三種永續性指標（sustainability indicators）資訊（FRA, 2015）。相似的，森林面積的變化（changes in forest area）、天然林及人工林面積的變化（natural and planted forest area change）、林分冠層覆蓋率的減損情況（partial canopy cover loss）等則為 FAO 評估「森林生態系概況及生產力」的永續性指標。

國家層級或營林者為有效施行森林經營所需資訊以及全球對抗地球暖化議題所需資

訊二者似無二致。全球各國經歷數十年的森林資源調查工作，雖然聯合國糧農組織定期的森林資源評估（forest resources assessment, FRA），然要整合各國數據在一個共通基礎上以評析全球森林資源的發展，許多資料調查及指標資訊的計量基準仍多有不同。主要原因為資料精度不同、量測技術或方法不同、甚至森林經營指標資訊未標準化；換言之，全球森林資源調查及評估需要一套共通的或標準化的作業機制，針對時間及空間尺度、資料精度以及調查技術與方法等，依據共通的準則（criteria）與指標（indicators），透過國際合作（例如 REDD+ 機制），以達成共通一致的資訊聯網。

8.3 多層級森林調查架構

國家層級的森林資源調查面積涵蓋全國，林業發達國家普遍利用遙測技術結合地面調查技術為之。以美國為例，依據 1974 年美國「森林和牧場可更新資源規劃法」為 2015 年資源規劃法（The Resources Planning Act, RPA）評估更新案所編撰的美國森林資源概要及歷史趨勢（Oswalt and Smith, 2014）指出：美國農業部林務局 80 餘年以來所推動的森林調查及分析（Forest Inventory and Analysis, FIA）利用 450 萬餘個遙測調查樣區判別土地利用型、12.5 萬個永久樣區超過 150 萬株樣木實測林木特徵 100 多個參數，以評估林木材積、狀況和活力。當今的遙測科技在被動式光譜遙測技術（passive remote sensing）、主動式光達遙測（active lidar remote sensing）和雷達遙測技術（active SAR remote sensing）的發展，在光譜、空間、輻射、時間等四個面向提供多元精度的遙測資料。商業衛星光學影像從 4 波段多光譜到千百波段高光譜的光譜解析力、從 80 公尺到 0.3 公尺空間解析力、從 18 天到 1 天時間解析力、從 7 bit 到 12 bit 輻射解析力的演變，配合遙測載台由衛星 - 飛機 - 無人載具飛機的演變，整體遙測工業為環境監測與規劃以及森林資源調查與評估，提供精細且高品質的遙測影像資料。

森林資源經營傳統上為勞力資金集約但技術精度相對粗放的作業，利用當代空間資訊產業的發展以及遙測科技森林資源調查新技術的發展，為當代森林經營實踐技術及資訊精準目標，奠定優良基礎。茲以長期從事空間資訊技術及森林資源經營教學研究，依據永續生態林業發展趨勢以及遙測技術具體可行程度，規劃「多層級森林資源調查架構

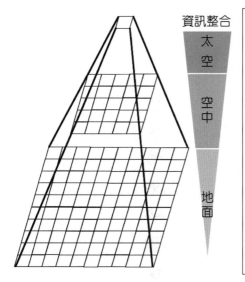

層級 1: 衛星影像數位分析調查
- 國家層級/區域層級/縣市層級/集水區/事業區
- 樣區單元: 衛星像幅像元群團
- 空間解析力: 10 公尺或公尺級光譜及 SAR 資料
- 分析技術: 影像數值分析

層級 2: 航空影像判釋及數位分析
- 區域層級/省市層級/集水區/事業區
- 樣區單元: 圖幅影像像元群團
- 空間解析力: 公寸-公尺級光譜資料
- 分析技術: 影像判釋/數位航測法/影像分析

層級 3: 地面樣區每木調查
- 林班/小班
- 樣區單元: 1ha 地面樣區為原則+UAV 圖幅
- 空間解析力: 公分級光譜資料+光達資料
- 分析技術: 定位及導線測量/ GIS 及樣區調查/單木層級影像分析/精準林業技術

資訊整合　太空　空中　地面

圖 8.1　多層級向下取樣調查及資訊向上整合的多元技術森林資源調查概念

（a multilevel forest inventory and analysis scheme，簡稱 MFIA）」（圖 8.1），以多層級「由上而下調查單元」取樣設計、「由下而上的技術資訊」整合建置的架構，實施上層樣區遙航測調查、地面樣區普查實測的機制，輔以 UAV 調查分析技術，建構林分高精度的林木大小及生長資料，以精準的林木及林地等生態系資訊，提供森林經營妥適配置多元的經營目標及規劃適當森林作業方法的工具，由國家林、公有林、私有林、乃至小面積林地經營，均可具體實踐精準林業（precision forestry）的目標。

　　多層級森林資源調查的基礎在於多層級調查單元的設計，換言之，在相對區域內，由最上位的衛星影像調查層級 - 航空調查層級 - 地面調查層級的相對區間範圍內，決定不等量但具代表性的調查單元，例如：影像像幅區位 - 航照圖幅區位 - 地面樣區範圍，三個層級的調查單元數量由上而下增加，可依據機率統計方法，決定各層級的適當調查單元數量。這種多層級的取樣設計（multilevel sampling design）作業方法，稱為多層級森林資源調查（MFIA）。所調查得到的樣區資訊，可以很順利的向上整合到衛星影像層級，並建構出全國森林資源的詳細資訊調查。

8.4 森林資源調查的光學遙測理論

　　光學遙測基礎建立於物體對太陽電磁輻射能量（electromagnetic radiation）的反射特性，光學遙測常用電磁波譜（electromagnetic spectrum）範圍介於可見光區（visible spectrum）、近紅外光（near infrared）、短波紅外光區（shortwave spectrum），記為（VIS-NIR-SWIR），因為該波譜（或稱光譜）區間有許多的大氣窗（atmospheric window）效應，使高比率的電磁輻射能穿過大氣層抵達地表面。物體的反射能（reflected radiance）相對於射抵物體表面的太陽入射能量（incident radiance）的比值，稱為反射率（reflectance），是沒有單位的物理量，理論值介於 0-1。各類物體基於表面結構及化學組成差異，其對入射能量的反射率會有所變化；換言之，植物本於其生物物理結構（biophysical properties）及生物化學特性（biochemical features）的差異，對入射的不同波長（wavelength, λ）電磁波譜作出不等量而有不同的反射率，計為 ρ_λ。以圖 8.2 為例：健康的綠色植物在 VIS-NIR-SWIR 光譜區間的反射率變化情況，遙測學特稱之為反射特性曲線（reflectance curve），因為該曲線在不同波長位置的高低起伏可以傳遞物體的特性，遙測學家即依據該特性來辨識（recognize）、確認（identify）以及歸類（classify）各種物體或各種植群。圖 8.2 具體反映健康的植物光譜曲線因為水分逆境（water stress）或葉子不同含水率條件下而發生重大的改變（Lin et al., 2015a）。同理，植物葉子的葉綠素（葉綠素 a 及葉綠素 b）含量變化，也會造成植物光譜反射特性曲線的改變，不同波長的反射率與葉綠素含量具有顯著的關係，植物冠層葉綠素含量與 VIS-NIR-SWIR 光譜區間的光譜反射率二者對應變化的光譜知識（圖 8.3），是森林資源遙測領域，以葉綠素為基礎評估森林健康的重要技術及評估指標（Lin et al., 2015a）。

　　從資源調查觀點，調查測繪森林面積及森林蓄積的議題，在前述光譜知識背景下，尚涉及遙測資料的特性和資料處理觀念。資料特性面向至少應考慮衛星影像的光譜解析力（spectral resolution）及空間解析力（spatial resolution），亦即影像所能提供的光譜波長波段數量及像元大小，因為他們決定物體光譜訊號純度（spectral purity）及分辨力（spectral separability）；利用影像特徵選粹（圖 8.4）及分類技術（圖 8.5）得到高準確度森林分布圖。森林蓄積及蓄積生長或生產力（圖 8.6）的評估，遙測影像取向時間

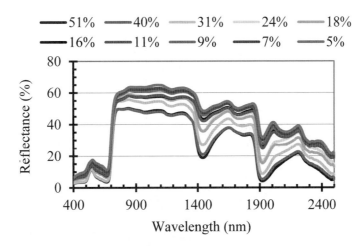

圖 8.2　植物光譜曲線及水分逆境造成的光譜曲線特徵變化

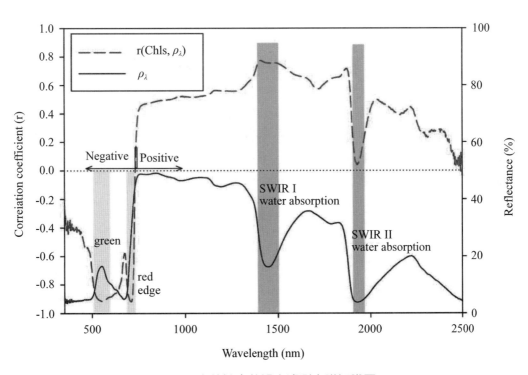

圖 8.3　森林健康葉綠素遙測光譜知識圖

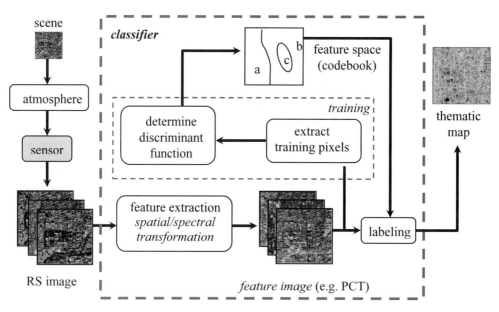

圖 8.4　遙測影像特徵萃取及分類流程示意圖

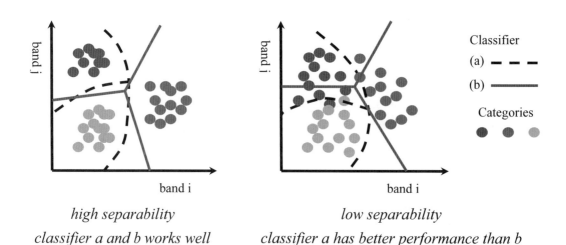

high separability
classifier a and b works well

low separability
classifier a has better performance than b

圖 8.5　影像光譜空間及分類方法示意圖

的大氣條件不同，生長效應也造成植物生物物理結構及生物化學特徵改變，森林蓄積及生長量因涉及時間因素所造成的季節性光譜變異（林金樹，1998；林金樹等，2013；Lin et al., 2015a; Lin et al., 2015b; Lin and Dugarsuren, 2015），因此，衛星影像必須經標準化處理（normalization），例如大氣校正取得地表反射率（surface reflectance），消除外

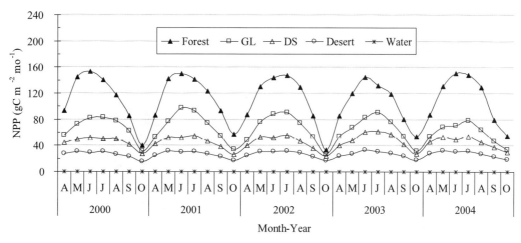

圖 8.6　蒙古國不同生態系多時期的森林生產力變化圖

部因素對影像像元灰度值（digital number）的影響，方得使所建立的遙測材積模型或遙測生長模型具有實質的物理意義（Lin et al., 2015b），資源蓄積量估測值才能符合 FAO 森林資源評估要求的科學認證基礎。

8.5 森林資源調查的光達遙測理論

　　光達科技（lidar technology）為利用光波測距理論決定地球裸面（bare earth）或物體表面（object surface）與載台的相對關係，據以決定數值地形模型（digital elevation model）、數值表面模型（digital surface model）以及冠層高度模型（canopy height model）的方法（Lin et al., 2011）。空載光達系統所獲取的地形或地表回波資料稱為點雲（point cloud），包括三維點位坐標的幾何資訊及記錄回波反射強度值的輻射資訊（圖 8.7a），空載光達訊號具有多重反射回波（multiple echoes）的特性，可獲得部分穿透森林表面抵達地表的點雲資料（圖 8.7b），透過點雲過濾及分類技術，萃取地面點雲及地表物體點雲資料，以圖 8.8 所示為竹子和檳榔樹組成的森林高度剖面圖，研究人員可以透過點雲的幾何結構資訊判讀剖面的林分特徵，據以決定植群類型及樹高等林分屬性。

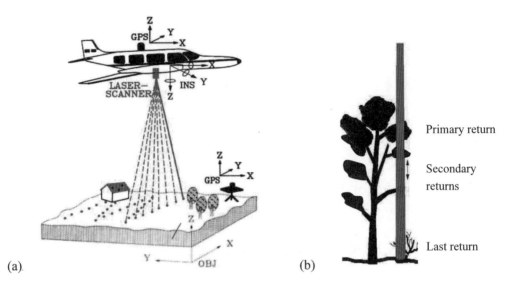

(a)　　　　　　　　　　　　　(b)

圖 8.7　光達遙測機制 (a) 及回波示意圖 (b)

圖 8.8　空載光達回波示意圖

（紅色：第一或唯一回波、藍色：第二回波、綠色：第三回波、黃色：第四回波）

　　由於空載光達資料高點雲密度特性，可以清楚表達林分內立木狀態，利用數值分析技術，例如多層次型態學動態輪廓演算法（multi-level morphological active algorithm, MMAC）（Lin et al., 2011）可直接萃取林分立木特徵參數（立木位置、樹高、冠層大小），輔以生長競爭指數（growth competition index）可以有效推估林木直徑及材積（Lo and Lin, 2013）。藉助 MMAC 技術解離林分立木的特徵參數的優勢，依據 IPCC 建議林木碳存量計量基準，Lin et al.（2016a）發展一套「基於 IPCC 碳計量基準的林分生物量 - 碳蓄積量光達遙測模型（IPCC-compliant technique, 簡稱 IPCCCT）」，這個理論模型可

以精準估測林分碳蓄積遙測計量模型，林分地上部碳蓄積量（aboveground carbon stock, AGC）估計準確度介於 90-95%，由於 IPCCCT 觀念模型與 LULUC-IPCC 原始觀念一致，林分 AGC 評估精度高，故有利於推動全球「生物量及碳蓄積的變化永續性指標」透明化的碳排減量「量測 - 報告 - 驗證」機制（MRV transparency framework）。

　　簡言之，利用點雲資料所建構的像元（網格）式林分冠層高度模型（公式 8.1）為光達遙測技術評估森林碳存量的基礎在於 IPCC 方法，亦即 AGC = AGB*CF = V*D*BEF*CF，其中單木地上部碳存量 AGC，地上部生物量 AGB，V 單木材積，D 木材密度，BEF 地上部生物量擴展係數、CF 碳重量百分比。本法必需利用光達技術偵測林分內立木分布、萃取林木高度、樹冠幅、林木生長競爭指數，估計林木胸高直徑，應用單木材積估測模型估計材積，轉換為生物量及碳量。光達遙測技術的精度比光譜遙測碳量估計模型高。

$$CHM = DSM - DEM \qquad\qquad (8.1)$$

8.6 UAV 影像於森林資源調查的應用

　　UAV 取像原理與航空攝影數位取像一致，係將遙測感測器裝載於無人載具系統收集森林遙測數位影像（或航空照片）以及點雲資料，利用航測數位影像判釋法則和影像處理技術，可以直接測繪森林植群分布、林木高度及樹冠幅等立木參數，並間接量測立木胸高直徑、立木材積及生物量的方法，稱為 UAV 遙測技術（UAV remote sensing techniques）。圖 8.9 所示為白河農場平地造林 UAV 正射影像圖，Lin et al.（2016b）結合點雲資料自動分類技術及空間分析技術，成功地建立闊葉樹林分冠層高度分布圖（圖8.10），將 UAV 遙測調查森林資源的實務作業方法導向與光達遙測森林資源調查技術相容的方法。換言之，UAV 林分冠層高度圖資建立後，可以利用 MMAC 技術萃取林分立木參數，再結合 IPCCCT 技術決定林分材積及生物量。

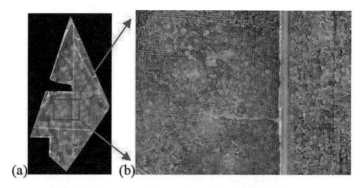

圖 8.9　UAV 影像於森林資源調查的應用

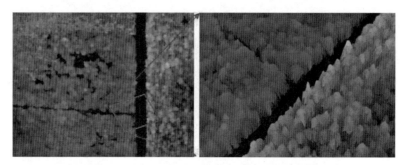

圖 8.10　UAV 影像建立林分冠層高度模型

　　空中材積表（aerial volume table）一般係以航空照片所導出的林分高度（stand height, m or ft）、林分鬱閉度（stand closure, %）等林分參數為依據，估計林分材積蓄積量。傳統方法係於航空照片（aerial photos）選取空中樣區（aerial sample plots），利用航空攝影測量技術（aerial photogrammetry），以視差法（parallax methods）量測樣區林木平均高度（林分高度），以樣點法（dot sampling technique）或樹冠密度規（crown density scale）（圖 8.11）量測林分鬱閉度（或稱疏密度），利用回歸分析法建立林分高度 - 林分鬱閉度 - 林分材積的對照表（如表 8.1 及表 8.2），本法採用林分層級的參數（stand-level parameters），係基於單位面積林分資訊為基準，進行林分材積的估測，稱為面積估測法（area-based approaches），所建置的空中材積表稱為林分空中材積表（aerial stand volume table），常以單位面積的材積量（ft^3/ac; m^3/ha）表示之。由於山區森林立木度在林分空間上的異質現象以及林分競爭關係造成立木參數的不規則變化，面積估測法常無法控制該等變異所造成的影響，以致林分材積估值的變異非常大，估測準確度較低。

表 8.1　美國北明尼蘇達州針葉林林分材積表（來源：Meyer, 1961）

林分高度（ft）	航空照片林分鬱閉度（%）									
	5	15	25	35	45	55	65	75	85	95
30		80	190	310	420	540	660	770	890	1000
35	140	250	370	480	600	720	830	950	1060	1180
40	310	430	540	660	780	890	1010	1120	1240	1360
45	790	850	910	970	1040	1100	1190	1300	1420	1530
50	1180	1240	1310	1370	1430	1490	1560	1620	1680	1740
55	1580	1640	1700	1760	1820	1890	1950	2010	2070	2140
60	1970	2030	2100	2160	2220	2280	2340	2410	2470	2530
65	2370	2430	2490	2550	2610	2680	2740	2800	2860	2930
70	2760	2820	2890	2950	3010	3070	3130	3200	3260	3320
75	3160	3220	3280	3340	3400	3470	3530	3590	3650	3720
80	3550	3610	3680	3740	3800	3860	3920	3990	4050	4110
85	3950	4010	4070	4130	4190	4260	4320	4380	4440	4510
90	4340	4400	4470	4530	4590	4650	4720	4780	4840	4900
95	4740	4800	4860	4920	4980	5050	5110	5170	5260	5300
100	5130	5190	5260	5320	5380	5440	5500	5570	5630	5690

材積單位：ft^3/ac

　　相對於傳統技術，當代發展的遙測新技術係基於大比例尺空中照片或遙測影像的優勢，以數位影像自動分析法萃取單木樹冠幅、林木高度及生長競爭指數等單木層級的參數（tree-level parameters），利用回歸模型以遙測影像導得的林木參數為基礎所建立的單木空中材積表（aerial tree volume table），可以將地面調查材積計量模型融入空中材積調查模型，達成優於面積法的估測結果。

　　MMAC 技術（Lin et al., 2011）可以由光達資料或 UAV 資料自動化的導出林分主要冠層所有立木的單木大小及生長競爭指標等參數，利用本書編者開發的單木材積理論模型（individual-tree-based approaches），可以有效估測林分材積並擴及於林分生物量及碳存量的調查；以阿里山柳杉、紅檜及闊葉樹林分的調查研究為例（Lo and Lin, 2013），林分材積估測誤差率（RMSE%）可由傳統方法的 43% 降至 MMAC 演算法的 5%，換言之，MMAC 演算法為基礎所估測的林分材積，其精度可達到 95%，遠優於傳統單木

空中材積表為基礎的估測方法；而由 MMAC 演算法發展的 IPCCCT 技術，所估測的林分碳蓄積量也能達到相同的精度（Lin et al., 2016b）。由於利用 MMAC 技術可以從高解析的光達影像資料、UAV 影像及衛星影像資料有效地偵測林木樹冠，可以較準確地且快速的直接決定森林的林分鬱閉度、林分高度及立木株數，並間接決定林木直徑、林分直徑及林分材積等資訊。總體而言，當代單木層級遙測調查新技術，以數位影像為基礎，可以自動化萃取林木參數，將地面調查單木材積模型融入遙測推估立木材積及林分材積蓄積量。較諸傳統技術的面積估測法，當代新技術的優勢為可省略傳統式的表格化材積表以及可自動化且精準的決定林分材積。

表 8.2　美國北明尼蘇達州闊葉林林分材積表（來源：Meyer, 1961）

林分高度 (ft)	航空照片林分鬱閉度（%）									
	5	15	25	35	45	55	65	75	85	95
30				90	180	280	370	460	550	640
35		60	160	250	340	430	520	610	700	790
40	130	220	310	400	490	580	670	760	860	950
45	280	370	460	550	640	740	830	920	1010	1100
50	570	650	730	810	890	970	1050	1130	1210	1290
55	850	930	1010	1090	1170	1250	1330	1410	1490	1570
60	1130	1210	1290	1370	1450	1530	1610	1690	1770	1850
65	1420	1490	1570	1650	1730	1810	1890	1970	2050	2130
70	1700	1780	1850	1930	2010	2090	2170	2250	2330	2410
75	1980	2060	2140	2220	2290	2370	2450	2530	2610	2690
80	2260	2340	2420	2500	2580	2660	2730	2810	2890	2970
85	2540	2620	2700	2780	2860	2940	3020	3100	3170	3250

材積單位：ft^3/ac

8.7 林分鬱閉度航測調查法

林分鬱閉度（stand closure）常稱為樹冠鬱閉度（crown closure, CC）或林分冠層密度（canopy density），一般以林分冠層平面投影於林地上所占的面積比率定義之，以 % 表示。航測調查常以單位面積內上層林木樹冠鬱閉度計量之，常用樹冠鬱閉度的測定方法有分類法、樣點法及目測法三種。

1. 二元影像分類法（binary classification method）

一般以樹冠影像為目標像元、背景物質為非目標像元，以監督式或非監督式分類方法可以快速決定樹冠分布圖，並據以決定樣區的林分鬱閉度。影像分類法為航照數位影像決定林分鬱閉度最快速便利的方法。

2. 樣點法（dot sampling technique）

樣點法以透明方格點板計算林冠所佔據的黑點數量決定林冠密度。透明方格點版可以透明板為材料，以方格紙輔助標示固定面積大小（例如 1 cm）的方格，並將該方格以適當細格（例如 1mm）大小繪製黑點，製作而成。應用時，可將透明板放在照片上進行立體觀察，在看出森林之立體像下，計數落於林冠上的點數（Xin），以其相對於方格上的總點數（TN）之比率為林分鬱閉度（公式 8.2），或計數落於林冠空隙的點數（Xgap），以公式（8.3）計算林分鬱閉度。樣點法可以彈性地將方格形狀擴大或變形，但必須維持細格大小的一致性，同樣以總細格的點數為分母，利用公式（8.2）或公式（8.3）可以決定林分鬱閉度。

$$CC(\%) = \frac{X_{in}}{TN} \times 100 \qquad (8.2)$$

$$CC(\%) = \frac{TN - X_{gag}}{TN} \times 100 \qquad (8.3)$$

3. 目測法（ocular estimate）

目測法係將擬判釋的航空照片與已知林分鬱閉度的林分照片或樹冠密度規（crown density scale）比較，以估計得到林分鬱閉度的方法。

(1) 樹冠密度規測定法

圖 8.11 所示為三種圖樣的樹冠密度規，圖中所示最上層數字代表 5%、15%、25%、35%、45%、55%、65%、75%、85%、95% 等十個等級的林分鬱閉度範圍（第二層數字），相對於各等級欄位內三個圖樣的點分布模式不同，但均代表同一林分鬱閉度等級。在立體觀察林分時，將樹冠密度規置於林分立體像旁，比較該林分林分樹冠分布狀態及測定規圖樣，選出相似的圖樣，以決定林分鬱閉度。

(2) 樹冠填塞作圖判釋法

樹冠填塞法係以固定面積設定的樣區範圍為對象，以等面積比圖的方式，將照片待測林分鬱閉度樣區分為四個象限或分區，再將樹冠稀疏象限的樹冠移動填塞於樹冠較密但仍有孔隙的象限，最後以樹冠實佔面積及空白面積之比率為林分鬱閉度之估測值，詳細步驟示如圖 8.12。

5	15	25	35	45	55	65	75	85	95
0-10	10-20	20-30	30-40	40-50	50-60	60-70	70-80	80-90	90-100

圖 8.11　航空照片量測林分鬱閉度的樹冠密度規

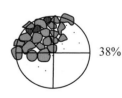

(a) 樹冠分布現況　　(b) 象限分割樣區　　(c) 填塞後樹冠圖　　(d) 林分鬱閉度

圖 8.12　樹冠填塞法估測林分鬱閉度示意圖

8.8 GPS 導線測量與地面調查永久樣區設置

　　林務局歷年已辦理四次全國森林資源調查，有關永久樣區設置方法普見於相關訓練手冊中，本章不予討論；本節僅介紹利用空間科技以準確的定位樣區位置的觀念及技術。

　　地面調查樣區的設置通常採用系統取樣法（systematic sampling）或分層逢機取樣法（stratified random sampling），該等方法在一般統計學教科書或森林領域相關書籍中多有介紹，在此不予贅述。林地測量因高山地形限制及森林遮蔽效應，林內無法常保 GPS 訊號正常接收，永久樣區所在位置無法利用當代高精度 GPS 測量一次定位完成。折衷作業方式為在林地附近設定 GPS 接收站，透過 DGPS 差分定位或 RTK 即時動態定位技術，可取得公尺級以下至公分級定位精度；配合導線測量法，可在最短距離內決定（或找出）森林調查永久樣區或者所擬設置臨時樣區的位置，以及準確地決定樣區樣木座標資訊，有利進行每木調查作業（圖 8.13）及後續的林分資訊估測製圖之應用。圖 8.13 以航空照片為底圖，G 為上空無遮蔽視野良好已知地面座標的 GPS 控制點，由該點沿橘色路線進行導線測量到達樣區位置 P 點，導線距離太長，容易因為角度及距離量測誤差，造成展圖偏離實際樣區；相對的，以林內可透空的 W 點設為 RTK-GPS 控制點，只需進行很短的導線測量即可到達 P 點，決定樣區位置並可降低導線測量累積誤差，造成樣區調查資料的失真。

圖 8.13　GPS 控制點經導線測量決定地面調查樣區位置示意圖

圖例
●公路局 G5155 GPS 控制點（G 點）
●林內 GPS 控制點（W 點）
—公路局 G5155 GPS 控制點（G 點）導線測量至調查樣區 P 點
—林內 GPS（W 點）控制點導線測量至調查樣區 P 點
□樣區位置

8.9 準確度及精度評估的基本觀念

　　森林資源調查非常複雜，涉及地面樣區及空中樣區的林木及林分資料調查與推估，調查或估測結果均須經過準確度及精度評估以定其效力。準確度（accuracy）係指

每一次獨立測量所得數據與已知真值（或理論值）相符的程度，相符程度越大代表誤差（error）越小、準確度越高；相反的，若測量值與真值差距太大，代表誤差越大、準確度越不好。精度（precision）則指多次測量數據與已知真值數據的一致性，也可以表示使用相同方法重複量測時，相同結果再現性的高低。如果測量值與真值的一致性（或再現性）很高，代表量測方法所得結果的精度很高。圖 8.14 以準確度為縱軸、精度為橫軸圖示準確度及精度高低的相對觀念，各個分圖中心代表真值，每一圓點代表測量數據，圓點越接近中心位置，代表準確度越高，圓點越分散代表精度越差。從敘述性統計觀點，多次量測數據的全距（range）或者標準偏差（standard deviation）越小，精度越高；圖 8.14 第 I 象限代表高準確度高精度，在實證導向的環境科學研究上，屬於最理想的觀測結果，第 III 象限則代表低準確度低精度，是最差的觀測結果，也表示調查方法及施行技術等面相均有很大的改善空間。

　　森林資源調查或可因取樣設計、調查方法或技術及外在環境因素而影響調查結果的準確度及精度；依據實證科學精神，森林科學常以調查資料建立回歸模式，以解釋變數來推估反應變數，模式建置應本於科學基礎及變數的邏輯關係，放可建立符合科學及因果關係的模式，也才能具體反映解釋變數說明反應變數的效力。任何數據均可輕易建立回歸模式，建模者若未能遵循科學及因果邏輯的要旨，則將使模式淪為數字遊戲，不可不慎。

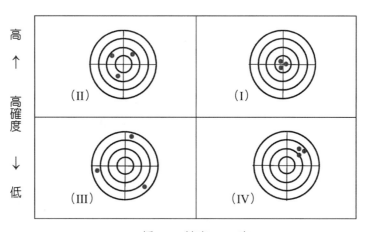

圖 8.14　準確度及精度觀念示意圖

　　絕對誤差平均值（mean absolute error, MAE）及誤差均方根（root-mean-square error, RMSE）或稱偏差均方根（root-mean-square deviation, RMSD）兩種準確度指標（accuracy measures），因其計量單位與反應變數的計量單位均相同，故常被用來評估準確度以及比較不同模式的預測能力（Lin et al., 2016a）。在森林資源調查實務上，林分屬性在不同森林及區域之間，存在著極大差異。以林分年齡為例，幼齡林、中齡林、老齡林及老熟林分，從單木層級的立木直徑、樹高及材積到林分層級的林分直徑、林分高度及林分材積等屬性，在不同林齡林分的變化很大；若以 MAE（公式 8.4）及 RMSE（公式 8.5）兩種與資料尺度有關的指標（scale-dependent measures）來評估準確度，將無法具體且精確的反應模式實質的優劣程度。相對地，就 n 個樣木或樣區資料評估時，以估測誤差（）與反應變數均值（$\bar{y}$）偏離程度的百分比來表示準確度，因具有精度的特性，將可精確地表現實質誤差與真值的相對偏離度；因此，百分比誤差均方根（percentage RMSE, PRMSE or RMSE%）（公式 8.6）或誤差率均方根（root-mean-square percentage error, RMSPE）（公式 8.7）更能公平地評估不同模式或不同資料組之間的估測誤差或準確度問題。本質上，PRMSE 及 RMSPE 係與資料尺度無關的指標（scale-independent measures），因此能夠評估模式的估測精度（Lin et al., 2016a）。

$$MAE = \frac{1}{n}\left[\sum_{i=1}^{n} abs(\hat{y}_i - y_i)\right] \tag{8.4}$$

$$RMSE = \sqrt{\frac{1}{n}\sum_{i=1}^{n}(\hat{y}_i - y_i)^2} \tag{8.5}$$

$$PRMSE = \left(\sqrt{\frac{1}{n}\sum_{i=1}^{n}(\hat{y}_i - y_i)^2}\bigg/\bar{y}\right) \times 100\% \tag{8.6}$$

$$RMSPE = \sqrt{\frac{1}{n}\sum_{i=1}^{n}\left(\frac{\hat{y}_i - y_i}{y_i}\right)^2} \times 100\% \tag{8.7}$$

參考文獻

林金樹。2002。高光譜主軸轉換影像辨識土地利用型最適主軸樹決定方法之研究。臺灣林業科學 17(4): 471-481。

林金樹（1998）森林植被與地形因子對 TM 光譜資訊影響之研究。航測及遙測學刊 3(4)：15-37。

林金樹、任玄、吳昭正。2013。高解析度多光譜影像於森林資源調查之應用。行政院農業委員會林務局 102 年度科技計畫研究報告，125 頁。

Baatz, M., and Schäpe, A. (2000) Multiresolution segmentation - an optimization approach for high quality multi-scale image segmentation. pp.12-23. In: Strobl, J. *et al.,* eds. Angewandte Geographische Infor-mationsverarbeitung XII. Wichmann, Heidelberg. 553pp.

Forest Resources Assessment, FAO. 2015. Global Forest Resources Assessment 2015 — How Are the World's Forests Changing; Food and Agricultural Organization of United Nations: Rome, Italy, 54pp.

Lin, C., S.C. Popescu, S.C. Huang, P.T. Chang, H.L. Wen. 2015a. A Novel Reflectance-based Model for Evaluating Chlorophyll Concentration of Fresh and Water-Stressed Leaves. Biogeosciences 12, 49-66.

Lin, C., Wu, C.C., Tsogt, K., Ouyang, Y.C., Chang, C.I., 2015b. Effects of atmospheric correction and pansharpening on LULC classification accuracy using WorldView-2 imagery. Information Processing in Agriculture 2: 25-36.

Lin, C., Dugarsuren, N., 2015. Deriving the Spatiotemporal NPP Pattern in Terrestrial Ecosystems of Mongolia using MODIS Imagery. Photogrammetric Engineering and Remote Sensing 81(7): 587-598.

Lin, C., Thomson, G., Popescu, S.C., 2016a. An IPCC-compliant technique for forest carbon stock assessment using airborne LiDAR-derived tree metrics and competition index. Remote Sensing 8: 528.

Lin, C., Lo, K.L., Huang, P.L., 2016b. A classification method of unmanned-aerial systemsderived point cloud for generating a canopy height model of farm forest. Geoscience and Remote Sensing Symposium (IGARSS), 2016 IEEE International, pp. 740-743.

Lo, C.S, Lin, C., 2013. Growth-competition-based stem diameter and volume modeling for tree-level forest inventory using airborne LiDAR Data. IEEE Transactions on Geoscience and Remote Sensing 51(4): 2216-2226.

Meyer, M.P., 1960. Aerial Stand Volume Tables for Northern Minnesota, Minnesota Forestry Notes No. 105. 2 p.

Oswalt, S.N., Smith, WB., 2014. U.S. Forest Resource Facts and Historical Trends. Forest Service, USDA. 64p.

第九章　森林生長（Forest growth）

9.1 森林生長的意義及分類

　　森林為林木及林地之集合體，森林經營的焦點在於規劃林地使有利於森林發展，主要核心觀念在利用空間技術妥適的區劃集水區域，使其適合於國土保安、森林水源涵養、經濟林以及多目標經營，並促使達成經營目標。林木為可再生資源，是森林生態系中極其重要的基本組成，經營良好的林木，可以促成水資源涵養、國土保安、生態系生物資源保育、生態旅遊風景品質提升、木材生產等各項目標的落實，更可期達成永續傳統森林的重大目標。本章討論林木的生長觀念，主題包含樹木與林分的生長以及林分的生長率。

一、樹木生長

A. 高生長（height growth）

　　樹木在前後兩次的調查期間內之樹高改變量稱為高生長（公式 9.1a），通常以公尺（m）表示之。一般而言，樹木的高生長屬於 S 模型（sigmoid model），新植時期的高生長較慢，之後隨林齡逐漸而增加，直到壯齡時達到高峰，之後才逐漸衰減。但是，野外山林中每株立木的實際高生長型態可能因對環境資源的競爭而有差異。樹木的高生長（公式 9.1b）通常是林齡（age, A）、立木密度（stand density, SD）、立地的地形環境（terrain features, TF）、土壤因子（soil factors, SF）、氣象因子（meteorological factors, MF）以及其他可用資源的數量等因子的共同作用之結果。

$$\Delta h_i = h_{i,T2} - h_{i,T1} \tag{9.1a}$$

$$\Delta h = f(\text{A, SD, TF, SF, MF, ...}) \tag{9.1b}$$

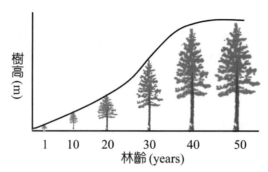

圖 9.1　針葉樹林木高度生長與累積生長曲線模型

B. 直徑生長（diameter growth）

通常以 1.3m 的胸高位置為標準，樹木在前後兩次的調查期間內之胸高直徑改變量稱為直徑生長（公式 9.2），以公分（cm）表示之。樹木每年因其光合產物之累積，於木質部每年增加一個生長輪（growth ring），或稱年輪（annual ring），造成樹體肥大的現象（直徑增加），故直徑生長可視為樹木肥大生長的特定表象。胸高斷面積通常以平方公尺（m²）表示之，為胸高直徑的函數；因此直徑生長所表現的意義相當於胸高斷面積生長（basal area growth）（公式 9.3），二者均可表示為林齡的函數。圖 9.2 所示為阿里山 40 年生柳杉造林木的胸高半徑（radius at breast height/RBH, cm）及胸高位置的徑向生長量（radial growth or annual ring increment/ARI, cm）隨年齡變化的趨勢，兩種直徑生長隨年齡增加而遞減。

$$\Delta dbh_i = dbh_{i,T2} - dbh_{i,T1} \tag{9.2}$$

$$\Delta BA_i = BA_{i,T2} - BA_{i,T1} \tag{9.3}$$

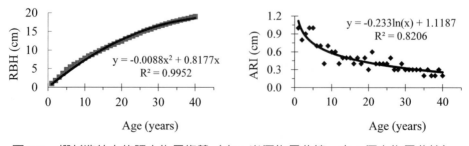

圖 9.2　柳杉造林木的肥大生長趨勢（右：半徑生長曲線，右：徑向生長曲線）

C. 形狀生長（form growth）

形狀生長為樹幹上部直徑與胸高直徑比值在時間序列上的改變量，換言之，形狀生長涉及樹幹形狀（stem form），它常會隨樹高以及枝下高之增加而增大。形狀生長與立木的形質有關，一般疏林樹幹偏圓錐形，鬱閉林分的樹幹逐漸圓滿。森林測計時，常用立木的形狀指數（shape factor）表現樹幹的豐滿程度，並據以計算立木材積（m³）。依據公式（9.4），形狀指數 f 會隨立木年齡而增，例如：松樹從幼齡、老齡到老熟齡級的 f 值大約介於 0.33 - 0.44 - 0.47。

$$V = f \cdot \pi \left(\frac{dbh}{2} \times \frac{1}{100} \right)^2 H = f \cdot BA \cdot H \qquad (9.4)$$

D. 材積生長（volume increment）

樹木在前後兩次調查期間內之材積改變量稱為材積生長，公式（9.5）中 ΔV_i 即為立木 i 由 T1 增至 T2 的材積生長量；以兩個時間點經過的年數將材積生長量轉化為平均一年的材積生長量，即可表示為材積生產力（productivity, P）。單木材積一般表示為胸高直徑及樹高的函數，DBH 和 H 隨時間而變，故單木的材積生長量也可表示成為林齡、胸高直徑、樹高以及（或）形數的函數。以阿里山柳杉造林地 21 個樣區的樣木資料為例，利用林齡與胸高半徑建立的推估模式（公式 9.6）對柳杉林木材積具有 95% 的解釋能力。一般而言，森林調查常將立木材積表示為胸高直徑及樹高的函數，例如：林務局推動國家森林資源調查所建立的針葉樹及闊葉樹材積公式（表 9.1）。

$$\Delta V_i = V_{i,T2} - V_{i,T1} \qquad (9.5)$$

$$V = 0.142RBH + 0.00484A, R^2 = 0.957 \qquad (9.6)$$

表 9.1　第三次森林資源調查採用的立木材積公式（來源：林務局，1995）

樹種	立木材積公式	來源
扁柏／紅檜／肖楠／台灣杉	$V = 0.0000944 \cdot D^{1.994741} \cdot H^{0.659691}$	葉楷勳（1973）
鐵杉／香杉／紅豆杉	$V = 0.0000728 \cdot D^{1.994924} \cdot H^{0.800221}$	葉楷勳（1973）
冷杉／雲杉	$V = 0.0001136 \cdot D^{1.710180} \cdot H^{0.971200}$	葉楷勳（1973）
杉木	$V = 0.0000844 \cdot D^{1.6790} \cdot H^{1.0655}$	劉慎孝等（1964）
柳杉	$V = 0.00009015 \cdot D^{1.98858} \cdot H^{0.68785}$	劉慎孝等（1964）
琉球松	$V = 0.00005015 \cdot D^{1.98858} \cdot H^{0.68785}$	劉慎孝 & 林子玉（1970）
松類／馬尾松／帝杉／其他針	$V = 0.0000625 \cdot D^{1.77924} \cdot H^{1.05866}$	劉慎孝等（1964）
貴重闊葉樹	$V = 0.00003555 \cdot H \cdot D^2$	---
樟樹／楠木類	$V = 0.0000489823 \cdot D^{1.60450} \cdot H^{1.25502}$	羅紹麟 & 馮豐隆（1986）
櫧櫟類／一般闊葉樹	$V = 0.00008626 \cdot D^{1.8742} \cdot H^{0.8671}$	陳松藩（1972）
鐵刀木／其他闊葉樹	$V = 0.0000464 \cdot D^{1.53573} \cdot H^{1.50657}$	劉慎孝 & 林子玉（1968）

二、林分生長

　　林分生長量與單株樹木的材積生長量的觀念相似，是利用前後兩次的森林調查資料計算得到的。前後兩次森林調查的間隔時間年稱為生長期（growth period）。

　　林分生長的基本元素為總生長量（accretion）、枯損量（mortality）以及晉級生長量（ingrowth）。林分生長資訊必須依賴森林調查取得之，由於林地分布廣闊、地形環境複雜以及可達性較低，傳統上均利用取樣方法，於森林中設置永久樣區（permanent sample plots），定期的重複調查樣區內的樣木基本資料，分析推論林分生長資訊。因此，林分生長係前後兩次調查所得樣區林分材積的變化量，計量單位為立方公尺（m^3），我們可以利用面積（ha）與生長期年數（yr）將林分材積變化量標準化，以每年每公頃增加的材積（$m^3 ha^{-1} yr^{-1}$）來表示林分生長的資訊。

　　林主經營森林均會訂定森林經營計畫書，針對森林環境、經營目標以及作業方法等決定其經營願景。依據國有林的經營規範，森林事業區必須訂定 10 為期的森林經營計畫，於經營期間尚需辦理期中檢討，所以永久樣區的調查密度通常每隔 5 年就需辦理一次檢定調查作業，調查永久樣區內所有立木的胸高直徑、樹高、立木材積等，據以計算林分生長量。而且並非樣區內的每一株樹木均列為調查對象，通常以胸高直徑為基

準，設定最小的調查直徑（the lowest inventoried diameter），設為 DBH_{min}，只有符合調查基準的樹木（$DBH_i \geq DBH_{min}$）才會被調查並加以紀錄。

假設 V_1 為第一次（前期）調查的林分材積，林木株數為 N_1，V_2 為第二次（後期）調查的林分材積，林木株數為 N_2，兩次調查期間所發生的枯損量、疏伐材積、晉級生長量各為 M、C 及 $V_{ingrowth}$，可利用的枯立木材積為 M_{usable}，無法利用的枯死木材積為 $M_{unusable}$，有關林分於生長期間生長量的各項元素可利用數式表示如後：

A. 總生長量

總生長量（accretion）為生長期間林分內所有立木的生長合計，以符號 V_{total_growth} 代表之，包含前期（earlier stage）符合調查基準之所有立木的生長量、疏伐作業所伐採的立木材積以及可利用的枯立木的材積。

$$V_{accretion} = V_2 - V_1 + C_{thinning} + M_{usable} \tag{9.7}$$

B. 枯損量

在前期（earlier stage）原已存在的生立木，在後期（subsequent stage）林分生長量調查時已經枯死，而且該枯死立木的木材無法提供工藝或林產工業利用的材積，稱為枯損量或枯死量（mortality）。

$$M = M_{unusable} \tag{9.8}$$

C. 晉級生長量

在前期調查時，有些立木的直徑尚未達最小調查直徑（the smallest measured size class of a forest stand），但在後期調查時卻已達到調查基準，所有新增幼立木的材積或株數，稱為晉級生長量（ingrowth），又稱為幼樹生長量，以 $V_{ingrowth}$ 表示。

D. 粗生長量及淨生長量

粗生長（gross growth）用以表示一個林分總材積變化量的指標，任一直徑級的粗生長為調查期間該直徑級的材積改變量與枯損量的合計。淨生長（net growth）為林分

材積生長量減去枯損量的淨值。晉級生長量（$V_{ingrowth}$）不包含於淨生長量。

$$V_{gross} = V_2 - V_1 + C_{thinning} + M_{usable} + M_{unusable} \qquad (9.9)$$

$$\begin{aligned} V_{net} &= V_2 - V_1 + C_{thinning} + M_{usable} \\ &= V_{gross} - M_{unusable} \\ &= V_{gross} - M \end{aligned} \qquad (9.10)$$

E. 林分生產量

淨生長與晉級生長之合計稱為林分材積增加量（volume increase），或稱為生產量（production），可以作為生長期的林分材積淨改變量（the net change in volume），或稱為林分蓄積增加量。如果在生長期內有伐採收穫一些樹木，則所得的收穫材積必須納入生產量。

$$V_{production} = V_{net} + V_{ingrowt} \qquad (9.11)$$

實務上，林分材積蓄積量也可表示為林木直徑及林齡的函數（林金樹，2002），利用回歸模式可以準確地估測林分材積生長量以及林分材積生產力（productivity）。以阿里山柳杉林分為例，利用柳杉材積生產力可表示為胸高半徑的線性函數（公式 9.12），其中胸高半徑為林齡的指數函數（公式 9.13）；綜合前列兩個模式的決定係數，柳杉材積生產力推估模式，可以解釋柳杉林分生產力總體變異量的 87%，與直接利用林齡推估林分生產力的模式（公式 9.14a 及 9.14b）之解釋能力幾乎相等（圖 9.4）。

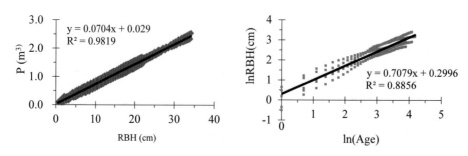

圖 9.3　柳杉胸高半徑與材積生產力（左）及胸高半徑與林齡（右）之關係圖

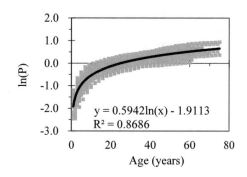

圖 9.4　柳杉林齡與每公頃材積生產力之關係圖

$$P = 0.0290 + 0.0704RBH \qquad\qquad (9.12)$$

$$RBH = exp\,(0.2996 + 0.7079\,\mathbf{ln}\,A) \qquad\qquad (9.13)$$

$$\mathbf{ln}\,P = -1.9113 + 0.5942\,\mathbf{ln}\,A \qquad\qquad (9.14a)$$

$$P = exp(-1.9113 + 0.5942\,\mathbf{ln}\,A) \qquad\qquad (9.14b)$$

9.2 林分表

　　林分表（stand table）是依據樹種、直徑級或高度級分類系統，呈現林分單位面積立木株數（trees/ha or acre/ha）等林分特性的資料表；所載資料可為各直徑級的立木數量（stems）、單位面積的數量百分比（%）、或單位面積材積比率（Haig, 1932）。直徑級或高度級的級距寬度（class width）是可變的，例如針葉樹人工林及天然闊葉林的直徑級一般各設為 3cm 及 10cm。林分表扼要表達及處理林分特性（stand characteristic）的資訊，林分直徑均值（mean）、變異數（variance）以及分布型態（distribution pattern）可由林分表求得，林分表通常以單位面積（表 9.2）或林分（表 9.3）為基礎，利用林分的調查評估資料編輯。級距寬度要明訂出來，而且通常維持不變，依據下列幾點決定級距：

- 目的：每一單木個體參數在立木調查表中均可清楚辨識，歸入林分表後就無法辨識個體，級距寬度會影響整合資料所反映的林分訊息，故考慮清楚訂立適當的級距；

- 林分價值：不同樹種及材種的單價差異，若小材種有相對高的價值，應考慮將分組級

表 9.2　樣區調查資料建立 lodgepole pine 林分表（資料來源：Larsen, 2011）

組值 (cm)	直徑級 (cm)	樣區株數 (n) (0.2acre/plot)	單位面積立木數量 (trees/acre)	斷面積 (BA) (ft²/ac)	二次平均直徑 (QMD, in)	材積 ft³/ac
5	4 - 6	3	15	5.30	5.30	20.31
7	6 - 8	11	55	7.17	7.17	236.51
9	8 - 10	0	0	0	0	0
11	10 - 12	3	15	10.92	10.92	120.76
13	12 - 14	2	10	13.27	13.27	151.76
15	14 - 16	1	5	15.20	15.20	128.49
17	16 - 18	1	5	16.20	16.20	128.55
合計		21	105	9.39	9.39	786.40

表 9.3　以林分為單位建立的 Douglas fir 林分表（資料來源：McArdle et al., 1949）

	Site index = 80 ft						Site index = 100 ft				
Age	DBH	trees/ac	H	BA(ft2)	V(ft3)	Age	DBH	trees/ac	H	BA(ft2)	V(ft3)
20	1.3	6920	21	63.79	426.37	20	1.8	4150	26	73.34	606.94
30	2.6	2700	37	99.55	1172.44	30	3.4	1800	46	113.49	1661.75
40	3.8	1530	48	120.50	1841.10	40	4.9	1090	60	142.74	2726.14
50	4.9	1050	56	137.50	2451.02	50	6.3	764	70	165.39	3685.11
60	6.0	780	63	153.15	3071.25	60	7.6	580	78	182.72	4536.57
70	7.0	625	68	167.03	3615.45	70	8.8	468	85	197.67	5348.20
80	7.9	525	73	178.71	4152.54	80	9.9	394	91	210.62	6100.78
90	8.7	451	77	186.18	4563.34	90	10.8	347	96	220.75	6745.68
100	9.4	403	80	194.22	4945.71	100	11.6	311	100	228.25	7265.31
110	10.1	362	83	201.41	5321.17	110	12.4	281	104	235.66	7801.18
120	10.7	331	85	206.69	5592.32	120	13.2	259	106	246.14	8304.84
130	11.3	305	87	212.41	5882.39	130	13.9	240	109	252.91	8774.95
140	11.9	284	88	219.35	6144.30	140	14.5	224	110	256.87	8994.03
150	12.4	266	89	223.08	6319.64	150	15.1	211	112	262.40	9354.74
160	12.9	250	80	226.91	5778.13	160	15.7	200	113	268.88	9671.31

距組值界線向下調整；

- 林分特性：例如林分經營目標屬性，可依經濟或公益等特性而不同。

- 調查記錄方法應依循常規作法（conventional practice）：有關直徑及樹高的量測基準必須全林一致，分組歸類林木資料時也必須依據級距組值的界線，不可改變，否則無法準確表現林分實質狀態。例如：3-5cm（3.00-4.99 cm）、5-7cm（5.00-6.99cm）依此類推。

註解 9.1：林分直徑的表示方法

　　林分直徑（stand diameter）為林分立木直徑的平均值，常用於表示某林分單位面積或樣區林木的平均直徑。常用的平均直徑計算方法有二：

　　1. 算術平均直徑（arithmetic mean diameter, $\overline{D}$）

$$\overline{D} = \frac{\sum_{i=1}^{n} D_i}{n} \qquad\qquad （註 1）$$

式中，n 為單位面積立木數量（trees/ac or trees/ha），D 為立木直徑（in 或 cm）。

　　2. 二次平均直徑（quadratic mean diameter, QMD）

$$QMD = \sqrt{\frac{1}{n}\sum_{i=1}^{n} D_i^2} \qquad\qquad （註 2）$$

$$QMD = \sqrt{\frac{BA}{k*n}} \qquad\qquad （註 3）$$

式中，n 為單位面積立木數量（trees/ac or trees/ha），常數 k 則隨林分斷面積 BA 的計量單位而定。當 BA 記為 ft^2/ac 時，k = 0.00545415，QMD 單位為 in；當 BA 記為 m^2/ha 時，k = 0.00007854，QMD 單位為 cm。

　　3. 在林業上應用的考量

　　林業上常用的林分直徑表示方法為算術平均直徑，簡稱平均直徑（average diameter），記為 $\overline{D}$；公式（註 1）中的 D 代表立木直徑，n 為用以量測林分直徑的林木數量。算術平均直徑可以表示林分立木所有直徑的集中趨勢或稱趨中特性

（central tendency），故森林調查常以其表示林分特徵參數，也常應用於收穫表及林分生長模擬。

平均直徑 $\overline{D}$ 為算術平均數，每株立木於計算林分平均直徑時具有相同的權重。但是，林分或樣區內的林木直徑大小通常與其所在林地位置有關，也會受到林木與環境二者空間交互作用（spatial interaction）的影響，如果林分直徑結構不是常態分布（normal distribution）時，以林分法（stand approach）利用林分平均直徑（或林分平均直徑及平均樹高）導出的林分平均木材積（volume of average tree, volume of mean sample tree）以計算林分材積時，將會影響林分材積準確度；對於小徑木偏多的成熟林分，會有低估林分材積及林分經濟價值的現象。

相對於算術平均數，以二次方平均數表示的二次平均直徑 QMD，公式（註 2）的結構與均方根（root mean square）相同，故又稱為均方根直徑（root-mean-square diameter）；由於直徑與斷面積 BA 具有一定的比例關係，利用常數 k 可以將斷面積換算為直徑（公式（註 3）），故 QMD 又可稱為斷面積平均直徑。QMD 大於或等於 $\overline{D}$，利用 QMD 可以改善林分法估算林分材積的低估現象。

9.3 林分生長與立木度圖

森林基於生長能力可以連續提供林產物，經營者規劃各項經營作業成功的關鍵，在於其能否掌握評估森林蓄積以預測森林生長及收穫的能力。

林木需要有陽光和土壤的空間才能生長良好，如果林分內樹木數量太多，每株立木距離太近造成空間擁擠，林木生長空間受到擠壓無法獲得足量的陽光和水分和營養物質，林木會變得很脆弱，而容易受到甲蟲及根部疾病的危害。森林經營者維護森林適當生長的重要課題就是處理林分空間問題，亦即決定單位面積林分應有多少林木生長，例如每公頃的立木株數（stems/ha）。依據立木度管理（stocking）的觀念，森林調查取得林木現有數量，森林經營者就須依據該數量及考慮林分發展目標，建議適當的立木度。

林分立木度圖（stocking chart）係表示林分立木數量、胸高斷面積以及林木平均胸

高直徑關係的圖，立木度圖也可以林木佔據林地百分比或生長情況表示之。若依林分所有林木充分使用林地所有的生長空間，可稱為全立木度（fully stocked stand）。圖 9.5 所示美國櫟樹 - 山核桃樹（oak-hickory forest）經濟林的林分立木度圖（Gingrich, 1971），相較於低立木度（understocked）及超立木度（overstocked）空間比率，本圖所示林分即可視為全立木度林分（fully stocked stand）。一般而言，超立木度空間林木有較高的林木自然枯死（natural mortality）現象，而林分擁擠空間現象可能獲得適度調整；相對地，低立木度空間林木自然枯死現象較少，新生林木個體有較多機會補充佔據原有的孔隙空間，而很快達到全立木度水平。營林者可以適當採行撫育措施，協助改善林分立木度問題，使林分健康發展，有利生長及收穫量的提升。

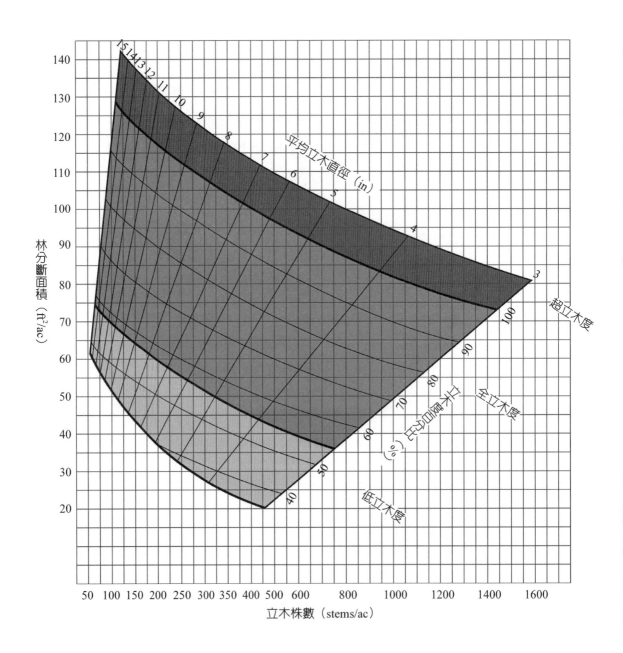

圖 9.5　林分密度發展與林分直徑 - 斷面積 - 材積關係圖

（資料來源：修改自 Gingrich, 1971）

9.4 森林生長的性質及分類

林木材積的增加為其長期生長的累積效應，對於長伐期林分而言，每一立木在生長的過程中，均需經歷幼齡期、中齡期、壯齡期以及老齡期等歷程，此一過程除了立木的木材材積增加之外，也伴隨著立木的木材利用性質提升以及金錢價值提高的特性，不同林齡或生長階段的材積增加、品質提升以及金錢價值提高等特性也不同。

同量之材積生長由於木材品質（形質）及單價的不同，會有不同的貨幣生長，此形質及單價又因時期而不同。所以，森林生長依其性質可分為材積生長（volume increment or quantity increment）、形質生長（quality increment）以及騰貴生長（price increment），材積生長、形質生長以及騰貴生長三者合計為總價格生長（total value increment）。表現材積生長、形質生長以及價格生長的速率稱為材積生長率（P_m）、形質生長率（P_q）以及價格生長率（P_t），三種生長率之合計為總價格生長率（P_w），亦即 $P_w = P_m + P_q + P_t$。

一、材積生長

材積生長為樹木或林木每年在其木質部所增加之材積，依據時間區分，可以將材積生長分為連年生長（current increment）、平均生長（mean increment）以及總生長（total increment）。在森林經營上，連年生長與平均生長的關係具有指標性的意義，通常可用來決定輪伐期的參考，兩者之間的關係將於 9.5 節中詳細討論之。

A. 總生長量

由造林開始至調查時間（或現在）之材積生長總量，稱為總生長量或累積生長量。若設調查時間林木年齡為 n，則總生長量為 V_n。

B. 平均生長

平均生長量（mean annual increment, MAI）之意義為平均一年的生長量，其值等於總生長量（V_n）除以年齡（n）。對於任一年齡的林分，只要調查得到該林分的現有材積，就可求得該林分之林木，在該一定期間內的平均一年生長量。

$$MAI = \frac{V_n}{n} \tag{9.15}$$

C. 連年生長

連年生長之基本定義為林分於一年內的材積增加量，若以 V_n 為 n 年生時的林分材積，以 V_{n+1} 為 n + 1 年生時的林分材積，則連年生長量為 $z_{n+1} = V_{n+1} - V_n$，亦稱為逐年連年生長量（current annual increment, CAI）。地面調查實務作業上，要逐年查定林分材積，於人力及經濟面向上均有困難，因此，必須利用林分材積的定期平均生長量（periodic annual increment, PAI）代替之，亦即 CAI ≈ PAI。

假設以 V_n 及 V_{n+m} 代表林分在 n 年生及 n + m 年生時的林分材積，則定期生長量（periodic increment, PI）可定義為兩個時期材積的改變量（公式 9.16），定期平均生長量則為定期生長量與生長期（$(n+m) - n$）之比值（公式 9.17）。

$$V_{PI} = V_{n+m} - V_n \tag{9.16}$$

$$PAI = \frac{V_{PI}}{m} = \frac{V_{n+m} - V_n}{m} \tag{9.17}$$

二、形質生長

在同一時期內，不同材種價格之差別謂之形質生長。一般而言，大材之價格比小材高，因為大材比小材的伐採單價成本較低，大材的木材物理性質筆小材佳且穩定，且用途比較多，有利於創造利益。

三、騰貴生長

同等大小之材種，於不同時期而有的價格變動謂之騰貴生長。造成騰貴生長之因素為⑴需要量的增加、⑵通貨膨脹的結果、⑶林業設施的改良而產生。

9.5 林分材積的連年生長與平均生長之關係

林分材積的連年生長量（CAI）和平均生長量（MAI）是決定林分輪伐期的重要依

據之一。由於定期平均生長之獲得較易，逐年連年生長之獲得較難，雖然定期平均生長量並不絕對等於逐年連年生長量，但由於森林面積之廣大，林木年齡之長久，營林者無法每年實測林木材積，故實際作業上，很難得到真實的逐年連年生長資料，而以每間隔若干年調查林木材積，再據以推求定期平均生長量，以之代表連年生長。

一、連年生長與平均生長之關係

欲以平均生長來代替連年生長，則必先了解兩者之關係。平均生長與連年生長之關係，可利用數學式說明如下：

假設：n 年生之林分材積為 V_n，平均生長量為 Q_n，n + 1 年生之材積為 V_{n+1}，平均生長量為 Q_{n+1}，n + 1 年生之連年生長為 Z_{n+1}，則

$$Q_n = \frac{V_n}{n}$$

$$Q_{n+1} = \frac{V_{n+1}}{n+1}$$

$$\begin{aligned}
Z_{n+1} &= V_{n+1} - V_n \\
&= (n+1)Q_{n+1} - nQ_n \\
&= nQ_{n+1} + Q_{n+1} - nQ_n \\
&= n(Q_{n+1} - Q_n) + Q_{n+1}
\end{aligned}$$

$$\therefore Z_{n+1} - Q_{n+1} = n(Q_{n+1} - Q_n)$$

> 提示：林分在一年間（由 *n* 年生到 *n* + 1 年生時）之生長量稱為 *n* + 1 年生時之連年生長，記為 $Z_{n+1} = V_{n+1} - V_n$。

所以，林分在 n + 1 年生時的連年生長量與其平均生長量之差為 n + 1 年生時的平均生長量與 n 年生時的平均生長量之差的函數。換言之，我們可以利用林分材積的平均生長量來表現林分材積的連年生長量，連年生長量及平均生長量之發展趨勢以及二者的相對關係有三：

• 若 $Q_{n+1} - Q_n > 0$（平均生長上升期）

則 $Q_{n+1} - Q_n > 0$，即連年生長大於平均生長；代表平均生長在上升時期，所算出之平均生長要加一成數（百分比）才是真正的連年生長。

• 若 $Q_{n+1} - Q_n < 0$（平均生長下降期）

則 $Q_{n+1} - Q_n < 0$，即平均生長大於連年生長；代表平均生長在下降期，算得之平均生長要減去一成數才是真正的連年生長。

・若 $Q_{n+1} - Q_n = 0$（平均生長最大的時期）

則 $Z_{n+1} - Q_{n+1} = 0$，即連年生長等於平均生長；代表算出之平均生長為實際之連年生長。

二、連年生長與平均生長關係在森林經營上之應用

若以 A 代表 n + 1 年生時的連年生長量與其平均生長量之差，B 代表 n + 1 年生時的平均生長量與 n 年生時的平均生長量之差，則 A 為 B 的 n 倍。連年生長和平均生長的發展趨勢以及二者之關係隨林齡而變（圖 9.6），連年生長曲線與平均生長曲線的相對關係如下：

・連年生長初期生長快速達最高之時間早，達最高點後下降亦快。

・平均生長初期上升較慢，達最高之時間慢，達最高點後下降亦較緩和。

・在平均生長最高點（R 年）以前，連年生長大於平均生長，在 R 年以後連年生長小於平均生長。

・林分材積平均生長量最大時，亦即連年生長曲線和平均生長曲線相交的時間點，是森林自造林以來至 R 年生時，全林累積的平均每年每單位面積內總材積量是最大的。

・森林經營之最高境界為伐生平衡，即生長量與伐採量得到平衡。若希望於單位面積內取得最大的材積收穫量，則應以平均生長量最大之時間伐採，亦即當 $MAI_i = CAI_i$ = max.MAI 時，即為材積收穫最大輪伐期。

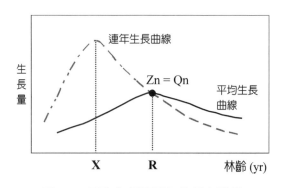

圖 9.6　平均生長和連年生長之關係

9.5.1 連年生長與平均生長應用實例

一、臺灣琉球松及相思樹材積生長

表 9.4 所載為臺灣北部琉球松林分收穫表 I、II、III 不同地位級琉球松，林分年齡由 8 年生至 28 年生，每隔 4 年調查所得單位面積主林木林分收穫材積資料（劉慎孝，1976）。

設以 n 代表林齡，n 年生時的材積為 V_n，資料調查年數間隔 $\Delta n = 4$，則由 $n-4$ 年至 n 年生時之定期材積生長量 $D_n = V_n - V_{n-4}$，可記如通式 $D_n = V_n - V_{n-\Delta n}$，n 年生時的連年生長即為由 V_{n-4} 至 V_n 之定期平均生長量，亦即 $Z_n = D_n / \Delta n$，而林木自造林以至 n 年生時之平均生長量為當年之材積與年齡之比，亦即 $Q_n = V_n / n$。

表 9.4　臺灣北部不同地位級琉球松林分收穫表

地位級	林齡（年）	材積（m³）	Dn (m³)	Zn (m³)	Qn (m³)
（I）上地位級	8	81.32			10.17
	12	160.48	79.16	19.79	13.37
	16	256.94	96.46	24.12	16.06
	20	365.01	108.07	27.02	18.25
	24	480.00	114.99	28.75	20.00
	28	600.12	120.12	30.03	21.43
地位級	林齡（年）	材積（m³）	Dn (m³)	Zn (m³)	Qn (m³)
（II）中地位級	8	65.80			8.24
	12	132.05	66.25	16.56	11.00
	16	213.27	81.22	20.31	13.33
	20	304.07	90.80	22.70	15.20
	24	400.00	95.93	23.98	16.67
	28	499.38	99.38	24.85	17.84
地位級	林齡（年）	材積（m³）	Dn (m³)	Zn (m³)	Qn (m³)
（III）下地位級	8	45.43			5.68
	12	94.75	49.32	12.33	7.90
	16	155.96	61.21	15.30	9.75
	20	224.09	68.13	17.03	11.20
	24	295.00	70.91	17.73	12.29
	28	367.18	72.18	18.05	13.11

（來源：劉慎孝，1976）

以林齡為橫軸、材積生長量為縱軸，將琉球松的連年生長（Zn）和平均生長（Qn）標示於二維平面圖，可呈現隨地位優劣 Zn 及 Qn 的變化趨勢。I 及 II 地位級琉球松林分材積連年生長量隨林齡增加而上升的趨勢一直持續到 28 年生仍無下降的現象，但是 III 地位級則在 20 年生時開始出現微量上升的現象。以三個地位級連年生長量 Zn 在林齡 16-28 年期間的差異量比較，Zn 增量衰降的程度以劣等級林地大於優等級林地，顯示劣等地位的林分連年生長達到高峰的時間比優等地位早。由於 Zn 及 Qn 曲線尚未出現交叉現象，表示琉球松林分最大材積生長量出現時期在 28 年以後。三等地位級琉球松林分的林分直徑、林分高度及林分密度等參數隨林齡變化的趨勢詳見表 9.5。相似於琉球松材積生長變化趨勢，圖 9.7 中南部相思樹林的林分材積平均生長量與連年生長量在 I、II、III 等的地位級林地上的相交會的時間點也在 20 年生以後。

表 9.5　臺灣北部地區不同地位級琉球松林分參數隨林齡變化的比較表

林齡	上地位級（I）			中地位級（II）			下地位級（III）		
（年）	DBH (cm)	H (m)	stems/ha	DBH (cm)	H (m)	stems/ha	DBH (cm)	H (m)	stems/ha
8	10.99	5.78	1,712	9.96	4.57	1,855	9.96	4.57	1,855
12	14.26	10.82	1,381	13.00	8.42	1,566	13.00	8.42	1,566
16	17.26	14.62	1,171	15.80	11.38	1,393	15.80	11.38	1,393
20	19.99	16.59	1,002	18.36	12.92	1,256	18.36	12.92	1,256
24	22.50	17.60	865	20.70	13.70	1,145	20.70	13.70	1,145
28	24.80	18.13	761	22.86	14.11	1,057	22.86	14.11	1,057

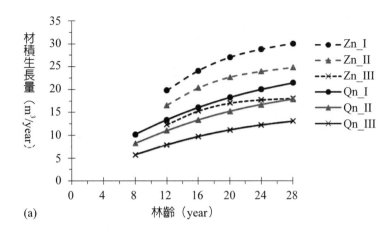

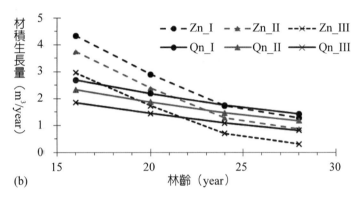

圖 9.7　臺灣北部琉球松不同地位級連年生長及平均生長曲線 (a) 及差異量的變化趨勢 (b) 比較圖

表 9.6　臺灣中南部相思樹林分材積連年生長及平均生長量

林齡	I	II	III	I	II	III
（年）	Zn	Zn	Zn	Qn	Qn	Qn
4	3.69	3.36	3.04	3.69	3.36	3.04
6	8.81	6.50	4.23	5.39	4.41	3.43
8	11.73	8.39	5.10	6.98	5.40	3.85
10	13.41	9.77	6.24	8.26	6.28	4.33
12	14.15	10.70	7.25	9.24	7.01	4.81
14	14.16	11.19	8.02	9.98	7.61	5.27
16	14.27	11.38	8.52	10.52	8.08	5.68
18	13.91	11.32	8.76	10.89	8.44	6.02
20	13.70	11.35	9.02	11.18	8.73	6.32

地位級：I (SI = 18-21 m)，II (SI = 14-17 m)，III (SI = 10-12 m)。

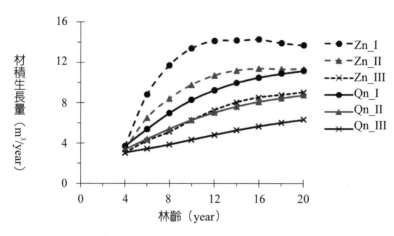

圖 9.8　臺灣中南部相思樹林分連年生長及平均生長曲線

二、高原櫟及紅櫟林分之材積生長

　　表 9.7 為美國高原櫟及德國紅櫟同齡林之林分表（stand table），以每隔 5 年的週期調查記錄林分密度（stems/ac）、林分蓄積（ft^3/ac）、連年生長量（ft^3/ac/yr）以及平均生長量（ft^3/ac/yr）等資料。該表顯示：100 年生美國高原櫟林分蓄積為 6380ft^3/ac（相當於 446.42 m^3/ha），遠高於相同林齡的德國紅櫟林分蓄積 5202ft^3/ac（相當於 364.00 m^3/ha）。紅櫟施業林因為密度管理，使其林分密度逐年下降的速率明顯地大於高原櫟未施業林分（圖 9.9a），這種趨勢在 30 年生之後更是明顯，高原櫟林分與紅櫟林分二者每公頃林木株數的相對比例由 20 年生時的 0.56 放大到 100 年生時的 2.31（表 9.7）；相對地，高原櫟未施業林與紅櫟施業林分二者的林分蓄積相對比例在 45-60 年生時期約為 1.0，在林齡 85-100 年生時，高原櫟未施業林的林分蓄積逐漸地明顯大於紅櫟施業林分，二者比例由 1.0 擴大到 1.23（圖 9.9b，表 9.8）。

表 9.7　美國高原櫟未施業林分與德國紅櫟施業林的林分表（Walker，1956）

	美國未施業之高原櫟同齡林分立地指數 80				德國已施業之紅櫟同齡林分立地指數 78			
年齡	每畝株數	每畝材積（立方呎）	Zn（CAI）	Qn（MAI）	每畝株數	每畝材積（立方呎）	Zn（CAI）	Qn（MAI）
10	49	75		7.50				
15	251	270	39	18.00				
20	406	620	70	31.00	719	529		26.45
25	454	1170	110	46.80	518	1043	102.80	41.72
30	410	1690	104	56.33	388	1572	105.80	52.40
35	358	2160	94	61.71	303	2086	102.80	59.60
40	313	2610	90	65.25	241	2586	100.00	64.65
45	287	3040	86	67.56	198	3044	91.60	67.64
50	265	3450	82	69.00	166	3458	82.80	69.16
55	244	3820	74	69.45	140	3844	77.20	69.89
60	225	4160	68	69.33	122	4144	60.00	69.07
65	207	4480	64	68.92	107	4430	57.20	68.15
70	192	4770	58	68.14	95	4659	45.80	66.56
75	181	5060	58	67.47	86	4844	37.00	64.59
80	173	5340	56	66.75	80	5002	31.60	62.53
85	165	5600	52	65.88	75	5116	22.80	60.19
90	159	5870	54	65.22	71	5159	8.60	57.32
95	154	6130	52	64.53	68	5187	5.60	54.60
100	150	6380	50	63.80	65	5202	3.00	52.02

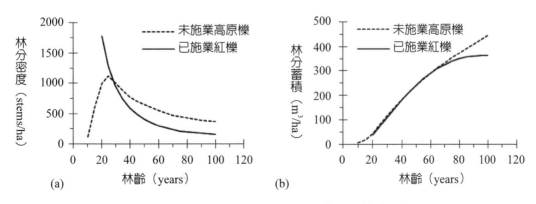

圖 9.9　已施業及未施業櫟樹林林分密度及蓄積量變化

由林分材積的連年生長量或生長速率之觀點分析（圖 9.10），紅櫟施業林分之連年生長量最大值發生於林齡 30 年時，較諸高原櫟未施業林分的 25 年為晚；相對地，已施業及未施業對櫟樹林的林分材積平均生長影響不明顯，二者的平均生長量最大值均在林齡 55 年出現，其值各為 69.45 ft³/ac/yr 及 69.89 ft³/ac/yr，相當於 267.29 m³/ha/yr 及 268.97 m³/ha/yr。

綜合林分密度、蓄積及林分材積生長量的變化趨勢評析，以 100 年輪伐期為基準的條件下，高原櫟未施業林分可以有最大的材積收穫量，其值約為紅櫟施業林分的 1.23 倍；但是由單木的立木形質觀點比較，當林齡 ≤ 30 年時，紅櫟施業林分之單木材積遠大於高原櫟未施業林分，但林齡 >30 年之後，紅櫟施業林分的立木形質愈趨優良，在林齡 85 年時，紅櫟施業林分單木材積為高原櫟未施業林分的 2 倍。

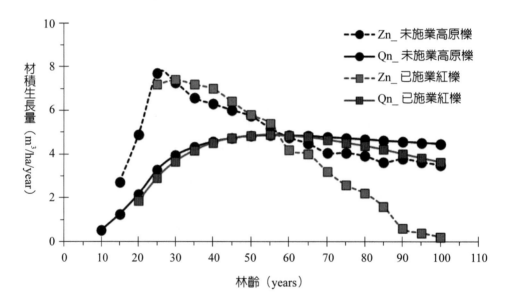

圖 9.10　連年生長與平均生長關係曲線圖

表 9.8　未施業及已施業管理櫟樹林的林分蓄積比及單木材積隨林齡變化概況 #)

林齡(年)	20	25	30	35	40	45	50	55	60	65	70	75	80	85	90	95	100
蓄積比	1.17	1.12	1.08	1.04	1.01	1.00	1.00	0.99	1.00	1.01	1.02	1.04	1.07	1.09	1.14	1.18	1.23
未施業	0.11	0.18	0.29	0.42	0.58	0.74	0.91	1.10	1.29	1.51	1.74	1.96	2.16	2.37	2.58	2.79	2.98
已施業	0.05	0.14	0.28	0.48	0.75	1.08	1.46	1.92	2.38	2.90	3.43	3.94	4.38	4.77	5.08	5.34	5.60
材積比	2.08	1.28	1.02	0.88	0.78	0.69	0.62	0.57	0.54	0.52	0.51	0.50	0.49	0.50	0.51	0.52	0.53

#：蓄積比＝未施業高原櫟林分蓄積／已施業紅櫟林分蓄積，林分蓄積 m^3/ha，
　　材積比＝未施業高原櫟林分單木材積／已施業紅櫟林分單木材積；單木材積 $m^3/tree$。

三、不同地位級短葉松的連年生長及平均生長

　　表 9.9 所示為短葉松人工林的每 5 年定期調查所得的林木材積生長量資料，材積單位為 m^3/ha，其中 V 為累積材積生長量，CAI 為定期平均材積生長量，MAI 為平均材積生長量。地位愈好，短葉松的連年生長量隨林齡之變化愈快速（圖 9.11）；地位級 I 林分的 CAI 與 MAI 曲線約相交於 30 年生時，地位級 II 林分的 CAI 與 MAI 曲線約相交於 40 年生時，地位級 III 林分的 CAI 與 MAI 曲線約相交於 55 年生時。

　　若以曲線的變化速率比較，CAI 曲線在最高點之後下降非常快速，地位級 I 短葉松林由 25 年生時的 5.6 m^3/ha，50 年後下降至 0.8 m^3/ha，平均每年下降 0.096 m^3/ha；地位級 II 短葉松林由 25 年生時的 5.0 m^3/ha，50 年後下降至 1.2 m^3/ha，平均每年下降 0.076 m^3/ha；地位級 III 短葉松林由 30 年生時的 3.8 m^3/ha，50 年後下降至 1.0 m^3/ha，平均每年下降 0.056 m^3/ha；MAI 曲線在最高點之後下降較為平緩，地位級 I 短葉松林由 25 年生時的 5.2 m^3/ha，50 年後下降至 3.6 m^3/ha，平均每年下降 0.032 m^3/ha；地位級 II 短葉松林由 35 年生時的 3.8 m^3/ha，50 年後下降至 2.6 m^3/ha，平均每年下降 0.024 m^3/ha；地位級 III 短葉松林由 45 年生時的 2.3 m^3/ha，50 年後下降至 1.9 m^3/ha，平均每年下降 0.008 m^3/ha。

表 9.9　美國短葉松林分不同地位級的材積生長量

地位級	I			II			III		
林齡	V	C.A.I.	M.A.I.	V	C.A.I.	M.A.I.	V	C.A.I.	M.A.I.
20	103		5.2	63		3.2	24		1.2
25	131	5.6	5.2	88	5.0	3.5	38	2.8	1.5
30	156	5.0	5.2	111	4.6	3.7	57	3.8	1.9
35	179	4.6	5.1	132	4.2	3.8	74	3.4	2.1
40	200	4.2	5.0	151	3.8	3.8	90	3.2	2.2
45	218	3.6	4.8	167	3.2	3.7	104	2.8	2.3
50	232	2.8	4.6	180	2.6	3.6	116	2.4	2.3
55	243	2.2	4.4	190	2.0	3.4	128	2.4	2.3
60	252	1.8	4.2	199	1.8	3.3	138	2.0	2.3
65	259	1.4	4.0	207	1.6	3.2	147	1.8	2.3
70	264	1.0	3.8	213	1.2	3.0	155	1.6	2.2
75	268	0.8	3.6	219	1.2	2.9	161	1.2	2.1
80	271	0.6	3.4	222	0.6	2.8	166	1.0	2.1
85	272	0.2	3.2	225	0.6	2.6	170	0.8	2.0
90	273	0.2	3.0	227	0.4	2.5	173	0.6	1.9
95	274	0.2	2.9	228	0.2	2.4	176	0.6	1.9
100	274	0.0	2.7	229	0.2	2.3	177	0.2	1.8

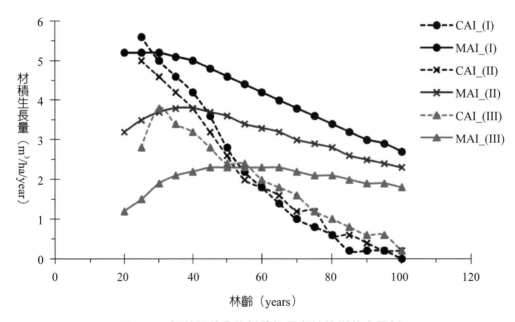

圖 9.11　短葉松林分的材積生長與地位指數之關係

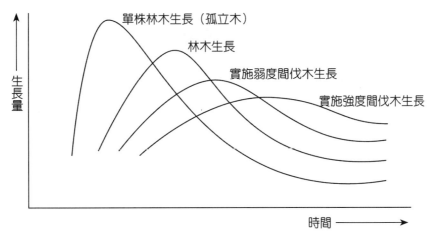

圖 9.12　單木與林分之連年生長以及間伐強度對連年生長之影響

9.5.2 單木與林分生長曲線的比較

　　一般而言，單株林木連年生長達最高點之時間早，林分之連年生長達最高點 之時間慢。(1) 陽性樹連年生長上升快下降快；(2) 陰性樹連生長上升慢下降慢；(3) 肥沃林地連年生長上升快下降快；(4) 貧瘠林地連年生長上升慢下降慢。實施均度間伐的林分連年生長，達最高點之時間會延後，而實施強度間伐的林分年長，達最高點的時比均度間伐更為延後；所以間伐具有延緩連年生長上升下降速度的效 果。單木與林分的連年生長曲線和間伐強度對連年生長曲線之影響，如圖 9.12。

9.6 材積生長率

一、一般式

A.材積生長率的定義

　　林分材積生長率（growth rate）被定義為森林在一定期間的材積生長量與初始時的材積量（蓄積量）之比，通常以符號 P_m 表示之。若將此一定期間設定為一年，則一年間的材積生長率之定義公式為

$$P_m = \frac{\text{一年間之材積成長量}}{\text{開始時之材積量}} \times 100 \tag{9.18}$$

我們假設某一林分於 x 年生時之材積蓄積量為 m 立方公尺，x+1 年生時之材積蓄積量為 M 立方公尺，則依據材積生長率之定義（公式 9.18），該林分一年間的材積生長量為 $\Delta = M - m$，一年間的材積生長率為

$$P_m = \frac{M - m}{m} \times 100 \tag{9.19}$$

利用公式 9.19，可以將一年後的材積蓄積量 M 改寫成為開始時的林分材積蓄積量 m 與材積生長率 P_m 的函數。亦即

$$
\begin{aligned}
\frac{M - m}{m} &= \frac{P_m}{100} = 0.0P_m \\
M - m &= m \times 0.0P_m \\
M &= m \times 0.0P_m + m \\
&= m\,(1 + 0.0P_m) \\
&= m \times 1.0P_m
\end{aligned}
\tag{9.20}
$$

B. 經營期間各年材積量推估的原理

在森林經營期間任一年的林分材積 V_i，可以利用公式（9.20）的原理，以其前一年的林分材積及材積生長率求得。假設開始時的林分材積為 m，經過一年後的材積為 V_1，兩年後的材積為 V_2，三年後的材積為 V_3，…，n 年後的材積為 V_n，則

一年後之材積為：$V_1 = \text{m} \times 1.0\,P_m$

二年後之材積為：

$$
\begin{aligned}
V_2 &= V_1 \times 1.0P_m \\
&= m \times 1.0P_m \times 1.0P_m \\
&= m \times 1.0P_m^2
\end{aligned}
$$

三年後之材積為：

$$V_3 = V_2 \times 1.0P_m$$
$$= m \times 1.0P_m^2 \times 1.0P_m$$
$$= m \times 1.0P_m^3$$

n 年後之材積為：

$$V_n = m \times 1.0P_m^{n-1} \times 1.0P_m$$
$$= m \times 1.0P_m^n \tag{9.21}$$

C. 材積生長率通式之推導

綜合材積生長率的基本定義以及林分各年材積蓄積量與開始時的林分材積蓄積量之函數關係，我們可以建立林分材積生長率的通式，在實際應用時可以直接反映出計算的過程。假設給定一個林分開始時的材積為 m，材積生長率為 P_m，n 年後之材積量為 M，則由公式（9.21）可以得到

$$M = m \times 1.0P_m^n \tag{9.22}$$

上式等號兩邊經過移項以及開方整理，可得到

$$1.0P_m^n = \frac{M}{m} \tag{9.22a}$$
$$1.0P_m = \sqrt[n]{\frac{M}{m}}$$
$$1 + \frac{P_m}{100} = \sqrt[n]{\frac{M}{m}}$$
$$P_m = (\sqrt[n]{\frac{M}{m}} - 1) \times 100 \tag{9.23}$$

公式 9.22a 稱為 Leibniz 材積生長率的定義公式，也稱為材積生長率一般式或複利式。公式 9.23 稱為材積生長率通式。

D. 林分 n 年間的材積生長量計算

已知一個林分的林分材積在 x 年時的材積量 m，林分的材積生長率為 P_m，經過 n 年後的林分材積為 M，則該林分在 n 年期間的材積生長量可由公式（9.22）推導得到。

$$M = m \times 1.0P_m^n$$

將等號兩邊各除以 m，可得到

$$\frac{M}{m} = 1.0P_m^n \qquad\qquad (9.24)$$

上式等號兩邊各減去 1，在化簡之後即可得到 n 年間的材積生長量

$$\frac{M}{m} - 1 = 1.0P_m^n - 1$$
$$\frac{M-m}{m} = 1.0P_m^n - 1$$
$$\therefore M - m = m(1.0P_m^n - 1) \qquad\qquad (9.25)$$

二、Pressler 公式

Pressler 利用平均值的觀念求算林分的材積生長速率，依據材積生長率之定義，他將林分在 n 年間之材積生長量 $M - m$ 改以平均一年的材積生長量 $\frac{M-m}{n}$ 代替，同時將開始時的林分材積 m 改以中央材積 $\frac{M+m}{2}$ 代替之，重新定義計算林分於 n 年間之材積生長率 P_m。

$$\because P_m = \frac{M-m}{m} \times 100$$
$$\therefore P_m = \frac{\dfrac{M-m}{n}}{\dfrac{M+m}{2}} \times 100$$
$$= \frac{2(M-m)}{n(M+m)} \times 100$$
$$= \frac{M-m}{M+m} \times \frac{200}{n} \qquad\qquad (9.26)$$

由於 Pressler 係以平均的觀念來求算材積生長率，故 Pressler 公式實為一 材積生長率近似式或估算式，其所得結果要比實際值（一般式）小。通常當 $n \leq 10$ 時，Pressler

公式所得結果與一般式所得結果，相差較小，但當 $n \geq$ 年時，Pressler 公式的生長率估算誤差會偏大，結果較不正確。

9.7 形質生長率

一、定義

同一時期內不同材種單價之成長率稱為形質生長率，一般而言，大材單價（元／m³）比小材單價高，以臺灣針葉樹材單價為例，扁柏及紅檜的 1 級上等材歷年木材單價均優於 3 級中等材，1 級材約 3 級材單價的 1.6 倍高（表 9.4）。一般情況下，林分內每株立木的材積會隨時間推移逐漸增加，立木從小徑木長成大徑木，可生產的材種價值提高。以木材生產為主要目標的經濟林，以培養主林木收穫最佳質量的木材材積為標的，林主必須充分利用疏伐作業控制林分立木度以及林木的生長空間，以提高林分的立木形質。

二、形成形質生長之原因

⑴ 大材的伐採費用較低，平均單位生產成本較低，單價收入較高。

⑵ 大材因為心材材積較多，木材利用性質較優良。

⑶ 大材的可利用材積多，製材率高，利用用途較廣。

三、形質生長率之公式

形質生長率之定義公式，亦如材積生長率，因此其公式結構亦同。形質生長率 P_q 係以「同一時期不同材種」的單價為基準，若假設某一樹種林分，由小材長至大材需要經過 n 年的時間，而且該樹種在某一個時期 (t) 的小材單價為 q、大材單價為 Q，則依據生長率的定義，可將大材的單價表示為小材的單價與形質生長率的函數，亦即

$$Q = q \times 1.0 P_q^n \tag{9.27}$$

化簡上列定義公式，可得 Leibniz 形質生長率的通式為

$$P_q = (\sqrt[n]{\frac{Q}{q}} - 1) \times 100 \qquad (9.28)$$

以平均值的觀念求算形質生長率，可得 Pressler 形質生長率為

$$P_q = \frac{Q-q}{Q+q} \times \frac{200}{n} \qquad (9.29)$$

9.8 騰貴生長率

一、定義

　　木材因為社會經濟的變動或林業設施之改良等各種原因，會造成同一材種在不同時期單位材積售價必有差異。相同材種在不同時期的單價差異稱為騰貴生長，亦稱為價格生長。以長遠的觀點，同一材種在 n 年後的單價通常會大於 n 年前的單價。以臺灣木材市場扁柏及紅檜的上材由 2007-2016 十年期間的木材單價有非常明顯的上升趨勢（表 9.10），以 2007 年為基準，2016 年扁柏及紅檜上材的價格生長率各為 51.65% 及 42.02%。闊葉樹材相同材種單價在 2007-2016 年十年期間的變化或有起伏（表 9.11），以牛樟為例，雖然 2014 及 2016 單價稍低於 2013 及 2015，但在 10 年期間仍可呈現上揚的趨勢。

二、引起騰貴生長之原因

A. 社會因素

　　由於社會因素所引起的同一材種的單價的提高，稱為一般騰貴生長。其中，木材單價提高是因為社會大眾對木材需要量增加所造成的，或木材因需求量遠大於供給量（供需失衡）時造成單價提高，稱為絕對騰貴生長；若木材單價提高是因為通貨膨脹（貨幣貶值）所引起的，稱為相對騰貴生長。

表 9.10　臺灣針葉樹商業用材歷年單價（NTD/m³）變化（資料來源：農委會，2017）

樹種	扁柏	扁柏	紅檜	紅檜	鐵杉	松類	柳杉	杉木
材種	上材	中材	上材	中材	中材	中材	中材	中材
等級	1~2 級	3 級	1~2 級	3 級	3 級	3 級	3 級	3 級
材長（m）	3~5	3~5	3~5	3~5	3~5	3~5	3~5	3~5
直徑（cm）	40~60	40~60	40~60	40~60	40~60	40~60	10~20	10~20
2007	96244	58646	82681	47950	3869	3204	3549	3825
2008	99158	62853	86305	52341	3927	3255	3761	3993
2009	102744	65790	88866	55740	3900	3238	3775	3959
2010	116913	76628	94603	61004	3873	3206	3883	4204
2011	116996	76628	95681	61267	4143	3240	4081	4522
2012	119282	76520	99701	62027	4434	3305	4010	4569
2013	119913	76834	99908	64106	4334	3295	3879	4564
2014	125708	81003	104384	68235	4440	3299	3840	4567
2015	137781	89813	112007	73239	4707	3307	3904	4564
2016	145950	95139	117425	75372	4716	3328	3851	4495

表 9.11　臺灣闊葉樹商業用材歷年單價（NTD/m³）變化（資料來源：農委會，2017）

樹種	烏心石	牛樟	櫸木	楠類	柯椎	櫧櫟	相思樹	雜木
材種	中材	中材	中材	中材	中材	中材	中材	中材
等級	3 級	3 級	3 級					
材長（m）	2~4	2~4	2~4	2~4	2~4	2~4	2~4	2~4
直徑（cm）	30~50	30~50	30~50	30~50	30~50	30~50	30~50	30~50
2007	11403	43162	25729	2943	2991	2732	2234	2423
2008	12227	50559	26885	2900	2928	2732	2299	2426
2009	11713	52489	26875	2853	2895	2740	2258	2397
2010	10295	55836	27344	2776	2818	2714	2278	2338
2011	10339	61471	29296	2787	2739	2658	2303	2548
2012	10640	108761	34784	2853	2874	2771	2436	2694
2013	10676	132633	34711	2873	2915	2803	2787	2713
2014	10456	115685	32420	2879	2979	2825	3203	2686
2015	10435	132342	27873	2899	2991	2820	3741	2622
2016	10229	124332	28832	2870	2889	2754	3774	2493

B. 林業設施之改良

經濟林之施業經營除了考慮林地環境以及樹種材種的價值等，尚須謀求林場施業環境的改善，例如林道交通設施的改善、生產機械設備的改良等等，均可降低木材生產的費用或成本，因此可以使木材的單價提高。林業設施的改善因地方而異，故稱為地方騰貴生長。

三、騰貴生長率之公式

騰貴生長率之定義公式與材積生長率定義公式相同，因此公式結構亦同。騰貴生長率 P_t 係以「同一材種不同時期」的單價為基準，假設某一樹種的特定材種在 n 年前的木材單價為 t，n 年後的木材單價為 T，則依據生長率的定義，可將同一材種在 n 年後的木材單價 T 表示為 n 年前的木材單價與價格生長率的函數，亦即

$$T = t \times 1.0 P_t^n \tag{9.30}$$

化簡上列定義公式，可得 Leibniz 騰貴生長率的通式為

$$P_t = (\sqrt[n]{\frac{T}{t}} - 1) \times 100 \tag{9.31}$$

以平均值的觀念求算騰貴生長率，可得 Pressler 騰貴生長率為

$$P_t = \frac{T-t}{T+t} \times \frac{200}{n} \tag{9.32}$$

9.9 材積生長率、形質生長率、騰貴生長率與總價格生長率之關係

一、總價格生長之定義

總價格生長亦稱總價值生長（total value increment），係指林木於不同年齡時伐採價之差額。若以 A_x 代表 x 年生時之林木伐採價，A_{x+n} 代表 x + n 年生時之林木伐採價，則 n 年間的林木總價格生長量為 $A_{x+n} - A_x$。一個林分的伐採價簡稱為林木價，係指該林分總材積可售得的林木價金，它是林分的材積生長量、形質生長量及價格生長量的總成。

二、形成總價格生長的原因

一個森林經過一段經營期間於輪伐期時進行伐採收穫，不僅因為林分材積增加，也可得到形質優良的大材，更會因為社會因素以及林業設施的改善而得到較佳的售價；所以造成林分總價格生長的原因可簡單歸類為(1)材積增加(2)品質提高(3)價格上升。

三、總價格生長率之公式導引（証明 $P_W = P_m + P_q + P_t$）

總價格生長為材積生長、形質生長與騰貴生長三者交互作用的結果，故總價格生長率亦可表示如材積生長率、形質生長率與騰貴生長率之乘積。

假設 x 年生時之林木材積為 m，平均單價為 q，則其林木價 $A_x = m \times q$，經 n 年後，x+n 年生時之林木材積為 M，平均單價為 Q，則其林木價 $A_{x+n} = M \times Q$。在 n 年間，平均單價之成長量（Q–q）為形質生長與騰貴生長之總合，而且 n 年間的總價格生長量 = $A_{x+n} - A_x = MQ - mq$。

依據材積生長率之定義公式，可得總價格生長率 P_w 為

$$P_w = (\sqrt[n]{\frac{A_{x+n}}{A_x}} - 1) \times 100 \tag{9.33}$$

而在 n 年間的材積、形質、騰貴生長所造就的 x+n 年生的林木價 A_{x+n} 可表示如下：

$$
\begin{aligned}
A_{x+n} &= MQ \\
&= m \times 1.0P_m^n \times (q1.0P_q^n \times 1.0P_t^n) \\
&= mq \times 1.0P_m^n \times 1.0P_q^n \times 1.0P_t^n \\
&= A_x(1.0P_m^n \times 1.0P_q^n \times 1.0P_t^n)
\end{aligned}
\tag{9.34}
$$

公式（9.34）等號兩邊均除以 Ax，再開 n 次方根，可得到

$$
\frac{A_{x+n}}{A_x} = (1.0P_m \times 1.0P_q \times 1.0P_t)^n
\tag{9.35}
$$

$$
\sqrt[n]{\frac{A_{x+n}}{A_x}} = 1.0P_m \times 1.0P_q \times 1.0P_t
\tag{9.36}
$$

上式等號右邊的材積、形質、價格三個生長率的交乘項，可以化簡成為

$$
\begin{aligned}
1.0P_m \times 1.0P_q \times 1.0P_t &= (1+\frac{P_m}{100})(1+\frac{P_q}{100})(1+\frac{P_t}{100}) \\
&= 1+\frac{P_m}{100}+\frac{P_q}{100}+\frac{P_t}{100}+\frac{P_mP_q}{100^2}+\frac{P_qP_t}{100^2}+\frac{P_mP_t}{100^2}+\frac{P_mP_qP_t}{100^3}
\end{aligned}
\tag{9.37}
$$

由於上式等號右邊之二次方項及三次方項之值甚小，其合計亦甚小，可以忽略不計，故可得到

$$
1.0P_m \times 1.0P_q \times 1.0P_t = 1+\frac{P_m}{100}+\frac{P_q}{100}+\frac{P_t}{100}
\tag{9.38}
$$

代入公式 9.19，可整理得到

$$
1+\frac{P_m}{100}+\frac{P_q}{100}+\frac{P_t}{100} = \sqrt[n]{\frac{A_{x+n}}{A_x}}
\tag{9.39}
$$

$$
\frac{(P_m+P_q+P_t)}{100} = \sqrt[n]{\frac{A_{x+n}}{A_x}}-1
\tag{9.40}
$$

$$P_m + P_q + P_t = (\sqrt[n]{\frac{A_{x+n}}{A_x}} - 1) \times 100 = P_w \tag{9.41}$$

$$P_w = P_m + P_q + P_t \tag{9.42}$$

9.10 生長率應用分析之實例

假設臺灣北部 25 年生的柳杉林分於 1991 年的林分材積為 360m³，伐採價為 1,188,000 元（3300 元 /m³），40 年生柳杉林於 2006 年的林分材積為 850m³，伐採價為 4,675,000 元（5500 元 /m³）；40 年生柳杉 850m³ 材積在 1991 年時的伐採價為 3,306,500 元（3890 元 /m³）。試求柳杉林分的材積生長率、形質生長率、價格生長率及總價格生長率。

一、材積生長率

A. 複利式（一般式）

$$P_m = (\sqrt[n]{\frac{M}{m}} - 1) \times 100$$

1991 年之林分材積為 m = 360m³；2006 年之林分材積為 M = 850m³；

n = 2006 − 1991 = 15

B. Pressler 公式

$$\begin{aligned}
P_m &= (\sqrt[15]{\frac{850}{360}} - 1) \times 100 \\
&= (\sqrt[15]{2.3611} - 1) \times 100 \\
&= (1.05895 - 1) \times 100 \\
&= 5.895\%
\end{aligned}$$

二、形質生長

1991 年時 25 年生小材單價 =3300 元 /m³，2006 年時 40 年生大材單價 =5500 元 / m³，兩者因時間點不同，所以柳杉木材單價由 3300 元 /m³ 增加至 5500 元 /m³，乃是由小材長至大材整體價值提升之故，它包含了形質與騰貴生長。

1991 年，大材單價 $= \dfrac{3306500}{850} = 3890$（元 /m³）

1991 年，小材單價 $= \dfrac{1188000}{360} = 3300$（元 /m³）

A. 複利式（一般式）

$$P_q = (\sqrt[n]{\dfrac{Q}{q}} - 1) \times 100$$

$$P_q = (\sqrt[15]{\dfrac{3890}{3300}} - 1) \times 100$$

$$= (\sqrt[15]{1.17879} - 1) \times 100$$

$$= (1.01103 - 1) \times 100$$

$$= 1.103\%$$

B. Pressler 公式

$$P_q = \dfrac{Q - q}{Q + q} \times \dfrac{200}{n}$$

$$= \dfrac{3890 - 3300}{3890 + 3300} \times \dfrac{200}{15}$$

$$= 1.094\%$$

三、騰貴生長

1991 年大材單價 $= 3890$（元 /m³）

2006 年大材單價 $= 5500$（元 /m³）

A. 複利式的通式

$$P_t = (\sqrt[n]{\dfrac{T}{t}} - 1) \times 100$$

$$= (\sqrt[15]{\dfrac{5500}{3890}} - 1) \times 100$$

$$= (\sqrt[15]{1.41388} - 1) \times 100$$

$$= (1.02336 - 1) \times 100$$

$$= 2.336\%$$

B. Pressler 公式

$$P_t = \dfrac{T - t}{T + t} \times \dfrac{200}{n}$$

$$= \dfrac{5500 - 3890}{5500 + 3890} \times \dfrac{200}{15}$$

$$= 2.286\%$$

四、總價格生長率 P_W

總價格生長：林木伐採價之成長（由 1188000 元 → 4675000 元）

形成總價格生長之原因：1. 材積增加 2. 品質提高 3. 價格增加

A_x：代表 x 年生之伐採價；A_{x+n}：代表 x+n 年生之伐採價

A. 複利式（一般式）

$$P_w = (\sqrt[n]{\frac{A_{x+n}}{A_x}} - 1) \times 100$$

$$= (\sqrt[15]{\frac{4675000}{1188000}} - 1) \times 100$$

$$= (\sqrt[15]{3.93519} - 1) \times 100$$

$$= (1.09563 - 1) \times 100$$

$$= 9.563\%$$

B. Pressler 公式

$$P_w = \frac{A_{x+n} - A_x}{A_{x+n} + A_x} \times \frac{200}{n}$$

$$= \frac{4675000 - 1188000}{4675000 + 1188000} \times \frac{200}{15}$$

$$= 7.930\%$$

註解 9.2：利用簡易式求總價格生長率

- 以複利式所求得的 Pm, Pq, Pt 求 Pw

$$P_w = P_m + P_q + P_t$$
$$= 5.895 + 1.103 + 2.336$$
$$= 9.334\%$$

- 以複利式所求得的 Pm, Pq, Pt 求 Pw

$$P_w = P_m + P_q + P_t$$
$$= 5.399 + 1.094 + 2.286$$
$$= 8.779\%$$

註解 9.3：Leibniz 複利式與 Pressler 近似式結果之比較

　　利用複利式所求得的材積生長率、形質生長率、價格生長率以及總價格生長率比較正確，Pressler 公式為利用平均值的觀念所發展出來的近似式，所求得的結果相對地都會比複利式偏低；若將兩者生長率之差值定義為誤差，則 Pressler 近似式對材積生長率、形質生長率、價格生長率的誤差比較小，而 Pressler 近似式對總價格生長率所產生的誤差，會因平均值伐採價與實際伐採價的差異太大，而產生較大的誤差。因此，建議以 Leibniz 複利式作為實際應用時的計算基礎為宜，利用總價格生長率的複利定義式與簡易式所求得的結果相差很小。

表 9.12　複利式與近似式之林分生長率誤差分析

	Pm	Pq	Pt	Pw 定義式	Pw 簡易式
Leibniz 複利式 (A)	5.895	1.103	2.336	9.563	9.334
Pressler 近似式 (B)	5.399	1.094	2.286	7.930	8.779
誤差 (A-B)	0.496	0.009	0.050	1.633	0.555

參考文獻

林金樹。2002。應用空間資訊技術於森林資源樣區定位與調查上之研究。農委會科技計畫成果報告。91 農科 -5.1.1- 林 -R1(3)。

農委會。2017。農業統計年報（105 年）- 農產與資材價格 - 林產價格。行政院農業委出版。http://agrstat.coa.gov.tw/sdweb/public/book/Book.aspx。

Haig, I.T., 1932. Second-growth yield, stand, and volume tables for the western white pine type. Technical Bulletin No. 323. USDA. 68p.

Larsen, D.R., 2011. Advance Forest Biometrics. Retrieved at http://oak.snr.missouri.edu/advforbio/pdf/unit3.pdf

Gingrich, S.F., 1971. Stocking, growth, and yield of oak stands. In: Oak Symposium Proceedings. 1971, USDA, Forest Service, Northeastern Forest Experiment Station: Upper Darby, PA.

pp.65-73.

McArdle, R.E., Meyer, W.H., Bruce, D., 1949. The yield of Douglas fir in the Pacific Northwest. Technical Bulletin No. 201. USDA. 74p.

第十章 林分動態模型
（Stand dynamics and modeling）

10.1 林分生長模型的種類及機制

　　林分為林木的集合體，可依據目的或尺度，將生長模型分為單木生長模型以及林分生長模型。單木生長模型（growth model）乃係以數學或統計模型配適林木個體生長的規律性，以預測立木生長之用；而林分生長模型則注重整體林分的發展，依據林分所有立木生長的特徵，建立林分發展特徵或動態資訊。林分發展具體展現在林分特性值的變化，在森林經營上特別注重林分密度、林分斷面積、林分蓄積等參數的預測，通常需要長時間林分立木有關林木大小及樹種組成的觀測數據，以導出林分結構資訊，方可利於時間及空間尺度上林分發展的預測以及依據不同林分狀況規劃合適的經營策略。

　　多元目標的森林經營，無論是木材或非木質林產物生產的經濟林經營、水土資源涵養的保安林經營、或者是景觀美質及遊憩教育的森林育樂區經營，實現營林目標之關鍵在於林分總體林木的大小數量及其在林分內的空間配置、營林者掌握林分動態發展的能力以及決定森林經營規劃的適當性；了解並建立林分生長（growth modeling）或動態發展模型（stand dynamics modeling），也可供評估森林經營未來特定作業的可能結果。

　　生長模型的發展過程與森林經營的目標有相當大的關連性，模擬林分發展模型可歸類為實證模型（empirical model）、類過程模型（pseudo-process model）、過程模型（process model）、混和模型（hybrid model）等四大類；模型的發展從初期由林分調查所取得的資料建立模型的「實證模型」、加入生物性邏輯關係所建立的「類過程模型」、將環境因子視為模擬變數的「過程模型」到結合各種模型優點所發展出來的「混合模型」。茲扼要說明如下：

一、實證模型

早期的森林生長模式著重在材積生產及經濟預測，實務上以樣區長期的生長觀測資料為基礎，依據因子間的關係程度，利用多元迴歸分析（multiple regression analysis）方法建立最適迴歸式。依據 Pretzsch（2009）將實證模型可分成全林分模式（whole stand model）、直徑級模式（diameter-class model）及單木模式（individual-tree model）等三類型，本書編者（Lin et al., 2016）將該三類模式整合建立實證混合模式（empirically hybrid model），各模式特徵分述如下：

A. 全林分模式

以林分性態值為林齡或其它性態值的函數，與林分表或地位指數導引曲線模式相似。例如：林分高度（stand height, SH）為林齡的函數 $SH = f(age)$，林分材積收穫量（Total volume yield, TV）為林分高度或林齡的函數 $TV = f(SH)$ 或 $TV = f(age)$。一般而言，樹種或林型的生長收穫模型大多以林分性態值（林齡、密度、地位、保育型式處理等因子）的函數，來描繪整個林分的斷面積、蓄積、結構組成、生長。

B. 直徑級模式

一般以機率密度函數（probability density function, PDF）來表示各直徑級相對頻度的直徑分布，以求得各直徑級單位面積的立木株數（stems/ha），再由各直徑級的平均樹高、胸徑、斷面積、材積的斷面積或材積累加，即可得林分材積。

C. 單木模式

以林木個體為對象，描述林分每一立木的發生、生長以及死亡等現象（Huston et al., 1988）；最早係以提供木材生產林分的生長收穫預測所發展出來的模型。單木模型考慮林木的空間關係，在平面空間上採用距離相依或距離獨立的觀念描述林木間的競爭，在垂直空間上採用樹體大小的函數來描述林木間的競爭；因此，單木模型通常利用特定立地的林木資料及環境資料進行模擬，並以地位指數（site index）表現環境因子對林木生長影響的量度指標，可適用於大面積林分的立木生長估測。

D. 實證混合模型

編者近年結合單木生長及林分生長的實證模型為基礎，將立木大小參數為導向的生長模型推及於立木年齡為基礎的單木生長模型，輔以機率分布函數配適方法（probability density function fitting），建立所謂的林分結構解析技術（decompositional stand structure analysis, DSSA），重建混合林組成樹種的動態發展。DSSA 技術整合單木生長模型、林分性態特徵參數模型、冠層動態發展模型（canopy height-age model）及枯損模型（mortality model），利用結構解析演算法評估全林分多元屬性結構的動態發展（stand dynamics of multiple attributes），稱為混合林分結構解析動態模型（DSSA-based dynamic model），為 21 世紀新創林分動態理論，係林金樹教授（Lin et al., 2016）利用蒙古原生的 Siberian spruce-Siberian larch 混合林，適用於評估混合林保育經營決策以及進階的林分收穫規劃之應用。

二、類過程模型

林分生長牽涉很複雜的生態生理過程（ecophysiological process），植物內在因子特性及環境因子特性的交互作用下，造成大尺度空間範圍林分生長存在著小空間同質或異質性特徵。在無法完全考慮生態生理過程複雜的環境因子作用或原則情況下，利用簡化的機制或模型描述林木生長有關生物性因子之間的邏輯關係，故稱 pseudo-process model 為類過程模型，乃本於「類者擬似也」之義涵及本模型與過程模型的相似觀念稱之。

林木生長可分為少年期（juvenile stage）、青年期（adolescent stage）、成熟期（mature stage）以及衰老期（senescent stage）等四個階段（Philip, 1994），生長曲線始於二為平面的原點，曲線斜率隨林齡上升到某一階段出現反曲點，曲線上升到最大值後呈漸近線，到衰老期有稍微下降的現象，符合 S 型生長曲線（sigmoid curve），故類過程模型應符合 S 型生長曲線特徵（Fekedulegn et al., 1999）。類過程模型必須能夠反映林木特性，包含直徑、斷面積、樹高、材積、生物量等參數隨林齡發展的改變，例如 :H=f（A），f 為 S 型曲線函數，符合這種特性的生長模型有 Gompertz model、logistic model、Chapman-Richards model、Richards model 及 von Bertalnffy model。

表 10.1　類過程模型的 S 形曲線生長模式

生長模型	模式結構	出處
Gompertz	$\omega(t) = \beta_0 \exp(\beta_1 (1-\exp(-\beta_2 t)) + \varepsilon$	Draper & Smith (1981)
Logistic	$\omega(t) = \beta_0 / (1 + \beta_1 \exp(-\beta_2 t)) + \varepsilon$	Nelder (1961), Oliver (1964)
Chapman-Richards	$\omega(t) = \beta_0 (1-\beta_1 \exp(-\beta_2 t))^{1/(1-\beta_3)} + \varepsilon$	Draper & Smith (1981)
von Bertalanffy	$\omega(t) = (\beta_0^{1-\beta_3} - \beta_1 \exp(-\beta_2 t))^{1/(1-\beta_3)} + \varepsilon$	von Bertalanffy (1957), Vanclay (1994)
Richards	$\omega(t) = \beta_0 / (1 + \beta_1 \exp(-\beta_2 t))^{1/\beta_3} + \varepsilon$	Richards (1959), Myers (1986)

　　類過程模式是利用樣區林木生長資料胸高斷面積（basal area, BA）、樹高（tree height, H）、枝下高（height to crown base, HCB）以及樹冠幅（crown width, CW）隨林齡發展的生長現象，利用因子間的邏輯關係，推導類過程生長模型的參數值，以應用於描述林分立木的生長現象。這類模型並未考慮林木生長與環境的關係，如果生育地環境相對穩定且沒有大型的外部擾動影響，類過程模型可以較適當的描述林木長期的生長趨勢，相反地，當林地環境因子發生顯著的變動或者有大型擾動影響，則類過程模型無法反映該等變動所造成的生長差異，推估結果會有較大的誤差。

三、過程模型

　　森林生態系整體空間本存在著相當的異質性（spatial heiterogeniety），局部林地範圍的環境差異性，會誘使相同樹種不同林木對不同環境的反應，很自然地造成生長上的差異。因此，林分生長模型應用於大空間尺度範圍的林分生長或林分動態發展預測上，就必須考慮環境影響（Korzukhin *et al.*, 1996）。例如：評估地景層級的經營作業對不同空間尺度或時間尺度上森林林分生長、生物多樣性或者物種族群動態的影響，甚至評估人為干擾的型態及氣候變遷對特定森林的影響等。

　　過程模型考慮林木生長內在因子及環境因子的交互作用，以生態生理學觀念結合環境影響的作用或機制，以描述林木生長的模型之總稱。最經典的代表模型為 JABOWA（Botkin et al., 1972），這種模型較能反應環境變化的效應，所以在 1990-2000 年間被廣泛應用於環境變遷、汙染影響及生態演替的問題（Battaglia and Sands, 1998）。JABOWA 在本質上可視為孔隙模型（gap model），主要應用於小面積範圍或稱孔隙的林分生長或發展行為，它的主要特徵為⑴在自然條件下林木的生長是有限制的，這種

自然限制會具體反映在直徑生長、高生長以及林齡等特性上；(2) 林木生長受立地環境（土壤因子及氣象因子）的影響或限制，在適當環境條件下，林木的直徑及高度生長可以達到最大生長率；(3) 林木競爭關係在平面及垂直空間上各以距離獨立及光衰減函數為導向（Liu and Ashton, 1995）。JABOWA 模型特別強調模型中模擬單位（0.01-0.1ha/plot）的相似性（Shugart and West, 1980），也將鑲嵌體動態觀念（mosaic dynamics）視為森林動態變化的基本特徵（Watt, 1947），這個動態觀念促成後續發展的孔隙模型引入林木競爭、擴大樣區範圍（大孔隙）以及其他的生物或生理機制（Shugart, 2002）。

　　Bugmann（2001）指出：JABOWA 模型及其衍生的孔隙模型具有四個假設（assumptions）及三個特徵（features），使孔隙模型可以避免電腦運算的限制，得以適合應用於異齡混合林（mixed-species, mixed-age forests）。

A. 四個假設

1. 森林是由許多小區塊林地所組成，並且每一區塊林分的林齡及演替階段均可不同；區塊大小界定在 0.01-0.1ha，使得大立木能成為區塊中最大最重要的元素。
2. 不考慮林木個體在區塊內的空間位置，亦即整個區塊空間視為同質，因此，所有林木的樹冠在平面上涵蓋整個區塊。
3. 單木的葉子分布在樹幹頂端不確定厚度的圓形空間。
4. 個別描述對每一區塊林分的演替階段，每一區塊林分的演替是獨立進行的，不會相互影響，而森林即是所有獨立區塊的鑲嵌體。

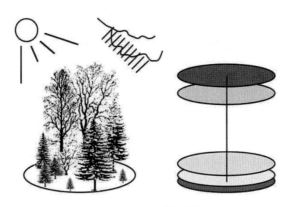

圖 10.1　JABOWA 模型概念圖

（來源：Bugmann, 2001）

B. 三個特徵

1. 每一單木的發生、生長、死亡都是實體，真實存在於整體的模擬過程。
2. 將森林的林木組成和樹體大小的結構列為模擬的要件，但未處理森林生態系的水循環或碳、氮循環等生物地球化學的森林功能。
3. 忽略樹木與灌木和雜草的競爭現象。

四、混合模型

　　實證模型的主要優點在以特定數學函數描述林木生長與林木參數資料的最佳關係式，只需觀測資料就可利用回歸分析方法建立起來；以生長收穫模型而言，短期收集的資料可能適用於短期收穫預測，但對較大時間尺度的預測可能不足以反映環境逆境（Kimmins, 1990）及氣候變遷（Shugart and Smith, 1992）以及存在於不同空間尺度環境特性自然變異的影響。過程模型主要優點為引入生態生理原則，以及對變遷環境中林木生長或林分發展現象具有較佳的預測能力，但因涉及非常複雜的光合作用、呼吸作用、營養物質的分解及循環、水循環等等，使過程模型的建立及實質應用相對較為困難。因此，結合觀測實證資料及環境因子對生長影響的過程機制等觀念，混合型的生態系模擬方法（混合模型）可以應用於不同時間尺度及空間尺度的林木生長及林分發展動態的預測，並方便於森林經營的實務應用。

　　具體而言，距離相依實證模型模擬林木間在平面的競爭關係，而孔隙模型以模擬林木冠層垂直面的競爭關係，實證模型或類過程模型可以輕易地模擬林木隨林齡增加的生長曲線，但過程模型很難表現林木在不同年齡的不同生長速度；所以過程模型可加入實證模型或類過程模型成為混合模型，可以將推估範圍（尺度）擴大，如 SORTIE-ND 模型即為將實證類型的單木模型與過程類型的孔隙模型結合，它能討論單木在空間上的分布對於生長的影響（Pacala et al., 1993）。

　　不同的過程模型亦可整合為混合模型，例如 HYBRID 模型將土壤的碳及氮動態（soil carbon and nitrogen dynamics）加入生長模型（Friend et al.,1997），Prentice et al.（1993）藉由考慮碳施肥（carbon fertilization）和其他生物物理因子（例如：葉片的淨同化作用及邊材的呼吸作用）以擴展孔隙模型的面向，以樹木不同器官的生理反應為基礎，進行單木、族群、物種和地景等多元尺度的預測。孔隙模型的孔隙規模相近於

遙測資料的像元大小（pixel），有關孔隙模型理論以及林分層級的實證模型得以整合，也得以整合環境因子成為以遙測資料為基礎的混合模型理論，使現代科技可以整合地面調查及遙測等多元來源資料，模擬預測大尺度林分動態發展或者森林生態系的發展。例如 CASA model（Potter et al., 1993）以生態生理學理論為基礎，利用植群（vegetation types）、太陽輻射（solar radiation）、溫度（temperature）、降水（precipitation）等原始觀測資料，整合衛星多光譜資料導出的規整差植生指標（normalized difference vegetation index, NDVI）資訊，模擬預測生態系任一空間位置的淨光合產量（net primary production/net primary productivity, NPP）。CASA 模型有關資料參數的運作機制請詳如圖 10.2，透過該混合模型，發展一套機制評估陸域森林、草原、沙漠草原、沙漠、湖泊等不同生態系的 NPP 空間分布特性（Lin and Dugarsuren, 2015），以及中長程時間尺度的 NPP 變化特性（Dugarsuren and Lin, 2016）。CASA 模型各項參數理論之說明請詳見 Lin and Dugarsuren（2015）。利用地面調查資源及空載光達資料，可以發展遙測基礎的森林生態系林分碳蓄積估測混合模型（Lin et al., 2016），此一模型運作機制係以 IPCC 碳估計理論為基礎所建立的，從統一的碳蓄積計量理論的基礎上，這個森林生態系林分碳蓄積估測混合模型有利於各國評估森林碳蓄積及 FAO 全球森林生態系碳蓄積變遷評估之實務應用。

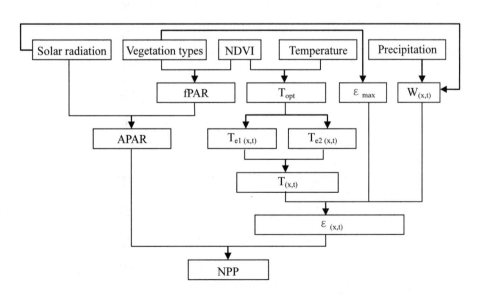

圖 10.2　基於遙測技術的 CASA 模型估測生態系 NPP 的機制

10.2 林分生長模型應用實例

一、Prognosis[BC] 實證模型

Prognosis[BC] 是加拿大 UBC 森林資源管理團隊以美國林務署 Forest Vegetation Simulator（FVS）系統為本所發展出來的實證模型，利用個體林木的樹種、直徑、樹高、樹冠長度以及所有立木的相對大小等特性，模擬林分生長及枯損率的林分生長，為「基於距離獨立的單木模型」的林分發展模型（individual-tree, distance-independent forest stand projection model）。輸出參數分為單木層級和林分層級兩類，包含材積、林分密度、樹種、直徑、樹高、年生長量及樹冠長度生長等，可供森林經營有關林分生長與收穫的規劃、林分撫育及疏伐管理之應用。

A. Prognosis[BC] 生長假說

Prognosis 理論包含三個模型：單木生長模型（development of individual tree）、含晉級生長的林分更新模型（development of regeneration stands）以及由更新狀態（regeneration phase）而單木狀態（individual tree phase）的轉變模型。小樹和大樹的生長模型依樹種而異，生長模型包含立木胸高直徑生長率、樹高生長率、樹冠大小的改變、樹皮厚度變化以及枯死機率等一系列方程式，單位面積林木數量的改變係以枯死機率（mortality probability）表示之。影響林木生長的主要因子還有樹冠長比率、冠層位置、林分密度以及疏伐管理作業等，各個生長因子的假設基礎及其所反映的生長資訊，請詳見表 10.2。

表 10.2　生長因子的假說及影響

因子	假說	影響
樹冠比率	• 較大的樹冠比生長速率較大	• 增加樹冠比率 = 促進樹木生長
冠層位置	• 樹木的活力受其所在冠層位置的影響	• 改善樹冠位置 = 促進樹木生長
林分密度	• 高生長與林分密度無關 • 直徑生長隨密度增加而降低 • 雖然疏林及密林單木材積有差異，但單位面積的林分材積仍受林分密度的影響。	• 林分密度增加 = 樹木生長下降
疏伐	• 疏伐是減少林分密度的機制 • 疏伐是否改變留存木在冠層的位置屬性	• 增加留存木在空間位置上的分布幅度並降低林分密度 = 促進樹木生長

B. Prognosis^{BC} 生長預測流程

根據圖 10.3，模式模擬需求的變數可分為林地狀況、樹冠狀況、DBH、林木高生長等因子，對照各種生長模式的分類可以將 Prognosis^{BC} 歸納至實證模式之中，實證模式具有容易模擬生物之生長曲線的優點，其模擬結果理論上會較為接近林分現實狀況。

C. Prognosis^{BC} 應用案例

將 Prognosis^{BC} 應用於臺灣杉人工林生長預測上，其模擬結果如表 10.3 所示可以發現林分密度隨時間變化逐漸下降，顯示出林分因競爭產生自我疏伐現象，使得林分密度逐漸下降，從 1000 stems/ha 下降至模擬末期的 493 stems/ha，因被壓木枯損而產生的林分孔隙有利於存留木的生長，故林木在最大樹高上呈現不斷增加的趨勢，並且總材積從 2009 年的 361 m³/ha 上升至 2109 年的 735 m³/ha，但是在林分斷面積的預測上則推測可能因為發生自我疏伐現象，使林分斷面因為林木生長與枯損的材積相互抵消，故始終積維持在穩定的現象。

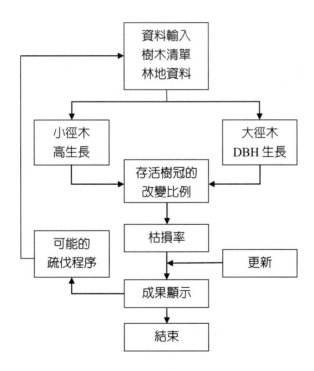

圖 10.3　Prognosis^{BC} 模型模擬林分發展的流程圖

表 10.3　臺灣杉人工林林分發展預測結果

Year	林分密度 （stem/ha）	斷面積 （m^2）	最大樹高 （m）	材積 （m^3）	材積生長量 （m^3/yr）	材積損失量 （m^3/yr）
2009	1001	55	19.5	361.4	10.0	2.9
2019	922	54	21.9	433.3	9.4	3.4
2029	850	54	24.4	493.1	8.7	3.7
2039	786	54	26.2	543.1	8.1	3.9
2049	729	54	28.3	585.0	7.6	4.0
2059	680	54	29.9	620.2	7.2	4.2
2069	633	54	31.4	650.2	6.8	4.2
2079	591	53	32.6	676.0	6.4	4.2
2089	556	53	33.8	698.3	6.1	4.1
2099	521	53	34.7	717.9	5.8	4.1
2109	492	53	35.7	735.1	0	0

二、Schumacher 類過程模型

　　類過程模型是以非線性理論及求解方法所導出具生物性邏輯關係的各種著名生長模型，這類模型描述生長現象之能力與其所模擬出的生長曲線彈性（flexibility）呈現正相關。Schumacher（1939）曾探討相對生長速率和林齡間之關係並建立其關係式，同時假定林木材積生長潛能具有限制且有反曲點，因此可有效的模擬森林生長現象。

　　森林資源調查常以樣區調查法測計立木參數（DBH 及 H），伐採標準木依區分求積法（Smalian method 或 Huber method）測計標準木單木材積 V(m^3)，再以迴歸分析法建立單木材積的實證模式，據以統計樣區材積及估計單位面積蓄積量（m^3/ha）。公式（10.1）所示為 Schumacher model（又稱為 Schumacher-Hall model），是典型的單木材積實證模式，其係數 a、b、c 即為迴歸分析所得參數估值（regression coefficients）。

　　Smalian 區分材積法測計單木材積的理論（公式 10.2），將標準木自根端至尾端分成 n 個固定長度 l（通常 2m）的圓木段以及長度為 l'(m) 的梢段，每一圓木段兩端面的斷面積（單位為 m^2）各為 g_0、g_1、…、g_{n-1}、g_n，標準木材積（V）為各段材積合計（V_ℓ）與梢端圓錐體材積（V_t）之和。標準木通常以平均木法（average tree method）決定之，

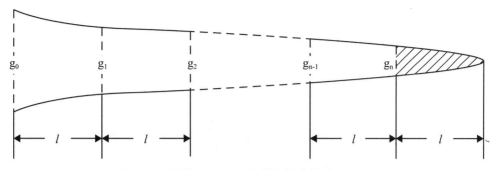

圖 10.4　圖解 Smalian 公式區分求積法

亦即以樣區所有樣木的 DBH 平均值（μ）及標準差（σ）為依據，定義上木、中木及下木直徑各為 DBH $= \mu + \sigma$ (cm)、DBH $= \mu$ (cm)、及 DBH $= \mu - \sigma$ (cm)。

$$V = a \times DBH^b \times H^c \qquad\qquad (10.1)$$

$$V = V_{logs} + V_t \qquad\qquad (10.2)$$

$$V_{logs} = \left(\frac{g_0 + g_n}{2} + g_1 + g_2 \cdots + g_{n-1}\right) \times l \qquad\qquad (10.2.1)$$

$$V_t = \frac{1}{3}(g_n \times l') \qquad\qquad (10.2.2)$$

有關 Schumacher 類過程模型在森林資源調查上的應用，可分單木材積生長及林分材積生長兩個面向，詳細觀念及應用方法說明如下：

A. 阿里山紅檜林分單木材積發展特徵

公式（10.3）所示為依據紅檜林分的標準木測計資料所建立的 Schumacher 單木材積模式，配合樹幹解析所得林齡數據，可決定紅檜林分上木、中木、下木三類型標準木的材積變化曲線。圖 10.5(a) 顯示：優勢立木很快地於造林後五年（約 1975 年）即具有相對的競爭優勢，10 年後已經具有絕對優勢，中勢木則在約造林後 10 年（約 1980 年）才有明顯的生長釋放現象。一般而言，上木通常擁有較大的直徑生長和相對的高度生長優勢，中勢木因為承接上木高生長所形成（或可稱釋放）的中間冠層立體空間，因而有相對較佳的直徑生長，並具體展現在材積生長上。下木因為長期處在被壓狀態，約經過 22 年，在 1992 年時才有明顯的材積生長量，但相對於上木及中木而言，下木的材積生長總體上仍是非常小量的。

$$V = 0.000042138 \times DBH^{1.7872} \times H^{1.2638} \ (R^2 = 0.92) \tag{10.3}$$

圖 10.5(a) 可以表現紅檜立木材積隨林齡增加的生長趨勢，由於觀察數據的時間尺度只有 45 年，雖然可以看出中勢木材積生長在某些時間點有某種程度的生長壓力及釋放現象，但是以標準木材積發展趨勢觀之，隨著林齡（A，以年為單位）增加，立木材積在 45 個年期的整個生長趨勢中，並不存在材積生長曲線反曲點；但是，以年材積生長率（growth rate of tree volume, dV/dA）為林齡的函數觀之，圖 10.5(b) 及圖 10.5(c) 顯示：紅檜林分的上木及中木材積生長曲線顯著地存在著反曲點。設 x 為林齡 A，f(x) 為材積生長率 dV/dA，則公式（10.4）可將單木的材積生長率表示為林齡的三參數 logistic 生長曲線模式，其中 b 為曲線的最大斜率（Hill's slope），可為負值或正值，各代表曲線走勢向上或向下，x_0 為斜線的反曲點（inflection point），在該位置曲率方向發生改變，也代表迴歸曲線模式中解釋變數的中間值，a 則為生長曲線的最大值（maximum

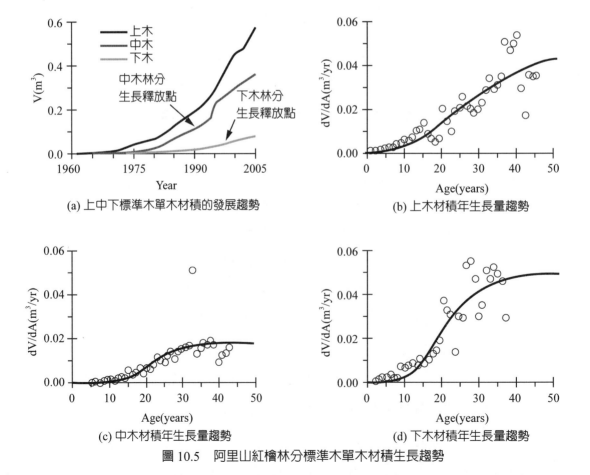

(a) 上中下標準木單木材積的發展趨勢

(b) 上木材積年生長量趨勢

(c) 中木材積年生長量趨勢

(d) 下木材積年生長量趨勢

圖 10.5　阿里山紅檜林分標準木單木材積生長趨勢

asymptote）；公式 10.4 同時顯示圖 10.5(b) 中上木的單木材積隨林齡發展的生長曲線具體係數。

$$f(x) = \frac{a}{1 + \left(\frac{x}{x_0}\right)^b} = \frac{0.0526}{1 + \left(\frac{1}{28.8560}\right)^{-2.8795}}$$　　　　（10.4）

B. 溪頭柳杉林分 Schumacher-based logistic 材積生長模式

公式（10.5）為以溪頭林區高密度（3000 stems/ha）栽植試驗區柳杉林為例，所導出的柳杉單木材積（V, m³/stem）Schumacher-Hall 測計公式，公式（10.6）所示為林分蓄積 logistic 生長曲線的迴歸模型，可用以描述柳杉林分單位面積的材積蓄積量（m³/ha）隨林齡發展之趨勢（圖 10.6）。表 10.4(a) 為林分模型迴歸分析變方分析表，表 10.4(b) 則為溪頭林區高密度柳杉林分蓄積量生長曲線模式的迴歸係數顯著性測驗結果。依據測驗結果，a, b, 及 x0 三者均極顯著（顯著機率 P < 0.0001），曲線斜率方向改變位置大約在 22 年生時，最大斜率為 1.8157，林分蓄積最大值約為 1026 m³/ha。

Schumacher model: $V = 0.00008601 \times DBH^{2.197} \times H^{0.520}$ ($R^2 = 0.99$)　　（10.5）

Logistic growth model: $V = \dfrac{1026.1166}{1 + \left(\dfrac{x}{22.0878}\right)^{-1.8157}}$ ($R^2 = 0.98$)　　（10.6）

表 10.4　溪頭高密度造林柳杉林分材積生長 Schumacher-based logistic 模式

a. 變方分析表（ANOVA）					
變異來源	自由度	平方和	均方	統計 F	顯著機率 P
迴歸	2	1264257.86	632128.93	908.57	< 0.0001
機差	29	20176.45	695.74		
總變異	31	1284434.32			
b. 迴歸係數顯著性測驗 t 檢定表					
參數	迴歸係數	係數標準差	t	P	VIF
a	1026.1166	26.5804	38.6042	< 0.0001	12.73
b	-1.8157	0.1019	-17.8239	< 0.0001	3.47
X0	22.0878	0.7522	29.3647	< 0.0001	8.13

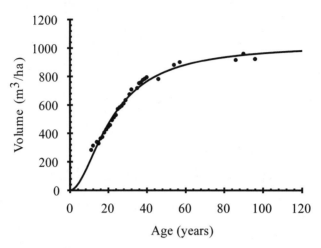

圖 10.6　溪頭高密度造林柳杉林分材積生長 Schumacher-based logistic 模式

三、SORTIE-ND 生長模型

SORTIE-ND 從單木及明確的林木空間分布資料模擬混合林的林分動態，是基於單木實證模型和過程孔隙模型的混合模型。模擬資料主要來自樣區調查的各項參數，而模擬過程則建立於孔隙模型的理論上。

A. SORTIE-ND 模擬流程

SORTIE-ND 模型包含光度、直徑生長、枯損率、單木個體特徵參數、樣區資訊資料等五種次模型，以光度為導引整體林分發展的關鍵因子，因為光為林木生長的能量來源，光量大小會影響林木光合作用率及光合產物產量，而影響立木的生長；林分每一立木接受到的光度係以樹冠大小、鄰近競爭木位置及樹冠大小以及局部範圍內的光度。林分立木直徑大小變異很大，通常小苗（seedling）及小桿材樹（sapling，簡稱小樹）等未成熟的年輕林木的直徑生長（diameter increment, DI）可表示為光度（light）及主體木地徑（離地 10cm 處的直徑，D_{10}）的函數；成熟林木的直徑生長係基於鄰近競爭指數的發展行為（NCI-growth behavior; NCI: neighbourhood competition index 也稱為 neighbourhood crowding index）估計。所謂鄰近區域就是孔隙模型所定義的孔隙範圍，相當於樣區大小。NCI 決定於目標樹種主體木與局部空間競爭木（鄰近範圍內的立木）的樹體大小及距離，換言之，任一主體木的直徑生長均會受到主體木直徑大小（DBH or D_{10}）的效應

（size effect, SE）、局部空間環境條件造成擁擠程度（crowding effect, CE）、溫度效應（temperature effect, TE）以及降水效應（preceptation effect, PE）等多元效應之限制，各項效應的值均介於 0-1。如公式 10.7 所示，SORTIE-ND 將林木的直徑生長決定為鄰木潛在的最大直徑生長量（maximum potential diameter growth, 簡稱 PDG，單位為 cm/yr）與各項效應的乘積（Ameztegui et al., 2015），其目的為利用限制因子效應修正 PDG，以避免直徑生長被高估。

　　依據 Clark and Clark（1999）對熱帶雨林 12 年期的研究，小樹直徑生長≤ 4 cm，SORTIE-ND 設定 PDG 介於 1-4 cm。依據 Uriarte et al.（2004），SE 為距離相依關係模型，競爭木對某樹種主體木生長的影響隨競爭木大小而增以及隨二者的距離而減。公式（10.8）決定大小效應，參數 D 為主體木胸高直徑 DBH（小苗為地徑 D_{10}），參數 X_0 及 X_b 代表 SE 曲線（亦即 NCI 指數發展模型）的眾數（mode）及變異數（variance），二者單位均為 cm。擁擠效應 CE 為自然數的 NCI 及 n 乘積的指數次方函數（公式 10.9），其中 n 可以樹冠半徑（crown radius, CR）或樹冠長度（crown length, CL），二者單位均為 m。NCI 可依多元條件決定，公式（10.10）為 SORTIE-ND 的 NCI 典型理論，假設主體木 i 的直徑為 DBH_i，在一定距離內（R = 15m）的共有 P 樹種各有 n_j 株競爭木，其中第 j 競爭樹種的立木數量為 n_j，為目標樹種 P_i 主體木承受來自競爭樹種 P_j 第 k 株競爭木的擁擠壓力，其值介於 0-1，競爭樹種 P_j 第 k 株競爭木的直徑為 DBH_{jk} 其與目標樹種主體木距離 $dist_{ik}$，g 則為主體木對競爭木大小的敏感程度，稱為 NCI 樹冠半徑 gamma 參數或 NCI 樹冠長度 gamma 參數，其值介於 -2 及 +2，α 及 β 各稱為 NCI 樹冠半徑 alpha/beta 參數或 NCI 樹冠長度 alpha/beta 參數，各代表競爭木的直徑效應及距離效應。

$$DI = PDG \times SE \times CE \times TE \times PE \tag{10.7}$$

$$SE = \exp\left(-0.5(ln(D/X_0)/X_b)^2\right) \tag{10.8}$$

$$CE = \exp(-n \times NCI) \tag{10.9}$$

$$NCI_i = \sum_{j=1}^{p} \sum_{k=1}^{n_j} \lambda_{ik} \frac{DBH_{jk}^{\alpha}}{disk_{ik}^{\beta}} \exp(\gamma \times DBH_i) \tag{10.10}$$

林分枯損率（probability of mortality, Pm）次模型與林木直徑生長次模型相似，分為未成熟木及成熟木枯損率。造成未成熟木枯損的原因可分為(1)自然存在的機率問題（stochastic mortality），代表不確定性（uncertainty）造成的林木枯死機率，機率大小為隨機模型；(2)不耐陰枯損率（BC mortality）以及(3)密度自我疏伐枯死率（density self-thinning mortality, DSFM）。不耐陰枯損率係因為樹種本身的不耐陰特性，林木個體的直徑生長不足以令其脫離被壓狀況，主體木徑向生長率（radial growth，G，以 mm/yr 為單位）大小，以致在生長過程自然枯死，這種現象視為不耐陰致死（intolerance mortality, IM）。IM 可分為零徑向生長枯損（mortality at zero growth, m_1）以及光度相依枯損（light-dependent mortality, m_2），故將 IM 表示為生長率及枯損率的函數，如公式（10.11）所示，式中 T 為模擬期的時間間隔（timestep, 以年為單位）。

$$IM = 1 - \exp(-T \times m_1) \times \exp(-m_2 \times G) \qquad (10.11)$$

密度自我疏伐枯死率（density self-thinning mortality, DSFM），在林木個體所在空間的局部範圍內的林分密度（specifically local density, SLD）誘發的枯死現象，可歸因為林木競爭造成的現象，林木競爭與個體直徑大小有強烈關係，故密度自我疏伐枯死率可表示為 SLSD 及競爭木平均直徑的函數；相似地，成熟木的枯損現象原因有隨機枯損、競爭枯損以及衰老枯損等，隨機枯損與競爭枯損的表示函數均與未成熟木相同，衰老枯損則被表示為 DBH 的函數。Pm 為主體木的枯死率（公式 10.12），density 為局部空間範圍內小苗及小樹的密度（stems/ha），Dm 為競爭木的平均地徑（D_{10} 平均值），A、C、S 為自我疏伐漸近線斜率、直徑效應、密度效應參數。

$$Pm = \frac{(A+(C+D_m)) \times density}{\frac{(A+(C+D_m))}{S} + density} \qquad (10.12)$$

單木個體特徵參數次模型乃是估測立木樹高（Height, H）、冠長（crown length, CL）及冠幅（crown width, CW）參數的模型，關鍵參數為 DBH，而小徑木有關的晉級生長量其胸高直徑表示為離地面 10cm 位置直徑的函數。樣區資料次模型主要參數為樣

區大小、位置及模擬期長度（年），以及立木名稱、位置、DBH 或地徑等立木資訊。
各個次模型參數的輸入輸出關係示如圖 10.7。SORTIE-ND 以林分表方式整體的模擬結
果。

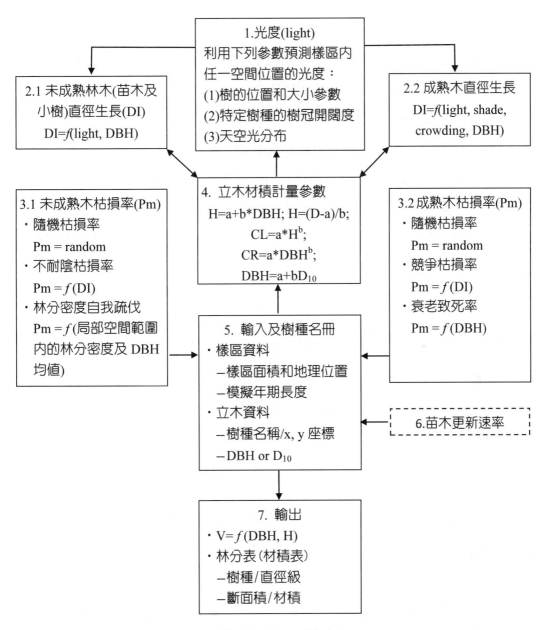

圖 10.7　SORTIE-ND 基礎架構和模式流程（修改自 Astrup and Larson, 2005）

SORTIE-ND 模型所需要的立木材積測計參數（allometry parameters）、光度參數（light parameters）、生長參數（growth parameters）以及枯損參數（mortality parameters）。立木材積測計參數包含樹高（最大樹高 H1、樹高直徑迴歸式斜率 H2）、樹冠半徑（樹冠半徑迴歸式斜率 C1）、樹冠長度（樹冠長／樹高的比例 C2），光度參數（林分光穿透度或林分開闊度 OP、天空光），生長參數（高光度下的立木生長率漸近線 G1、在低光度下的立木生長率漸近線斜率 G2），枯損參數（立木在零生長率時的枯損率 M1、光照受限下的枯損率 M2）。

B. SORTIE-ND 應用案例

林金樹及馬曉恩（2010）曾將 SORTIE-ND 模型應用在平地造林光臘樹林分生長的研究上，本節將 SORTIE-ND 模型應用於山區針葉樹造林地的林分生長，以饗讀者。表 10.4 以阿里山紅檜及柳杉造林地的林分調查資料，依據上述 SORTIE-ND 特徵參數的估值，再利用林分環境資訊（坡度、緯度、海拔高、日照時數等等），據以模擬林分長期生長狀況。

表 10.8　SORTIE-ND 參數值

樹種	H_1	H_2	C_1	C_2	OP	G_1	G_2	M_1	M_2
紅檜	26	0.418	0.188	0.506	0.324	0.391	0.128	0.010	0.048
柳杉	28	0.334	0.077	0.473	0.232	0.279	0.374	0.01	0.130

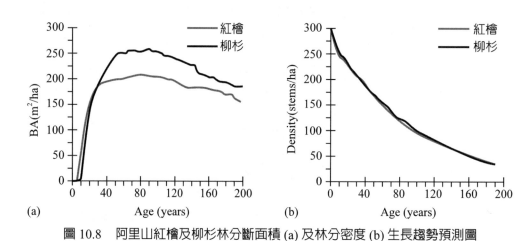

圖 10.8　阿里山紅檜及柳杉林分斷面積 (a) 及林分密度 (b) 生長趨勢預測圖

　　圖 10.8 為模擬所得林分斷面積（basal area, BA）及林分密度（stand density）的生長預測數據，檢視該圖可以發現：紅檜斷面積生長量在 30 年生時便呈現緩和狀態，柳杉斷面積則較緩慢但會持續上升至 60 年生才逐漸緩和，然而整體蓄積量的最高點反較紅檜為高。同時，林分密度在 20 年生的持續下降趨勢，顯示立木數量的減少對於存留木會產生生長釋放的效應，這種現象可由 BA 生長趨勢持續上升的現象證明之。此外，根據平均 BA 與林分密度間之關係（圖 10.9），可以判斷紅檜、柳杉長期林分發展有明確的自我疏伐現象發生，因此立木生長會以自我疏伐線（self-thinning line）為基準呈現動態平衡狀態。同時，依據 Yoda et al.（1963）的研究，林分下層被壓木（understory suppressed trees）因為林分冠層高鬱閉效應而枯死（mortality），形成所謂的林分自我疏伐（self-thinning）效應，在自然情況下，下層立木枯死並不會解除林分高鬱閉現象，因此，林分冠層高鬱閉度情勢會讓自我疏伐現象持續發生；循此，林分經營的疏伐作業在促進留存林木的生長應該有其必要性，森林經營應根據林分鬱閉情況進行適當的疏伐作業，一方面部分收穫可用林木，促成留存木的生長釋放效應，使其長成優良大徑木，此外也可解放生長空間並減少較下層林木成為被壓木的機率，避免持續自我疏伐造成林分蓄積的損失。

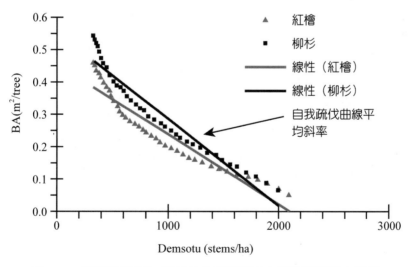

圖 10.9　阿里山紅檜、柳杉林分密度與立木平均斷面積之關係

參考文獻

林金樹、馬曉恩。2010。應用 SORTIE-ND 模型模擬平地森林光臘樹林分的動態發展。臺大實驗林研究報告 23(4): 63-78.

Ameztegui, A., Coll, L., Messier, C., 2015. Modelling the effect of climate-induced changes in recruitment and juvenile growth on mixed-forest dynamics: The case of montane-subalpine Pyrenean ecotones. Ecological Modelling 313: 84-93.

Battaglia, M., Sands, P.J., 1998. Process-based forest productivity models and their application in forest management. Forest Ecology and Management 102:13-32.

Botkin, D.B., Janak, J.F., Wallis, J.R., 1972. Rationale, limitations, and assumptions of a northeastern forest growth simulator. IBM Journal of Research and Development 16:101-116.

Bugmann, H., 2001. A review of forest gap models. Climatic Change 51: 259-305.

Clark, D.A., Clark, D.B., 1999. Assessing the growth of tropical rain forest trees: issues for forest modelling and management. Ecological Monographs 9: 981-997. Friend, A.D., Shugart, H.H., Running, S.W., 1993. A physiology-based gap model for forest dynamics. Ecology 74:792-797.

Draper, N.R. & Smith, H. 1981. Applied regression analysis. 2nd edition. John Wiley & Sons Inc. New York. 709 p.

Dugarsuren, N., Lin, C., 2016. Temporal variations in phenological events of forests, grasslands and desert steppe ecosystems of Mongolia: A Remote Sensing Approach. Annals of Forest Research 59(2): 175-190.

Fekedulegn, D., Mac Siurtain, M.P., Colbert, J.J. 1999. Parameter estimation of nonlinear growth models in forestry. Silva Fennica 33(4): 327-336.

Friend, A.D., Stevens, A.K., Knox, R.G., Cannell, M.G.R., 1997. A process-based, terrestrial biosphere model of ecosystem dynamics (Hybrid v3.0). Ecological Modelling 95, 249-287.

Kimmins, J.P., Mailly, D., Seely, B., 1999. Modelling forest ecosystem net primary production:

the hybrid simulation approach used in FORECAST. Ecological Modelling 122, 195-224.

Korzukhin, M.D., Ter-Mikaelian, M.T., Wagner, R.G., 1996. Process versus empirical models: which approach for forest ecosystem management? Canadian Journal of Forest Research 26:879-887.

Lin, C., Tsogt, K., Zandraabal, T., 2016. A decompositional stand structure analysis for exploring stand dynamics of multiple attributes of a mixed-species forest. Forest Ecology and Management 378: 111-121.

Lin, C., Dugarsuren, N., 2015. Deriving the spatiotemporal NPP pattern in terrestrial ecosystems of Mongolia using MODIS imagery. Photogrammetric Engineering and Remote Sensing 81(7): 587-598.

Lin, C., Thomson, G., Popescu, S.C., 2016. An IPCC-compliant technique for forest carbon stock assessment using airborne LiDAR-derived tree metrics and competition index. Remote Sensing 8: 528.

Liu, J., Ashton, P.S., 1995. Individual-based simulation models for forest succession and management. Forest Ecology and Management 73:157-175.

Meldahl, R.S., Bolton, R.K., Eriksson, M., 1988. Development of a mixed species projection system for southern forests. In: A.R. Ek, S.R. Shifley and T.E. Burk (Editors), Growth Modelling and Prediction, Proc. of the IUFRO Conference, 23-27 August 1987, Minnesota, US Forest Service, NC-120, 102-109pp.

Myers, R.H. 1986. Classical and modern regression with applications. Duxubury Press, Boston. 359 p.

Nelder, J.A. 1961. The fitting of a generalization of the logistic curve. Biometrics 17: 89-110.

Oliver, F.R. 1964. Methods of estimating the logistic function. Applied statistics 13: 57-66.

Pacala, S.W., Canham, C.D., Silander Jr., J.A., 1993. Forest models defined by field measurements: 1. The design of northeastern forest simulator. Canadian Journal of Forest Research 23:1980-1988.

Philip, M.S. 1994. Measuring trees and forests. 2nd edition. CAB International, Wallingford, UK. 310 p.

Potter, C., Randerson, J., Field, C., Matson, P., Vitousek, P., Mooney, H., Klooster, S., 1993. Terrestrial ecosystem production-a process model based on global satellite and surface data, Global Biogeochemical Cycles, 7:811-841.

Pretzsch, H., 2009. Forest Dynamics, Growth and Yield. Springer. 664pp.

Prentice, I.C., Sykes, M.T., Cramer, W., 1993. A simulation model for the transient effects of climate change on forest landscapes. Ecological Modelling 65: 51-70.

Richards, F.J. 1959. A flexible growth function for empirical use. Journal of Experimental Botany 10: 290-300.

Schneider, S.H., 1987. Climate modeling. Scientific American 256(5): 72-80.

Schumacher, F.X., 1939. A new growth curve and its application to timber-yield studies. Journal of Forestry 37: 819-820.

Shugart, H.H., West, W.C., 1980. Forest Succession Models. Bioscience 30: 308-313.

Shugart, H.H., 1984. A Theory of Forest Dynamics: The Ecological Implications of Forest Succession Models. Springer-Verlag, New York, 278pp.

Shugart, H.H., Smith, T.M., Post, W.M., 1992. The potential for application of individual-based simulation models for assessing the effects of global change. Annual Review of Ecology and Systematics 23: 15-38.Shugart, H.H., 2002. Forest Gap Models. Volume 2, The Earth system: biological and ecological dimensions of global environmental change. University of Virginia, harlottesville, VA, USA, 316-323.

Uriarte, M., Condit, R., Canham, C.D., Hubbell, S.P., 2004. A spatially explicit model of sapling growth in a tropical forest: does the identity of neighbours matter? Jurnal of Ecology 92: 348-360.

Vanclay, J.K. 1994. Modelling forest growth and yield. CAB International, Wallingford, UK. 380 p.

Von Bertalanffy, L. 1957. Quantitative laws in metabolism and growth. Quantitative Rev. Biology 32: 218-231.

Watt, A.S., 1947. Pattern and process in the plant community. Journal of Ecology 35:1-22.

Yoda, K., Kira, T., Ogawa, H. Hozumi, K., 1963. Self-thinning in overcrowded pure stands under cultivated and natural conditions. Journal of Biology 14: 106-129.

第十一章 立地品位及林分密度管理
（Site quality and stand density management）

11.1 土壤品質與地力

從作物生產的角度觀察，農地所生產的作物產量及品質與其土壤性質有很顯著的關係，如果土壤中的營養素、水分以及通氣性符合作物的需求，一般作物均會有很好的產量及品質。這個觀察顯示：在適當的管理作業機制下，農地地力狀況以及作物種類是影響農地產出的主要因素；同時，在土壤地力已知的情況下，當施予適當的管理作業時，栽植某種作物可以獲得何種品質及多少產量的農作物是可以預測得到的。

經濟林均以創造經濟利潤為森林經營的核心目標。因此，林主於經營森林時所考慮的基本問題有二：

- 如何於一定的時間內，從林地中取得可供各種用途木材（例如紙漿、製材、合板以及其他製品）的材積收穫量或可利用材積（merchantable volume）？

- 如何決定一個最適當的收穫時間，以滿足經營森林所要求的經濟利潤（economic return）之目標？

林地的土壤品質（soil quality）會影響樹木可產生的材積量與收穫時間，也會影響林主經營森林所需投入的資本及經濟利潤；因此，土壤品質可視為林主在決定森林經營策略時的最重要考慮因子。土壤品質愈好，森林生產力愈高；經營者在決定經營森林建造森林之前，必須對會影響森林生產的土壤因子有所了解。地位（site quality）告訴我們森林可能生產多少木材，林分密度（stand density, stems/ha）則是量度單位面積的立木數量，結合地位及林分密度我們可以知道在預期的收穫時間森林可以生產多少數量及質量的木材。

11.2 地位指數的定義

一、地位指數的定義及地位級的分等

林地所在位置的環境條件，包含土壤及當地氣候等因素，可據以類別森林的生產潛力。林地所處環境或土壤品質，稱為立地品位或地位（site）。地位指數（site index, SI）乃是利用樹高表示林地生產力（potential site productivity）的一種指標，換言之，SI 是表示林地地位好壞或森林生產木材潛力（timber growing potential）的方法。利用樹高來表示林地生產力的主要原因是樹高容易測量、與材積有關且在一般情況下與林分密度幾乎無關（FLNRO,1999）；只有在極高林分密度情況下會發生所謂的樹高抑制現象（height suppression），例如：當林分密度大於 10000 stems/ha 時，美國黑松（學名：*Pinus contorta*，英文名：lodgepole pine）林木高生長（height growth）會隨密度上升而下降（Farnden, 1996）。

在臺灣所採用的地位指數被定義為：對同齡林而言，林分內某一定年齡的優勢木及次優勢木之平均樹高（average top height or average total height）。茲以臺灣普遍的造林樹種柳杉為例，柳杉的輪伐期為 40 年，依據試驗林地收集到柳杉生長資料顯示，柳杉的地位指數為 26（site index 26）。這個意義：一林地種植柳杉，在長至 40 年生時，林分內的優勢木和次優勢木的平均樹高約為 26 公尺。以地位指數表示土壤品質時，必須指出「樹種名稱以及年齡」，因為不同的樹種在相同地區的生長情況不會相同，所以不同的樹種在相同的地區會有不同的地位指數；而林齡一般均以輪伐期定義之。以地位指數來代表地位級的方法，稱為絕對的地位等級；若不直接以地位指數表示地位級，而將地位指數分成若干等級表現者，稱為相對的地位等級。一般較為集約經營的林地，會依地位指數高低將林地位級分成五級，以 I、II、III、IV、V 表示之；相對地，較粗放經營的林地則將地位指數分成三級，以 I、II、III 表示之。

地位指數的定義因為地區不同，所定義的標準也可能不同。以美國為例：地位指數乃指在特定的林地內，某一樹種林分內的優勢木（dominant trees）及次優勢木（codominant trees）生長到某一定年齡時（a specific base age）的平均樹高（Helms, 1998; Lockhart, 2013）；美國主要生產經濟林木材的東南方，一般係以林齡 25 年或

50 年為決定地位指數的標準林齡。例如：已知某一地區 50 年生德達松（學名：*Pinus taeda*，英文名：loblolly pine，又稱火炬松）森林之地位指數為 70 英呎（feet），則可預期該地區建造火炬松經濟林，林齡 50 年的德達松森林的樹高可以生長達到 70 英呎。

　　歐洲地區則以 100 年生的林分高（stand height）為地位指數的定義基準（Pretzsch et al., 2014），所謂林分高相當於林分內優勢木及次優勢木的平均高度。但經營者一般只選擇林分中生長最好的 100 株優勢木，測定其平均樹高，作為決定林地地位級之依據。

　　林木種子發芽後由地際部（H=0m）長到胸高位置（H=1.3m）的年數（years to breast height, YBH）不盡相同，亦即立木地際部年齡或實際年齡（total age, TA）與胸高年齡（breast-height age, BHA）存在著相對年齡差異，這個差值可能因為林地地位及樹種特性有所不同，一般介於 3-7 年（FLNRO, 2015）；從物理意義言，YBH 可稱為年齡基距。以圖 11.1 為例，地際部圓盤顯示樹木年齡為 10 年，胸高處圓盤顯示年輪數為 4，代表胸高年齡為 4 年，換言之，樹木由種植長到 1.3m 高需時為 6 年。所以，地位指數

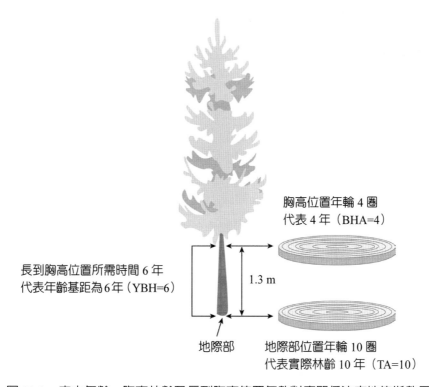

圖 11.1　立木年齡、胸高林齡及長到胸高位置年數對應關係決定地位指數示意圖

（修改自：FLNRO, 1999）

曲線圖地製作必須標記計算林齡的基準為實際年齡（TA）或胸高年齡（BHA）。例如：加拿大 British Columbia 森林及土地自然資源發展部（Forests, Lands, Natural Resource Operation & Rural Development, FLNRO）以胸高年齡為基準，以 50 年生樹冠頂層未受損的優勢木及次優勢木平均樹高為地位指數（FLNRO,1999）；依此推論，胸高林齡約在 44 年生時的優勢木及次優勢木平均樹高為地位指數的高度，才是林齡 50 年生時的地位指數。

二、地位指數與土壤因子的關係

土壤因子包含土壤類型、深度以及物理化學性質等，這些因子會共同影響特定樹種在給定的土壤區內的地位指數。下列因子對於森林土壤的生產力以及地位指數有很重要的影響：

• 頂層土壤深度

頂層土壤深度（topsoil depth）是影響樹木生長的最重要因子，她所含的有機物及營養成分最高，通氣性及排水性都很好，最有利於根系成長及穿透伸展。

• 土壤質地

沙土、坋土、黏土三者在頂層土壤以及次層土壤中的混合比例稱為土壤質地（soil texture）。沙質土壤有很好的排水性，但是會因為長期的淋洗作用導致土壤缺乏營養素，相對地，粘質土壤則是由很細緻的土壤粒子所組成，排水性極差。

• 次層土壤的硬度

次層土壤的硬度（subsoil consistence class）是森林土壤生產力的另一個重要因子，不等大小土壤粒子的組成以及每一種粒子的物理化學性質等，共同決定土壤的硬度。

• 根系不可穿透層厚度

根系不可穿透層（limiting layers）會限制樹木根系向下穿透，根系無法向下生長也會限制樹木的高生長。

• 肥沃度

非確認我們知道土壤中缺少必要的營養元素（例如：磷），否則一般情況下均不會對林地施肥。林主若需要有把握的資訊可供遵循，可以在整地造林之前進行土壤試

驗，檢測土壤中的主要營養素濃度，確認土壤的肥沃度（fertility），以決定是否需要補充肥力。

在美國有些研究顯示：經營森林的林地中若在造林初期施加氮肥會導致造林樹種的不良反應，因為林地內的雜草因為肥料增加而生長茂盛，反而造成樹木與雜草的生長競爭；如果要確保施肥達到促進樹木生長的效果，必須再施肥過程中同時施予雜草抑制劑或用機械方法控制其他競爭植物的生長。在美國南方松經濟林地中，如果在輪伐期前5-8年施肥，可以增加木材收獲量；但是這種做法並不一定是比較經濟的。在臺灣的造林地中，一般是不施肥的。

- **土壤排水性**

極少有樹木可以生長在長期潮濕的土壤中，在某些情況下，可以利用整地的方法利用耕作（tilling）、開溝（ditching）或以加層（add bedding）的方式改善土壤的排水（internal drainage）。

三、地位指數與木材收穫的關係

地位指數與木材收穫量關係密切，以美國東南方生產工業製材及紙漿用材的火炬松（loblolly pine）森林而言，所生產的松材可利用材積隨地位指數而增加，兩者的關係以及所產生的經濟價值估計如表 11.1。

表 11.1　火炬松經濟林的木材收穫量與地位指數之關係

SI	40 年生的木材收穫量 [1]	經濟價值（美元／英畝）[2]
70	6 MBF + 26 cords	$1082
80	14 MBF + 37 cords	$2359
90	19 MBF + 38 cords	$3116
100	29 MBF + 36 cords	$4602

[1] MBF 代表製材用的可利用材積，單位為 1000 板呎／英畝（在林分所實施的疏伐程度達到所建議的疏伐標準條件下）；cords 代表作為紙漿用材的實際疏伐的圓木堆（層積呎），1 個圓木堆等於 $4 \times 4 \times 8 = 128$ 立方英呎（cu ft 或 ft^3）。

[2] 經濟價值採計金錢單位，其中製材可利用材積 MBF 的每一個單位價值為 $150，紙漿用材疏伐木 cords 的每一個單位價值為 $7。

[3] 板呎（board feet）是指木材的製材材積（lumber volume），以符號 BF 代表之。一塊製材好的木板，其材積為長度、寬度以及高度三者之乘積，計算方法為製材的長度 × 寬高 ×1BF=1in×1ft×1ft=144（cu in or in^3）。

[4] 臺灣木材市場一般以「才」作為計算材積的單位，1 才 =1 寸 ×1 寸 ×10 尺 =100 立方寸；寸為台寸，尺為台尺，1 台尺 =10 台寸 =30 公分。

　　林分實際可生產的木材收穫量與許多因子有關，影響生產力的因子包含 SI、樹種組成（species composition）、蓄積量（stocking）、處理作業（treatments）以及因為蟲害、病害及環境災害所造成的損失（losses to pests, disease, and damage）。以平均樹高判定地位等級容易受到下列因素之影響：

• **林分鬱閉度**

　　除非在極端高密度及低密度條件下，林木的高生長通常不會受到林分密度的影響（Lanner, 1985; Lockhart, 2013）。只有在過份鬱閉或生長不良的幼林地，不能以樹高來判定地位級之高低。當林分處在不利環境條件下，例如被壓或災害影響下，不能以高度來判斷地位。

• **負面的森林干擾**

　　曾有過不良經營紀錄（例如森林火災）之林地，不能以樹高來判定地位級之高低。以美國輪伐期 50 年生的濕地松（slash pine）為例，發生森林火災致使地位指數降低 20ft。依據 FLNRO（1999），SI 會受到林分更新、蓄積量、其他植群競爭、蟲害災損等因子影響，各因子不等程度的干擾，引入地位指數材積收穫估計不等的大小誤差，以圖 11.2 為例：情境 A 代表更新延遲完成、蓄積不足、灌木群叢高度競爭、高度蟲害災損；情境 B 為更新延遲完成、蓄積適量、灌木群叢中度競爭、中度蟲害災損；情境 C 則為更新立即完成、蓄積足量、無灌木群叢競爭、無蟲害災損。

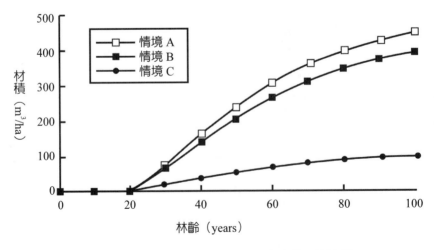

圖 11.2　林分經營措施對林分材積收穫量的影響

（來源：FLNRO, 1999）

- **森林經營程度及作業頻度**

未實施經營作業者 SI 遠比適當經營者低，疏伐強度以及施行疏伐的時期，均會影響林木的生長，進而影響林木高度的變化；經常實施皆伐作業的森林，地位指數會顯著的降低，不能以樹高為判定標準。

- **地下水位高度**

地下水位高對於林木之初期生長有促進作用，但當林木長大以後，根系發展已有一深度，則此時，地下水位方變成阻礙林木之生長。所以要選擇一個生長不再有特殊變化之年齡為特定年齡，據以測定其地位指令。Grant et al.（2010）表示：利用土壤水含量、雨量以及海拔高可以有效地解釋桉樹林地的地位指數變異量的 62%。

- **土層厚度**

土層之厚薄，對林木之生長亦有關。在土層較薄之土地上，林木初期之生長受其影響較小，所以生長良好，但到林木長大後，薄層土壤便限制了其生長，而使林木生長不良。故要選一特定年齡（林木生長不再有特殊變化之年齡）據以判定地位指數。

11.3 地位指數的量測方法

11.3.1 應用地位指數曲線決定地位指數

A.繪製地位指數曲線的方法

地位指數曲線圖（site index curve）是最普遍使用於決定地位指數的方法。繪製地位指數曲線時必須於林地內調查目的樹種在不同林齡時的優勢木及次優樹木之樹高，求得所有樣木在不同林齡的平均樹高，再以林齡為橫軸、樹高為縱軸，將二者點繪於二維的平面圖上，連接各點，即可完成地位指數曲線。這個方法必須精確的測量樹木的年齡及全株高度。圖 11.3 所示為林業試驗所杉木試驗林地的地位指數曲線，決定地位指數的基準林齡為 40 年。

地位指數曲線多根據精確調查的林分優勢木及次優勢木之林齡與平均樹高，利用迴歸分析方法，建立以林齡推估樹高的數學模式。迴歸分析方法因為可以測驗數學模

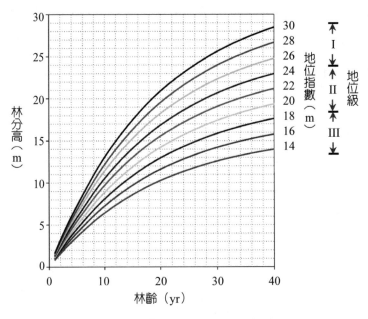

圖 11.3　臺灣地區杉木地位指數曲線

式係數的顯著性，因此可以確保地位指數曲線描述林齡及樹高關係的精準性。森林樹種於某一地位指數（SI）在不同林齡（A）時，林分內優勢木及次優勢木的平均樹高（H_d），一般均可利用指數上升模式（exponential rise model）（公式 11.1）說明之。利用對數轉換法（logarithm transformation），可以將指數模式轉換成為對數模式（logarithm model），以樹高的對數轉換值（$\ln H_d$）為應變數、林齡的倒數（A^{-1}）為解釋變數，將林齡倒數與樹高對數相互匹配，直接利用一般直線迴歸法（general linear regression method）以最小平方法求解迴歸係數 $\ln a$ 及 b，建立推估樹高的對數模式（公式 11.2）。

　　公式 11.2 是一般線性迴歸模式 $y = b_0 + b_1 x$ 的特殊型式，亦即 $y = H_d$、$b_0 = \ln a$、$b_1 = b$、$x = A^{-1}$，係數 b_0 及 b_1 代表樹高推估模式的截距（intercept）及斜率（slope）。樹高對數模式再經過反對數轉換（antilog transformation）程序，亦即以 $a = \exp(b_0)$ 及 $b = b_1$，即可回推導得公式（11.1）的指數模式。

　　森林經營學者將林分平均樹高曲線的推估模式（公式 11.1 或 11.2）稱為引導曲線模式（guide curve model）。因為其他的不同地位指數之林分樹高曲線，均與此一引導曲線具有相同的斜率；換言之，每條曲線的走勢均一致，差別者只是不同地位指數的樹高曲線具有不同的截距。

$$H_d = a \cdot e^{bA^{-1}}, e = 2.718281828459 \text{ 為自然對數之底} \tag{11.1}$$

$$\ln H_d = \ln a + bA^{-1} \tag{11.2}$$

B. 查定林地的地位指數

1. 直接由地位指數曲線圖查定

林主可以利用造林樹種的地位指數曲線圖查定所經營林地的地位指數。實際應用時，先於林地內調查優勢木及次優勢木的平均樹高，配合造林木的年齡，於曲線圖上讀出地位指數。例如：林齡為 15 年生的杉木造林地內，優勢木及次優勢木的平均樹高為 14 公尺，則由圖 11.3 可查知此林地的地位指數為 24，屬於 II 級地位的林地。

2. 利用地位指數估算模式求知

森林資源經營應用地位指數曲線查定現實林的地位指數時，除了直接於地位指數曲線上以林齡與樹高查圖（圖 11.3）之外，尚可利用已知的林齡樹高曲線模式，將林齡與樹高代入地位指數推估公式（6.2d）求得。

$\ln H_d = \ln a + bA^{-1}$ 可簡化為 $\ln H_d = b_0 + b_1 A^{-1}$，當林分年齡 A 等於指標年齡 A_i（輪伐期林齡或伐期齡），則林分高度 H_d 等於地位指數 S，所以

$$\ln H_d = b_0 + b_1 A^{-1} \tag{11.2a}$$

$$\ln S = b_0 + b_1 A_i^{-1} \tag{11.2b}$$

$$b_0 = \ln S - b_1 A_i^{-1} \tag{11.2c}$$

將 6.2c 代入 6.2a，可得到

$$\begin{aligned} \ln H_d &= b_0 + b_1 A^{-1} \\ &= \ln S - b_1 A_i^{-1} + b_1 A^{-1} \end{aligned} \tag{11.2d}$$

將公式 11.2d 移項整理後，可得

$$\begin{aligned} \ln S &= \ln H_d + b_1 A_i^{-1} - b_1 A^{-1} \\ &= \ln H_d - b_1 (A^{-1} - A_i^{-1}) \end{aligned} \tag{11.2e}$$

應用實例：

　　廖大牛先生依據林業試驗所黃溪旺先生的所建立臺灣琉球松收穫表，以 147 個樣區林齡及優勢木次優勢木的平均樹高進行分析研究，得到臺灣琉球松地位指數的引導曲線模式（斜率 b_1 為 -10.7313）為：

$$\ln H_d = 3.2067 - 10.7313A^{-1} \text{ 或 } H = 24.6975 \cdot e^{-10.7313A^{-1}} \tag{11.2f}$$

若於森林內的臺灣琉球松造林地調查樣區的林木資料為：林齡 20 年生，平均優勢木及次優勢木平均樹高為 15m，則該林地之地位指數應為若干？

$$
\begin{aligned}
\ln S &= \ln H_d - b_1(A^{-1} - A_i^{-1}) \\
&= \ln(15) - (-10.7313)\left(\frac{1}{20} - \frac{1}{25}\right) \\
&= 2.708050 + 10.7313(0.05 - 0.04) \\
&= 2.815363
\end{aligned}
$$

11.3.2 依據土壤物理因子決定地位指數

　　地位指數主要受到土壤特性的影響，因此，較查分析林地的土壤因子並建立其與地位指數之關係，將各種土壤因子、樹種、樹高、甚至包含將高生長、胸徑生長以及材積生長量等資訊建立成資料庫，即可提供經濟林主利用土壤物理因子決定地位指數。

　　完整的森林經營資訊可以提供林主建造經濟林重要的參考，在先進的林業經營國家中，通常會進行土壤物理性質調查並分析建立某些重要經濟樹種的地位指數，並進一步的將地位指數與土壤物理性質的關係建立成經營森林選擇造林樹種的資料庫，其中包含頂層土壤的深度、次層土壤的塑性，地表致細緻質地土壤層的深度、該土層中土地所有人可以參考取得必要的資訊。

　　在美國農業部會將全國土地之土壤調查資料建立成完整的資料庫，也會將地位指數資訊包含在內。差不多所有的經濟樹種都可以利用土壤物理因子計算得到其地位指

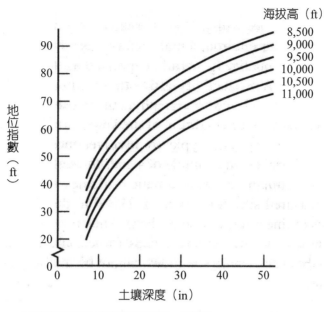

圖 11.4　土壤深度與地位指數之關係（來源：Avery and Burkhart, 2002）

數，地主應該詢問專業森林家來評估所要經營樹種在某種特定的林地上之地位指數，也可以透過各郡的土壤保育局查詢利用有關土壤調查的詳細資訊。圖 11.4 所示為恩氏雲杉 Engelmann spruce（*Picea engelmanii*）在美國北科羅拉多州及南懷俄明州地區的 granitic soils 之地位指數與土壤深度及海拔高度的關係。

11.3.3 利用樹高 - 胸徑關係建立地位指數模式

　　地位指數原始理論建構於樹高與林齡的關係，為國際林學領域最廣泛應用於評估林地生產木材潛力的指標，依據定義，地位指數的應用侷限於同齡林或特定樹種的林分，對於多目標樹種經營的混合異齡林以及高山森林，可能因為林齡資訊不全、地形變異及林分冠層鬱閉程度太大影響，造成測度優勢木及次優勢木平均樹高有所困難或影響高度量測精度，利用「樹高 - 胸徑」關係建立地位指數模型可以成為替代方法。汪大雄等（2013）依據地位生產力的觀念，以三參數韋伯機率密度函數（Weibull probability density function）建立扁柏、二葉松、杉木、柳杉及相思樹林分的優勢木及次優勢木的「樹高 - 胸徑」模式。汪大雄等人的研究發現，以胸高直徑在每一特定參考值（例如：柳杉 40cm）情況下的樹高，林地生產力指標（site productivity index, SPI）等於林地地

表 11.2　臺灣闊葉樹地位生產力指標模式係數表（來源：汪大雄等，2011）

樹種	樣木數量	b	c	R^2
扁柏	156	0.007092	1.169495	0.9951
琉球松	15	0.012409	1.315655	0.9906
臺灣二葉松	89	0.015311	1.245988	0.9759
杉木	198	0.018711	1.229105	0.9902
柳杉	185	0.013785	1.320836	0.9895
相思樹	333	0.077261	0.902737	0.9825
樟樹	19	0.001648	2.128499	0.9549
楠木	30	0.041162	0.879127	0.9798
其他闊葉樹	130	0.073666	0.810759	0.9820

位（site index）所對應的優勢木及次優勢木的平均樹高。換言之，基於 40cm DBH 基準值，以調查所得的 H（m）及 DBH（cm）代入公式（11.3），利用參數即可推估將人工林輪伐期林齡杉木林分生長到立木的樹高胸徑模型可以有效推導地位生產力。

$$\text{SPI} = 1.3 + (\text{H} - 1.3) \times \frac{1 - \exp(-b \times 40^C)}{1 - \exp(-b \times DBH)} \tag{11.3}$$

11.3.4 迴歸法建立的地位指數

Vanclay et al.（2008）利用迴歸分析法以樹高、林齡以及基準林齡建立菲律賓 Leyte province 雲南石梓（*Gmelina arborea*）的地位指數，該模式（公式 11.4）的地位指數估值與林地生產力（年平均材積生長量及土壤厚度），但是以土壤厚度及坡度所建立的地位指數迴歸樹無法有效推估生產力。Teshome and Petty（2000）則以林齡倒數為解釋變數推估伊索匹亞 Munessa forest 優勢木樹高，該「樹高 - 林齡」模式（公式 11.5）的解釋力 R^2 高達 0.99，估值標準差 SEE = 0.0621。

$$\text{SiteIndex} = \text{Height} \times \text{Log}(\text{IndexYear}+0.5)/\text{Log}(\text{Age}+0.5) \tag{11.4}$$

$$\ln(H_{dom}) = 3.35 - 5.98(1/\text{Age}) \tag{11.5}$$

$$SI_{50} = 87.11 - 13.34X1 + 1.558X2 - 0.02264X3 \qquad (11.6)$$

頂層土壤厚度（soil depth）、土壤質地（soil texture）、不透水層（pans）的存在與否等土壤因子、地形及坡向等，會直接或間接影響樹木的根系發展以及高生長。土壤地位指數方程（soil-site index equation）即是一種基於土壤及立地變數以估計地位指數的方法（Carmean 1975, 1977）；Lockhart 以美國 Bottomland hardwood forests 闊葉林為例，依據 50 年生森林優勢木及次優勢木，利用透水層存在與否的二元變數（X1, presence 1 and absence 0）、頂層土壤厚度（X2, inches）、0-4 inches 頂層土壤可交換鈉含量（X3, pounds），建立地位指數迴歸式（公式 11.6）。

11.3.5 生長基距法建立地位指數的方法及應用

A. 建立方法及流程

生長基距法（growth intercept method）乃是依據地位指標樹種（site index species 或 leading species，簡稱指標樹種）在廣泛分布的地理環境下的天然更新未施業林（unmanaged forest）或人工栽植森林（planted forest, managed forest）高生長特性，以指標樹種於發芽（未施業林）或種植（人工林）之後，長到 1.3m 胸高位置所需年數為年齡基距（YBH），收集優勢木的 YBH、胸高年齡（BHA）及樹高（top height or total height, TH）等生長基距資料（growth intercept data），以建立「胸徑年齡 - 林分高 - 地位指數」對應關係的生長基距表（growth intercept table），簡稱 GI table。

生長基距法建立地位指數曲線圖的方法及流程說明如下：

1. 於全省相似地理區林分內選取「指標樹種」的樣區（圖 11.5a）

- 樣區地位指數分布幅度要夠大，依據林分狀態事前分層，每一分層為高同質性的林分。分層面積至少 1ha，選定指標樹種，設定調查樣區，將所有樣區平均分布於全部林地。每一樣區的立木數量應滿足林分密度 500 stems/ha 均勻分散於分層（stratum）內的條件。

- 樣區大小為半徑 9.74m（亦即 0.03ha），取樣密度為 1 plot/ha，3 tree/plot，每分層最多取 10 個樣區。

- 所有樣木必須是上層樹冠的優勢木或次優勢木，沒有蟲害、病害或氣象危害過的林木，並取其胸高直徑最大者。

- 胸高年齡約為 60-100 年（樣區樣木胸高年齡至少分布於 1/2 至 1 個指標樹種的伐期齡）。

2. 樣木的高度就是地位指數之值，伐倒樣木分取不同高度圓盤（包含 1.3m 胸高位置圓盤），記錄高度及年齡對應數值，可代表該地位指數的林木在不同年齡的樹高。針葉樹應盡可能取枝條所在每個位置的圓盤，以建立分枝位置年齡及高度相關的資料（branch whorls age），可供快速簡易判斷 BHA 的應用（圖 11.5b）。

3. 將所有樣木資料整合並依據胸高年齡分組，分別就 BHA 各組資料，以樣木高度為獨立變數、地位指數為依變數，建立迴歸模式，亦即 SI=f（TH）；換言之，假設所有樣木資料顯示 BHA=3...30 年，計可分成 28 組，每組各以迴歸分析法建立「SI-TH」模式（圖 11.5c）。

4. 已表格形式彙整所 BHA 的 SI-TH 模式，建立胸高年齡 - 樹高 - 地位指數對應關係的生長基距表（圖 11.5d）。完整的加拿大 BC 鐵杉生長基距表，請詳見表 11.3。

B. 生長基距表的應用

現實林胸高年齡介於 3-30 年生，指標樹種與生長基距表指標樹種一致的同齡林適用此方法。應用生長基距表評估某一特定林分地位指數時，可以仿上述建立生長基距表流程步驟 1 的取樣調查方法，收集生長基距資料。實施步驟如下：

1. 確認林分為天然更新或人工更新的同齡林，以選用未施業林或人工林生長基距表

2. 就擬評估林分地位全區進行林分狀態事前分層，設定樣區選取樣木若干株收集資料，例如：樣區大小 0.01, 0.02, 0.03 ha 個選取 1, 2, or 3 stems/ha 樣木，收集各分層的樣木胸高年齡（BHA）及樹高（TH）資料。

3. 先於生長基距表中查找出 BHA，再橫向查找出 TH，最後向上查出地位指數。

4. 以分層內所有樣木對應的地位指數，取其平均值為分層的地位指數。

(a) 樣區分布

(b) 樹高年齡對應表

年齡（yrs）	5	10	15	...	50
樹高（m）	3.3	6.1	9.2	...	28

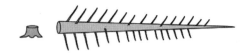

(c) 依 BHA 建立 SI-TH 模式

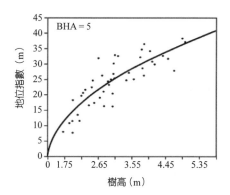

(d) 彙整後的表格化生長基距表

生長基距表（Growth Intercept Table）
樹種：西部鐵杉（Hw）　區域：BC 海岸　來源：G. Nigh, 1995c

胸高年齡（yrs）	地位指數（m）														
	26	27	28	29	30	31	32	33	34	35	36	37	38	39	40
	樹高（m）														
3	2.4	2.5	2.6	2.7	2.8	2.9	3.0	3.1	3.2	3.3	3.4	3.6	3.7	3.8	3.9
4	2.8	2.9	3.1	3.2	3.3	3.4	3.6	3.7	3.9	4.0	4.2	4.3	4.5	4.7	4.8
5	3.2	3.4	3.5	3.7	3.8	4.0	4.2	4.3	4.5	4.7	4.8	5.0	5.2	5.4	5.6

圖 11.5　建立生長基距表流程示意圖

（來源：FLNRO, 1999）

11.4 林分管理與地位指數的關係

11.4.1 造林樹種選擇

　　經濟林以創造利潤為導向，森林經營所選擇的樹種，應以該樹種木材能夠符合林主可接受的經濟利潤為基礎，經濟利潤與林主的投資資本、樹種、地位指數等有關。森林學家可以提供有關林地指數、收穫以及預期的經濟利潤，所以林主於決策之前，可以洽詢有關資訊，特別是在某種特定土壤性質的林地上，是否可以栽植經營某樹種。

選擇適當的造林樹種（species selection）以推動森林經營之步驟有三，茲說明如下：

- 決定經營目標：如果經營森林之主要目的在木材生產，可以選擇能提供木材製品使用需求的經濟樹種。如果經營目的在於野生動物經營、森林遊樂、美學或其他的需求，則可以依據各類需求選擇經營適當的樹種。森林經營可以是多目標利用導向的。

- 選擇樹種最好參考木材市場上對於樹種材種的需求之歷史資料以及有關樹種的生長資料。

- 如果有兩種以上的樹種可供選擇時，同時木材生產為主要的經營目標，則應以短期間內可以得到最大金錢收穫的樹種為目標。這種觀念類似於選擇的樹種應以具有最高的地位指數為優先。

11.4.2 適地適木與妥善林分管理

森林經營者必須了解不同林地的木材生產力變異非常大，不同的地位可能會有差異極大的木材材積生產量。某一樹種在某一林地上可能有很好的生長表現，但並不代表該樹種在其他的林地上也會有好的生長表現；相反地，該樹種於達某一特定年齡時，其生長的表現可能會很差，這種現象可歸因於林地的土壤品質差異及（或）林分管理措施。

一、適地適木

「適地適木」是林主建造與經營森林的核心觀念，這個觀念很傳統，也將永遠是經營森林所應遵循的重要方針。物種對生態環境有其特殊的偏好，對於環境也有不同的適應能力；這種生態幅度及調適生存或生長的現象，對經濟林目標樹種也是一樣的。基本上，在自然環境下，林地的土壤品質決定了樹木的生長，利用施肥、植群控制、灌溉或排水等措施可以改變，理想上，集約的林業管理措施可以提升林地的生產力。

二、林分管理措施

選擇適當的造林樹種應該是經濟林營林成功的第一要件，建造森林時的栽植密度、經理期間的林分空間管理以及病蟲害防除等管理措施，都會影響林木的生長表現，經營妥善的林地會有比較理想的地位指數。

11.4.3 林分的空間管理

　　林分空間管理主要目的在於調整林分密度（stand density），利用適度調控每株立木的株距或間隔（spacing），使留存的立木具有理想的發展空間，可以長成形質俱佳的大樹。一般而言，在沒有外在干擾因子的影響之下，林木大小與其可使用的空間成正比；森林樹木的冠層大小與林木根系的分布空間具有正比例的關係，冠層佔據的空間愈大，地下根系的分布空間也會相對的愈大愈深；因此，經營森林過程中的撫育措施，必須利用「疏伐」手段來控制林分內所有林木的間隔，使留存林木有更多的機會使用更多的林分空間（space）、陽光（light）、水分（water）及土壤養分（nutrients）等，發展根系並長成為大直徑的大樹。Pedersen（1999）表示：林分密度管理會影響林分直徑生長及木材生產量，密度管理不當可能會使林分立木度（stocking）太低，造成林地生產力的損失。從木材生產的生物學觀點，林分密度與木材生產二者關係如下：

1. 林分建造的初始林分密度愈高，可以提升木材收穫的材積量並縮短生物學輪伐期（biological rotation），亦即林分材積平均生長量（mean annual increment, MAI）最大時期提早到達，但是林分密度降低速率（diminishing rate）非常快速，特別是在林分建造初期。

2. 初始林分密度愈高會發生高生長及材積生長抑制現象（height and volume suppression），以美國黑松林分密度 10000-20000 stems/ha 時，從大約 2m 樹高開始，林木有很明顯的高生長及直徑生長抑制現象，會使幼年期林分出現不規則的林木空間分布及生長反應（erratically respond to juvenile spacing）。

3. 在樹高達 2m 前的林分幼年期實施前期疏伐（pre-commercial thinning），可以預防生長抑制現象以及材積生產量的損失。

4. 更新後或密度管理後的中高密度林分（1500-10000 stems/ha），伐期齡時的林木平均直徑及材積生產量差異小。

5. 更新後或密度管理後的低密度林分（250-1000 stems/ha），因為生長空間很大林木的平均直徑較大，但材積收穫量較少，因為林分空間未被充分利用以及生物學的輪伐期（biological rotation）太長。林木直徑大小及林分材積量有得有失的情況，會與林分材積表或密度管理圖的資訊相反，顯然地，密度管理過當造成立木度太低及材積

收穫量減少的情況，將比林分冠層鬱閉減緩直徑生長的效應還大。

一、林分密度之測定方法

林分密度是量化林分被林木被覆（tree cover）的量化方法，可以從立木數量、胸高斷面積、材積、生物量或樹冠鬱閉度（crown closure）等特徵計量之。林木被覆沒有特定林齡的內涵，除非有指定計量對象，林分密度應涵蓋小苗（seedlings）、小桿材樹木（saplings）、大樹（mature trees）等。林分立木數量可以反應林分的擁擠程度或資源可分配量，故為林分密度最普遍的表示方法。在一定面積內的林地上，土壤水分、土壤養分、陽光以及空間等資源都是有限的，在高立木度林地上，有太多的樹木同時在競爭這些有限的資源，會使每株立木的材積生長速率降低。相較於林分密度，立木度（stocking）係計量林木佔地面積的方法，通常以每公頃的立木數量或胸高斷面積表示之，也可以表示為某一參考量值的相對數量。所以，從立木數量的觀點，林分密度與立木度二者是相同的。

林分密度的表示方法分為絕對的與相對的兩種概念，一般稱為絕對林分密度（absolute stand density）及相對林分密度（relative stand density），或者稱為絕對立木度（absolute stocking）及相對立木度（relative stocking）。茲說明如下：

A. 絕對立木度的表示方法

1. 單位面積的立木數量

絕對立木度是指直接測度一個林分內實際的立木數量的方法，通常以每一公頃單位面積內的立木株數（number of trees per hectare, Nt）表示，是人工林分最常使用以表示立木度的方法，也是森林經營計畫中決定栽植密度的基本表示方法。在林齡、地位品質以及經營歷史均為已知的同齡林中，Nt 是一個非常好用的絕對立木度量度值。

2. 單位面積的圓木堆數量

圓木堆（cords），又稱為層積呎，係指由相似尺寸的圓木或切割木材，以相同方向排列堆疊起來的計量單位。一個圓木堆等於 128 立方英呎（cubic feet）的體積，該體積包含實質的木材材積以及圓木間的空隙。例如一堆薪材（firewood）所疊起來的體積為 4×4×8 = 128 立方英呎，稱為一個圓木堆。每一個單位面積林地的圓木堆（cords

per hectare）數量愈高，立木度愈高。實際上，美國木材市場上多以
圓木堆為基本的計量單位，任何堆到一起的圓木，均可利用下列公
式計算木材材積數量：

$$cords = \frac{width(ft) \times height(ft) \times sticklength(ft)}{128}$$　　（11.7）

3. 單位面積的材積

以每公頃的立木材積（m³/ha）來量度林分立木度，材積量愈高立木度愈高。這
個測度值也被用來表示相對立木度，亦即以每公頃的材積（Va）相對於某一林分的每
公頃材積（Vs）之比率作為立木度的量度值（公式 11.8），這種方法稱為蓄積百分率
（Percentage of stocking, PS）。計算 PS 的基準林分通常採用收穫表所載的某種相似林
分的每公頃材積。

$$PS = \frac{Va}{Vs} \times 100\%$$　　（11.8）

4. 單位面積的胸高斷面積

胸高斷面積（basal area, BA）為立木胸高直徑的函數（公式 11.9），計量單位
為 m²。單位林地面積所有立木胸高橫斷面積合計，稱為林分胸高斷面積（stand basal
area），計量單位為 m²/ha。假設樣區面積為 X（ha），樣木株數為 N，BA_{plot} 為樣區胸
高斷面積合計（公式 11.10），則單位面積胸高斷面積為 BA_{plot}/X（m²/ha）。森林調查
時，通常以 cm 紀錄林木的胸高直徑，於計算每一立木胸高斷面積時，應注意單位轉
換，公式（11.9）及公式（11.10）胸高直徑 D 的單位均 m。

林分胸高斷面積與林分的材積以及生長有很高的關係，森林經營學家利用迴歸分析
方法建立了許多樹種林分的變動立木度收穫表（variable-density yield tables），他們所使
用的解釋變數有每公頃胸高斷面積、地位指數、特定林齡。胸高斷面積也可用於決定林
分的疏伐強度（thinning intensity）。

$$BA_{tree} = \frac{\pi \cdot D^2}{40000} = 0.0000785398 \times D^2 \qquad (11.9)$$

$$BA_{plot} = \sum_{i=1}^{N} BA_i = \sum_{i=1}^{N} (0.0000785398 \times D_i^2) \qquad (11.10)$$

5. 林分樹冠鬱閉度

林分樹冠鬱閉度（crown closure of a stand）或林分鬱閉度（canopy closure），係指樹冠垂直投影面積相對於林地面積的百分比，故又稱為 percent crown closure，一般常以航空照片判釋測繪方法評估之。施業同齡林的立木數量也可由大比例尺航空照片上準確地計數之。從林分生長競爭的觀點，樹冠鬱閉度以單位面積（樣區）所有立木樹冠投影面積與樣區面積（A）的相對比例，也可據以表示林分冠層的競爭指數（crown competition factor, CCF）。CCF<100% 表示林分立木度較低，相反地，CCF>100% 代表林分處於擁擠狀態（林金樹、王子嘉，2013）。從地面測計林木樹冠特徵，較常以樹冠幅（crown diameter）表示樹冠大小，一般常以單株立木樹冠半徑（平均冠幅／2）計算立木的冠幅投影面積，定義其為立木最大樹冠面積（MCA），以公式（11.11）將樣區內所有林木 MCA 累加後與樣區面積相除換算成百分比可以決定林分 CCF（%）。

$$CCF(\%) = \frac{\sum_{i=1}^{n} MCA_i}{A} \times 100 \qquad (11.11)$$

B. 相對立木度的表示方法

相對立木度是一種相對比率的觀念，當以某一參考林分的特定屬性值為標準時，現實林分的屬性值相對於參考林分的標準屬性值（standard value）之比率，稱為相對立木度。例如：以某一蓄積良好林分的斷面積為依據，現實林的林分斷面積與標準斷面積之比，就是現實林分的相對立木度；同理，現實林分的立木數量對應於參考林分的立木數量，也稱為相對立木度。這種相對觀念的表示方法，主要關鍵在於如何定義標準林分或是理想林分，這種理想的林分就是指法正林分（normal stands）。

林分材積的存量稱為蓄積量（volume stocks）。當給定一個林分密度時，蓄積量高低是評估一個林分是否可達成特定經營目標（management objective）的方法；蓄積量可以反應這個林分密度的適合性。一般林分密度可分成低立木度（understocked）、全立

木度（fully stocked）以及超立木度（overstocked），各代表低蓄積、良好蓄積以及過量蓄積等三種情況；對某一特定的經營目標而言，一個林分可能是立木度太高，但是對其他的經營目標而言，則可能是立木度太低。

二、林分密度的控制技術

　　自然情況下，森林中所有林木的生長決定於樹種內在以及外在環境條件因子的共同作用；在沒有人為控制或自然因素的干擾下，林木冠層以及根系所佔空間的大小也是由林木對光度需求以及其對環境的適應能力（或稱自律機能）所影響，自行調整。鬱閉森林的林木可能因為某些自然條件的改變而衰敗或枯死，而使林分立木度發生變化；例如：光度不足會造成的自然修枝現象，被壓林木對光度、土壤養分、水分的競爭不及其他優勢林木，林木自然壽命期限制或生態效應等自然力的影響。

　　人為控制林分密度的主要技術是疏伐（thinning），利用疏伐強制移除部份林木以調整立木的間隔，但是如何有效地計算立木間隔以達控制林分密度促進林木的材積生長，就必須依藉空間管理原則（spacing rules）才能達成。

A. 空間原則

- 立木實際佔據的或需要的林分空間與立木的大小有關。
- 立木直徑及每公頃株數容易取得，林分斷面積可以有效代表林分密度。
- 利用平均的觀念估算立木佔據的或需要的林分空間。
- 給較大直徑的立木留較大空間，較小直徑立木留較小空間。
- 利用直徑乘數（diameter times）彈性決定留存的空間。留存的林木株距為直徑乘數（C）與留存木的直徑之乘積。

$$C = \frac{S}{D} = \frac{林木株距\,(m)}{平均直徑\,(cm)} \tag{11.12}$$

B. 決定留存立木的株距及株數

　　某一 20 年二葉松人工造林地，依據樣區調查資料顯示，立木的平均直徑（$\overline{D}$）為 20cm，每公頃平均胸高斷面積（BA_{avg}）為 35m²/ha；若希望疏伐後可以保留 28 m²/ha（20%

疏伐強度）的每公頃林分斷面積（BA_S），則每公頃應保留多少株立木？每株立木的株距應為多少？

1. 以林分的平均胸徑求林分平均的單株立木斷面積（BA_{Tree}）

$$BA_{Tree} = \pi \cdot r^2 = \pi \cdot \left(\frac{\overline{D}}{2} \times \frac{1}{100} \right)^2 = \frac{\pi \cdot \overline{D}^2}{40000}$$

$$BA_{Tree} = \frac{\pi \cdot 20^2}{40000} = 0.031416 \ (\text{m}^2/\text{ha})$$

2. 以單株立木斷面積為基準，依據保留的林分斷面積求每公頃的立木株數（N_S）

$$N_S = \frac{BA_S}{BA_{Tree}} = \frac{28}{0.031416} = 891.26 \approx 891 \ (\text{株})$$

3. 求留存的每株立木之平均分配空間及平均間隔（S_S）

$$S_S = \sqrt{\frac{10000}{N_S}} = \sqrt{\frac{10000}{891}} = \sqrt{11.2233} = 3.35 \ (\text{m/ 株})$$

4. 求直徑乘數（C）

$$C = \frac{S_S}{D} = \frac{3.35}{20} = 0.1675 \text{，或}$$

$$C = \frac{0.886227}{\sqrt{BA_S}} = \frac{0.886227}{\sqrt{28}} = 0.167481 \approx 0.1675$$

直徑乘數快速算法：利用每株立木胸高斷面積及留存胸高斷面積之比例，直接求出直徑乘數。

$$C = \frac{S_S}{D} = \sqrt{\frac{10000}{N_S}} \times \frac{1}{D} = \sqrt{\frac{10000 \cdot BA_{Tree}}{BA_S}} \times \frac{1}{D} = \sqrt{\frac{10000 \cdot \pi \overline{D}^2}{40000 \cdot BA_S}} \times \frac{1}{D} = \sqrt{\frac{\pi}{4BA_S}} = \frac{0.886227}{\sqrt{BA_S}}$$

---

5. 依據每株留存立木的胸高直徑（D_i）求留存的實際間隔（S_r）

$$S_r = C \cdot D_i$$

　　例如，若留存立木的胸高直徑為 25cm，則該株立木應與相鄰立木間隔 4.1875m，因為：$S_r = C \cdot D_i = 0.1675 \times 25 = 4.1875(m)$。

11.4.4 彈性調整林分的輪伐期

一般而言，生產力較高的林地，林木生長會較快速，相反地，生產力較低的林地，林木生長較緩慢。因此，經濟林的經營於決定林木的輪伐期時，必須考慮林地生產力的高低對林木生長的影響，做適當的調整。調整原則為：

- 劣等地林木生長以及對林分環境變化的反應很遲鈍，適當砍伐期可以延伸很長，對於樹種之選擇應謹慎。

- 優良地上的林木生長較快，且對管理作業（例如疏伐）所產生的林分空間效應之反應很敏銳，所以適當砍伐期延伸之期限很短。

11.5 林分密度控制技術在林分建康管理及林分收穫估計的應用

11.5.1 決定適當密度以降低甲蟲大發生機率

林分密度（stand density, stems/ha）為單位面積的立木數量，林分密度高低會影響林分生長、生產力、健康狀態、林分結構歧異度等。以加拿大的美國黑松（lodgepole pine）林分為例，山松甲蟲（mountain pine beetle）或稱樹皮甲蟲（bark beetle）族群大發生的機率與甲蟲能取得的食物及空間有關，立木大小受山松甲蟲影響也與林分空間有關。在天然林分，林木活勢（tree vigour）會隨著林齡增加而遞減，對病菌抵抗力也變弱，立木枝條傷口經山松甲蟲及其攜帶青變菌（blue-stain fungi）接觸，就很容易感染受害。Safranyik et al.（1974）研究顯示：美國黑松林分抗"甲蟲 - 青變菌"危害的抵抗力隨林齡而直線增加，在林齡60年生達到最高，之後抵抗力呈現指數下降方式而衰減。

林內光度、溫度及風速等微氣候會影響甲蟲同群幼蟲的發展、擴散以及攻擊，甲蟲不喜歡開闊林分，因為林分光線強度提升，枝幹樹皮溫度提高，林內風速較大，當林木活勢強大時會分泌較多的松脂（resin），可以將攻擊的甲蟲驅離樹體。以預防甲蟲媒介松材線蟲危害森林為例，一般 lodgepole pine 天然林分具有 1. 平均直徑 20cm 以上，2. 有很大比例的林木直徑大於 25cm，3. 樹齡 80 年生以上，4. 林分密度介於 750-1500

trees/ha 等林分特性值時，有很高的風險招致 mountain pine beetle 大爆發（Whitehead et al., 2001）；因此，利用林分密度管理圖（stand density management diagram, SDMD）控制林分密度，可以協助降低松林受害機率。

依據 Yoda et al.（1963）自我疏伐理論（self-thinning principle）（詳註解 11.1），林分立木的大小與林分密度有種相對限制的關係。在相對均勻或規則的林分中，林木因競爭導致枯死的自我疏伐現象與林木大小及林分密度有關，當以單木平材積或生物量代表林木大小，將其與所對應的林分密度繪製於雙對數圖（double logarithmic scale），則"大小－密度"二者具有 -3/2 斜率的直線關係，換言之，因為林分密度造成的競爭，會促使林木的材積生長受到林分密度限制，進而誘發自我疏伐現象，部分林木自然枯死，釋放林分空間，促成林分立木個體大小持續增大，又因大小－密度關係限制而發生自我疏伐現象，這種生長－競爭－枯死－釋放－生長的林分發展現象，會遵循 -3/2 斜率自我疏伐原理交替發生。所謂雙對數函數關係（double-log functional form）乃係將原始反應變數對數轉換值表示為原始自變數對數轉換值的函數關係，例如 $\ln(y) = a + b\ln(x) + \varepsilon$，其中 y 為平均單木材積，x 為林分密度，係數 b 即是直線函數的斜率。

圖 11.6 及圖 11.7 右上方所示的二條粗虛線描繪出會發生顯著的林分自我疏伐競爭枯死的範圍（zone of imminent competition mortality, ZICM），下方線條代表開始發生競爭枯死的某一特定密度的林木大小下限，上方線條代表平均競爭枯死率的林木大小（介於「大小－密度」最大上限及最下限之中間），上下兩條界線的斜率均為 -3/2；ZICM 為 Tree And Stand Simulator（TASS）的估計結果（Farnden, 1996）。ZICM 下限以下為最低枯死率的林木生長期，進入 ZICM 區枯死率上升，接近 ZICM 中值區時，林分枯死率會幾乎不會再增加，會呈現平行於 ZICM 中值線往低密度方向發展的漸近線（asymptotic to mean limit of the ZICM）（請詳見圖 11.7）。

林分高等值線（短虛線）與 Y 軸平均單木材積呈顯著的正相關，這種現象在不同的林分密度均相同，但等值線的走勢有由低密度往高密度呈些微下降的趨勢，應該是 height suppression 現象所致。圖 11.6 及圖 11.7 所示的樹冠鬱閉度（crown closure）代表林木彼此開始競爭的點，在此斜線以下範圍，個體林木最大直徑生長發生，在斜線以上區域，林木的活力及直徑生長量會逐漸變小，林木的自然修枝現象在接近樹冠鬱閉度線較小，越靠近「大小－密度」最大上限方向，自然修枝現象逐漸變大。

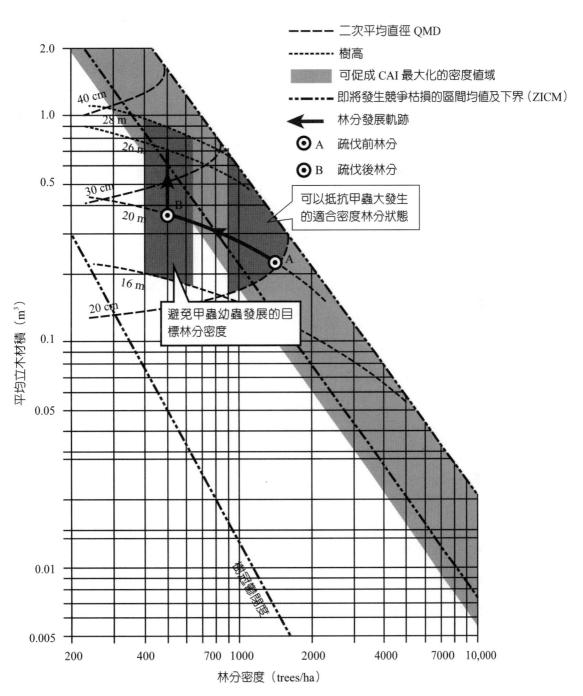

圖 11.6 美國黑松天然林林分密度與蟲害關係圖

（來源：Whitehead et al., 2001）

11.5.2 依現實林地位指數及林木高度預測未來木材收穫量

利用密度管理可以達成林分層級的許多目標。林分屬性例如高度直徑比（height/diameter ratio）、冠長（crown length）、冠幅（crown width）、樹冠覆蓋率（crown cover）、枝節大小、樹木活勢都受到林分密度的強烈影響；這些屬性會進一步的影響到木材的品質、數量及經濟價值、對蟲害及病害的抵抗力以及野生動物棲地、農牧、遊憩以及減低降水衝擊及提升涵養水分的多元價值。林分密度管理方案的選擇對實踐林分及森林層級目標因而變得非常重要。林分密度管理圖是表示林分的立木度、直徑、高度以及材積等多元林分屬性交互關係的示意圖，結合地位指數曲線圖，也可表現林分隨時間推移的發展。因此，多元屬性的整合圖形資訊，可協助營林者比較一塊林地上採用不同的造林密度及疏伐方案的林分發展軌跡，以及預測未來林分收穫量。

本節依據加拿大林分密度管理圖（SDMD）應用實務，為設計疏伐作業之需要，在林分密度 800 stems/ha 規劃目標下的林分木材收穫量預測為例，說明應用 SDMD 預測所經營林分屆伐期齡時的林分資訊，以評斷經營收益。林分狀態：現實林分為海岸森林鐵杉林分，長伐期目標樹林分，現實林林齡介於 3-30 年生，適用生長基距法（growth intercept method）調查樣木資料，以決定地位指數，再結合 SDMD 圖預測鐵杉林分未來資訊。

應用範例

一、輔助資訊：鐵杉林分輪伐期為 100 年，鐵杉林分立木胸高年齡對照表（growth intercept table）、地位指數曲線圖。

二、預測資訊：預測林分平均直徑、平均樹高、林分密度、可利用材積。

三、方法：

1. 確認可適用的 SDMD

- SDMD 為整合多元屬性資訊的模式圖，所提供資訊屬於一般化的平均狀態，相對於偏離平均狀態的林分，SDMD 資訊的精度會比較低，使用者必須確認是否適用於木材生產量估計。

- 林分狀態是否與 SDMD 條件相似，例如：純林、同齡林、單層的林冠高度

- 林分生長軌跡與 SDMD 條件相似，例如：沒有人為抑制林分生長的措施（no repression），沒有因為病害、蟲害、或災害導致重大損失，生長過程類似相似林分高度的未經處理的林分，林分密度（trees/ha）以及平均直徑。

2. 選用資料來源相似的區域及樹種所建立的 SDMD

- 區域別：不同地區環境條件差異太大，林木生長型態不同，例如海岸森林、內陸型或山地森林

- 樹種：多數的林分密度管理圖以純林樹種為建立基礎，如果林分是由許多樹種組成者，預測結果誤差較大。

- 空間的：林木空間配置型態也會影響 SDMD 適用性，例如：群團分布的林分或規則散佈的林分。人工林多為規則散佈的空間配置，應以人工林分適用的 SDMD 為參考對象。

3. 選用對的地位指數曲線

- 確認擬評估的林分屬於海岸林或山林

- 選用相同區域別及樹種屬性的地位指數曲線

4. 收集擬預測收穫量的林分資料

- 計算現實林的林分密度

- 一般可用造林密度及年枯死率（mortality rate）估計。

- 可依據分層取樣的林分調查數據，計算單位面積的林分密度。

- 本例以配合施行疏伐作業（林分密度控制處理）規劃，預測疏伐後可能的林分收穫，故應以疏伐後的規劃密度為林分密度計算基礎（the planned post-spacing density），設為 800 trees/ha。

- 調查樹高（top height）：於「非生長季節」調查樹高，方可具體反映林木逐年的高生長，設為 3.9m。

- 地位指數依生長基距法決定，設為 27m。

- 預測伐期齡林分高度：鐵杉立木於種植後約需 6 年長到 1.3m，依地位指數曲線圖，SI=27m，以胸高年齡 95 年與 27m 地位指數曲線交叉點，決定伐期齡林分高度為 40m。

5. 依據林分現狀資料於 SDMD 找到對應基準點位（圖 11.7）

- 林分密度 800 trees/ha（疏伐設計目標密度）
- 樹高 6m（以目標林分密度線為依據，定出其與 SDMD 可資參考的最低樹高曲線交叉點）

6. 於 SDMD 找出林分發展到伐期齡時的林分高度位置點（圖 11.7）

- 由基準點（樹高 6m 與林分密度 800 trees/ha 交叉點），沿著林分密度曲線向上移動，並選取鄰近的枯損率預測曲線二者平行向上，軌跡線與 40m（SI=27m 對應的伐期齡約為 40m）樹高曲線交會點即停止。

7. 將高度資訊轉換為林齡資訊

- 地位指數曲線圖 SI=27 所對應的林分高 TH=40m 及鐵杉胸高年齡 BHA=95 年（圖 11.8）
- 本例現實林長至 40m 高時的實質林齡為 BHA+YBH=95+6=101 年

8. 於 SDMD 圖讀取伐期齡時的平均直徑、林分密度、及平均單木材積（圖 11.9）

- 由 40m 樹高曲線讀取 QMD 直徑為 42cm
- 林分密度（stand density, SD）為 670 trees/ha
- 平均單木材積（mean volume per tree, V）為 1.9 m^3/tree

9. 計算每公頃潛在收穫材積數量（total potential volume, TPV m^3/ha）

- TPV = SD×V = 670 trees/ha×1.9 m^3/tree=1273m^3/ha
- 估計利用材積（recoverable merchantable volume, RMV m3/ha）
- 以材積耗損率 20% 估計，原因有三：
  - 由原木到商業製材，需要扣除根砧部位材積、末梢部位材積以及最小直徑等條件所造成的損失。
  - 同時還需考慮是否有腐朽、破損、病蟲害及災害部位損失。
  - 林分內的孔隙（實質立木密度可能因為林木分布不均現象，造成比實質估計的林分密度稍低）等。
- 以利用率 R 估計
  - R 為利用材積（merchantable volume）與立木材積（stem volume）二者之比值。

- R 為 dm/D or hm/H 的函數，其中 dm 及 hm 代表末端直徑及由根砧到末端可用直徑位置的長度（Teshome, 2005）。

- RMV = TPV×R=1273 m³/ha×0.8 = 1018m³/ha

- 臺灣現行國有林林產物處分作業要點規定，針葉樹材利用率為 72-74%，闊葉樹材利用率為 67%（農委會，102）。

10. 結論

依據林分密度管理圖的預測結果，西部鐵杉林分於實際林齡 101 年的林分狀態及材積收穫量為：

- 平均林木直徑為 42cm

- 樹高為 40m

- 林分密度為 670 trees/ha

- 製材材積為 1018 m³/ha

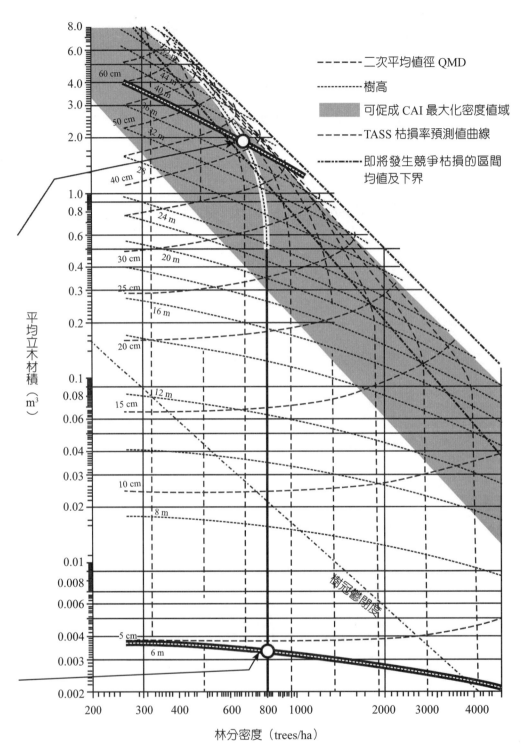

圖 11.7　加拿大西部鐵杉人工林林分密度管理圖

（來源：FLNRO, 2015a）

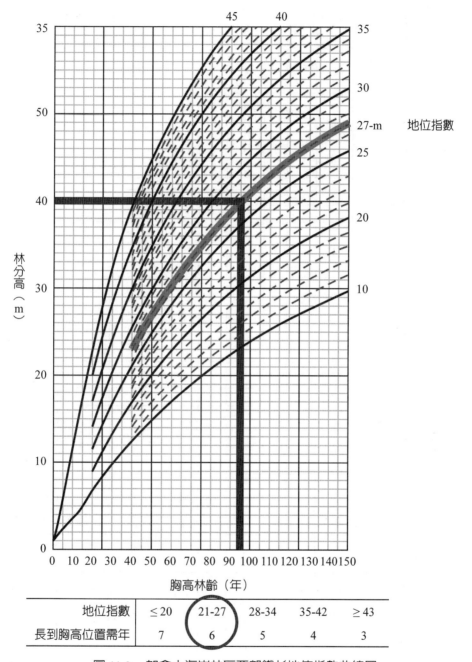

圖 11.8　加拿大海岸林區西部鐵杉地位指數曲線圖

（來源：FLNRO, 2015a）

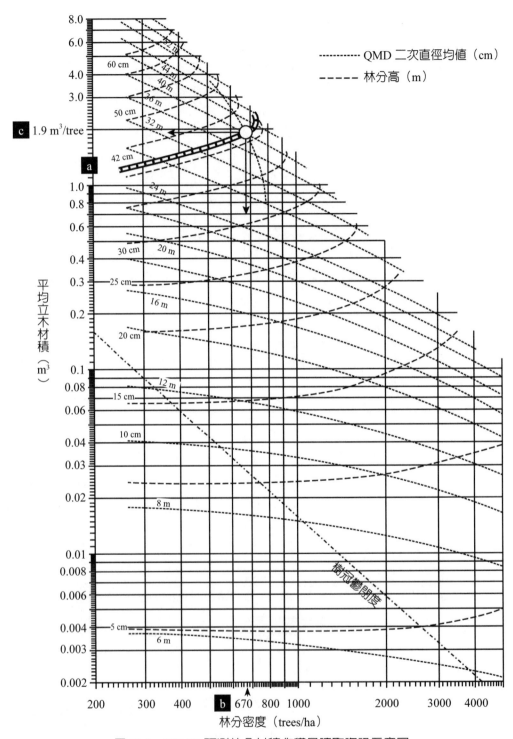

圖 11.9　SDMD 預測林分材積收穫量讀取資訊示意圖

（來源：FLNRO, 2015a）

表 11.3　鐵杉生長基距表（資料來源：Martin, 1995）

生長基距表（Growth Intercept Table）														
樹種：西部鐵杉（Hw）					區域：BC 海岸						來源：G. Nigh, 1995c			
胸高年齡（yr）	地位指數（SI, m）														
	26	27	28	29	30	31	32	33	34	35	36	37	38	39	40
	樹高（TH, m）														
3	2.4	2.5	2.6	2.7	2.8	2.9	3.0	3.1	3.2	3.3	3.4	3.6	3.7	3.8	3.9
4	2.6	2.9	3.1	3.2	3.3	3.4	3.6	3.7	3.9	4.0	4.2	4.3	4.5	4.7	4.8
5	3.2	3.4	3.5	3.7	3.8	4.0	4.2	4.3	4.5	4.7	4.8	5.0	5.2	5.4	5.6
6	3.7	3.9	4.0	4.2	4.4	4.5	4.7	4.9	5.1	5.3	5.5	5.7	5.9	6.1	6.3
7	4.2	4.3	4.5	4.7	4.9	5.1	5.3	5.6	5.8	6.0	6.2	6.4	6.7	6.9	7.2
8	4.7	4.9	5.1	5.3	5.6	5.8	6.0	6.3	6.5	6.8	7.0	7.3	7.6	7.9	8.1
9	5.2	5.4	5.7	5.9	6.2	6.5	6.7	7.0	7.3	7.6	7.9	8.2	8.5	8.8	9.1
10	5.8	6.0	6.3	6.6	6.9	7.2	7.5	7.8	8.1	8.4	8.7	9.0	9.4	9.7	10.1
11	6.3	6.6	6.9	7.2	7.6	7.9	8.2	8.5	8.9	9.2	9.6	9.9	10.3	10.6	11.0
12	6.9	7.3	7.6	7.9	8.3	8.6	8.9	9.4	9.7	10.1	10.5	10.9	11.2	11.6	12.0
13	7.6	7.9	8.3	8.6	9.0	9.4	9.8	10.2	10.6	11.0	11.4	11.6	12.2	12.6	13.0
14	8.1	8.5	8.9	9.3	9.7	10.1	10.5	10.9	11.4	11.8	12.2	12.7	13.1	13.6	14.0
15	8.7	9.1	9.5	9.9	10.4	10.8	11.2	11.7	12.1	12.6	13.1	13.6	14.0	14.5	15.0
16	9.2	9.7	10.1	10.6	11.0	11.5	12.0	12.4	12.9	13.4	13.9	14.4	14.9	15.5	16.0
17	9.8	10.2	10.7	11.2	11.7	12.2	12.7	13.2	13.7	14.2	14.6	15.3	15.8	16.4	16.9
18	10.4	10.8	11.4	11.9	12.4	12.9	13.4	14.0	14.5	15.1	15.6	16.2	16.7	17.3	17.9
19	11.0	11.5	12.0	12.5	13.1	13.6	14.2	14.8	15.3	15.9	16.5	17.1	17.7	18.3	18.9
20	11.3	12.1	12.7	13.2	13.8	14.4	14.9	15.5	16.1	16.7	17.4	16.0	18.6	19.2	19.9
21	12.1	12.7	13.3	13.9	14.5	15.1	15.7	16.3	16.9	17.6	18.2	18.8	19.5	20.2	20.8
22	12.7	13.3	13.9	14.5	15.2	15.8	16.4	17.1	17.7	18.4	19.1	19.7	20.4	21.1	21.8
23	13.3	13.9	14.6	15.2	15.9	16.5	17.2	17.8	18.5	19.2	19.9	20.6	21.3	22.0	22.7
24	13.9	14.5	15.2	15.9	16.5	17.2	17.9	18.6	19.3	20.0	20.7	21.4	22.2	22.0	23.6
25	14.4	15.1	15.6	16.5	17.2	17.9	18.6	19.3	20.0	20.8	21.5	22.2	23.0	23.7	24.5
26	15.0	15.7	16.4	17.1	17.6	18.5	19.2	19.9	20.7	21.4	22.2	22.9	23.7	24.5	25.2
27	15.5	16.2	16.9	17.7	18.4	19.1	19.6	20.6	21.3	22.1	22.9	23.6	24.4	25.2	26.0
28	16.1	16.8	17.5	18.2	19.0	19.7	20.5	21.2	22.0	22.8	23.5	24.3	25.1	25.9	26.7
29	16.6	17.3	18.1	18.8	19.6	20.3	21.1	21.9	22.6	23.4	24.2	25.0	25.8	26.6	27.4
30	17.1	17.9	18.6	19.4	20.1	20.9	21.7	22.4	23.2	24.0	24.8	25.6	26.4	27.2	28.0

利用生長基距表以立木高及年齡估計地位指數
步驟 1：於 BHA 資料欄向下定出樣木的 BHA 值
步驟 2：向右沿 TH 資料列找出符合（最接近）樣木樹高的數值
步驟 3：於步驟 2 樹高位置向上讀出地位指數

註解 11.1：由自我疏伐現象談森林經營的必要性

　　林木數量的發展與林木個體大小及林分空間構成一個自然演替的複雜體系，一個未受到人為及自然干擾的同齡林或異齡林，林分平均直徑因為自然的生長機制而隨時間增大，以個體大小而論，生長使林木個體的生物量或材積增加，相對的林分空間被立木佔據或使用的程度越大，林分競爭自然枯死的現象自然發生，因此，林分林木數量隨時間演替而自然地減少，這種現象稱為自我疏伐（self-thinning）。超高的林分立木度形成過度擁擠使林木自然枯死的現象可用 Reineke's model（公式 11.13）表示，在未受干擾的同齡林中每單位面積的林木數量與林分平均直徑呈負相關關係，自我疏伐直線的斜率 b = -1.605（Reineke, 1933）。

Reineke model: $\begin{cases} N = aD^b \\ \ln(N) = a' + b \ln(D) \end{cases}$　　　　　　　　　　（11.13）

Yoda -3/2 thinning model: $\begin{cases} W = aN^b \\ \ln(W) = \ln a + b \ln(N) = a' + b \ln(N) \end{cases}$　（11.14）

　　依據 Yoda et al.（1963），單位面積平均個體生物量（W）及活立木數量（N）的自我疏伐線斜率 b 為 -3/2（公式 11.14），特稱 -3/2 自我疏伐準則（the -3/2 self-thinning principle）或 -3/2 定律（the -3/2 self-thinning law）。美國高山橡木同齡混合林分布於地位指數 50-80ft 所有樣區的資料所建立的最大林分密度平均值（the average maximum growing density）及林分平均直徑線性模式，亦即自我疏伐直線（self-thinning line）斜率為介於 -1.5 至 -1.57 之間，臺灣杉木人工林自我疏伐直線斜率為 -1.4871（劉慎孝，1976）。林分密度與林分平均直徑線性模式的斜率雖然或有些微變化，但二者的負相關是不變的。

　　當林分發展到有限數量林木可以共存的情況下，處於競爭劣勢的林木因為壅擠及生長抑制而枯死，亦即所謂林分發展的樹木減量階段（stem exclusion stage），活立木樹冠繼而擴張填滿生長空間，一直到最大擁擠界限（an upper limit of tree crowding）再度出現，從此，林分發展因循著「個體生長 - 樹冠擴張 - 密度致死」的現象。樹冠擴張及林木枯死綜合效應存在著互為補償作用，使林分鬱閉度得以維

持，在此互補機制下，人工栽植的施業林（managed forest）及天然下種的未施業林（unmanaged forest）單位面積的立木數量會逐漸減少，而林木若未能適當處理自然形成無謂經濟財以及地利的損失，而林分適當的經營更可促進林分多元屬性的發展，利於森林生態系永續經營的實踐。

參考文獻

劉慎孝。1976。森林經理學。中興大學森林經理學研究室出版。956 p。

汪大雄、王兆桓、陳家玉。2001。臺灣地區人工林地位生產力指數模式之建立。臺灣林業科學 16(4)：307-315。

農委會。2013。 政院農業委員會辦 國有林林產物處分作業要點。

林金樹、王子嘉。2013。不等林木間距對平地造林地闊葉林立木生長之影響。中華林學季刊 46(3)：311-326。

Avery, T.E., Burkhart, H., 2002. Forest Measurements. Fifth edition. McGraw-Hill.

Farnden, C., 1996. Stnd density management diagrams for lodgepole pine, white spruce and interior Douglas-fir. Pacific Forestry Centre, Information Report BC-X-360. Canadian Forest Service, Victoria, British Columbia. 41 p.

FLNRO, 1999. How to Determine Site Index in Silviculture – Participant's Workbook. Forest Practices Branch, B.C. Ministry of Forests, BC. 117p.

FLNRO, 2015a. How to use a stand density management diagram: yield predictions for a spacing prescription. B.C. Ministry of Foresters, Victoria, BC. 11p.

FLNRO, 2015b. How to use a stand density management diagram: getting the stand and site data. B.C. Ministry of Foresters, Victoria, BC. 16p.

Grant, J.C., Nichols, J.D., Smith, R.G.B., Brennan, P., Vanclay, J.K., 2010. Site index prediction of Eucalyptus dunnii Maiden plantations with soil and site parameters in sub-tropical eastern Australia. Australian forestry 73: 234-245.

Helms, J.A., 1998. The Dictionary of Forestry. Society of American Foresters, Bethesda, MD. 210 p.

Lanner, R.M., 1985. On the insensitivity of height growth to spacing. Forest Ecology and Management 13:143-148.

Lockhart, B.R., 2013. Site Index Determination Techniques for Southern Bottomland Hardwoods. Southern Journal of Applied Forestry 37(1): 5-12.

Martin, P., 1995. Growth Intercept Method for Silviculture Surveys. Silviculture Practices Branch, B.C. Ministry of Forests. 43 p.

Pedersen, L., 1999. Guidelines for developing stand density management regimes. Forest Practices Branch, B.C. Ministry of Forests. 106 p.

Powelson, A., Martin, P., 2001. Spacing to Increase Diversity within Stands. B.C. Ministry of Foresters, Victoria, BC. 8p.

Pretzsch, H., Biber, P., Schütze, G., Uhl, E., Pötzer, T., 2014. Forest stand growth dynamics in Central Europe have accelerated since 1870. Nature Communications 5, 4967.

Reineke, L.H., 1933. Perfecting a stand-density index for even-aged forests. Journal of Agricultural Research 46, 627–638.Safranyik, L., Shrimpton, D.M., Whitney, H.S., 1974. Management of lodgepole pine to reduce losses from the mountain pine beetle. Department of the Environment. Forestry Technical Report 1, Canadian Forest Service, Pacific Forest Research Centre, Victoria, BC.

Schnur, G.L., 1937. Yield, stand, and volume tables for even-aged upland oak forests. USDA Technical Bulletin 560.

Teshome, T., 2005. A ratio method for predicting stem merchantable volume and associated taper equations for *Cupressus lusitanica*, Ethiopia. Forest Ecology and Management 204: 171-179.

Teshome, T., Petty, J.A., 2000. Site index equation for Cupressus lusitanica stands in Munessa forest, Ethiopia. Forest Ecology and Management 126: 339-347.

Vanclay, J.K., Baynes, J., Cedamon, E., 2008. Site Index Equation for Smallholder Plantations of *Gmelina arborea* in Leyte Province, the Philippines. Small-scale Forestry, 7(1): 87-93.

Whitehead, R., Martin, P., Powelson, A., 2001. Reducing Stand and Landscape Susceptibility to Mountain Pine Beetle. B.C. Ministry of Foresters, Victoria, BC. 12p.

Yoda, K., Kira, T., Ogawa, H., Hozumi, K., 1963. Self-thinning in overcrowded pure stands under cultivated and natural conditions. Journal of Biology Osaka City University, 4, 107-129.

第十二章 指率（Indicating percentage）

12.1 指率之意義與用途

指率（indicating percentage）：森林投資的成長率稱之，以 W 表示。在森林經營學上以指率作為林木成熟與否之判斷指標。該指標需與經濟利率 P 比較，方能決定林木是否成熟。W 與 P 之關係及其代表之意義如下：

- 當 W > P 時，林木在林地上仍有經濟利益，亦即林木留存於林地上繼續生長所帶來的利益大於伐採林木所得價金存放於銀行可得到的利息收入，林木視為尚未成熟，所以要繼續經營林業。

- 當 W < P 時，林木在林地上已無經濟利益可圖，亦即林木留存於林地上繼續生長所帶來的利益小於伐採林木所得價金存放於銀行可得到的利息收入，林木視為過於成熟，應終止經營林業。

- 當 W = P 時，即為林木成熟期，是伐採林木的適當時機。

12.2 六種不同指率公式之演算

用指率決定林木成熟期的方法，受到市場經濟利率的牽制。因此，指率既是森林投資資本的成長率，自可因學者對森林投資資本觀念之不同，而有不同的指率公式。對應於森林經營作業，比較具有代表性的森林投資資本的觀念有一般式指率、Kraft 氏指率以及右田氏指率三派，各學派所持的森林投資資本觀念為：

- 一般式指率：森林投資資本為包含 Ax、B、V。
- 右田氏指率：森林投資資本為 B，適用於矮林作業。
- Kraft 氏指率：森林投資資本為 A_x，適用於純長伐期之喬林作業。

12.2.1 一般式指率

一、森林投資資本之觀念

　　一般式指率認為森林投資資本包含林木、林地以及經營森林須負擔的管理資本。以 A 代表林木價、B 代表地價、V 代表管理資本，則 x 年生時的森林投資資本為 $A_x + B + V$，令 V+B 為一個定數，則到 x + n 年生時，森林投資資本為 $A_{x+n} + B + V$，n 年間之森林投資成長量為 $\Delta = (A_{x+n} + B + V) - (A_x + B + V)$，亦即兩個時期的林木價之差值 $\Delta = (A_{x+n} - A_x)$。

二、公式導引

A. 基本觀念

　　根據材積生長率的公式，可以導出 n 年間的材積生長量，再用指率 W 取代 材積生長量公式 $M - m = m(1.0P_m^n - 1)$ 中的材積生長率 P_m，以 x 年生之森林投資資本 $A_x + B + V$ 代替 m，以 x + n 年生之森林投資資（$A_{x+n} + B + V$）代替 M，將二個時期的投資資本代入該生長量公式，重新整理後，即可得到一般指率式。

B. 公式整理

　　一般式材積生長率為 $1.0P_m^n = \dfrac{M}{m}$，將等號兩邊數項各減 1，可得

$$1.0P_m^n - 1 = \frac{M - m}{m}$$

$$M - m = m(1.0P_m^n - 1) \tag{12.1}$$

公式（12.1）為 n 年間的材積生長量，m 為 x 年生時之材積量，M 為 x + n 年生時之材積量，P_m 為材積生長率。利用觀念移植的方式，以 x 年生之森林投資資本（$A_x + B + V$）代替 m，以 x + n 年生之森林投資資本（$A_{x+n} + B + V$）代替 M，指率 W 代替 P_m，則可改寫（8.1）公式得到 n 年間森林投資資本之成長量（8.2 公式），

$$(A_{x+n} + B + V) - (A_x + B + V) = (A_x + B + V)(1.0W^n - 1)$$

$$A_{x+n} - A_x = (A_x + B + V)(1.0W^n - 1) \tag{12.2}$$

再整理（12.2）公式可得到一般式指率（12.3）公式及其通式（12.4）公式。

$$1.0W^n - 1 = \frac{A_{x+n} - A_x}{A_x + B + V}$$

$$1.0W^n = \frac{A_{x+n} + B + V}{A_x + B + V} \tag{12.3}$$

$$W = (\sqrt[n]{\frac{A_{x+n} + B + V}{A_x + B + V}} - 1) \times 100 \tag{12.4}$$

三、指率與總價格生長率之關係

A. 利用數式來証明 $W < P_W$

承一般式指率

$$1.0W^n = \frac{A_{x+n} + B + V}{A_x + B + V}$$

令 $n = 1$，則可得指率為

$$1.0W = \frac{A_{x+1} + B + V}{A_x + B + V}$$

$$1 + 0.0W = \frac{A_{x+1} + B + V}{A_x + B + V}$$

$$0.0W = \frac{A_{x+1} + B + V - A_x - B - V}{A_x + B + V}$$

$$= \frac{A_{x+1} - A_x}{A_x + B + V} \tag{12.5}$$

承一般式總價格成長率

$$1.0P_w^n = \frac{A_{x+n}}{A_x}$$

令 $n = 1$，可得總價格成長率為

$$1.0P_w = \frac{A_{x+1}}{A_x}$$

$$\therefore A_{x+1} = A_x \times 1.0P_W \tag{12.6}$$

將公式（12.6）代入公式（12.5），可得到

$$
\begin{aligned}
0.0W &= \frac{A_x \times 1.0P_w - A_x}{A_x + B + V} \\
&= \frac{A_x(1.0P_w - 1)}{A_x + B + V} \\
&= \frac{A_x \times 0.0P_w}{A_x + B + V}
\end{aligned}
\tag{12.7}
$$

將上式等號兩邊各乘以 100，可得

$$W = P_w \times \frac{A_x}{A_x + B + V} \tag{12.8}$$

因為 A_x、B、V 三者均恆為正數，且大於 0，所以 $\frac{A_x}{A_x + B + V}$ 小於 1，故可得証 $W < P_W$。

B. 實例驗證

假設一塊林地面積為 H 公頃的桃花心木人工林，在 x 年生的林木材積可得立木價金為 1600 個單位，在 x + n 年生的林木材積可得立木價金為 3000 個單位，n 年間林地的地價 B 以及管理資本 V 均為定數，合計為 20 個單位。

承題意可知：$A_x = 1600, A_{x+n} = 3000, B + V = 20,$

$$則\ 1.0P_w^n = \frac{A_{x+n}}{A_x} = \frac{3000}{1600} = 1.875$$

$$1.0W^n = \frac{A_{x+n} + B + V}{A_x + B + V} = \frac{3000 + 20}{1600 + 20} = 1.864$$

$$\therefore 1.864 < 1.875$$

$$\therefore 1.0W_n < 1.0P_w^n$$

$$\therefore W < P_w \text{（註：} 1.0W_n \text{ 會隨 B+V 增大而變小）}$$

C.指率與總價格生長率相對關係於森林經營之意義

從數學的關係分析，總價格成長率必大於指率，這種關係反映出當林木達成熟期時，指率 W 等於市場經濟利率 P，總價格生長率 P_w 必大於 P；換言之，利用總價格生長率也可以反應林木成熟期，當總價格生長率稍大於經濟利率時，可視為林木成熟期。但是，決定林木成熟期仍以指率與市場經濟利率之相對關係最為明確。

12.2.2 Pressler 氏指率

一、森林投資資本之觀念

1.森林投資資本觀念與一般式相同
2.應用於長伐期喬林作業森林

二、公式整理

一般式指率認為森林投資資本包含林木價、地價以及經營森林須負擔的管理資本。以 A 代表林木價、B 代表地價、V 代表管理資本，且令 V+B 為一個定數，則 x 年生時的森林投資資本為 $A_x + B + V$，森林生長到 x+n 年生時，森林投資資本為 $A_{x+n} + B + V$。

Pressler 利用中央林木價或稱中央蓄積價 H 代替開始時之林木價 Ax，以原資 G 代替地價 B 及管理資本 V，亦即

$$H = \frac{A_{x+n} + A_x}{2}$$
$$G = C + V$$

再以 Pressler 總價格生長率代替一般式的總價格生長率，將指率一般式與總價格生長率的關係式改寫成公式（12.9）。如果利用總價格生長率與材積生長率、形質生長率及價格生長率三者之關係（$P_w = P_m + P_q + P_t$）取代公式（12.9）時，則稱為 Pressler 氏第二式指率（12.9a）。

一般式指率 $W = P_w \times \dfrac{A_x}{A_x + B + V}$，式中 $P_w = (\sqrt[n]{\dfrac{A_{x+n}}{A_x}} - 1) \times 100$

Pressler 氏指率 $W = P_w \times \dfrac{H}{H + G}$，式中 $P_w = \dfrac{A_{x+n} - A_x}{A_{x+n} + A_x} \times \dfrac{200}{n}$ （12.9）

Pressler 氏第二式：$W = (P_m + P_q + P_t) \times \dfrac{H}{H + G}$ （12.9a）

12.2.3 Judeich 氏指率

一、森林投資資本之觀念

德國林學家 Judeich 氏認為除了林木價 A、地價 B 以及管理資本 V，在經營期間若有間伐收入 D，則應將所有的間伐收入視為森林投資資本之一。同時，間伐收入列為 x + n 年時的投資資本，故應依該資本之發生時間將其推算為 x + n 年時的本利和（後價）。因此，Judeich 氏假設：

x 年生時之森林投資資本為林木價、地價及管理資本之合計（$A_x + B + V$），x + n 年生時之森林投資資本為林木價、地價、管理資本及間伐收入後價合計之總和 $[A_{x+n} + B + V + (D_a \times 1.0P^{n-a} + D_b \times 1.0P^{n-b} + \cdots)]$。

二、公式整理

Judeich 氏指率之邏輯與一般式指率相似，二者主要差異在於間伐收入的後價，因此，可以直接利用更新森林主伐收穫時間年（x + n 年）的森林投資資本除以 n 年時的森林投資資本。

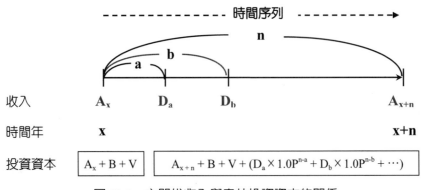

圖 12.1　主間伐收入與森林投資資本的關係

$$一般式指率 1.0W^n = \frac{A_{x+n} + B + V}{A_x + B + V}$$

$$Judeich\ 氏指率 1.0W^n = \frac{A_{x+n} + B + V + (D_a 1.0P^{n-a} + D_b 1.0P^{n-b} + \cdots)}{A_x + B + V} \tag{12.10}$$

三、應用時機之考量

Judeich 氏指率考慮所有可能的間伐收入對於林木成熟期的可能影響，他同時考慮所有的間伐收入發生的時間點、未來為更新林分所施行主伐收穫的時間點以及時間距離，因此，理論上 Judeich 氏指率是比較嚴謹的。如果經營長伐期的森林確實推動林分的撫育措施，例如以林分密度（立木度）管理技術調控立木的生長空間，一定會有多次且量較大的間伐收入，則應可採用 Judeich 氏指率；但是如果林區經營的間伐收入量很少，則可不必在意微量間伐收入的影響。

臺灣過去主要的造林樹種多屬中短伐期經營的森林，這種林區經營的間伐收入量少，故未採用 Judeich 氏指率。

12.2.4 Kraft 氏指率

一、森林投資資本之觀念

一般指率式中認為森林的投資資本包括林木價 A_x，地價 B，以及管理資本 V；但 Kraft 氏認為三者之中僅 A_x 屬於量大的固定資本性質，B 及 V 二者為活動資本（亦即游資），其值太小，不足與 A_x 相比，而且林主可以隨時改變 B、V 之用途，故認為森林投資資本僅 A_x。

B、V 等活動資本在市場經濟上仍可因為存放於銀行而取得基本的利息收入，由於經營林業無法取得該收入，故應將利息 $(B + V)(1.0P^n - 1)$ 從森林資本中扣除，其中 P 為市場經濟利率。所以，在 x 年生時的森林投資資本為 A_x，在 x + n 年生時的森林投資資本為 $A_{x+n} - (B + V)(1.0P^n - 1)$ 從。Kraft 氏指率適用於偏遠山區長伐期喬林作業森林之指率應用。

二、公式導引

假設 P 為市場的經濟利率、A 代表林木價、B 代表地價、V 代表管理資本，則在 x 年生時，森林投資資本為 A_x，x + n 年生時森林投資資本為 A_{x+n}，n 年間之投資成長量等於 n 年間的林木價成長量 $(A_{x+n} - A_x)$ 扣除游資的利息 $(B + V)(1.0P^n - 1)$ 後之餘值，亦即

$$\Delta = (A_{x+n} - A_x) - (B + V)(1.0P^n - 1)$$

承一般式材積生長率之定義，森林於 n 年間的材積生長量為

$$\Delta = M - m = m(1.0P_m^n - 1)$$

所以，以指率 W 取代 Pm，以 x 年生時的森林資本 Ax 取代 m，可把 n 年間之投資成長量與指率的關係定義為

$$A_x(1.0W^n - 1) = (A_{x+n} - A_x) - (B + V)(1.0P^n - 1)$$

將等號兩邊各除以 Ax，可得

$$1.0W^n - 1 = \frac{A_{x+n} - A_x - (B + V)(1.0P^n - 1)}{A_x}$$

等號兩邊各加 1，整理後可得 Kraft 氏指率如公式（8.11）。

$$
\begin{aligned}
1.0W^n &= \frac{A_{x+n} - A_x - (B + V)(1.0P^n - 1) + A_x}{A_x} \\
&= \frac{A_{x+n} - (B + V)(1.0P^n - 1)}{A_x}
\end{aligned}
$$

（12.11）

三、**試證明** $W = P_w - \dfrac{(B+V)}{A_x} \times P$

承 Kraft 氏指率，

$$1.0W^n = \frac{A_{x+n} - (B+V)(1.0P^n - 1)}{A_x}$$

令 $n = 1$，則上式可改寫為

$$1.0W = \frac{A_{x+1} - (B+V)(1.0P - 1)}{A_x}$$

$$1 + 0.0W = \frac{A_{x+1} - (B+V)(1 + 0.0P - 1)}{A_x}$$

$$1 + 0.0W = \frac{A_{x+1} - (B+V)(0.0P)}{A_x}$$

等號兩邊各減 1，整理後可得

$$0.0W = \frac{A_{x+1} - (B+V)(0.0P)}{A_x} - 1$$

$$0.0W = \frac{A_{x+1} - A_X - (B+V)(0.0P)}{A_x} \tag{12.12}$$

由總價格生長率的定義公式

$$1.0P_w^n = \frac{A_{x+n}}{A_x}$$

令 $n = 1$，則上式可改寫為

$$1.0P_w = \frac{A_{x+1}}{A_x}$$

$$A_{x+1} = A_x \times 1.0P_w \tag{12.13}$$

將公式（12.13）代入公式（12.12），可得

$$0.0W = \frac{A_{x+1} - A_x - (B+V)(0.0P)}{A_x}$$

$$= \frac{(A_x \times 1.0P_w - A_x) - (B+V)(0.0P)}{A_x}$$

$$= \frac{A_x(1.0P_w - 1) - (B+V)(0.0P)}{A_x}$$

$$= \frac{A_x(1 + 0.0P_w - 1) - (B+V)(0.0P)}{A_x}$$

$$= \frac{A_x(0.0P_w) - (B+V)(0.0P)}{A_x}$$

$$= 0.0P_w - \frac{(B+V)(0.0P)}{A_x}$$

將上式的等號兩邊各項，同時乘以 100，可得證

$$W = P_w - \frac{(B+V)}{A_x} \times P \tag{12.14}$$

註解 12.1：

A. 活動資本（B+V）及林木價 Ax 恆為正數，兩者相除所得之值必大於 0，再與市場經濟利率 P 之乘積也必大於 0，所以指率小於總價格生長率（W = P_w − 正數，W < P_w）。

B. 從數學的關係分析，總價格成長率必大於指率，這種關係反映出當林木達成熟期時，指率 W 等於市場經濟利率 P，總價格生長率必大於 P，換言之，利用總價格生長率也可以反應林木成熟期，當總價格生長率稍大於經濟利率時，可視為林木成熟期。但是，決定林木成熟期仍以指率與市場經濟利率之相對關係最為明確。

12.2.5 森林純收穫指率

一、森林投資資本之觀念

1. 森林純收穫式為一般式指率與 Kraft 氏指率之折衷辦法。

2. 森林投資資本為林木價 A_x 及地價 B，管理資本 V 視為游資。故 x 年生時，森林投資資本為 $A_x + B$，x+n 年生時，森林投資資本為 $A_{x+n} + B$，游資之利息 $V(1.0P^n - 1)$ 應予扣除。

3. n 年間之森林投資資本成長量為

$$\Delta = \left[(A_{x+n} + B) - (A_x + B)\right] - V(1.0P^n - 1)$$
$$= (A_{x+n} - A_x) - V(1.0P^n - 1)$$

二、公式導引

根據 n 年間材積生長量 $\Delta = M - m = m(1.0P_m^n - 1)$ 之觀念，森林純收穫式以指率 W 代替 P_m，以林木價及地價之合計 $(A_x + B)$ 代替 m，故 $\Delta = (A_x + B)(1.0W^n - 1)$。故可得森林純收穫指率之 n 年間森林投資資本成長量為

$$(A_x + B)(1.0W^n - 1) = (A_{x+n} - A_x) - V(1.0p^n - 1)$$
$$1.0W^n - 1 = \frac{(A_{x+n} - A_x) - V(1.0p^n - 1)}{A_x + B}$$
$$1.0W^n = \frac{(A_{x+n} - A_x + A_x + B) - V(1.0p^n - 1)}{A_x + B}$$
$$1.0W^n = \frac{(A_{x+n} + B) - V(1.0p^n - 1)}{A_x + B} \qquad （8.15）$$

12.2.6 右田氏指率

一、森林投資資本的觀念

右田氏認為土地為森林經營之固有資產，故地價 B 不可視為活動資本，而林木價 A_x 和管理資本 V 可視為活動資產，故應扣去利用（$A_x + V$）時應支付之利息。所以，在 x 年生時，森林投資資本為 A_x，在 x+n 年生時，森林投資資本為 A_{x+n}，n 年間之森林投

資資本成長量為 n 年間的林木價成長量減去游資的利息，亦即 $\Delta = (A_{x+n} - A_x) - (A_x + V)$ $(1.0P^n - 1)$。

本法適用於地價較昂貴，土地面積較小，林木價及管理資本較低之矮林作業。

二、公式導引

根據 n 年間材積生長量 $\Delta = M - m = m(1.0P^n_m - 1)$ 之觀念，右田式以指率 W 代替 P_m，以 B 地價代替 m，所以 $\Delta = B(1.0W^n - 1)$。

在 x 年生時，森林投資資本為 A_x，在 x+n 年生時，森林投資資本為 A_{x+n}，n 年間之森林投資資本成長量為 n 年間的林木價成長量減去游資的利息，亦即 $\Delta = (A_{x+n} - A_x)$ $- (A_x + V)(1.0P^n - 1)$；故可得右田氏式之 n 年間森林投資資本成長量為：

$$B(1.0W^n - 1) = (A_{x+n} - A_x) - (A_x + V)(1.0P^n - 1)$$

將上式等號兩邊各除以 B，可得

$$1.0W^n - 1 = \frac{(A_{x+n} - A_x) - (A_x + V)(1.0P^n - 1)}{B}$$

等號兩邊各加 1，並化減後，可得

$$1.0W^n = \frac{(A_{x+n} - A_x) - (A_x + V)(1.0P^n - 1)}{B} + 1$$

$$= \frac{(A_{x+n} - A_x) - (A_x + V)(1.0P^n - 1) + B}{B}$$

$$= \frac{(A_{x+n} - A_x) - (A_x + V)(1.0P^n) + A_x + V + B}{B}$$

$$1.0W^n = \frac{(A_{x+n} + B + V) - (A_x + V)(1.0P^n)}{B} \tag{12.16}$$

指率公式及應用基礎總整理

　　指率或稱連年收利率，代表林木連年或定期之價格增加量對其生產資本的百分率，亦即價格成長量對生產資本的百分比。利用指率決定林木成熟期時，以指率等於市場經濟利率（$W = P$）時為決策依據。

- 一般式：$1.0W^n = \dfrac{A_{x+n} + B + V}{A_x + B + V}$

- Pressler 氏式：

　　第一式：$W = P_w \times \dfrac{H}{H + G}$

　　　　　$P_w = \dfrac{A_{x+n} - A_x}{A_{x+n} + A_x} \times \dfrac{200}{n}$，$H = \dfrac{A_{x+n} + A_x}{2}$，$G = B + V$。

　　第二式：$W = (P_m + P_q + P_t) \times \dfrac{H}{H + G}$

- Judeich 氏式：$1.0W^n = \dfrac{A_{x+n} + B + V + D_a \times 1.0P^{n-a} + D_b \times 1.0P^{n-b} + ...}{A_x + B + V}$

- Kraft 氏式：$1.0W^n = \dfrac{A_{x+n} - (B + V)(1.0P^n - 1)}{A_x}$

- 森林純收穫式：$1.0W^n = \dfrac{(A_{x+n} + B) - V(1.0P^n - 1)}{A_x + B}$

- 右田氏式：$1.0W^n = \dfrac{(A_{x+n} + B + V) - (A_x + V)1.0P^n}{B}$

12.3 森林經營經濟平衡式

　　假設所經營的森林於 x 年生時之實際森林投資資本（不包含嗜好因素及感情因素）為 $A_x + B + V$，x + n 年生時之實際森林投資資本為 $A_{x+n} + B + V$，則 n 年間之森林投資資本成長量為 $A_{x+n} - A_x$。由 x 年生到 x + n 年生，林木價之增加即為營林收入，但是營林的基本前提是必須令現有 x 年生的林木留存於林地繼續生長，而地價和管理資本均為使林木價增加的必要支出，故 $A_x + B + V$ 為經營資本，且 n 年間之營林支出應計其使用資本之利息。承此，林主於經營森林的 n 年間之實際支出 $= (A_x + B + V)(1.0P^n - 1)$，我們可以將營林收入與支出之相對關係表示如下：

- $(A_{x+n} - A_x) > (A_x + B + V)(1.0P^n - 1)$，營林有利（投資成長量 > 支出）；
- $(A_{x+n} - A_x) < (A_x + B + V)(1.0P^n - 1)$，已無利可圖（投資成長量 < 支出）；
- $(A_{x+n} - A_x) = (A_x + B + V)(1.0P^n - 1)$，截止經營（恰成熟）；

  故稱 $(A_{x+n} - A_x) = (A_x + B + V)(1.0P^n - 1)$ 為經營森林時之經濟平衡式。

12.4 指率應用實例

　　某一林場經營長伐期樹種，該樹種於 60 年生時，其木材利用性質可達非常穩定的狀態，可適合應用於製材和傢俱用材等工業用途，因此，林場經營者從 60 年生時即可行主林木收獲，而對未達 60 年生的林木則行林分管理目的之伐採，亦即間伐，所得的經濟收入詳如表 8.1。假設林場造林費 c 為 120 單位（元），每年之管理費 v 為 9 單位（元），地價 B 為 1060 單位（元），市場經濟利率 P 為 3%；基於「以追求最大經濟利潤為原則」的企業經營觀念，試應用指率決定該林分之林木成熟期？

一、解題觀念提示

1. 應用指率決定林木成熟期時，有關指率公式中的 x 年及 x + n 年時的林木價 A_x 和 A_{x+n}，之數據資料，一般均以主林木收獲代表 A_x，以總收獲代表 A_{x+n}。
2. 管理資本 = 管理費 / 市場經濟利率，亦即 $V = \dfrac{v}{0.0P}$。
3. 由 x 到 x + n 年生的資料所求得的指率 $W_{x\sim x+n}$ 係代表 x + n 年時之指率值。

表 12.1　某林場長伐期樹種林分之經濟收穫記錄

年齡	60 年	70 年	80 年	90 年
主林木收穫（元）	5171	6911	8623	9869
副林木收穫（間伐）（元）	661	953	1186	1371
總收穫（元）	5832	7864	9809	11240

二、求解

A. 以一般式指率決定林木成熟期

$$1.0W^n = \frac{A_{x+n} + B + V}{A_x + B + V}$$

$$W = (\sqrt[n]{\frac{A_{x+n} + B + V}{A_x + B + V}} - 1) \times 100$$

$$V = \frac{v}{0.0P} = \frac{9}{0.03} = 300$$

$$B = 1060$$

$$W_{60\sim70} = \left(\sqrt[10]{\frac{A_{70} + B + V}{A_{60} + B + V}} - 1\right) \times 100 \qquad \boxed{n = 70 - 60 = 10}$$

$$= \left(\sqrt[10]{\frac{7864 + 1060 + 300}{5171 + 1060 + 300}} - 1\right) \times 100$$

$$= 3.52\%$$

$$W_{70\sim80} = \left(\sqrt[10]{\frac{A_{80} + B + V}{A_{70} + B + V}} - 1\right) \times 100 \qquad \boxed{n = 80 - 70 = 10}$$

$$= \left(\sqrt[10]{\frac{9809 + 1060 + 300}{6911 + 1060 + 300}} - 1\right) \times 100$$

$$= 3.05\%$$

$$W_{80\sim90} = \left(\sqrt[10]{\frac{A_{90} + B + V}{A_{80} + B + V}} - 1\right) \times 100 \qquad \boxed{n = 90 - 80 = 10}$$

$$= \left(\sqrt[10]{\frac{11240 + 1060 + 300}{8623 + 1060 + 300}} - 1\right) \times 100$$

$$= 2.36\%$$

討論與決策：

- $W_{60\sim70} = 3.52\%$，代表林木由 60 年到 70 年生時，平均每一年的森林投資資本成長率為 3.52%，亦即這段期間的平均連年收利率為 3.52%，遠超過市場經濟利率 3%，故林場經營的穫利率遠大於市場經濟利率，應繼續留存林木於林地上，以取得更多的利潤，故此時（至 70 年生）並非林木成熟期。

- $W_{70\sim80} = 3.05\%$，代表林木由 70 年到 80 年生時的平均連年收利率 3.05% 大約等於市場經濟利率，林場經營的穫利率與市場經濟利率大約相等（$W_{70\sim80} = 3.05\% \approx 3\% = P$），故應可判斷 80 年生時，林木已達成熟時期。若再與 80 年到 90 年生時的平

均連年收利率 2.36% 比較，表示到 90 年生時的林木已經過熟，即可決定林場之林木成熟期為 80 年。

- 若要求算準確的成熟期，則可將 n 年間的指率變化視為線性，亦即可用平均值代表平均一 年的變化量，再依據 W = P 的準則，決定林木成熟期。本例，80 年生時的指率為 3.05%，90 年生時的指率為 2.36%，在 10 年間指率下降了 0.69%，平均一年下降 0.069%，故 81 年時的指率為 3.05 − 0.069 = 2.981%。80 年生時的指率稍大於經濟利率約 0.05%，81 年生時的指率則稍小於經濟利率約 0.02%，W = P 之時期發生在第 81 年，故調整決定林木成熟期為 81 年。

B. 以 Pressler 氏指率決定林木成熟期

$$W = P_w \times \frac{H}{H + G}$$

$$P_w = \frac{A_{x+n} - A_x}{A_{x+n} + A_x} \times \frac{200}{n}$$

$$H = \frac{A_{x+n} + A_x}{2}$$

$$G = B + V$$

$$W = \left[\frac{A_{x+n} - A_x}{A_{x+n} + A_x} \times \frac{200}{n} \right] \left[\frac{0.5(A_{x+n} + A_x)}{0.5(A_{x+n} + A_x) + (B + V)} \right]$$

$$W_{60 \sim 70} = \left[\frac{A_{70} - A_{60}}{A_{70} + A_{60}} \times \frac{200}{10} \right] \left[\frac{0.5(A_{70} + A_{60})}{0.5(A_{70} + A_{60}) + 1060 + 300} \right]$$

$$= \left[\frac{7864 - 5171}{7864 + 5171} \times 20 \right] \left[\frac{0.5(7864 + 5171)}{0.5(7864 + 5171) + 1360} \right]$$

$$= 4.131952 \times 0.827356$$

$$= 3.42\%$$

$$W_{70 \sim 80} = \left[\frac{A_{80} - A_{70}}{A_{80} + A_{70}} \times \frac{200}{10} \right] \left[\frac{0.5(A_{80} + A_{70})}{0.5(A_{80} + A_{70}) + 1060 + 300} \right]$$

$$= \left[\frac{9809 - 6911}{9809 + 6911} \times 20 \right] \left[\frac{0.5(9809 + 6911)}{0.5(9809 + 6911) + 1360} \right]$$

$$= 3.466507 \times 0.860082$$

$$= 2.98\%$$

$$W_{80\sim90} = \left[\frac{A_{90} - A_{80}}{A_{90} + A_{80}} \times \frac{200}{10}\right]\left[\frac{0.5(A_{90} + A_{80})}{0.5(A_{90} + A_{80}) + 1060 + 300}\right]$$

$$= \left[\frac{11240 - 8623}{11240 + 8623} \times 20\right]\left[\frac{0.5(11240 + 8623)}{0.5(11240 + 8623) + 1360}\right]$$

$$= 2.635050 \times 0.879555$$

$$= 2.32\%$$

決策：因為 $W_{70-80} = 2.98\% \approx 3\% = P$，故決定林木成熟期為 80 年。

註解 12.2：

  70 年生時的指率為 3.42%，80 年生時的指率為 2.98%，在 10 年間指率下降了 0.44%，平均一年下降 0.044%，故 79 年時的指率為 3.42 − (0.044×9) = 3.024%。79 年生時的指率則稍大於經濟利率約 0.024%，80 年生時的指率稍小於經濟利率約 0.02%，W＝P 之時期發生在第 80 年，故可決定林木成熟期為 80 年。

C. 以 Kraft 氏指率決定林木成熟期

$$1.0W^n = \frac{A_{x+n} - (B + V)(1.0P^n - 1)}{A_x}$$

$$W = \left(\sqrt[10]{\frac{A_{x+n} - (B + V)(1.0P^n - 1)}{A_x}} - 1\right) \times 100$$

$$(B + V)(1.0P^n - 1) = (1060 + 300)(1.03^{10} - 1) = 467.73$$

$$W_{60\sim70} = \left(\sqrt[10]{\frac{A_{70} - 467.73}{A_{60}}} - 1\right) \times 100$$

$$= \left(\sqrt[10]{\frac{7864 - 467.73}{5171}} - 1\right) \times 100$$

$$= 3.64\%$$

$$W_{70\sim80} = \left(\sqrt[10]{\frac{A_{80} - 467.73}{A_{70}}} - 1\right) \times 100$$

$$= \left(\sqrt[10]{\frac{9809 - 467.73}{6911}} - 1\right) \times 100$$

$$= 3.06\%$$

$$W_{80\sim90} = \left(\sqrt[10]{\frac{A_{90} - 467.73}{A_{80}}} - 1\right) \times 100$$

$$= \left(\sqrt[10]{\frac{11240 - 467.73}{8623}} - 1\right) \times 100$$

$$= 2.25\%$$

決策：因為 $W_{70\text{-}80} = 3.06\% \approx 3\% = P$，故決定林木成熟期為 80 年。

註解 12.3：

80 年生時的指率為 3.06%，90 年生時的指率為 2.25%，在 10 年間指率下降了 0.81%，平均一年下降 0.081%，故 81 年時的指率為 3.06 − 0.081 = 2.979%。80 年生時的指率則稍大於經濟利率約 0.06%，81 年生時的指率稍小於經濟利率約 0.021%，W = P 之時期發生在第 81 年，故調整決定林木成熟期為 81 年。

D. 以右田氏指率決定林木成熟期

$$1.0W^n = \frac{(A_{x+n} + B + V) - (A_x + V)1.0P^n}{B}$$

$$W = \left(\sqrt[n]{\frac{(A_{x+n} + B + V) - (A_x + V)1.0P^n}{B}} - 1\right) \times 100$$

$$1.0P^n = 1.03^n = 1.03^{10} = 1.343916$$

$$W_{60\sim70} = \left(\sqrt[10]{\frac{(A_{70} + 1060 + 300) - 1.343916(A_{60} + 300)}{1060}} - 1\right) \times 100$$

$$= \left(\sqrt[10]{\frac{(7864 + 1360) - 1.343916(5171 + 300)}{1060}} - 1\right) \times 100$$

$$= 5.85\%$$

$$W_{70\sim80} = \left(\sqrt[10]{\frac{(A_{80} + 1060 + 300) - 1.343916(A_{70} + 300)}{1060}} - 1\right) \times 100$$

$$= \left(\sqrt[10]{\frac{(9809 + 1360) - 1.343916(6911 + 300)}{1060}} - 1\right) \times 100$$

$$= 3.38\%$$

$$W_{80\sim90} = \left(\sqrt[10]{\frac{(A_{90} + 1060 + 300) - 1.343916(A_{80} + 300)}{1060}} - 1 \right) \times 100$$

$$= \left(\sqrt[10]{\frac{(11240 + 1360) - 1.343916(8623 + 300)}{1060}} - 1 \right) \times 100$$

$$= -5.40\%$$

討論與決策：雖然 $W_{70\sim80} = 3.38\%$ 仍遠大於市場經濟利率，但由 80 年到 90 年之平均連年收利率為 $W_{80\text{-}90} = -5.40\%$，遠小於市場經濟利率，若繼續留存林木不予伐採，損失非常大，故仍決定林木成熟期為 80 年。

註解 12.4：

　　80 年生時的指率為 3.38%，90 年生時的指率為 -5.40%，在 10 年間指率下降了 8.88%，平均一年下降 0.888%，故 81 年時的指率為 3.38 − 0.888 = 2.492%。80 年生時的指率則稍大於經濟利率約 0.38%，81 年生時的指率稍小於經濟利率約 0.508%；雖然本例 W＝P 之時期發生在第 81 年，但是在一年之間的指率下降約 1%，變異太大，似乎不宜調整決定林木成熟期，仍應決定林木成熟期為 80 年。

E. 以森林純收穫指率決定林木成熟期

$$1.0W^n = \frac{(A_{x+n} + B) - V(1.0P^n - 1)}{A_x + B}$$

$$W = \left(\sqrt[n]{\frac{(A_{x+n} + B) - V(1.0P^n - 1)}{A_x + B}} - 1 \right) \times 100$$

$$V(1.0P^n - 1) = 300(1.03^{10} - 1) = 103.17$$

$$W_{60\sim70} = \left(\sqrt[10]{\frac{(A_{70} + 1060) - 103.17}{A_{60} + 1060}} - 1 \right) \times 100$$

$$= \left(\sqrt[10]{\frac{(7864 + 1060) - 103.17}{5171 + 1060}} - 1 \right) \times 100$$

$$= 3.54\%$$

$$W_{70\sim80} = \left(\sqrt[10]{\frac{A_{80} + 1060 - 103.17}{A_{70} + 1060}} - 1 \right) \times 100$$

$$= \left(\sqrt[10]{\frac{9890 + 1060 - 103.17}{6911 + 1060}} - 1 \right) \times 100$$

$$= 3.05\%$$

$$W_{80\sim90} = \left(\sqrt[10]{\frac{A_{90} + 1060 - 103.17}{A_{80} + 1060}} - 1 \right) \times 100$$

$$= \left(\sqrt[10]{\frac{11240 + 1060 - 103.17}{8623 + 1060}} - 1 \right) \times 100$$

$$= 2.33\%$$

決策：因為 $W_{70\text{-}80}$ = 3.05% ≈ 3% = P，故決定林木成熟期為 80 年。

註解 12.5：

　　80 年生時的指率為 3.05%，90 年生時的指率為 2.33%，在 10 年間指率下降了 0.72%，平均一年下降 0.072%，故 81 年時的指率為 3.05 − 0.072 = 2.978%。80 年生時的指率則稍大於經濟利率約 0.05%，81 年生時的指率稍小於經濟利率約 0.0222%，W = P 之時期發生在第 81 年，故調整決定林木成熟期為 81 年。

三、各種指率式計算結果之比較與評估

　　雖然一般式、Pressler 式、Kraft 式、右田式以及森林純收穫式等五種指率公式，所決定的某林場長伐期樹種之林木成熟期均為 80 年，但詳細比較各式之指率值，可以發現右田式的指率變異極大，不適合應用於長伐期作業的森林，只能應用於短伐期之矮林作業，其他四種公式之指率值變化較為穩定，可適合應用於長伐期作業的森林，其中一般式指率最為精確。臺灣林業之經營多屬長伐期作業者，在一般的應用上，一般式指率較為適用。

表 12.2　各種指率式決定某林場長伐期樹種之林木成熟期比較表

指率	代表年齡	一般式	Pressler 式	Kraft 式	右田式	森林純收穫式
$W_{60\sim70}$	70	3.52%	3.42%	3.64%	5.85%	3.54%
$W_{70\sim80}$	80	3.05%	2.98%	3.06%	3.38%	3.05%
$W_{80\sim90}$	90	2.36%	2.32%	2.25%	-5.40%	2.33%
成熟期決策方法 1	80 年	80 年	80 年	80 年	80 年	80 年
成熟期決策方法 2	81 年	80 年	80 年	81 年	80 年	81 年

註：W_{x-x+n} 代表 x+n 年之指率

12.5 林木成熟期

一、單木成熟期

當樹木長到吾人利用所需大小時之年齡，為其成熟期。

二、林木成熟期（林分成熟期）

當一林分之林木長到其平均大小達到吾人利用所需時之年齡，為其成熟期，通常「利用所需時之年齡」係指林木之利用性質最佳之時期。故林木成熟期可定義為一林分之林木，長至其利用性質最佳之時期。通常均採用指率作為單一林分成熟與否之判定標準，故林分成熟期為 W＝P 時之林木年齡。

林分為一塊林地上所有樹木的集合體。人工林林分的樹種組成、年齡、林木構造等均非常一致，足夠與鄰接的林分相區別。在一般情況下，一個林區內之土地地力不會相同，因此整個林區的組成如樹種、年齡、林木構造等可能不會完全相同，故通常都會將整個林區劃分為若干個樹種、年齡、林木構造較一致的林分，以進行經營作業。圖 12.2 所示即為此種林區之一例，圖中粗體字數值為林區之林分代號，括號內數值為該林分之林木成熟期。全林區劃分為 30 個林分，每個林分均可依指率公式決定其林木成熟期。例如第 1 區於 24 年生時 W＝P，第 24 區於 28 年生時 W＝P，第 29 區於 35 年生時 W＝P。

1(24)	2(28)	3(26)	4(25)	5	6
7(27)	8(32)	9(30)	10	11	12
13	14	15	16	17	18
19	20	21	22	23	24(28)
25	26	27	28	29(35)	30(31)

圖 12.2　某林區 30 個林分柳杉林木成熟期

三、平均成熟期

將圖 12.2 之柳杉林區 30 個不同林分（m）中不盡相同的林木成熟期（W_i）加以平均，即可求得該林區的平均成熟期。若以此平均成熟期作為所有 30 個林分的共同成熟期，則此所有林分的共同成熟期，可稱為輪伐期（u）。

$$u = \frac{\sum_{i=1}^{m} W_i}{m} = \frac{W_1 + W_2 + \ldots + W_{30}}{30}$$

四、伐期齡與伐採齡

林木於成熟時應伐採之，故成熟時的年齡稱為伐期齡（rotation age）。但實際經營作業上，可能因某些原因並未於伐期齡時伐採，而予提前或延後伐採，則林木實際伐採的年齡稱為伐採齡（cuffing age）。如第一區其成熟年齡為 24 年，故其伐期齡為 24 年。但為了整個森林經營之方便以及兼顧伐採順序之故，而延後至 30 年生時伐採，故其伐採齡為 30 年。

五、作業級成熟期

A.作業級之定義

• 在一森林中集合數種立地條件、輪伐期或成熟期以及作業法等相似或相同之林分，作為一經營單位是為作業級。

• 一事業區之森林，其樹種、作業法、輪伐期等往往不是全部一致，因此，將各相同

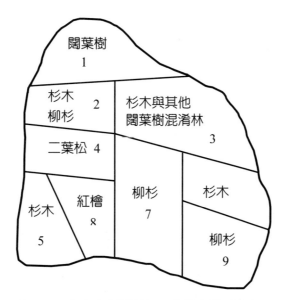

圖 12.3　具有多種樹種分區森林之林型分布圖

部份合成一單位，謂之作業級。

• 作業級為同一作業法、同一輪伐期、同一經營目標且可有保續收穫之森林集合體。

B. 作業級成熟期之決定

圖 12.3 所示為虛擬森林的林型分布圖，全林共分成 9 區，編號 1-9，各區樹種組成不盡相同。茲將決定該森林作業級成熟期的方法以及年伐區規劃之步驟分述如後：

1. 將樹種相同的集合在一起

柳杉 ┌─ 2-30 年（18ha）
杉木 │   5-40 年（48ha）
     │   6-18 年（38ha）
     │   7-22 年（26ha）
     └─ 9-20 年（28ha）

（樹種）　（區）　（成熟期）

2. 將成熟期一致者集合起來而組成一個作業級，求出其平均成熟期。

例如 6、7、9 三區之成熟期相近，可組成第一作業級；2、5 二區之成熟期相近，可組成第二作業級。第一作業級之平均成熟期 u_1 及第二作業級之平均成熟期 u_2 各為 20 年和 35 年。

$$u_1 = \frac{w_6 + w_7 + w_9}{3}$$

$$= \frac{18 + 22 + 20}{3}$$

$$= 20(年)$$

$$u_2 = \frac{w_2 + w_5}{2}$$

$$= \frac{30 + 40}{2}$$

$$= 35(年)$$

3.作業級年伐區之規劃

保續作業的經濟林以每年均有固定的木材收穫為經營目標，以作業級為一個經營單位，為達成保續作業目標，故將第一作業級的第 6、7、9 等三區劃分為 20 個年伐區，每一年伐區的面積為 (38 + 26 + 28)÷20 = 4.6 *ha*，每年伐採 4.6 *ha*，經過 20 年後，整個作業級會成為一個規則林木齡級面積分布的狀態。同理，將第二作業級劃分為 35 個年伐區，每一年伐區面積為 1.88 *ha*，每年伐採 1.88 *ha*，經過 35 年後，整個作業級也會具有規則分布的林木齡級面積的分布狀態。

以平均成熟期做為第 6、7、9 三區之伐採時期，此平均成熟期稱為作業級成熟期。故第一作業級成熟期為 20 年，第二作業級成熟期為 35 年。

第十三章 輪伐期（Rotation）

13.1 輪伐期之意義與種類

　　從建立林分開始（established stand）到伐採收穫（final felling）為止，林木被容許生長的時間（以年為單位），稱之為輪伐期（rotation）；換言之，伐區式作業森林或施行單循環森林作業法（monocylic silvicultural system）的森林，同一年伐區被輪迴皆伐（clear cutting）一次所經過的時間為輪伐期；伐區式作業森林具相同經營目標的若干個林分組成作業級（working group）之平均成熟期，亦稱為輪伐期。相對地，施行擇伐作業（selection silvicultural system）或多循環森林作業法（multicylic silvicultural system）的森林，同一年伐區被輪迴擇伐一次所經過的時間，則稱回歸年（cutting cycle, felling cycle）。

　　輪伐期依其性質可分為非財政性輪伐期（non-financial rotation）及財政性輪伐期（financial rotation），非財政性輪伐期非以財政為決定依據，可細分為自然輪伐期（physical rotation）、工藝輪伐期（technical rotation）以及材積收穫最多輪伐期（the maximum volume yield rotation），財政性輪伐期則可分為森林純收穫（益）最大輪伐期（the highest forest rent rotation）以及土地（林地）純收益最大輪伐期（the highest soil rent rotation）。

13.2 非財政性輪伐期

一、自然輪伐期

　　1. 林木能生產最多量之有效種子之年齡為其自然成熟期

　　如杉木在 43 年生能產生最大量之有效種子則 43 年為其自然成熟期。對萌芽林而言，以萌芽力最強之時期為成熟期。如相思樹在 16 年生時其萌芽力最強，則其自然成

熟期為 16 年。林木種子產量容易受環境因子影響而有豐歉年，產量變化造成應用上的不確定性。

 2. 以林木之自然壽命為其自然成熟期

 如紅檜扁柏可長至 2500 年，則其自然成熟期為 2500 年。因第 1 種自然輪伐期受外界因素之影響很大，無一準確度，而第 2 種自然輪 伐期所經年度太長，所以自然輪伐期沒有實質上之意義。

二、工藝輪伐期

 林木不管在何時伐採均能利用，對某樹種而言，以能供應吾人所需特殊木材大小時之年齡為工藝輪伐期。故工藝輪伐期乃是以其工藝性質為先決條件所決定之輪伐期。

 例如臺灣早期經濟發展時期，建築用支撐材以直徑 16-20cm 最適當，則所栽植的杉木或柳杉木長到直徑 16-20cm 時所需年齡為其工藝輪伐期。相思樹在 8 年生時能生產大量之礦坑材，則以生產大量礦坑材之相思樹林，其工藝輪伐期為 8 年。法國櫟樹做酒桶用之年齡為 250 年，故其工藝輪伐期為 250 年。工藝輪伐期可能得到最大收穫，故具實質的可行性。葡萄牙經營 cork cak forest 以生產樹皮供軟木寬原料用，每隔 9 年採收樹皮一次，故其工藝輪伐期為 9 年。

三、材積收穫最多之輪伐期

 單位面積上材積收穫最多的輪伐期稱之為材積收穫最大輪伐期（the maximum volume yield rotation），亦即平均生長最多的輪伐期。在 18 世紀至 19 世紀初葉，由於交通的不便，森林以供應某特定地區之木材需要為主，故以材積收穫最多之輪伐期可以適用，被認為是當時決定輪伐期之唯一標準，但在交通方便的今天，此種輪伐期不一定最佳。但對工業原料林而言，以生產材積最多之時期為輪伐期亦不無適當。

13.3 **財政性輪伐期**

一、森林純收益最大輪伐期

㈠ 森林純收益之意義

連年作業之森林，單位面積一年之純收益，稱為森林純收益（forest rent），簡稱為森林純益，以 r 表示。

㈡ 森林純益最大輪伐期之決定

設一森林之面積為 F，依永續作業觀念，希望每年能有固定收入，故以連年作業方式，將全林劃分為若干年伐區 u，每一年伐區面積為 F/u，每年伐採其中一區，則以每年的收入扣除每年的營林成本，即可得到每年的森林純益。圖 9.1 所示的連年作業森林，森林面積為 1600 公頃，欲劃分為 80 個年伐區，則每一年伐區面積為 F/u = 1600/80 = 20（*ha*），每年伐採其中一區並隨即施予造林。

連年作業森林，每年之收入包括主伐收入和間伐收入，支出費用包括造林費和管理費等，各項費用如下：

收入：主伐收入 A_u，間伐收入 D_a、D_b、…。

支出：造林費 *c*，管理費 u×*v*，其中 *v* 為一個年伐區（單位面積）的管理費，全林有 u 個年伐區，故管理費為 u×*v*。

全林一年純收益 = 收入 － 支出 = $(A_u + D_a + D_b + \cdots) - (c + u \times v)$

單位面積一年之純收益 $(r) = \dfrac{\text{全林一年純收益}}{u}$

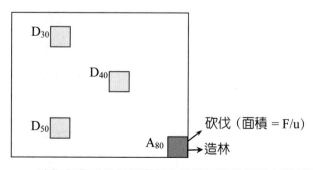

圖 13.1　連年作業森林年伐區與全林面積和輪伐期之關係示意圖

$$\therefore \quad r = \frac{A_u + D_a + D_b + ... - (c + u \times v)}{u} \tag{13.1}$$

根據公氏（13.1），吾人可以定義：假設連年作業的森林，在不同年齡時期（i）的森林純收益為 r_i，則其森林純收益最大輪伐期為 m，如果 m 年的森林純收益滿足下列條件

$$r_m = \max(r_i), \quad \text{for } i = 1, 2, ..., \text{n(年)}$$

例如：設一連年作業森林，所求得之每年單位面積森林純收益 r_{10}、r_{11}、r_{12}、⋯、r_{60}，其中以 r_{45} 為最大，則該森林應以 45 年生為成熟期，此成熟期即為該森林之森林純收益最大輪伐期（the highest forest rent rotation），又稱為林木純收益最大輪伐期。樹種和輪伐期之訂定對森林經營影響很大，故一森林經理計劃之樹種和輪伐期絕不可隨便改變。

㈢ 森林純收益最大輪伐期之優、缺點

A. 優點：計算形式很簡單，應用時可以將造林費和管理費忽略不計，改以 $r' = \frac{A_n + D_a + D_b \cdots}{u}$ 代替 r，也不會影響最大時間點。

B. 缺點：

1. 只能利用於連年作業的森林。

2. 間伐收入未考慮到複利因素。間伐的時間點一定早於輪伐期，若為長伐期經營的森林，間伐收入複利計算的結果，影響會更大。

3. 森林純益最大輪伐期以林木價為計算基礎，其價格受木材市場之影響很大，變

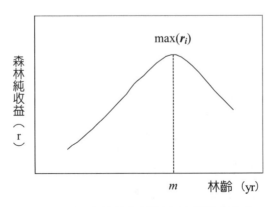

圖 13.2　森林純收益最大輪伐期之決定

化可能太大，穩定性差。

4. 森林純益最大，並不代表經營森林可以得到最大收益，因為森林是林地和林木之集合體，亦即森林＝林地＋林木。所以森林純益＝林地純益＋林木純益＝地租＋蓄積資本之利息。由於林木視為森林投資資本，因此，經營森林之純益應將使用該蓄積資本之利息扣除。故可得林地純益＝森林純益－利息。林地純益才是真正的收益，而森林純益最大，並不表示經營森林，可以得到最大收益。故森林純益最大輪伐期並無實用上之價值。

二、林地純益最大輪伐期

㈠ 間斷作業或隔年作業

A. 間斷作業森林之連年純益

設一森林從造林（造林費 c）開始，經過 u 年進行主伐，可以獲得主伐收入 A_u，其間也可獲得為撫育施行若干次間伐的間伐收入 D_a、D_b、…，則以每年固定的管理費 v 以及經濟利率 P 之條件下，該間斷作業森林之連年純益為 $B_u \times 0.0P$，亦即間斷作業森林每年都可以得到的單位面積林地純益（soil rent）為土地期望價（soil expectation value）與市場利率之乘積。

B. 解析

設一森林從造林開始，經過 u 年進行主伐，可以獲得主伐收入 A_u，期間並有為撫育目的而行的間伐，所得的間伐收入為 D_a、D_b、…；若以開始時的造林費 c 以及每年固定的管理費 v 與經濟利率 P 之條件下，該森林在一個 u 年間之收支可以數式表示如下：

收入：$A_u + D_a \times 1.0P^{u-a} + D_b \times 1.0P^{u-b} + ...$

支出：$c \times 1.0P^u + \dfrac{v}{0.0P}(1.0P^u - 1)$

$\qquad = c \times 1.0P^u + V(1.0P^u - 1)$

$\qquad =$ 造林成本本利和＋每年管理成本的利息

u 年終，該森林的淨收入（收入－支出）為：

$$R = A_u + D_a \times 1.0P^{u-a} + D_b \times 1.0P^{u-b} + ... - c \times 1.0P^u - V(1.0P^u - 1) \qquad （13.2）$$

欲每隔 u 年由森林得到淨收入 R，則其資本價（前價合計）為 $\dfrac{R}{1.0P^u - 1}$（詳註解 1）；該資本價就是土地期望價（soil expectation value, SEV; also bare land value, BLV），以符號 Bu 表示，又稱為淨收入前價合計（NDR）。

$$
\begin{aligned}
\frac{R}{1.0P^u - 1} &= \frac{A_u + D_a \times 1.0P^{u-a} + D_b \times 1.0P^{u-b} + \cdots - c \times 1.0P^u - V(1.0P^u - 1)}{1.0P^u - 1} \\
&= \frac{A_u + D_a \times 1.0P^{u-a} + D_b \times 1.0P^{u-b} + \cdots - c \times 1.0P^u}{1.0P^u - 1} - V \qquad (13.3)\\
&= B_u
\end{aligned}
$$

間斷作業森林之連年純益 ＝ u 年間淨收益的前價合計 ×0.0P

＝ 土地期望價 × 市場利率

＝ $B_u \times 0.0P$ （13.4）

C. 林地純益最大輪伐期之決定

營林目的在追求每年得到的淨收入或純益最大，故間斷作業的森林應以每年的林地純益最大之時期為輪伐期。由於間斷作業森林之連年純益為土地期望價與市場經濟利率之乘積（亦即 Bu*0.0P），其中市場經濟利率 P 可視為一個定數，所以，實際影響林地純益大小之因子僅為 B_u，故林地純益最大輪伐期亦可稱為土地期望價最大輪伐期（the highest soil expectation value rotation），以 *sr* 表示之。

註解 13.1：

設森林之輪伐期為 u 年，經營森林時若以輪伐期 u 年為一期，若希望每隔 u 年能有 R 元收入時，則在每一段 u 年期間的開始，就須投入資本 K 元。以一定金額定期存款放在銀行生息的觀念視之，該每一期 u 年終的收入 R 即為本利和，而資本 K 即為定存之本金；R 可視為後價、K 可視為前價，二者之關係為 R ＝ K×10P^U 或 $K = \dfrac{R}{1.0P^u}$。

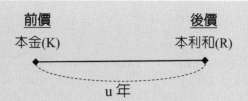

$$前價 \qquad\qquad 後價$$
$$本金(K) \qquad\qquad 本利和(R)$$

$$u\ 年$$

　　由於森林要永續經營，長期觀之，森林經營可經過的時間可以視為無窮的或沒有終點的，若以 u 年間隔作為一個輪伐期，即可將整個營林時序區分為 n 期，其中 $n = \dfrac{\infty}{u} = \infty$。所以就經營森林的整個時間序列言，所有投入的資本為 $K_1 + K_2 + \cdots + K_n$, $n = \infty$，在無限期的營林時序中，所有投入資金與收入之關係可示如圖 13.3。

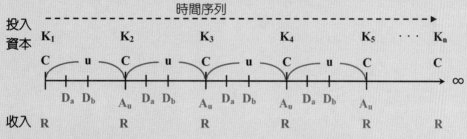

圖 13.3　無限期營林時序投入資金 K 與收入 R 之關係（設 $R_i = R_j = R$, for $i \neq j$）

$$K_1 + K_2 + K_3 + \cdots + K_n = \frac{R}{1.0P^u} + \frac{R}{1.0P^{2u}} + \frac{R}{1.0P^{3u}} + \cdots + \frac{R}{1.0P^{nu}}$$

$$= \frac{R}{1.0P^u}\left[1 + \frac{1}{1.0P^u} + \frac{1}{1.0P^{2u}} + \cdots\cdots + \frac{1}{1.0P^{(n-1)u}}\right] \tag{13.5}$$

公式（13.5）等號右邊括號內之數項為一等比級數，其公比為 $\dfrac{1}{1.0P^u}$，小於 1，依據等比級數定理，可知等比級數之和 $\sum$ 等於

$$\sum = \left[\frac{1 - (公比)^{項數}}{1 - (公比)}\right] \tag{13.6}$$

所以，公式（13.5）可以改寫為

$$K_1 + K_2 + K_3 + \cdots + K_n = \frac{R}{1.0P^u} + \frac{R}{1.0P^{2u}} + \frac{R}{1.0P^{3u}} + \cdots + \frac{R}{1.0P^{nu}}$$

$$= \frac{R}{1.0P^u}\left[1 + \frac{1}{1.0P^u} + \frac{1}{1.0P^{2u}} + \cdots\cdots + \frac{1}{1.0P^{(n-1)u}}\right]$$

$$= \frac{R}{1.0P^u} \times \left[\frac{1 - \left(\dfrac{1}{1.0P^u}\right)^n}{1 - \left(\dfrac{1}{1.0P^u}\right)}\right] \tag{13.7}$$

永續經營的營林時序中，n 個期程等於無限大，所以

$$\left(\frac{1}{1.0P^u}\right)^n = \left(\frac{1}{1.0P^u}\right)^\infty \approx 0 \tag{13.8}$$

將上式代入（13.7）公式中，可得

$$K_1 + K_2 + K_3 + \cdots + K_n = \frac{R}{1.0P^u} \times \frac{1}{1 - \dfrac{1}{1.0P^u}}$$

$$= \frac{R}{1.0P^u} \times \frac{1}{\dfrac{1.0P^u - 1}{1.0P^u}}$$

$$= \frac{R}{1.0P^u} \times \frac{1.0P^u}{1.0P^u - 1} \tag{13.9}$$

$$= \frac{R}{1.0P^u - 1}$$

故可得證：欲每隔 u 年由森林得到淨收入 R，所需資本價（前價合計）為 $\dfrac{R}{1.0P^u - 1}$。

(二) 連年作業

A. 連年作業森林之連年純益

經濟林從造林開始到伐採收穫所經過的時間就是林木被容許生長的時間（圖 13.4），所以基於永續經營觀念，連年作業的森林，在一個輪伐期（u 年）中，整個作業區必須具備 1, 2, 3, …, u-2, u-1, u 年生之林木，因為先有蓄積量後才有生長量，則每年之伐採可因生長量之補充，不會使蓄積量減少；亦即所伐採的 u 年生時林木材積，理想

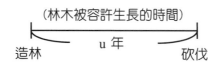

圖 13.4　經濟林作業區容許林木生長的時序

1	2	3	4	5	6	7	8
9	10	11	12	13	14	15	16
17	18	19	20	21	22	23	24
25	26	27	28	29	30	31	32

圖 13.5　連年作業森林輪伐期（u＝32 年）之作業區齡級分配

上會等於全林 u-1 年生以下各年齡林木的生長量。所以，為保障連年作業森林得有連年純益，全林必須具備輪伐期年齡所規範的全齡級（1~u 年生）的伐區（圖 13.5）。

　　若假設連年作業的森林，每年之收入包括主伐收入與間伐收入，支出包括造林費（c）和管理成本（$V = v/0.0P$），則該森林每年可以得到的單位面積林地純益為 $B_u \times 0.0P$，0.0P 為一定數，所以，每年單位面積林地純益與 Bu 成比例，實際影響連年作業森林林地純益之大小者，只有土地期望價，故此種輪伐期又稱為土地期望價最大之輪伐期。所謂單位面積係指每一年伐區的面積，其值等於 F/u（ha）。

$$B_u = \frac{A_u + D_a \times 1.0P^{u-a} + D_b \times 1.0P^{u-b} + ... - c \times 1.0P^u}{1.0P^u - 1} - V \qquad （13.10）$$

B. 解析

　　設連年作業的森林，每年的收入包括主伐收入 A_u 和間伐收入 D_a、D_b…，支出包括造林費 c 和管理費 v，則每年之收支可表示如下：

收入：主伐收入：A_u，

　　　間伐收入：D_a、D_b、…，

　　　收入合計：$A_u + D_a + D_b + …$

（因同年度實施主伐及間伐，故 A_u、D_a、D_b 不必後價計算）

支出：造林費 c

　　管理費：年伐區數 × 每一年伐區之管理 = u×v

　　蓄積利子：法正蓄積還原價 × 市場經濟利率 = N_r×0.0P

　　支出合計：c + u×v + N_r×0.0P

$$每年單位面積純益 = \frac{A_u + D_a + D_b + ... - (c + u \times v + N_r \times 0.0P)}{u} \tag{13.11}$$

連年作業森林，若每年之收入有 $A_u + D_a + D_b + \cdots$，支出有 $c + uv + uB_u \times v0.0P$，則每年純益為（$A_u + D_a + D_b + \cdots$）－（$c + uv + uB_u \times 0.0P$）；法正蓄積還原價 N_r 被定義為每年純益與市場經濟利率的比值（公式 13.12）。

$$N_r = \frac{A_u + D_a + D_b + ... - (c + uv + uB_u \times 0.0P)}{0.0P} \tag{13.12}$$

將 Nr 代入（9.10）式，可以得到每年單位面積林地純益（sr）為 B_u×0.0P（公式 13.12）。亦即

$$
\begin{aligned}
sr &= \frac{A_u + D_a + D_b + ... - (c + u \times v + N_r \times 0.0P)}{u} \\[2mm]
&= \frac{A_u + D_a + D_b + ... - \left[c + uv + \dfrac{A_u + D_a + D_b + ... - (c + uv + uB_u \times 0.0P)}{0.0P} \times 0.0P \right]}{u} \\[2mm]
&= \frac{A_u + D_a + D_b + ... - (c + uv + A_u + D_a + D_b + ... - c - uv - uB_u \times 0.0P)}{u} \\[2mm]
&= \frac{u \times B_u \times 0.0P}{u} \\[2mm]
&= B_u \times 0.0P
\end{aligned}
\tag{13.13}
$$

C. 林地純益最大輪伐期之決定

連年作業森林的林地純益最大輪伐期之決定與隔年作業者相同。

㈢ 林地純益最大輪伐期之決定及其影響因子

A. 林地純益最大輪伐期之決定

間斷作業和連年作業二種作業的森林，其每年單位面積之林地純益均等於土地期望價與市場經濟利率之乘積，即 $Bu \times 0.0P$。一般而言，市場經濟利率可視為定數，故只有土地期望價會影響每年單位面積之林地純益。因此，若將該森林之各年齡時間的土地期望價求出，即可以具有最大土地期望價之年齡（m）為該森林的輪伐期（圖 13.6）；此種以最大土地期望價所決定的輪伐期，稱為林地純益最大輪伐期，也稱為土地期望價最大輪伐期。

$$B_u = \frac{A_u + D_a 1.0P^{u-a} + D_b 1.0P^{u-b} + ... - c \times 1.0P^u}{1.0P^u - 1} - V$$

$$V = \frac{v}{0.0P}$$

林地純益最大輪伐期與林齡之關係圖示如圖 13.6。林地期望價在某一年齡（m）達到最大值，在 m 年以前，Bu 因主伐收入少而漸減，在 m 年以後，Bu 因複利計算之關係亦漸小，故應依此最大值為林地之真正經濟價值；以土地期望價最大值出現時期之相應年齡為輪伐期者，即是財政輪伐期（financial rotation）。經營林業應以林地期望價達到最高之時期為伐期。

B. 影響土地期望價之因子

1. 管理資本 V，對 B_u 之大小及最大時間之來臨無影響。

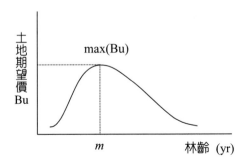

圖 13.6　林地純益最大輪伐期與林齡之關係

2. 造林費 C，對 B_u 之大小及最大時間之來臨影響甚微。

3. 間伐時間提早或間伐量增加（在不影響主伐之情況下），會加大 B_u，且提早 B_u 最大時間之來臨；間伐時間和間伐量均正常，則對 B_u 大小及最大時間之來臨影響不大。

4. 主伐量大者（林地較肥沃者）B_u 會加大，且提早 B_u 最大時間點之來臨，大材單價高，B_u 最大時間點會延後，小材單價低，B_u 最大時間點會提早。

5. 經濟利率 P 愈大，B_u 愈小，B_u 最大時間點縮短（輪伐期提早）；

經濟利率 P 愈小，B_u 愈大，B_u 最大時間點延後（輪伐期延後）。

6. 大材單價愈高，使主伐時間延後，B_u 最大時間點會延後；

小材單價愈高，使主伐時間提早，B_u 最大時間點會提早。

C. 不同地位級林地的 B_u 變異情形

林地純益最大輪伐期仍受林地的地位級高低之影響，二者之關係示如圖 13.7。基本上，優良地位級之森林，其土地期望價之上升和下降速度較快，其 Bu 曲線較陡峻，決定其最大輪伐期之彈性較小。劣等林地之土地期望價上升和下降速度較慢，Bu 曲線較緩和，決定其最大輪伐期之彈性較大。

• 優良林地最大時間點早而劣等林地最大時間點則來的較晚。

• 優良林地對樹種選擇和伐採時間很敏感，提早或延後伐採誤差很大，而劣等地則較遲頓，提早或延後伐採誤差較小。

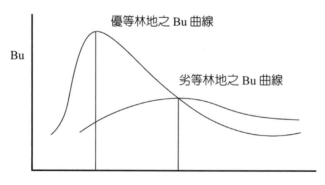

圖 13.7　不同地位級林地 Bu 曲線之比較

輪伐期摘要

1. 與木材價格無關者

(1) 自然輪伐期

(2) 工藝輪伐期

(3) 材積收穫最多之輪伐期

2. 與木材價格有關者：

(4) 金錢收穫最大（M）之輪伐期

$$M = \frac{A_u + D_a + D_b + \cdots}{u}$$，以求得金錢收穫量（M）最大之時期為輪伐期。

(5) 森林純收益最大之輪伐期

$$r = \frac{A_u + D_a + D_b + \cdots - (c - uv)}{u}$$，以求得森林純收益（r）最大時期為輪伐期。

(6) 林地純收益最大之輪伐期

林地純收益最大輪伐期又名土地期望價最大之輪伐期，也名財政輪伐期。其計算方法乃先分別求得各林齡之土地期望價 B_u，再分別乘以利率，即得各林齡之林地純收益，亦即地租，Bu×0.0P 為最大之時期即為林地純益最大輪伐期。

$$B_u = \frac{A_u + D_a \times 1.0P^{u-a} + D_b \times 1.0P^{u-b} + \cdots - c \times 1.0P^u}{1.0P^u - 1} - V$$

$$V = \frac{v}{0.0p}$$

13.4 林地純益最大輪伐期應用實例

　　試利用 8.4 節之某一林場經營某長伐期樹種的林木收穫資料，決定其林地純益最大輪伐期。假設造林費（c）與每年管理費（v）各為 120 元及 9 元，市場經濟利率 P 為 3%。

年齡（年）	60	70	80	90
主林木收穫（元）	5171	6911	8623	9869
副林木收穫（間伐）（元）	661	953	1186	1371
總收穫（元）	5832	7864	9809	11240
土地期望價（元）	747.72	827.84	841.67	785.94

一、林地期望價之計算

$$B_u = \frac{A_u + D_a \times 1.0P^{u-a} + D_b \times 1.0P^{u-b} + \cdots - c \times 1.0P^u}{1.0P^u - 1} - V$$

$$V = \frac{v}{0.0P} = \frac{9}{0.03} = 300$$

$$B_{60} = \frac{A_{60} - 120 \times 1.03^{60}}{1.03^{60} - 1} - \frac{V}{0.03}$$

$$= \frac{5832 - 707}{4.8916} - 300$$

$$= 747.72$$

$$B_{70} = \frac{A_{70} + D_{60} \times 1.0P^{70-60} - 120 \times 1.03^{70}}{1.03^{70} - 1} - 300$$

$$= \frac{7864 + 661 \times 1.03^{10} - 953}{6.9178} - 300$$

$$= 827.84$$

$$B_{80} = \frac{A_{80} + D_{70} \times 1.0P^{80-70} + D_{60} \times 1.0P^{80-60} - c \times 1.0P^{80}}{1.03^{80} - 1} - 300$$

$$= \frac{9809 + 953 \times 1.03^{10} + 661 \times 1.03^{20} - 120 \times 1.03^{80}}{1.03^{80} - 1} - 300$$

$$= \frac{9809 + 1281 + 1194 - 1277}{9.6409} - 300$$

$$= 841.67$$

$$B_{90} = \frac{A_{90} + D_{80} \times 1.0P^{90-80} + D_{70} \times 1.0P^{90-70} + D_{60} \times 1.0P^{90-60} - c \times 1.0P^{90}}{1.0P^{90} - 1} - V$$

$$= \frac{11240 + 1186 \times 1.03^{10} + 953 \times 1.03^{20} + 661 \times 1.03^{30} - 120 \times 1.03^{90}}{1.03^{90} - 1} - 300$$

$$= \frac{11240 + 1594 + 1721 + 1604 - 1716}{13.3005} - 300$$

$$= 785.94$$

二、林地期望價變化曲線

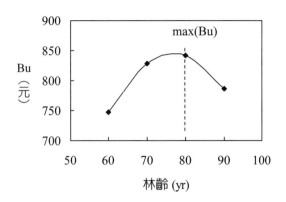

圖 13.8　經營長伐期樹種林場之土地期望價變化曲線

三、林場林地純益最大輪伐期之決策

　　林場之林地期望價自 60 年生時逐漸增加，到 80 年生時達最大值，之後則漸減，故於 80 年生時伐採林木，可以獲得到最大的林地純益，因此，該林場經營該長伐期樹種之財政輪伐期應為 80 年，其連年純益為 $B_u \times 0.0P = 25.25$（元）。

13.5 森林純益最大輪伐期與土地純益最大輪伐期之關係

一、邏輯觀念整理

　　森林為林木與林地之集合體，故森林純益應為林木純益與林地純益之合計。林木純益係為保証永續作業能連年進行之蓄積利子。例如，一輪伐期為 60 年的森林，必須具備 1，2，…，60 年等 60 個齡級的林分，才能保證永續作業的連年進行，在此條件下，蓄積利子之價值為：

$$蓄積價值 = A_{60} + A_{59} + \cdots + A_2 + A_1$$

又若此一森林之輪伐期為 80 年，則必須具備 1, 2, …, 80 年等 80 個齡級的林分，方

可保障連年進行保續作業，此時蓄積利子之價值為：

$$蓄積價值 = A_{80} + A_{79} + \cdots + A_2 + A_1$$

故可得知，蓄積利子是保證永續作業進行的基礎，必須有該蓄積價值之投入，方可有來年之材積收益，故蓄積利子應視為費用，而且隨著年齡之增加，蓄積利子會愈高，所以，森林純益越多並不表示經營森林可穫得最大利益，必須將蓄積利子之價值自森林純益中扣除後，所得之值才是經營森林的純益。亦即林地純益＝森林純益－林木純益，營林之實際收益為林地純益。

二、森林純益最大輪伐期與林地純益最大輪伐期之數式關係

設以 W 表示森林純益（森林價），N 表示林木純益（蓄積價），B 表示林地純益（林地價），則 x 年生時森林純益、林木純益及林地純益三者之關係可示如公式（13.14）；x+n 年生之森林價，蓄積價以及地價三者之關係則可示如公式（13.15）

$$W_x = N_x + B_x \qquad (13.14)$$
$$W_{x+n} = N_{x+n} + B_{x+n} \qquad (13.15)$$

以 9.14 式減 9.13 式，可得 x+n 年生與 x 年生兩個時期的森林純益變化量公式（13.16）

$$\begin{aligned} W_{x+n} - W_x &= (N_{x+n} + B_{x+n}) - (N_x + B_x) \\ &= N_{x+n} - N_x + B_{x+n} - B_x \end{aligned} \qquad (13.16)$$

設森林純益已達最大，即 $W_{x+n} = W_x$，則可得

$$\begin{aligned} W_{x+n} - W_x &= N_{x+n} - N_x + B_{x+n} - B_x \\ 0 &= N_{x+n} - N_x + B_{x+n} - B_x \end{aligned} \qquad (13.17)$$

移項整理後，可得林木純益與林地純益的關係為

$$N_x - N_{x+n} = B_{x+n} - B_x \qquad (13.18)$$

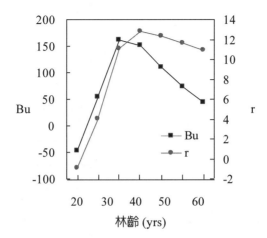

圖 13.9 林地純益與森林純益變化趨勢關係圖（美國火炬松為例）

由於蓄積價會隨林齡增加而增大，亦即 $N_{x+n} > N_x$，所以，

$$N_x - N_{x+n} = B_{x+n} - B_x < 0 \qquad\qquad （13.19）$$

故森林純益最大時間點比林地純益最大時間點要晚，所以當森林純益最大時，林地純益已超過最大的時期，而且林地純益會隨時間而遞減，二者之關係可示如圖 13.9。

13.6 決定輪伐期之實務考量

一、臺灣林業上之輪伐期

日據時代的國有林經營，均以林木的生長情況為標準來決定樹種的輪伐期，而且多以長伐期作業經營為主；但自光復迄今以來，木材利用有偏向小徑木利用的導向，大徑木使用漸趨減少，也因為推動天然林林相變更政策訂定清除期為 80 年或 40 年，雖然以生長量為輪伐期決定標準的觀念沒有改變，但因為木材利用以及林業政策的影響，間接的決定新林的輪伐期。

表 13.1　臺灣主要經濟樹種的輪伐期

木材用途	輪伐期	針葉樹種名稱	闊葉樹種名稱
用材類	80 年	紅檜、扁柏、雲杉、臺灣杉、香杉	
	60 年	肖楠	烏心石、臺灣櫸、木荷、臺灣檫樹、臺灣胡桃、黃蓮木
	40 年	華山松、臺灣五葉松、臺灣二葉松	
	30 年	杉木、柳杉	
	20 年		泡桐、千年桐
紙漿材類	40 年	冷杉	
	20 年	臺灣二葉松、杉木	
	15 年		檸檬桉、赤楊、構樹、山黃麻、江某、白匏仔
	5 年		桂林、麻竹、刺竹

二、決定輪伐期的一般性原則

(一) 以營林目的為導向

各種決定輪伐期的方法所考慮的影響因子各異，林業經營者應可依據其營林目標、造林的樹種以及木材利用等因素，決定所經營林分的輪伐期。一般而言，如果經營森林之目的，在於生產工業原料用材，則營林應特別注重於一定期間內能生產最多的材積為基準，則可採用材積收穫最多輪伐期，亦即求出材積平均生長最大之時期即可。方法簡單易行，伐期不長不短，在一般工業原料林之經營，往往視為最佳之指南。

若目的在於短期內獲得最大收益或於單位面積上每年得到最大的經濟收益，則應採用財政輪伐期，亦即林地純收益最大之輪伐期，因為該法重視收益率，考慮完整的收支項目，理論健全。實際應用時必須求出各期的土地期望價並決定其最大的時期即可。林地純收益最大輪伐期的缺點為長期採用固定的利率（長期連續相同的利率），較難與市場經濟利率的實際變動相符，造成收益計算的不確定性。

(二) 地力有效利用導向

現代林業以永續性經營為基本原則，同一林地必須長期經營林木的情況下，如何有效利用並保護土壤地力的恢復即成為重要的考量因子。由於林業經營並無需（事實上亦

不可能）查定極為精準的輪伐期，因此只需求得比較接近準確的時期。為保證不致於浪費地力，決定輪伐期之長短，宜以不超過生產目的材種所需之年限為度。

早期的林業經營重視培養大徑木（大材），故常採用長輪伐期，近年因森林資源保育政策的影響、林產工業技術的改良以及木材使用方式的改變，生產大徑巨材的必要性降低，應可提倡早期收穫，而改用短輪伐期。短輪伐期林業經營，林主可在相同面積之林地上，增加收穫次數，所得利益可較優厚。

㈢ **權衡市場的木材供需**

我國私有林地主經營面積很少，林場規模小，宜用短伐期；國有林必須依據國家森林經營指導原則，林場規模很大，可適用長伐期。一般而言，木材價格決定於市場的供給與需求，調整林分的輪伐期時應避免過於增減木材伐採量，造成供需失調現象以及木材價格不穩定。

13.7 **異齡林迴歸期之決定**

一、迴歸期之意義

迴歸期（Cutting cycle）又名循環期，為擇伐作業經營的森林（簡稱擇伐林），每一年伐區計劃伐採的間隔年數；亦即擇伐林同一年伐區（林班、作業級）中，輪迴擇伐一次（第一次伐採至第二次伐採）所經過之年數。普通定為間隔10年，歐洲定為20年，亞熱帶地區5年即可。

二、迴歸期長短對異齡林經營的影響

㈠ 迴歸期與林分經營的集約度

森林經營以追求永續法正經營為典範，法正經營的森林每年的伐採量或收穫量等於生長量。迴歸期之長短，常可影響永續收穫基礎下之林木伐採量。

迴歸期短者，乃在單位面積上之一次伐採作業，僅伐其少量林木，而保留多量之蓄積於將來伐採，所以短回歸期經營的森林即為森林之集約經營（intensive management）。迴歸期長者，乃在一次伐採作業中，伐去其大量林木，僅留下少量蓄

積於將來伐採，即是森林之粗放經營（extensive management）。

㈡ 迴歸期對林分生長與枯損之影響

通常言之，應用短迴歸期，森林容易發展迅速，且可獲得最高之森林收益（highest production return）；因短迴歸期擇伐作業具有疏伐及改良伐之功效，可以增加林地內林木的生長空間，減少或避免林木因為空間競爭而發生枯損之損失，同時亦可減少因為枯損所可能引起之病蟲害。回顧第七章有關生長的觀念，我們知道林分於一定期間內的粗生長量 V_{gross} 基本上是由定期的生長量（$V_2 - V_1$）、疏伐量（$C_{thinning}$）、可利用枯立木（M_{usable}）以及無法利用的枯死木材積或枯損量（M）所定義的（公式 13.20），當枯損量趨近於 0 時，林分的粗生長量 V_{gross} 將趨近於淨生長量 V_{net}；所以，短迴歸期擇伐作業的森林，每一年伐區所伐採之淨生長量將趨近於其粗生長量。但是，若迴歸期太短，勢必於很短的時間內循環回到同一年伐區進行伐採作業；請注意：「林分的生長來自於蓄積」，過於密集的伐採作業將可能造成蓄積不足以支持法正的生長量，為了避免造成生長量不足的情況，只能伐採少量的林木材積。所以，太短的迴歸期，將會致使每次於同一年伐區施行擇伐作業時，只能針對年伐區內的枯損木、受害木及生長不良之劣勢立木進行伐採，當然造成每次伐採所得立木價金太少，終致形成入不敷出的窘境，不合經濟原則。

$$
\begin{aligned}
V_{gross} &= V_{net} + M \\
&= (V_2 - V_1 + C_{thinning} + M_{usable}) + M_{unusable}
\end{aligned}
\qquad (13.20)
$$

依據疏伐與林木生長的關係，在疏伐後之初期，疏伐林的林木通常會有較大量的生長量，疏伐後的中後期，林木的生長量會逐漸降低，這種林分生長釋放的現象，在熱帶與亞熱帶森林特別明顯。造成生長量漸次降低的原因主要是林分空間被生長所產生的冠層面積所取代，從林分上空向下觀察，林分內立木冠層為相互密接的情況，林分空間的擁擠程度將造成立木生長的限制。所以，長迴歸期擇伐作業森林（例如：20 年或以上），循環迴歸到同一年伐區進行擇伐林木的時間太久，年伐區內的林木將因林分密度太高，導致林分較多量的立木枯損，為了降低林分密度，可能於次期伐採太多的立木，又將造成立木度太少或立木分布較為稀疏的情況，既不利於地力之保護，又降低林

分生長的基礎。

㈢ 最適迴歸期之決定

國有林森林的經營必須依據事前擬定的森林經營計畫推動各項作業，森林經營計畫一般均以10年為一期編定之。所以，擇伐作業的森林之迴歸期常與經理期（management period）相等，以便於森林經營計劃之檢訂（revision of the management plan）。但經理檢訂，過於頻繁，其少於十年者，則太不經濟，亦無必要。所以在集約經營之林業中，迴歸期常較經理期為短。

通常決定擇伐作業森林的迴歸期，以不大於老齡林木伐期齡的三分之一為原則（三段林相）。用材林之特別集約經營者，迴歸期為 10 年，普通則可為 20 年，薪炭林則以 5 年或 10 年為普通。保安林如水源林、防風林之經營，可定迴歸期為 15 年至 20 年。

三、迴歸期之應用範例

設一擇伐作業森林面積為 F(*ha*)，輪伐期為 *u* 年，迴歸期為 *l* 年，依據迴歸期之定義，全林應區分為 *l* 個年伐區，每個年伐區的面積 (A) 稱為作業面積（公式 13.21），一個輪伐期內在每個年伐區的擇伐次數為 *NC*（公式 13.22）。

$$A = \frac{F}{l} \qquad\qquad (13.21)$$

$$N_C = \frac{u}{l} \qquad\qquad (13.22)$$

假設一擇伐作業森林面積 F 為 200 公頃，輪伐期 *u* 為 40 年，迴歸期 *l* 為 10 年，則應規劃每一年伐區面積（作業面積）為 20 公頃，一個輪伐期內在每個年伐區的擇伐次數為 4 次。

$$A = \frac{F}{l} = \frac{200}{10} = 20(ha)，N_C = \frac{u}{l} = \frac{40}{10} = 4 （次）。$$

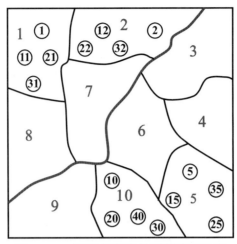

圖 13.10　擇伐作業森林迴歸期之應用

　　在全輪伐期 40 年內，每一次循環輪迴擇伐同一個年伐區時，均伐去林木 1/4，最後在每一個年伐區內均將具有四階的林木齡級分布。如圖 13.9 所示，將全林分為十個年伐區，每年擇伐其中一區，伐採對象為區內最大直徑級的立木，伐採強度為區內林木總數的 1/4。每年逐區逐次選擇伐採年伐區的林木，則第一迴歸期為第 1 年由第一區①起，至第 10 年第十區⑩止；第 11 年又在第一區伐採，逐年逐次伐採至第 20 年時，又為十區，為第二迴歸期；依序，在第 21 年、第 31 年之伐採，均在第一區①，第 30 年及第 40 年之伐採，均在第十區⑩內，即經第三迴歸期及第四迴歸期之後，即全林在一輪伐期內已經過四個迴歸期四次伐採，完全成為次代新林。如此週而復始，永續不止，是為擇伐作業永續經營之原理。

　　迴歸期的長短將會影響異齡林林分生長的穩定性以及林分結構組成，也會影響林分對病蟲害侵襲的抵抗力。迴歸期愈短異齡林經營可因為降低枯損量所造成的損失而提高林分總生長量以及生產力。

　　如果森林經營的目標在生產製材用大材，亦即以生產形質優良的高木材為目標時，將可以獲得高單價而且生產成本較低的單位材積，因此，依據財政觀點的考慮，採取擇伐作業的異齡林，應採用短迴歸期的經營方式。如果森林經營的目標在於生產紙漿材，則林木形質的等級對於木材價值不會有很明顯的影響，因為紙漿材的單價不大受立木形質的影響，因此，擇伐作業紙漿材森林經營的迴歸期可較生產製材用的異齡林有更

高的彈性，迴歸期可以較長。基本上，生產紙漿用材的擇伐作業森林，仍可因為生產大材而降低其森林經營的成本。

平均而言，迴歸期愈短的擇伐作業森林，愈能生產較高形質之木材產品；因為單位面積上所伐採之材積相對減少，而且所伐採的林木大都為已達輪伐期的最大直徑級的立木。例如，若 1/3 的材積，在 10 年迴歸期中伐採，此項材積不可能都是取自最大林木。若應用或為 3 年之短迴歸期，並伐取 1/10 的材積，都取自最大林木之可能性必大。通常觀之，短迴歸期能生產較多更高品質之林木產品，容許對全林有較佳之控制，並且在財政上言之，會比 15 年或更久之長迴歸期更為理想。

13.8 森林經營財務分析方法

同齡林經營的決策涉及三個層面：同齡林經營前的土地裸地價值、同齡林林分發展階段收支、同齡林間伐作業的決策分析等。土地期望值（land expectation value, LEV; soil expectation value, SEV）亦可視為土地裸地價值（bare land value, BLV），是林地管理中最重要的金融概念，主要原因為：

• 當用於計算 LEV 的假設為真時，LEV 可以給定生產木材林地之土地價值估計值。
• 當最大化財務收益（maximum financial return）為地主經營森林的主要目標時，LEV 可以做為確認最適的同齡林經營策略主要的工具，這些策略包含輪伐期的決定、疏伐方案或策略的擬定、造林方法及輪伐期間的各項處理作業。

從財務經濟觀點，林分層級森林經營的最終決策應有財務分析或評估（financial analysis or assessment）為基準。財務分析考慮整個經營期間的所有財務收入與支出問題，本章 13.3 節所介紹的土地期望值最大輪伐期即是財務分析方法之一。此外，淨現值（net present value, NPV）和內部報酬率（internal rate of return, IRR）等兩種財務分析方法也可應用來決定輪伐期。

假設企業初始（第 0 年）總投資成本為 C_0，在森林經營整個計畫期的年數 T 內，任何年度 t 所能獲得的淨現金流（net cash flow）為 CF_t，假設貼現率（相當利率）為 p，則 NPV 法將全部所得現金流換算為投資開始日的現值，扣除總投資成本，即可得企業經營森林的淨現值（公式 13.23）。淨現值為正數，表示該投資可獲利；反之，則該森

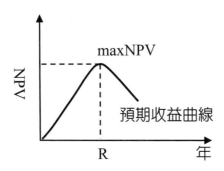

圖 13.11　淨現值法決定輪伐期觀念示意圖

林經營的投資會減少企業的價值。在多項森林經營投資方案中，應選擇淨現值最高的方案。假設第 0 年投入整地及造林費用 C_0，給定貼現率 p 及不同輪伐期的經營方案，各方案各年度淨現金流（CF_t）＝收入現金流－支出現金流，可求得各方案的 NPV，NPV 最大值的時期即為最佳輪伐期 Ra（圖 13.11）。NPV 在林業上的應用等同於林地最大純益之輪伐期，在最大 NPV 的時期進行伐採收獲可以獲得最佳的淨收益。

$$NPV = \sum_{t=1}^{T} \left(\frac{CF_t}{(1+p)^t} \right) - C_0 \qquad （13.23）$$

Bettinger et al.（2009）指出，在永續同齡林經營基礎條件下，假設連續多個輪伐期均相同的情況下，LEV 及 NPV 二種方法的評估對森林經營投資潛力價值（ranking of the potential investment）是相同的；但是，若連續多個輪伐期是變動的情況下，LEV 法的適當性會優於 NPV 法。因為，土地期望值考慮到無限永續的周期性森林經營期，但淨現值法僅考慮以一個輪伐期為經理期間的財務問題，所以，當永續森林經營的變動輪伐期機制下，如果僅用淨現值法評估所有可能的經營方案，會忽略次一經理期間的再投資收益（reinvest revenues）之機會。

　　LEV 方法必須給定一個利率（interest rate）以預測森林投資案在未來木材收穫時的利益（亦即後價），NPV 則必須給定一個貼現率（discount rate）已將森林投資案的未來獲利目標換算為現在應該投資的金額（亦即前價），森林經營通常假設經營期間的利率為一常數，在此情況下，利率等於貼現率。從 LEV 及 NPV 公式結構顯示，利率或貼現率是主要的影響因子。

　　給定不同的貼現率，NPV 會有很大的變化，當存在某一特定的貼現率會使得 NPV=0，此一貼現率特稱為內部報酬率或內部收益率（internal rate of return, IRR），代表總貼現收入（total discounted revenues）等於總貼現成本（total discounted costs）。財務分析上為有效決定投資方案的實質報酬率（real rate of return）或財務收獲（financial yield），常以內部報酬率等於貼現率時即為最佳方案。換言之，經濟林在一個既定輪伐期的經營期間內，若整地造林及撫育成本已知，在不同時期所投入的疏伐作業收入及最終的主伐收入可預測情況下，考慮利率可能變動情況，嘗試給定不同的貼現率並檢核所對應的 NPV 值，依據 NPV 的變化，可以找出適當的貼現率使 NPV=0，此貼現率即為該經濟林在既定輪伐期方案下，一系列的經營作業到經營期終了時的內部報酬率。

第十四章 森林收穫預定法
（Forest yield regulation）

14.1 森林收穫的基本議題

　　森林經營的核心在於規劃適當的林分空間配置以及時間配置，森林經營者對於所經營的林分，控制及組織其林木蓄積（growing stock），使森林組成結構可以滿足保續收穫（sustained yield）的長期目標。雖然森林收穫（forest yield）的觀念可以包含傳統的木材收穫（timber harvest）以及其他的森林服務（forest services），例如野生動物、非木質林產物等，本章先由木材收穫預定切入，再擴及介紹野生動物經營棲地保育面積的決定。

　　森林的經營措施對於經營標的具有針對性，因此，森林經營者必須預先擬定一套可行的計畫或方案，對於特定的森林，應於何時伐採、伐採多少、伐採何種林木（林產物）以及何處伐採（林木位在何地）等問題，均應預先規劃在案，同時對於森林資源的培育作業法預先規劃，以誘導成為法正狀態的森林組織。森林收穫有關的四個基本議題說明如下：

一、何時伐採

　　時間因子決定林木於林地內的生長或留存時間，決定林木的伐採時期實即為決定林木的輪伐期。輪伐期的決定方法有指率法、平均生長量最大法、林木純收益法以及林地純收益法等等，土地純收益法依據土地純收益最大時期所決定的輪伐期通常比林木純收益最大輪伐期短，所生產的木材規格較小；相對地，林木純收益法所決定的輪伐期較長，森林可以生產較大規格的木材，而平均生長量最大法所決定的輪伐期介於土地純收益法與林木純收益法決定的輪伐期之間。

二、伐採多少

這是決定林木伐採量的問題。森林經營應就整個森林，計算在一個輪伐期內，每年可能的容許伐採量（the amount of allowable cut）或稱年伐採量（annual cut, annual sustained yield），決定林木容許伐採量的基本原則在於如何實現有效的更新，並導引成就森林的永續經營，林業經營所需的人力及設備之供應，亦應以滿足容許伐採量為目標。

三、伐採何種林木

伐採林木的大小規格或木材品質，事實上已隱含於決定輪伐期之議題上，輪伐期的決定必須考慮生產的林產物規格，因此，對於同齡林而言，應無此一問題；但是，對於異齡林經營所施行的擇伐作業，則必須同時考慮達到輪伐期的林木規格以及可供選木的規範，對於更新性質的主伐，原則以健康優形的立木為準，對於其他齡級必須施行撫育性質（疏伐）的林木，則應以保留樹型優良、生長旺盛的健康立木為原則，這些留存木可以有較佳的生長勢能，長成大型優良品質材種並提供更新種子的主伐木。

四、何處伐採

收穫預定應決定的最後議題就是找出森林中符合伐採時期以及規格大小等條件的林木，亦即將所決定的容許伐採量分配於特定的林班或伐區中。決定林木的伐採區域應根據林分的生長狀態是否達到成熟階段或符合更新造林的需要，當林木已達成熟階段，就必須伐採進行更新，否則將招致經濟上的損失，所以，決定伐採地點也與何時伐採議題有密切的關係。

一般而言，法正林狀態經營的森林，輪伐期可以滿足並決定森林收穫預定的四大議題；對於現實林則應考慮林分區劃以及交通動線，一般均以靠近交通路線、集運材方便的地點開始伐採，決定伐採林木的地點也應該同時注意組織或規劃未來更新後的林分結構，始能滿足永續經營的林分時間與空間配置條件。

14.2 收穫預定的意義與理論發展

一、收穫預定之涵義

將森林在每年或一定期間內所應收穫的材積量預先加以規定，稱為收穫預定（forest regulation）又稱為收穫規劃或收穫調整（yield regulation）。收穫預定對於特定森林的組織以及林木蓄積進行控制，以達成保續收穫的森林生產，所以收穫預定亦為落實法正林經營的重要手段之一。

雖然收穫預定必須解決何時伐採、伐採多少、伐採何種林木以及伐採地點等四大問題，但是從理論層面以及實施層面觀之，收穫預定具有「收穫查定」以及「收穫統制」等二個明確的意義；換言之，森林經營者必須先行查定所經營的森林可供收穫的量，再行決定實際要伐採的量。所以，收穫預定應執行程序為收穫查定以及收穫統制，二者的意義說明如下：

㈠ 收穫查定

從森林蓄積中測定應有之收穫量或容許伐採量（amount of allowable cut），稱為收穫查定（yield calculation），這個程序至少應決定出林分的生長量、現實林蓄積量以及法正蓄積量。

㈡ 收穫統制

在已知現實林的林分生長量、蓄積量以及現實蓄積與法正蓄積配合度等條件下，依據收穫保續或林木排列順序等觀點，判斷所查得的容許伐採量受否應予全部收穫或留置若干，稱為收穫統制或伐採調節（regulation of cut）。收穫統制的目標在於達成材積的收穫保續、森林的法正狀態以及最高的經濟收益。

以奧國式（又稱奧地利公式）$E = Z + (V_W - V_N)/a$ 為例，其中取得 Z、V_W、V_N 等資料的取得就是收穫查定，E 之決定就是收穫統制。

二、收穫預定法的理論發展

㈠ 收穫預定理論的目標

收穫預定在於規範森林未來的收穫量，所估計的收穫量為一預期實現的數量，基本

上收穫預定量乃是標準伐採量，利用收穫統制的方法，可以促使材積收穫的保續目標獲得落實，在實現森林收益的原則下，也可能達成森林法正狀態的實現；但是，在自然環境多變化以及可能的風害、病蟲害等外部自然災害的影響，森林經營者必須了解「潛在的影響因子」可能使預定收穫量實現的困難度提高。

最早期的收穫預定法是從「量」的觀念出發的，規範的收穫單位由面積開始，進而以材積為規範單位，再發展成為結合面積與材積的折衷方法，這類性質的收穫預定法理論，以量為規範單位的階段，主要目標在於實現材積的保續收穫；隨著法正林理論之發展，滿足材積保續收穫以及林分配置順序成為主要目標，重視森林「質與量」的觀念，亦即實現森林法正狀態的理想，乃成為此一時期收穫預定理論的重心；最後則是以林分經濟收益為森林經營的核心，法正狀態的實現成為次要目標。

森林經營學特稱收穫預定的期間為經理期間（working periods）。隨著收穫預定理論的發展，各類方法所採用的經理期間有逐漸變小的趨勢，最早期是以一個輪伐期為經理期間，然後以半個輪伐期、一個齡級（20 或 30 年）或以 6-10 年為單位，最後期時則有以一年為經理期間。收穫預定法所決定的收穫量為一預定量，而非一定數，所以，收穫預定法的約束力並非絕對的，收穫量可依經營者的主觀而行增或減的彈性調整。

㈡ 收穫預定法的分類

A. 以實現材積保續收穫為目標的理論

• 面積配分法

將全林面積（或稱施業面積）全部分配在一輪伐期內伐採完畢者，以年為單位或數年為單位，決定一個定額的伐採面積的方法稱為面積配分法（area allotment method）。面積配分法具有將全林面積區劃為固定伐區的實質意義，故亦稱為區劃輪伐法。

面積配分法若以單一年為單位，依據全林面積與輪伐期決定每年應伐採面積的方法，稱為單純面積配分法（單純區劃輪伐法）；單純區劃輪伐法適用於林地地力或生產力相近的森林。若以數年為單位，依據全林面積與輪伐期決定數年間應伐採的面積者，稱為比例面積配分法（比例區劃輪伐法）；它適用於林地生產力不同的森林，依據林地位級（site index）劃分伐區。面積配分法的收穫預定單位為面積，收穫預定期間為一個輪伐期。

• 材積配分法

　　將全林蓄積與所期望的林分材積生長量，分配於一輪伐期中，以年為單位決定各年應伐採的材積量之方法稱為材積配分法（volume allotment method）。代表性的材積配分法有 Beckmann method 以及 Hufnagl method。材積配分法的收穫預定單位為材積，收穫預定期間為一個輪伐期、半個輪伐期或某特定生長期間。

• 平分法

　　將輪伐期分為若干個施業期（或稱分期），然後以全林面積或材積分配於各施業期各年伐採的方法稱為平分法（methods of allotting woods to a number of periodes or frame works）。以材積為收穫預定單位者，稱為材積平分法（volume frame work），代表方法為哈提希法（Hartig method）；以面積為收穫預定單位者，稱為面積平分法（area frame work），代表性方法為寇他法（Cotta method）；同時以面積與材積為收穫預定單位者，稱為折衷平分法（combined frame work）或稱為面積材積混合平分法（area-volume combined frame work），代表性的方法為寇他法（Cotta area-volume method）。

B. 以實現法正狀態目標的理論

• 法正蓄積法

　　測算林分之生長與蓄積，再依法正蓄積以規定伐採額的方法，稱為法正蓄積法（normal growing stock method）；由於伐採量均以生長量利用數學法或幾何法來調節，故法正蓄積法又稱為間接生長量法（formula method）。本法的收穫預定單位為材積，收穫預定期間為一個經理期。法正蓄積法因為數學理論之差異，可分為較差法、利用率法以及修正係數法等三類，代表性的方法有較差法之奧國式（Kameraltaxe method）、利用率法之曼特法（Mantel method）、修正係數法之卜芮曼法（Breymann method）。

• 生長量法

　　測算林分的生長量以決定伐採額的方法稱為生長量法（growth method），應用此法之森林其生長必須近似於法正生長，主要的代表法為稽核法（Control methed or Biolley method）。

C. 以實現林分經濟與法正狀態目標的理論

• 齡級法

　　對照現實林齡級與法正狀態齡級以預定森林收穫的方法，稱為齡級法（age-class

method）。本法規定最近期間之伐採面積必須遵從法正齡級分配的準則為之，主要精神在於實現法正狀態與林分的經濟收益。齡級法可分類為純粹齡級法（pure age-class method）及林分經濟法（stand method）。純粹齡級法以求保續收穫之安全為目的，故以實現法正狀態為第一要義，收益原則為第二要義。林分經濟法則以財政收益為第一要義，實現法正狀態為第二要義，故其為求財政上之收益最大，以土地純益最大輪伐期為作業級之生產期，以指率決定林木之成熟期。

林分經濟法的目標在於追求林分經濟，同時可以林分法正狀態的實現。因此，林分經濟法依據林木的實際成熟度，以決定伐採的林分對象。林分經濟法為純粹齡級法之改良，是德國林學家猶黛希（Judeich）所倡導。齡級法的收穫預定單位為材積，收穫預定期間為齡級的齡階數，一般為 10、20 或 30 年。

14.3 區劃輪伐法（面積配分法）的特性與實施方法

一、沿革及實施步驟

區劃輪伐法又稱面積分配法，係將施業面積依輪伐期之年數，以每年為一個伐區或以若干年為一伐區的配分方法。區劃輪伐法並未考慮到林分材積以及往後的林分生長量。為自十四世紀至十八世紀間之唯一方法，極富歷史意義。

㈠ 單純區劃輪伐法

在將施業面積劃分到不同分區時，完全不考慮土地的生產力，而直接依據面積平均分劃者，謂之單純區劃輪伐法。

㈡ 比例區劃輪伐法

劃分伐區時，依地力之高低以調節伐區面積，使每年材積收穫相等者，謂之比例區劃輪伐法。此法為材積配分法及平分法之前身。

㈢ 實施步驟

調查全林面積 F（ha），決定輪伐期 u，將全林分為 u 區，每個分區（年伐區）的面積為 F/u（ha），每一個分區均設有固定的界限。在 u 年中每年伐採其中之一區。

二、性質

1. 屬現有林產物處分收穫預定法。

2. 收穫查定與收穫統制幾乎同時決定，難以區分。

3. 屬非常僵化（彈性很小）之收穫預定法。

4. 收穫預定之程序非常簡單。

5. 收穫統制單位為面積。

三、施行之可能性（應用上之觀察）

實行收穫預定時，需先知全林之總面積及輪伐期，此法形式簡單，若依排列順序伐採，則經過一個輪伐期，可得近似法正狀態之森林，其收穫既定之時間空間既定，毫無通融餘地，不能依市場狀況調節，且萬一輪伐期變更時，伐區之分劃亦需根本變更。僅適用於短輪伐期之矮林作業及中林作業。

14.4 材積配分法的特性與實施方法

一、沿革及實施步驟

面積配分法自十四世紀施行至十八世紀中葉以來，森林學家認為面積配分法的準確性不佳，特別是在第一輪伐期內的區劃方式，因為面積是固定的，致使材積收穫額的變動大，進而造成太大的經濟損失；因此，在 1759 年時，Beckmann J.G. 捨棄面積改以材積作為收穫預定的標準，創立貝克曼材積配分法（Beckmann method）；此法於 1791 年，經 Hennert L. 改良為材積平分法。材積配分法的代表法有貝克曼法（Beckmann method）及賀夫納格法（Hufnagl method）。

（一）貝克曼法的實施步驟

1. 將全林木依直徑之大小分為可測木及不可測木二部份，可測木為需測定材積之林木，不可測木為不需測定材積之林木。

2. 經理期為從種植長到可測木直徑大小之時間或由可測木至伐採之時間（若設輪伐期為 u，則經理期約為 $u/2$ 年）。

3. 調查可測木現有材積（V）及其在經理期間內可能有的生長量（以可測木的生長率 P_m 間接求之），合計為經理期間之總伐採量。

4. 經理期間每年的材積收穫量為年平均伐採額，其值等於總伐採量除以經理期間。

5. 若設現有可測木（成熟林木）的材積為 V、可測木的生長率為 P_m、經理期間為 a、經理期間的材積年伐額為 E，則經理期間每年材積收穫量之實際計算方法為：

$$E = (V \cdot 0.0P_m \cdot 1.0P_m^a)/(1.0P_m^a - 1)$$

貝克曼材積配分法依據林分地位級的優劣，設定上、中、下地位級的林分材積生長率為 2.5%、2.0% 以及 1.5%；在一般的應用上，則可利用取樣調查方法，決定現實林分的生長率，如果所經營的林地存在著明顯的地位差異，則應依地位級調查決定其材積生長率。

註解 14.1：貝克曼法理論解析

設全林面積 F，輪伐期為 u，法正年伐額 E＝F/u，蓄積為 V，材積生長率為 P_m，經理期間為 a。有關全林的森林蓄積以及經理期間法正年伐額的關係，可簡示如圖 14.1。

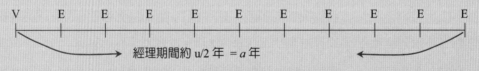

圖 14.1　貝克曼收穫預定法經理期間之蓄積與法正年伐額分配圖

依據蓄積資本與收穫的觀念，森林蓄積 V 可視為經理期間各法正年伐額 E 之前價合計資本總和（公式 14.1），經理期間的第一年法正年伐額的前價為 $E/1.0P^1$，第二年法正年伐額的前價為 $E/1.0P^2$，第三年法正年伐額的前價為 $E/1.0P^3$，依此類推，經理期間第 a 年的法正年伐額前價為 $E/1.0P^a$；所以，整理公式 14.1 可得到森林蓄積為 $V = E(1.0P_m^a - 1)(0.0P_m \cdot 1.0P_m^a)$（詳見公式 14.2）；而經理期間各年的法正伐採額為 $E = (V \cdot 0.0P_m \cdot 1.0P_m^a)(1.0P_m^a - 1)$（詳見公式 14.3）。

$$V = \frac{E}{1.0P_m} + \frac{E}{1.0P_m^2} + \cdots + \frac{E}{1.0P_m^a} \tag{14.1}$$

$$
\begin{aligned}
V &= \frac{E}{1.0P_m} + \frac{E}{1.0P_m^2} + \cdots + \frac{E}{1.0P_m^a} \\[2mm]
&= \frac{E}{1.0P_m}\left(1 + \frac{1}{1.0P_m} + \frac{1}{1.0P_m^2} + \cdots + \frac{1}{1.0P_m^a}\right) \\[2mm]
&= \frac{E}{1.0P_m}\left[\frac{1 - \left(\dfrac{1}{1.0P_m}\right)^a}{1 - \left(\dfrac{1}{1.0P_m}\right)}\right] \\[2mm]
&= \frac{E}{1.0P_m}\left[\frac{\left(\dfrac{1.0P_m^a - 1}{1.0P_m^a}\right)}{\left(\dfrac{1.0P_m - 1}{1.0P_m}\right)}\right] \\[2mm]
&= \frac{E}{1.0P_m} \cdot \frac{\left(1.0P_m^a - 1\right)\cdot 1.0P_m}{1.0P_m^a\left(1.0P_m - 1\right)} \\[2mm]
&= \frac{E \cdot \left(1.0P_m^a - 1\right)}{0.0P_m \cdot 1.0P_m^a}
\end{aligned}
\tag{14.2}
$$

$$
\begin{aligned}
E &= \frac{V\left(1.0P_m - 1\right)1.0P_m^a}{1.0P_m^a - 1} \\[2mm]
&= \frac{V \cdot 0.0P_m \cdot 1.0P_m^a}{1.0P_m^a - 1}
\end{aligned}
\tag{14.3}
$$

(二) 賀夫納格法的實施步驟

1. 森林面積為 F，林分的輪伐期為 u，將全林木分為二部份，$u/2$ 年生以下者為不可測木，$u/2$ 年生以上者為可測木。

2. 經理期為 $u/2$ 年。

3. 調查可測木現有材積（V），決定可測木的單位面積平均生長量（Z）以及可測木在經理期間的生長量 $FZu/4$，求得為經理期間之總伐採量（$V + FZu/4$）。

4. 經理期間每年的伐採量 E＝總伐採量／經理期間（如公式 14.4）。

$$E = \frac{(V + FZu/4)}{u/2} = \frac{V}{u/2} + \frac{FZu/4}{u/2} = \frac{2V}{u} + \frac{FZ}{2} \qquad (14.4)$$

註解 14.2：賀夫納格法經理期可測木生長合計公式解析

　　哈夫雷納法材積配分法依據可測木現有材積（V）以及可測木在經理期間的生長合計（FZu/4），決定經理期間的每年伐採額為 $E = (V + FZu/4) / (u/2)$。可測木在經理期間的生長合計，係依據遞減生長理論推演得而來的。茲說明如後：

　　假設：森林的現有材積為 V，全林面積為 F，平均每單位面積的生長量為 Z；若以秋天伐採計，可測木在經理期 $u/2$（設為 x）之各年的生長量為

第一年生長量 FZ

第二年生長量 $FZ - \dfrac{1}{x}FZ$

第三年生長量 $FZ - \dfrac{2}{x}FZ$

⋮

第 x 年生長量 $FZ - \dfrac{x-1}{x}FZ$

　　合計第一年至第 x 年之生長量，即可得到於秋天伐採作業模式下，可測木在經理期間的生長量合計（Ga）為

$$
\begin{aligned}
G_a &= FZ + (FZ - \frac{1}{x}FZ) + ... + (FZ - \frac{x-1}{x}FZ) \\
&= x \cdot FZ - \frac{FZ}{x}\left[0 + 1 + 2 + ... + (x-1)\right] \\
&= x \cdot FZ - \frac{FZ}{x} \times \frac{x}{2}(0 + x - 1) \\
&= x \cdot FZ - FZ(\frac{x-1}{2}) \qquad\qquad (14.5) \\
&= x \cdot FZ - \frac{x}{2}FZ + \frac{1}{2}FZ \\
&= \frac{x \cdot FZ}{2} + \frac{FZ}{2} \\
&= \frac{u}{4}FZ + \frac{FZ}{2}
\end{aligned}
$$

若以春天伐採計，則在經理期間內的可測木的生長量合計（G_s）為

$$G_s = G_a - FZ$$
$$= \frac{u}{4}FZ + \frac{FZ}{2} - FZ$$
$$= \frac{u}{4}FZ - \frac{FZ}{2} \tag{14.6}$$

依據夏天法正蓄積為春天法正蓄積與秋天法正蓄積二者平均值的理論，同理可知，可測木的夏天生長合計（G）可視為可測木在經理期間的生長合計，亦即經理期間的可測木生長合計為 G_a 及 G_s 的平均值（如公式 14.7）。

$$G = \frac{1}{2}\left(G_a + G_s\right)$$
$$= \left(\frac{uFZ}{4} + \frac{FZ}{2}\right) + \left(\frac{uFZ}{4} - \frac{FZ}{2}\right) \tag{14.7}$$
$$= \frac{uFZ}{4}$$

二、性質

1. 屬現有林產物處分之收穫預定法。

2. 必須調查可測木現有材積及其在經理期間之生長量，故估計法較困難。但已開調查蓄積及估計生長量以預測伐採量之門。

3. 收穫預定單位為材積。

4. 經理期約為 $u/2$ 年。

5. 賀夫納格材積配分法之收穫保續僅及一定的適當期間，故為不完全之收穫統制，收穫統制與收穫查定同時執行，不能完全分離。

三、應用上之觀察（施行之可能性）

1. 蓄積與生長量測定較困難需相當之技術。

2. 預定手續雖然較為繁複，但是開創了利用蓄積與生長決定收穫量之觀念。

3. 貝克曼材積配分法可適用於粗放經營之伐區式作業森林。賀夫納格材積配分法雖以伐區式作業為對象，但以齡級關係近於法正狀態為必要條件。

4. 由於賀夫納格材積配分法要求森林的齡級分配必須要近似於法正狀態，實用

上有困難，因此，富勒立先生改良賀夫納格法成為富勒立材積配分法（Flury method），利用現實林與法正林蓄積量的差額來調整森林在經理期間的伐採額，可以擴大材積配分法的應用範圍，不必侷限近法正狀態森林。

註解 14.3：富勒立材積配分法

　　森林面積為 F，輪伐期為 u，富勒立材積配分法設定 $u/2$ 年生以下林木為不可測木，u/2 年生以上林木為可測木，可測木現有材積為 V，經理期間可測木的生長合計為 uFZ/4，則經理期間每年的伐採額 E 可由公式 12.8 決定之，式中 V_N：法正蓄積，V_W：現實林蓄積。

⑴若 $V_W > V_N$ 時，則多量伐採，可讓多餘的蓄積逐漸減少；

⑵若 $V_W < V_N$ 時，則少量伐採，可使不夠的蓄積逐漸補足。

$$E = \frac{V + uFZ/4 + (V_W - V_N)}{u/2} \tag{12.8}$$

14.5 平分法的特性與實施方法

一、沿革及實施步驟

　　材積配分法係將收穫的總材積，平均分配於經理期間的各年伐採之；而平分法（allotment method）係將輪伐期分為一定年數的若干分期（或稱為施業期），再將收穫總材積的林木分配到各分期伐採的方法，故平分法又稱為分期收穫配分法。

　　哈提希先生（Hartig G.L.）改良材積配分法，於 1795 年時首創材積平分法（volume frame work），將收穫的總材積平分於各施業期。1804 年寇他先生（Cotta H.）結合材積平分法與面積配分法（區劃輪伐法），創立面積平分法（area frame work），之後再結合材積平分法與面積平分法為折衷平分法（combined frame work）。

　　㈠哈提希材積平分法（Hartig method）的實施步驟

　　A. 將森林劃分成為作業級，決定各作業級之輪伐期，並將輪伐期劃分為若干個

20~30 年（或 10~20 年）的施業期或分期（period），以 I、II、III、…表示之。

B. 依林齡之大小，森林區劃每一分區約 50ha，分區之內若尚有林況相異者再劃分為小區（非森林區劃內之林班，乃屬臨時性區劃或林木區劃）。

C. 以分區或小區為單位，依其年齡或林木狀態，編入最適當伐採之分期。

D. 查定各林木間伐收穫與現在材積及至所屬分期之生長量合計之為分區或小區的收穫量。

E. 各分期之收穫量如未達平分之目的，則從編入材積過多之分期，向前或向後調整到（移上或移下）材積過少的分期中。

F. 在分期的材積收穫量大致相等的情況下，以分期所含年數除之，求得各分期之標準年伐量。

㈡ **寇他面積平分法（Cotta method）的實施步驟**

A. 決定各作業級之輪伐期（u），並將其劃分為若干個 20 年或 30 年施業期（n）之分期，以 I、II、III、IV、V 表示之。

B. 區劃成為適當形狀之林班（乃依地況之不同分為林班屬永久區劃），每一林班面積約 15ha。

C. 依各林班之林木年齡與林木狀態並兼顧將來齡級之法正配置，決定其所應行伐採之分期。

D. 合計各分期之面積，如果各分期面積不相等（或差異太大），則將面積太大的分期內的部分林木調整於上一分期或下一分期，務使每分期面積近於法正的面積伐採額，亦即約等於 $n/(F/u)$。

E. 計算第一分期之材積收穫，以後每 10 年或 20 年檢訂之。

註解 14.4：寇他面積平分法與哈提希材積平分法之比較

1. 相同點

   ⑴將林分依據林木年齡分為若干個分期，例如輪伐期為 100 年，一個分期為 20年，共可分為 5 個分期。

   ⑵依據林木應行伐採之時期，將林木編入於相當分期中，規劃預定收穫量。

   ⑶森林在一輪伐期之收穫調節，以各分期為單位。

2. 相異點

   ⑴收穫調節之標準：面積平分法為面積，材積平分法為材積。

   ⑵林木所屬分期之決定依據：材積平分法僅依林木年齡及林木狀態，而面積平分法同時考慮林分將來配置之關係。

   ⑶材積收穫之預定期間：材積平分法通一輪伐期，面積平分法僅及第一分期。

   ⑷達成嚴正保續的目標：材積平分法希望在一輪伐期內之材積能嚴正保續，而面積平分法則希望在一輪伐期之後。

   ⑸分區或林班劃分：材積平分法基於材積收穫保續的立場，依據林況劃分林班，不具空間規劃的涵義，通常利用道路或其他明顯分界線作為分區或林班的區界，屬於臨時區劃。面積平分法基於空間規劃以求收穫保續的立場，依據地況劃分林班，通常利用天然界線或人工界線，將森林作系統性的分劃成小面積的林班或分區，屬於永久區劃。

㈢ 折衷平分法（combined frame work）的實施步驟

寇他（Cotta）於 1820 年結合材積平分法及面積平分法創立折衷平分法，又稱面積材積混合平分法（Cotta area-volume method）。本法的主要精神在於使一輪伐期（例如：假設 u =50 年）中各分期（例如：假設 10 年為一個分期）之伐採面積約略相等，且使各分期的伐採材積約略相等；亦即同時以材積與面積作為收穫調節的基礎。本法因在伐採分期中可以兼顧面積與材積作業數量的均衡，對於林業勞力、資金、木材市場供銷以及林分管理層面，均可獲得適當的維持並有利於森林永續經營目標的達成，應用較為廣泛。寇他折衷平分法的實施步驟如下：

A. 實施森林調查作業，取得林型（forest types）、所有齡級或林分級的面積、材積、立木度，以及所需的育林方法（silvicultural measures）。

B. 指定需劃分於次分期伐採的林分，包含林分編號、地點、面積、平均地位級、立木，估計林分的材積數量、定期生長量、林分情況以及林分的可到達程度。

C. 計算年伐面積以及總年伐材積。

D. 分配於次一分期的林分伐採量，應另訂次期伐採預定案。

E. 於輪伐期末重複查核年伐面積及總年伐材積量。

二、性質

1.經理期為一輪伐期，並以分期為統制單位。

2.收穫統制單位：材積平分法為材積，面積平分法為面積，折衷平分法為面積與材積。

3.收穫查定與收穫統制區分清楚。

4.在收穫統制的分期單位中，因為控制調整使每一分期的面積或材積相等，因此容易發生過熟木或未熟木伐採，造成生長損失。

5.材積平分法的計量對象包含主伐及間伐收穫，面積平分法則以主伐收穫的面積為基準。

6.折衷平分法區劃森林為林班及小班，先依林班為單位（面積平分法的精神），將林分面積平分於各分期；再依小班為單位（材積平分法的精神），將林班內的材積分配於小班，合計所有林班所屬同一分期的材積收穫量，可得各個分期的材積收穫額，而且各分期的材積收穫額會大約相等。

三、施行之可能性（應用上之觀察）

1.材積平分法與面積平分法適用於於伐區式作業之人工同齡林。

2.折衷平分法可適用於同齡林及異齡林。

14.6 法正蓄積法的特性與實施方法

　　法正蓄積法係以現實林分的材積生長量為基礎，利用林分的現實蓄積與法正蓄積的相對差額，來規整伐採額的方法。在規整的過程中，逐步縮小現實蓄積與法正蓄積的差距，最終使現實林分調整成為具有法正蓄積的狀態。

　　法正蓄積法因為依據蓄積與生長量，利用數式調整收穫額，故又稱數式法（formula method）。同時，現實蓄積與法正蓄積二個量的相對大小，可以利用相減法或比率法的數學結構，區分為三個類群，包含較差法（difference method）、利用率法（utilization percentage method）以及修正係數法（correction factor method），其中較差法為算術法，利用率法以及修正係數法為幾何法。

14.6.1 較差法

　　較差法為最古老的法正蓄積收穫預定法，最具代表性的方法為奧國式（Kameraltaxe method），其後被改良成為卡爾法（Karl method）、海耶法（Heyer method）。

一、奧國式（Kameraltaxe method）

㈠沿革及實行方法

　　本法原為奧國 Kaiser Josef II 在 1788 年制定為森林評價的基準方法，後由 André C.C. 於 1811 年時引用於森林收穫的預定作業上。Kameraltaxe 方法為法正蓄積收穫預定法中最早的技術。

　　奧國式又稱為奧地利公式（Austrian formula），公式結構示如 14.9，式中 Z 為年生長量，代表全林一年的生長量，係依據法正林伐期平均生長量觀念查定的連年生長量，V_N 為法正林蓄積量，V_W 為現實林蓄積量，a 為整理期（adjustment period），亦即計畫將現實蓄積調整成為法正蓄積的預定時間原始設計為輪伐期，但可縮短為適當的年數。決定整理期應考慮現實蓄積與法正蓄積的差額大小，差額愈大，整理期宜愈長。公式 14.9 等號右邊的分式，代表將現實蓄積與法正蓄積差額平均分配於整理期的較差量，稱為較差項。

$$E = Z + \frac{V_W - V_N}{a} \tag{14.9}$$

假設森林面積為 F，輪伐期為 u，全林依其組成及年齡，共可分為 k 個分區，第 i 分區的面積為 f_i（ha），林齡為 a_i（yrs），單位面積材積為 m_i（m³/ha），單位面積的伐期平均生長量為 $z_i = m_i/a_i$（m³/ha/yr），則奧國式收穫預定法的實施步驟如下：

1.調查森林的現實蓄積 V_W

$$V_W = \sum_{i=1}^{k} f_i z_i a_i = f_1 z_1 a_1 + f_2 z_2 a_2 + \cdots + f_k z_k a_k \tag{14.9.1}$$

$$或是\ V_W = \sum_{i=1}^{k} f_i m_i = f_1 m_1 + f_2 m_2 + \cdots + f_k m_k \tag{14.9.2}$$

2.依現實林各地位級的伐期平均生長計算全林一年的生長量 Z

$$Z = \sum_{i=1}^{k} f_i z_i = f_1 z_1 + f_2 z_2 + f_3 z_3 + ... + f_k z_k \tag{14.10}$$

3.決定伐期齡林木的平均生長量 Z_h（伐期平均生長量）

$$MAI_u = \frac{m_u}{u} = Z_h \tag{14.11}$$

4.利用伐期平均生長量法決定法正蓄積 V_N（若直接利用收穫表查定法正蓄積，宜以 90% 調整之，以示保守評估之計。）

$$V_N = \frac{u}{2} \cdot u Z_h \tag{14.12}$$

5.決定現實蓄積改為法正蓄積的預定期間（整理期）為 a 年，並求算年伐採額 E

$$E = Z + \frac{V_W - V_N}{a} \tag{14.13}$$

㈡ 性質

1. 奧國式依據法正蓄積量為標準，利用全林一年的生長量與法正蓄積量的相對差額，於整理期調整過剩或不足的蓄積量，以造成法正蓄積為目標。

2. 當現實蓄積等於法正蓄積時，表示森林具法正狀態，若將全林的生長量全部收穫之，亦能維持森林的法正蓄積量，故應使年伐採額等於年生長量；亦即當 $V_W = V_N$ 時，則 $E = Z$。

3. 當現實蓄積大於法正蓄積時，代表現實林有過多的蓄積量，可將多餘的蓄積平均分配於整理期間伐採，提高整理期間各年的材積收穫量，使整理期後的森林蓄積可調整到法正蓄積的水平，故應使年伐採額大於年生長量；亦即，當 $V_W > V_N$ 時，則 $E > Z$。

4. 當現實蓄積小於法正蓄積時，代表現實林的蓄積量不足，必須將不足的蓄積於整理期間內調整回來，故應使年伐採額小於年生長量；亦即，當 $V_W < V_N$ 時，則 $E < Z$。

5. 收穫查定與收穫統制區分明顯，收穫統制的單位為材積。

6. 整理期為將現實蓄積改為法正蓄積的預定期間，等於輪伐期（$a = u$）；亦可依林木齡級、造林更新的需要以及其他因素而調整之；通常森林的現實蓄積與法正蓄積差距愈大，宜選用較長的整理期，以免發生齡級分配太過偏離法正齡級狀態。

㈢ 應用上之觀察

1. 可調整森林蓄積趨近於法正蓄積，維持在理想蓄積狀態。

2. 使用伐期平均生長量法估測森林的生長量，估測理論簡單，但不夠精確；因為，現實林實質的生長量為連年生長量。

3. 適用於擇伐作業的異齡林、同齡林以及林相改良作業的森林。

4. 對齡級不法正的森林，設全林為未達輪伐期的同齡林，林齡為 $u/2$，則即使現實蓄積等於法正蓄積，年伐採額應等於生長量，但實際上卻無成熟林木可供伐採。若現實蓄積小於法正蓄積，但若現實林多為成熟或過熟木，則以伐採額小於生長量，會造成嚴重的過熟狀態。

5. 使用奧國式於現實林的收穫控制時，應注意現實林的林齡結構以及林木成熟狀

態，訂定適當的整理期。對於過熟林木偏多的林分，不宜過度節約或減少收穫量，可於老林木伐採之後（例如：實施齡級面積不法正的改良作業），再行進入整理期，利用奧國式決定伐採額。

註解 14.5：奧國式最低年伐量

　　奧國式收穫預定法將現實蓄積與法正蓄積的差額，於整理期間調整歸零。原始設計的調整期為輪伐期，亦即

$$a = u \qquad (14.13.1)$$

則依據伐區式作業森林的法正生長量理論，可知：法正生長量 Z 等於最老林木蓄積量，亦等於法正收穫量；

$$Z = m_u = Y_N \qquad (14.13.2)$$

又承法正蓄積量理論，可知

$$V_N = \frac{u \cdot m_u}{2} = \frac{u \cdot Z}{2} \qquad (14.13.3)$$

$$Z = \frac{2V_N}{u} \qquad (14.13.4)$$

將 12.13.1 及 12.13.4 兩式代入公式 12.13，可得奧國式最低年伐量為

$$\begin{aligned} E &= Z + \frac{V_W - V_N}{a} \\ &= \frac{2V_N}{u} + \frac{V_W - V_N}{u} \\ &= \frac{V_W + V_N}{u} \end{aligned} \qquad (14.13.5)$$

二、卡爾法（Carl method）

㈠沿革及實施步驟

　　現實林的蓄積與生長二者事實上為相互依賴的變動關係，因此，卡爾先生於 1838 年利用蓄積 - 生長的變動觀念，改良奧國式收穫預定法，創立卡爾收穫預定法（Karl method）。

　　假設森林的法正蓄積與法正生長量各為 V_N 與 Z_N，在整理期 a 開始時的現實林連年

生長量為 Z_W，n 為經理期間所經過的年數，則整理期間的年伐採額 E 為

$$
\begin{cases}
E = Z_W + \dfrac{V_W - V_N}{a} - \dfrac{Z_W - Z_N}{a} \times n, \ \text{if} \ V_W > V_N \\[3mm]
E = Z_W + \dfrac{V_W - V_N}{a} + \dfrac{Z_W - Z_N}{a} \times n, \ \text{if} \ V_W < V_N
\end{cases}
\tag{14.14}
$$

上式中，當現實蓄積大於法正蓄積時，亦即 $(V_W - V_N) > 0$，在經理期間各年內，因蓄積變動所產生的生長量調整值為負值，其值等於 $-n(Z_W - Z_N)/a$；相反地，現實蓄積小於法正蓄積時，亦即 $(V_W - V_N) < 0$，則因蓄積變動所產生的生長量調整值為正值，其值等於 $n(Z_W - Z_N)/a$。

(二) 性質

承上，卡爾法具有下列特徵：

A. 當 $V_W > V_N$ 時

1. 經理期間的第一年（$n=0$），現實林的年伐採額 E 為 $E = Z_W + \dfrac{V_W - V_N}{a}$。

2. 經理期間的第二年（$n = 1$）。經過經理期間的第一年，因為年伐採額的收穫，現實林蓄積量減少了 $[(V_W - V_N) \times 1]/a$，因此，經過一年後的現實林連年生長量減少 $[(V_W - V_N) \times 1]/a$，故經理期間第二年的年伐採額應調整為 $E = Z_W + \dfrac{V_W - V_N}{a} - \dfrac{Z_W - Z_N}{a} \times 1$。

3. 經理期間的第三年（$n=2$）。經過經理期間的第二年，現實林蓄積量減少了 $[(V_W - V_N) \times 2]/a$，因此，經過二年後的現實林連年生長量減少 $[(V_W - V_N) \times 2]/a$，故第三年的年伐採額為 $E = Z_W + \dfrac{V_W - V_N}{a} - \dfrac{Z_W - Z_N}{a} \times 2$。

4. 經過 n 年，現實林蓄積量減少了 $[(V_W - V_N) \times n]/a$，因此，現實林連年生長量減少 $[(V_W - V_N) \times n]/a$，故年伐採額應為 $E = Z_W + \dfrac{V_W - V_N}{a} - \dfrac{Z_W - Z_N}{a} \times n$。

B. 當 $V_W < V_N$ 時

1. 經理期間的第一年（$n=0$），現實林的年伐採額 E 為 $E = Z_W + \dfrac{V_W - V_N}{a}$。

2. 經理期間的第二年（$n = 1$）。經過經理期間的第一年，因為年伐採額的收

種，現實林蓄積量增加了 $[(V_W - V_N) \times 1]/a$，因此，經過一年後的現實林連年生長量增加 $[(V_W - V_N) \times 1]/a$，故經理期間第二年的年伐採額應調整為

$$E = Z_W + \frac{V_W - V_N}{a} + \frac{Z_W - Z_N}{a} \times 1 \text{。}$$

3.經理期間的第三年（$n=2$）。經過經理期間的第二年，現實林蓄積量增加了 $[(V_W - V_N) \times 2]/a$，因此，經過二年後的現實林連年生長量增加 $[(V_W - V_N) \times 2]/a$，故第三年的年伐採額為 $E = Z_W + \dfrac{V_W - V_N}{a} + \dfrac{Z_W - Z_N}{a} \times 2$。

4.經過 n 年，現實林蓄積量增加了 $[(V_W - V_N) \times n]/a$，因此，現實林連年生長量增加 $[(V_W - V_N) \times n]/a$，故年伐採額應為 $E = Z_W + \dfrac{V_W - V_N}{a} + \dfrac{Z_W - Z_N}{a} \times n$。

三、海耶法（Heyer method）

㈠ 理論特性

海耶收穫預定法理論有二個重要假設：(1) 森林經營者希望將不規則林分狀態的現實林調整成為法正林的林分狀態，以及 (2) 當森林立木蓄積維持在法正蓄積的水準、森林的生長以及齡級分布也均維持在法正狀態時，則森林的年伐採量等於材積生長量。

當森林的實際生長量不等於法正生長量時或實際的立木蓄積量不等於法正蓄積量，應可藉由收穫量調整的方式，將現實蓄積量推向法正蓄積量。海耶收穫預定法（公式 14.15）利用小於輪伐期的整理期為調整期，並利用各林分的連年生長量合計為現實林的連年生長量（Z_W），將現實蓄積（V_W）與法正蓄積（V_N）的差額平分於調整期間 (a)，分期收穫。亦即當現實蓄積高於法正蓄積時，可以將過多的蓄積量平均分配到整理期的各年；如果現實蓄積小於法正蓄積，則可以降低年伐採量的方式，將不足的蓄積量平均分配到整理期的各年中予以補足。

$$\begin{aligned} E &= \frac{V_W + a \cdot Z_W - V_N}{a} \\ &= Z_W + \frac{V_W - V_N}{a} \end{aligned} \qquad (14.15)$$

㈡ 應用性質

1.此法與卡爾法均為奧國式的修正法，收穫預定的理論與奧國式完全一致，主要

差別為整理期較短以及現實林生長量取代法正生長量。一般應用時，如果採用小
於輪伐期的年數為奧國式整理期，則奧國式與海耶法可視為相同的收穫預定法。

2.收穫預定單位為材積。

3.適用於同齡林及異齡林

14.6.2 利用率法

一、漢德夏俊法（Hundeshagen formula）

㈠沿革及實施方法

早於 1787 年時，Paulsen C. 就利用森林現有蓄積的利用率（utilization percentage）
決定森林容許收穫量，這種觀念大約經過半個世紀，才由 Hundeshagen 於 1821 年以
rationale method 之名正式發表，依據林分現實蓄積（current standing growing stock）以及
法正蓄積（desired future growing stock）二者的蓄積比，來決定森林的永續收穫量。

漢德夏俊認為應適當規定伐期齡林木的伐採利用數量，才能達到森林保續生產的目
標。如果「收穫量與現實蓄積的比率」等於「法正生長量與法正蓄積量的比率」，則森
林可獲得保續生產同時可以促進現實林逐漸成為法正狀態的森林；據此，漢德夏俊公式
（Hundeshagen formula）所定義的現實林年收穫量 Y_A 為

$$Y_A = V_A \times \frac{Y_N}{V_N} = V_A \times P \qquad (14.16)$$

式中 V_A 為森林現實蓄積，係就全林的各林分實地調查的全林蓄積；V_N 為法正蓄積，係
就收穫表所列各齡階森林的蓄積量所求得的法正蓄積量；Y_N 為法正收穫量，為收穫表
所列的伐期齡林分蓄積量；Y_N 與 V_N 的比值稱為利用率 P，代表法正林的法正收穫量對
於法正林總蓄積的比率。

在法正狀態下的森林，利用率 P 為一定數。以皆伐作業森林的法正生長量與法正
蓄積量關係論之，法正生長量等於伐期齡林木的蓄積量，在維護森林永續生產的作業目
標規範下，每年的森林收穫量應該等於法正生長量；所以，利用率可以視為法正林的年
材積生長率。故在實際應用上，可以查定法正林的年材積生長率，就可定義其為現實林

的利用率，以其與現實蓄積相乘，就可以決定現實林的年收穫量。

(二) **性質**

漢德夏俊法所規劃的收穫量主要決定於現實蓄積與法正蓄積的相對大小，如果現實蓄積高於或低於法正蓄積，則實際收穫量將大於或小於法正收穫量。不論現實林是否具有法正狀態，以合理的平均利用率收穫森林時，將可促使森林現實蓄積逐漸降低（if V_A > V_N）或增加（if V_A > V_N），最後導引現實蓄積成為可生產法正收穫的法正蓄積量（V_A = V_N）。依據現實蓄積與法正蓄積的關係，漢德夏俊收穫預定法規整森林蓄積的效益可分為下列三種情況：

(1) V_A > V_N，亦即 $\dfrac{V_A}{V_N}$ > 1，則必使 Y_A > Y_N 或 Y_A > I_A，所以現實蓄積將漸減並接近法正蓄積。

(2) V_A = V_N，亦即 $\dfrac{V_A}{V_N}$ = 1，必使 Y_A = Y_N 或 Y_A = I_A，所以，現實森林為法正蓄積，收穫量可以維持法正蓄積。

(3) V_A < V_N，亦即 $\dfrac{V_A}{V_N}$ < 1，則必使 Y_A < Y_N 或 Y_A < I_A，所以，現實蓄積將增加並接近法正蓄積。

(三) **應用的觀察**

1. 整理期不明確

收穫預定單位為材積。對未達法正狀態的森林，漢德夏俊法使森林現實蓄積達到法正蓄積的時期（或稱調整期）為 V_N / Y_N（年）。所以，實施漢德夏俊法無需指定調整期，但可以預期利用此法將需相當長期的時間才能達成法正狀態。

2. 方法簡單且有優越的保續性

僅需調查森林現有蓄積量，即可決定年伐量，採伐地點則由有經驗的技術專家決定，若現實林的齡級分配接近法正的森林，可以很快地達成保續性目標。

3. 現實林齡級結構與蓄積狀態會影響森林發展的結果

漢德夏俊收穫預定法理論基礎為假設森林已達相當程度的法正齡級分配，森林收穫與其蓄積間有直線關係（linear relationship）。基本上，林木生長呈現 Sigmoid 曲線模式，林木初期材積生長很慢，之後快速成長直到老年時期又趨於緩慢；如果現實林具有

較多量的高齡林木，其現實蓄積比法正蓄積多，但實則其材積生長會比法正生長少；相反地，若中壯齡林木較多時，則雖蓄積較少，但卻會有較多的生長量。所以，本法不太適用於林齡分配很不規則的森林。

如果現實林蓄積與法正林蓄積二者差異太大時，可能造成林分結構的不良發展。因為利用率及生長量恆為正數，漢德夏俊法決定的年伐量亦恆為正數，當森林中無成熟林分可供伐採時，顯然會造成嚴重的不經濟結果。如果林分齡級分配不法正情況較輕微時，經濟損失較輕，本法仍可適用。

4. 適用對象

本法適用於伐區式作業森林以及擇伐作業森林。對於皆伐作業使用利用率決定收穫量，但對於擇伐作業則使用偏利用率（partial utilization percentage）決定收穫量。以達二分之一伐期齡以上的林木為現實蓄積調查對象，所決定的利用率稱為偏利用率。使用本法宜每間隔若干年（例如 10 年或 20 年）即重新實施檢定調查，取得較正確的現實蓄積與生長量，以供收穫預定之應用。

二、曼特爾法（Von Mantel method）

㈠沿革及實施方法

Von Mantel 於 1952 年簡化漢德夏俊法（Handeshagen formula），認為當現實林具有近於法正狀態的林齡分配時，就可以無需使用法正蓄積作為標準，只需利用現實蓄積 V_A（growing stock volume）以及輪伐期 u 決定現實林的年伐採額 Y_A。因為森林在近法正狀態下，單位面積上的林木蓄積與林齡成正比例增加（詳第十五章 15.4 節及圖 15.15）；而依據伐期平均生長量理論，法正林的法正蓄積為伐期齡林木材積 mu 與輪伐期半數之乘積，而伐期齡林木材積等於法正收穫額 Y_N，亦即

$$V_N = \frac{u \cdot m_u}{2} = \frac{u \cdot Y_N}{2} \qquad (14.17)$$

將上式代入漢德夏俊法公式 14.16，可得曼特爾法決定的現實林年收穫量 Y_A 為

$$Y_A = V_A \times \frac{Y_N}{V_N}$$

$$= V_A \times \frac{Y_N}{\dfrac{u \cdot Y_N}{2}} \qquad (14.18.1)$$

$$= \frac{2V_A}{u}$$

㈡ 性質及應用

1. 利用率固定且與樹種及森林作業方法無關

曼特爾法係漢德夏俊法的變形，所以曼特爾法的性質及應用與漢德夏俊法相似，二者的主要差異在於利用率。依據曼特法的理論，森林的利用率恆為 $2/u$，因為利用率等於現實蓄積與法正蓄積之比，而由公式 14.19，可知曼特爾法的利用率與樹種、森林作業方法等均無關，純為輪伐期的函數。當決定林分的輪伐期，其利用率即已決定。

$$P = \frac{Y_N}{V_N} = \frac{Y_N}{(u \cdot Y_N)/2} = \frac{2}{u} \qquad (14.19)$$

2. 以立木蓄積與林分齡級分布的線性關係為計量基準

曼特爾法可以快速提供決定同齡林容許伐採量，但是，曼特爾法因為假設現實林的齡級分布趨近於規整林（regulated forest）或法正狀態。同時，曼特爾法係以林分立木蓄積（the volume of standing growing stock）為基礎，而各齡級立木的材積與齡級具有線性增加的關係（linear relationship）。

事實上，一個林分的立木蓄積量與林齡關係應為非線性的（nonlinear relationship），所以，如果現實林的林分結構偏向幼齡或偏向老齡的分布，而直接以材積 - 林齡線性正相關的模式應用於該現實林，顯然不是很適當的，這個方法所建議的年伐採量的準確度會有問題。

3. 簡單易用

曼特爾法最大的優點在於理論簡單，只要知道全林現有的立木蓄積，就可以很容易的應用，粗略的估計值對於某些林地經營者而言，反而是很有用的。

如果森林蓄積係以可利用材積（merchantable volume）為計量對象，則曼特爾法所

得結果會是比較保守的，亦即所決定的年伐採量會偏低，因為林分內的可利用材積通常係指立木直徑必須大於或等於最小可供銷售的製材直徑。

假設某一樹種需要 x 年時間才能長到滿足可利用材積的最小直徑標準，則該林分的可利用材積應以 x 年以上林木為計算對象。所以，曼特爾法所決定的年伐採量應修正為公式（14.18.2），理論上會大於利用公式（14.18.1）所決定的年伐採量。

$$Y_A = \frac{2V_A}{u - x} \qquad (14.18.2)$$

14.6.3 修正係數法

一、卜芮曼法（Breymann method）

㈠ 沿革及實施方法

在現實蓄積與法正蓄積比例的觀念模式下，卜芮曼利用森林面積取代森林蓄積，作為收穫預定的基礎，於 1855 年提出面積係數修正法正收穫量的方法。卜芮曼認為「現實林蓄積（V_A）與法正林蓄積（V_N）之比」等於「現實林平均年齡（A）與法正林平均年齡（$u/2$）之比」，因此，漢德夏俊法的理論基礎（14.20.1）可以修正為公式 14.20.2：

$$\frac{Y_A}{V_A} = \frac{Y_N}{V_N} \qquad (14.20.1)$$

$$\frac{Y_A}{A} = \frac{Y_N}{u/2} \qquad (14.20.2)$$

亦即，現實林的年收穫量 Y_A 等於法正年收穫量乘以年齡係數（修正係數）2A/u（公式 14.21）。

$$Y_A = \frac{A \cdot Y_N}{u/2} = Y_N \cdot \frac{2A}{u} \qquad (14.21)$$

現實林平均年齡 A 為面積加權的平均年齡，可由公式 14.22 決定之，式中 f_i 及 a_i 分別代

表第 *i* 齡級的面積及平均年齡。

$$A = \frac{\sum f_i a_i}{\sum f_i}$$（14.22）

二、性質及應用

以林齡係數為修正係數決定年容許伐採額

1.經理期間為 *u*/2

2.收穫預定單位為材積。

3.當現實林平均年齡大於 *u*/2 時，$Y_A > Y_N$，代表現實林的含有較多的高齡林，現實林的蓄積大於法正蓄積，故應多伐採；當現實林平均年齡小於 *u*/2 時，$Y_A < Y_N$，代表現實林較之法正林含有較少的高齡林，現實蓄積小於法正蓄積，故應少伐採；當現實林平均年齡等於 *u*/2 時，$Y_A = Y_N$，現實林已呈法正狀態。

4.適用於伐區式作業森林。伐區式作業森林的年伐面積 A_g 為全林面積與輪伐期之比（*F*/*u*），如果現實林的齡級面積分配不法正時，年伐面積應由林齡係數修正成為 (*F*/*u*)(2A/*u*)。亦即當 A > *u*/2，年伐面積應大於 *F*/*u*；相反地，當 A < *u*/2，年伐面積應小於 *F*/*u*。

三、施密特法（Schmidt method）

㈠沿革及實施方法

施密特於 1896 年提出以現實林生長量 Z_A 為基礎，利用現實蓄積 V_A 與法正蓄積 V_N 之比作為修正係數，決定現實林的年容許伐採量 Y_A。

$$Y_A = Z_A \cdot \frac{V_A}{V_N}$$（14.23）

㈡性質及應用

1.以蓄積係數為修正係數決定年容許伐採額。

2.無明確的調整期或更正期。

3.收穫預定單位為材積。

4.當現實林蓄積大於法正蓄積時，應多伐採，$Y_A > Z_A$；當現實林蓄積小於法正蓄積時，應少伐採，$Y_A < Z_A$；當現實蓄積等於法正蓄積時，$Y_A = Z_A$，現實林已呈法正狀態。

5.適用於伐區式作業森林及異齡林。

14.7 齡級法的特性與實施方法

一、純粹齡級法（Pure age-class method）

㈠沿革及實施方法

19 世紀初法正林思想發展並被廣泛採用於森林收穫預定作業上，以誘導現實林具有法正齡級配置，寇他折衷平分法在法正林思想的影響下，為使森林在一輪伐期內的收穫總量，能夠均分於輪伐期中的各個分期，於追求面積與材積平分的目標時，可以同時兼顧森林保續收穫以及使現實林的齡級配置成為法正的目標；乃由折衷平分法發展成為純粹齡級法。

純粹齡級法乃依法正齡級為標準，據以支配伐採額，即將輪伐期中之收穫平均分配於各個分期或經理期間，以圖保續收穫及達成法正狀態。本法之實施步驟為：

A. 就全林面積（F），查定現實林的齡級別面積，在共同的作業別及輪伐期（u）基準下，依據法正齡級面積分配方式，將現實林齡級面積與法正林齡級面積，作成齡級面積分配比較表。

若以 400 公頃的森林為例，當每一齡級編入齡階數為 20 年時，平均一個齡級的法正齡級面積分配額為 80 公頃，依據現實林齡階分布的面積，可作成比較表如下：

齡級齡階	1-20	21-40	41-60	61-80	81-100	>100
法正齡級面積分配	80	80	80	80	80	-
現實齡級面積分配	34	94	70	58	92	52
面積差	-46	+14	-20	-22	+12	+52
預定收穫期別	5	4	3	2	1	1

B. 決定經理期年數 n（10 或 20 年，一般以 10 年為準），並查定經理期的容許伐採量。設以 20 年為經理期，則應查定林分為上表齡階 80 年生及以上者。

C. 選定經理期應伐採的立木對象，選伐立木的原則如下：

　1. 選擇全林中應即伐採的高齡林木。

　2. 為作成法正配置關係而應伐採之林木，包含離伐帶林木。

　3. 合計伐採預定面積，比較現實齡級與法正齡級分配，調整使經理期內伐採面積接近於容許伐採面積或稱法正收穫面積（nF/u）。

　　⑴ 老熟齡級過大者應多伐採，老齡級過小者應少伐採。

　　⑵ 齡級分配甚不規則者，應察情以增減其年伐面積。

　　⑶ 利用齡級係數（age-class factor, Ca）輔助決定面積伐採額。依據作業級的面積平均年齡以及預計可達法正齡級的更正期，

$$C_a = \frac{d + a - (u/2)}{a} \tag{14.24}$$

D. 依據伐採林地、伐採面積以及伐採額編製經理期的伐採計畫

　1. 查定經理期的收穫材積量 V

　2. 決定經理期法正年伐量 Y

$$Y = V/n \tag{14.25}$$

E. 定期檢定經營計畫，檢討更新、保育、收穫等，重新訂定適當的收穫量，編定經營計畫。

㈡ **性質及應用**

A. 以林木年齡為選定伐採立木及處所的標準，收穫觀念為林產物處分，不是林木生長量。

B. 收穫查與收穫統制過程同時進行。

C. 收穫統制的目的在於建立林木配置及齡級面積的關係，使森林可以在最近期內實現法正狀態。

D. 適用於伐區式作業森林。

二、林分經濟法（stand method）

㈠沿革及實施方法

Judeich 以純粹齡級法為基礎，於 1871 年建立林分經濟法，或稱為猶黛希法。本法的主要著眼點在以林分為施業單位，促進各林分現時點的經濟性合理化，如果各個林分均能撫育使其完成健全的生長，並在林分成熟期時伐採利用之，將可使森林經營收到合理的經濟效益，由健全生長的林分所組成的整體森林，自然可以達成保續生產目標的法正狀態。

林分經濟法的實施方法如下：

A. 就林分組成以及林地環境等實際狀況，將全林劃分為若干個作業級。

B. 於各作業級內劃設伐採列區，作業級林地內若有不完全的伐採列區時，可集合少數不完全伐採列區（2-3 個）成為一個伐採列區；決定所有伐採列區的伐採順序。有需要時，得施行離伐以區隔伐採列區。

C. 分析土地期望價，以土地期望價最高時期的林齡（亦即伐期齡）為作業級輪伐期；再以指率法決定各林分的成熟期，據以選定經理期間（10-20 年）應伐採的林木。選定優先伐採林木的原則如下：

  1. 因施業上必要伐採之林木，如離伐帶林木。

  2. 指率法決定的成熟林木。

  3. 為滿足伐採順序之必要，必須犧牲之林木，例如位於成熟林木內之壯齡林木以及近成熟林木。

  4. 指率判斷雖尚處於未成熟階段，但伐採之仍不致造成大的經濟損失者。

  5. 為撫育需要施行間伐的林木

D. 核算經理期應伐採林木的材積與面積，若伐採面積與經理期容許伐採面積 nF/u 相差太大，必須調整收穫面積。

  1. 收穫面積不足者，可就步驟 ⑶ 所訂的選伐木原則 c 及 d 林分中，增加伐採量。

  2. 收穫面積過多者，先減少選伐木原則 d 的林分，若仍過多再減少原則 c 的林

分。剔除的林分可於次一經理期優先選伐。

E. 確定經理期面積的容許伐採量後，就預定伐採林分的現實蓄積（V），求出該現實蓄積在經理期間的生長量（I），將材積總收穫量平均分配於經理期，決定經理期每年的材積容許伐採量（Y）。

$$Y = (V + I)/n \qquad\qquad （14.26）$$

F. 由上述五大步驟所呈現的收穫預定法特稱為普通林分經濟法，若省略其中步驟(4)的「經理期伐採面積的年容許伐採量」，而直接以步驟(3)所決定的面積與材積為收穫對象者，稱為絕對林分經濟法。普通林分經濟法於追求林分經濟的同時，尚以造就林分的法正齡級分配關係為目標；但是絕對林分經濟法不在意現實齡級與法正齡級的關係。

㈡性質及應用

A. 林分經濟法主要追求財政收益為第一要務，法正狀態的實現次之。林分經濟法對所有作業級森林的生產期，以土地純益最大的財政輪伐期為決定基準，各林木成熟期的決定則以指率為依據。

B. 林分經濟法以林分為主體規劃對象的收穫預定法，透過林分的規劃，完成整體林分收穫預定；此與其他方法的直接以整體森林為收穫預定之規劃對象不同。

C. 適用於伐區式的皆伐作業森林，但不適合於更新期長的漸伐作業與擇伐作業。

D. 以土地純益最大輪伐期（或稱土地期望價最大輪伐期）以及指率決定林木的成熟期，可能會使林木的伐期齡偏低，造成短伐期作業的森林。

14.8 生長量法的特性與實施方法

一、平均生長量法（Martin method）

㈠沿革及實施方法

Martin C.L. 於 1836 年發表林齡平均生長量法，直接以林木的現年平均生長量為收

穫量。假設全林可分為 k 個林分，第 i 個林分的年齡及材積各為 a_i 及 V_i，則森林現年的平均生長量（MAI）可定義為公式 14.27，並可決定年伐採額為 Y_A 等於平均生長量。

$$Y_A = MAI = \sum_{i=1}^{k} \frac{V_i}{a_i} \qquad （14.27）$$

(二) 特徵及應用

A. 以過去蓄積的現實平均生長量為最近一年的收穫量，只有收穫查定的精神，並無收穫統制的精神。

B. 若現實林具有法正狀態，則全林的伐期平均生長量就是全林的平均生長量，等於全林的連年生長量（詳註解 10.2），合於自然收穫（natural yield of wood）法則。

C. 若現實林不具有法正狀態，則以平均生長量所決定的年收穫量可能會造成林分蓄積減少或大增的情形：

　1. 若現實林高齡林木面積多，林分的平均生長量大於連年生長量，則依平均生長量所決定的年收穫量會大於實際的連年生長量，將會造成現實蓄積減少的現象。

　2. 若現實林幼齡林木面積較多，林分的平均生長量小於連年生長量，則依平均生長量所決定的年收穫量會小於實際的連年生長量，會造成現實蓄積增大的現象。

D. 應用本法宜以法正林為前提。

二、稽核法

(一) 沿革

稽核法（check method）又稱為照查法（control method），現在則稱為森林資源連續調查法（continuous forest inventory method）。

傳統上森林經營均依據特定的林地、輪伐期以及準則來決定森林收穫預定，但是，法國的林業專家 - 哥爾諾德（Adolphe Gurnaud）卻認為輪伐期無法反應林分發展與森林作業的狀況，而森林的生長量才能具體反應森林的發展。所以，早在 1861 年時，

哥爾諾德在法國林務機構任職時，就建議揚棄傳統改以稽核法作為森林收穫的預定方法。哥爾諾德指出：根據持續的監測，可以知道森林的過去以及未來的狀況，所以森林的規劃策略應本於生長資訊；可惜他的觀念並未獲得法國林務當局的認同。

稽核法在法國受到法國官方林務機構的強烈地反對，但是卻在鄰國瑞士 Jura 地區得到熱烈的支持。比奧利（Henry Biolley）為瑞士籍的林業專家，於 1879 年的巴黎世界林學會議中，經由哥爾諾德介紹，比奧利知道稽核法的原理以及利用生長資訊經營森林的重要性，同時，他也瞭解到設置試驗地實際以稽核法進行試驗性經營的重要性。Biolley 負責瑞士 Couvet 公有林經營工作時，於 1889 年在該公有林設置兩個試驗地，結合稽核法（the control method）以及單木擇伐作業法（the single-stem plentary system）的原理，實際的森林經營；之後，並將之推行於他所經營的 Neuchâtel 州有林。稽核法的成功經驗透過 Franche-County 森林人協會（Société Forestière de Franche Comté）出版的報告（Bulletin of the Society Foresters of Franche-County）獲得廣泛的迴響，私有林也開始實行稽核法擇伐作業經營，例如 1906 年成立的稽核法學會（Société du Contrôle）同年就於所購買的森林實施稽核法擇伐作業林經營；瑞士日內瓦州公有林經營者柏雷爾（William Borel）也在自己所經營的私有林 Les Erses forest 推行稽核法擇伐作業的森林經營；自此，結合稽核法與擇伐作業乃成為瑞士標準的森林經營法。

稽核法利用生長量資訊控制或調整森林收穫的原理，後來逐漸被法國、美國、日本以及許多其他的國家，並逐步發展成為連續森林調查法（Continuous Forest Inventory, CFI）。美國林務署專家史托特（Stott C.B.）於 1937 年將 CFI 方法應用於 Lake States Region 的森林經營，利用 1 英畝以上大面積的永久樣區，取代原來以全林分為調查對象的做法；史托特指出應用 CFI 之目的乃在於收集森林蓄積量（stocking）、生長量（growth）、伐採量（removal）以及枯死量（mortality）等必要的基本資訊，以供訂定大面積森林經營的管理策略之用（Stott, 1960），目前 CFI 方法已成為森林學家研究林分動態發展模式的重要方法。1975 年國立臺灣大學王德春教授專文介紹 CFI 方法，稱之為連續森林調查法；大陸森林學者則稱 CFI 為森林資源連續清查法。

⼆　稽核法的特性

稽核法原始設計主要精神在於依據過去的育林施業結果以及經驗，作為將來經營森林控制施業的基準。比奧利（Biolley H.）將林分立木以胸高直徑級分成三個等級：小

徑木（桿材）、中徑木（小製材）以及大徑木（大製材），胸高直徑級以 5cm 為一級，最小等級為 20cm，代表 17.5-22.5cm，三個品等林木的胸高直徑級分別為：桿材級 20、25、30cm，小製材級 35-50cm，大製材級 55cm 以上，擇伐作業森林三種徑級林木材積配置比例理想值為 2：3：5。負責經營森林的人員，在每次伐採之前，必須稽核現存森林的狀態以及過去林分的發展情況，包含各直徑級立木株數、斷面積、材積以及林木的品等，分析林分的直徑級株數分布、生長量、林木枯死量、材積生長率以及預定容許年伐量等。

施行稽核法擇伐作業經營時，森林經營負責人員的重點工作為定期的稽核伐採成效，依據過去的擇伐經營的施業效果以及最近一次精確調查所得的詳細資料，決定次一經理期的年伐採量，避免過於砍伐或伐採不足的情形；所以，稽核法具有實質森林調查（forest inventory）以及經營控制（management control）的雙重意義，結合永續生產的森林撫育與生長稽核工作，可以降低森林經營的不確定性，奠定合理的森林永續經營的基礎。實施稽核法的林分，最終必發展成為擇伐林型的森林。

㈢ 稽核法的實施方法

稽核法的核心理念在於利用集約的施業方式，以使森林本體可以充分利用空間，因為森林為林木與林地的結合體，當森林可以充分利用地下部與地上部的空間與生活資源，將可持續的發揮各部分的生產力，使整體達成最高的生產目標。稽核法不施行大面積皆伐的以及人工植林作業，而強調以擇伐作業的天然更新作業法來維持森林有機體的存續；同時，強調以短經理期連續的森林資源調查資料，查定森林生長量，依據經驗，歸納決定森林結構的最佳體系，施行永續的異齡林經營。

稽核法的實施程序說明如後：

A. 將森林區劃為 12~15ha 的小面積林班，林班界固定，不設作業級，也不定輪伐期，不設定作業法但本法僅應用於擇伐林作業。

B. 設定經理期間以及林木調查胸的高直徑基準值（D_{min}）。一般以 5 至 8 年為經理期間，胸高直徑基準值為 17.5cm。

C. 以林班為作業單位定期實施全林調查

　1. 每隔 5 至 8 年，於各林班實施林分調查一次；調查並紀錄胸高直徑大於或等於調查基準值的每一立木樹種名稱及胸徑，並於 DBH 測定處做記號，以

便未來重測同一位置的直徑。（第一次調查作業需同時建立材積與胸高直徑模式 V = *f*(D)，據以建立地方材積表；稽核法於瑞士實施的原始設計為不分樹種，各種針葉樹均以相同材積模式推估之。）

2. 依據地方材積表查定每一立木材積（m³），計算該經理期的林分蓄積量。對於後續的每次調查，均應用同一地方材積表，分別查定所有立木材積。

3. 以 20cm（17.5 ≤ D ≤ 22.5 cm）為起始直徑級，級距 5cm，製作林分胸高直徑級株數分配圖及材積分布圖。

D. 依前後期森林調查資料決定下列資訊

1. 由二次連續調查記錄查定直徑級別生長量、晉級生長量，以及決定林分的立木蓄積量（growing stock）、枯死材積量（mortality volume）、材積晉級生長量（ingrowth volume）、伐採材積量（removal volume）。

2. 按直徑級別林木株數及材積，並檢討株數頻度及 J 型分布（invrsed J-shape distribution）結構。

3. 經過數經理期的長期經營及多次連續調查所累積資訊，分析期望蓄積林分的直徑級株數頻度分布，期能收最大收穫；例如 Biolley 在瑞士所經營的雲杉擇伐林的目標蓄積為 350 至 400 m³/ha。

E. 根據前後二次森林調查結果，以第二次調查的林分立木蓄積（V_2）、第一次調查的林分立木蓄積（V_1）、經理期間所擇伐的材積量（C）、死亡材積量（M）以及晉級生長量（I），決定經理期間林分蓄積的定期生長量（Z）。

$$Z = V_2 + M + C - V_1 - I \qquad (14.27)$$

F. 以第（E）步驟計算所得之第 *i* 經理期定期生長量（Z_i）為基準，視為第 *i*+1 經理期的收穫預定量（E_{i+1}）。決定擇伐量時，應考量將來要達成的目標蓄積以及直徑級別材積分布情形，在維持小、中、大三種徑級林木蓄積為 2:3:5 的理想配置比與 J 型分布的林分直徑結構等條件下，分別指定各直徑級的收穫量（株數與材積）。一般次期經理期的擇伐量約為前期生長量的 70~100%，亦即伐採係數 *f* 介於 0.7~1.0，如圖 14.2 所示。

經理期別	i-1	第 i 期 (2008~2016)	第 i+1 期 (2016~2024)	i+2
調查時間及蓄積		V_{2008}	V_{2016}	V_{2024}
收穫預定量	E_{i-1}	$E_i = f \cdot Z_{i-1}$	$E_{i+1} = f \cdot Z_i$	E_{i+2}
生長量	Z_{i-1}	$Z_i = V_{2008} - V_{2000} + E_i$	$Z_{i+1} = V_{2016} - V_{2008} + E_{i+1}$	Z_{i+2}

圖 14.2　經理期生長量與收穫預定量的相對關係

G. 森林收穫的預定量均規劃到所指定的直徑級別株數與材積，但是，執行者於實際擇伐林木時，應就林分的個別情形，綜合考慮林木蓄積的量（生長量）與質（直徑級分布）情況以及觀察更新稚樹發生的狀況，適當的調整伐採量，依各個直徑級林木生產機能的需要，執行擇伐，以建造理想質與量的健全森林。

㈣ 稽核法的性質

A. 預定收穫量直接以過去的連年生長量或經理期間的定期生長量為標準，於預定過程中並無控制手續，故為純粹的生長量法。

B. 故此法僅係對於伐採量與生長量之調節並不限定伐採地點，對於異齡林之約經營最為適用。惟此法全憑經驗，需要優良之技術否則不易正確。

C. 從經驗判斷收穫的材積積以及控制林分蓄積的組成，使森林得有最高的生長力。

D. 收穫預定單位為材積。

E. 經理期間短，介於 5-8 年。

㈤ 應用稽核法連續森林調查及複查應注意事項

A. 永久樣區設置工作

以一長鋁條或木樁插於樣區中心，以標示樣區位置。凡樣區上之樹木其 D.B.H 達最小測徑之大小時均予編號，並在量胸高處以漆作一固定＋字記號，以便以後複測同一位置之胸徑。

B. 永久樣區調查與資料紀錄

• 樣區資料：包括樣區號、縣鄉鎮區別、林區、林型、林齡、地位、立木度、同齡或異齡、伐採期間育林作業情形等。

• 單木資料：包括株號、樹種、胸徑、樹高、生長勢、林木品質、形狀級、利用高、冠

徑，以及複查時記載之死亡或晉級生長等。

C. 永久樣區之複測

- CFI 之最大特點即在永久樣區上定期實施複測之調查，由前後兩次調查結果差額，計算林木之生長變化與死亡。

- 樣區設定及複測之時間應當相同。以在每年中林木生長停止以後，即在秋季調查為最適合。

- 間隔年數：建議每 5 年複測一次。

註解 14.6：連續森林調查法的實施概況

一、美國經濟林的連續森林資源調查

　　依據 Stott and Semmens（1962）指出 CFI 發展的歷史，1930 年代，美國森林學家發展了一套取樣方法稱為連續森林資源調查法（continuous forest inventory, CFI），這個方法是根據重複測計相同的調查樣區。在 1937-1938 年，由木材處理工業在美國西北地區森林設立了幾百個永久樣區；1939 年開始在北美五大湖區 chain of five large lakes（Lake Superior, Lake Michigan, Lake Huron, Lake Erie and Lake Ontario）in North America（on the border of United States and Canadian）以及中央平原區森林（Central plains），由私人企業、工業以及政府機關設置約 3700 個圓形永久樣區；1948 年 Ohio 及 Wisconsin 設置了約 1000 個永久樣區實施連續森林資源調查，1952 年美國紙漿材協會（American Pulpwood Association, APA）將 CFI 方法推荐給協會會員，之後，APA 與 USDA 林務署二者啟動合作機制，廣泛的將 CFI 方法應用到 Mississippi river 以東地區的森林，1962 年已有 50 加木材處理工業有關的企業團體應用 CFI 方法經營 2500 萬英畝的森林。Köhl et al.（2006）指出：大部分的 CFI 永久樣區都設置在生產木材為經營目標的經濟林，這樣的森林並不能代表完整的森林資源。

二、連續森林資源調查法的重要性

　　連續森林資源調查法（CFI）是一種特殊型式屬於動態之森林調查兼具調查控制之意義，主要目的是希望利用永久性的森林調查樣區，調查並紀錄林木的發展。CFI 在目前林業經營上尤其工業林之經營非常重要，應用很廣。因其調查可提供林業經

營控制所需之必要資料，且結果很正確對於過去育林施業之效果與森林之種種變化均可明確查定一無遺漏。同時，根據過去施業結果以及經驗，CFI 可以預定將來的木材收穫量，故 CFI 法為結合收穫預定與收穫統制的有效方法。

三、設置具代表性的 CFI 永久樣區

　　CFI 在經濟林的應用可供林主決定適當且永續的木材年收穫量，在經濟林經營上可以發揮最大功效，同理，在以自然資源保育經營或環境保護為核心的森林經營上，CFI 法也應該可以發揮最佳的指導作用。所以，政府部門應就國公有林區廣設 CFI 永久樣區，並鼓勵或輔導私有林主設置永久樣區，並確使 CFI 永久樣區可以完全代表臺灣的森林資源，使有利於國家森林資源經營政策之擬定與實施。

三、梅爾生長率法

㈠ 理論特性

　　在長期過度伐採老熟林分以及缺乏適當的育林作業情況下，森林很容易發展成為低蓄積的林分結構，未成熟林木的面積將佔據較大部分的森林面積。以美國為例，在 20 世紀中葉，美國的森林面積大部分被認為是屬於低蓄積的未成熟林，主要原因是成熟木的伐採以及育林作業（Meyer, 1952）；直至今日，這種低蓄積林分的情況並未獲得改善，主要原因則是許多的社會經濟因子（socioeconomic factors）的限制所造成的（Bettingger et al., 2009）。

　　森林的林分結構以及蓄積量會隨時間而異。基本上，林木的生長率（growth rate）以及立木蓄積（growing stock）會由於經營活動或自然干擾而不斷地變化；這種情況反映出森林經營者再決定年伐採量時，有必要在不同的時間點上對森林進行收穫潛力評估（harvest potential assessment），所以，決定森林的年伐採量需要一套能夠反應林分蓄積動態訊息的評估方法。

　　Meyer 認為：在培養森林使其具有目標蓄積量的目標上，森林作業方法對達成經營目標的影響，比輪伐期以及年伐採量都重要的多。所以 Meyer 於 1952 年提出以生長率為基礎的收穫預定方法，可以將各年的材積生長量，逐年的分期回饋到整體森林的立木蓄積，以改善林分低蓄積的困境，這種方法稱為梅爾分期攤還蓄積收穫預定法（Meyer amortization method），經理期間的年伐採量可用公式（14.28）決定之，公式中 E 為年伐採量，V_W 及 V_N 各為現實林蓄積量（current growing stock level）以及目標蓄積量（desired future growing stock level），G 為材積生長率（growth rate），n 代表經理期內所經過的時間年，例如經理期第一年終時，n＝1；第二年終，n＝2。

$$E = G\left(\frac{V_W(1+G)^n - V_N}{(1+G)^n - 1}\right)$$
（14.28）

(二) **梅爾生長法的應用性質**

A. 材積生長率為本收穫預定法的理論基礎，計算森林的材積生長率時，必須將晉級材積生長量排除在外。

B. 經理期所伐採的對象為立木直徑已達到可利用材積標準的各直徑級林木。所決定的年伐採量必須平均分配於各直徑級。

C. 經理期 5-10 年。

D. 收穫預定單位為材積。

E. 經理期後應重新計算森林材積生長率，以為次一經理期計算年伐採量的依據。

F. 梅爾生長率收穫預定法只適用於決定短期內的森林收穫量，因為經過蓄積回饋機制，森林在若干年後的立木蓄積量將比經理期開始時的蓄積量高，材積生長率亦將改變。

G. 適用於同齡林及異齡林。

四、遞減生長量法

(一) **理論特性**

遞減生長量收穫預定法的基本思維係以輪伐期為經理期，將森林的現實蓄積以及該蓄積在輪伐期間的總生長量（輪伐期間的連年生長量合計），全部伐採完畢，全部的收穫量平均分配於經理期的各年中伐採；因為現實蓄積分配於全經理期逐年定額法採，故使現實蓄積每年的材積生長量具有逐年的比例遞減的特性。

假設：森林單位面積的現實蓄積為 V_W，該現實蓄積一年的單位面積材積生長量為 Z，在以輪伐期為經理期條件下，現實蓄積在 u 年經理期間每年伐採 1/u，至 u 年終伐

採完畢；則現實蓄積在全經理期間的生長量 I 為

$$\text{以秋天伐採為計算基準：} I_a = \frac{uZ}{2} + \frac{Z}{2} \tag{14.29}$$

$$\text{以春天伐採為計算基準：} I_s = \frac{uZ}{2} - \frac{Z}{2} \tag{14.30}$$

以夏天伐採為基準，所求得的現實蓄積單位面積的連年生長量合計為：

$$I = \frac{1}{2}(I_a + I_s) = \frac{1}{2}\left[\left(\frac{uZ}{2} + \frac{Z}{2}\right) + \left(\frac{uZ}{2} - \frac{Z}{2}\right)\right] = \frac{uZ}{2} \tag{14.31}$$

所以，合計現實蓄積 V_w 及其連年生長量 I，可得現實林在經理期間的總伐採量為 $V_w + \frac{uZ}{2}$，以及現實林在經理期間的平均年伐採量為

$$E = \frac{1}{u}\left(V_w + \frac{uZ}{2}\right) = \frac{V_w}{u} + \frac{Z}{2} \tag{14.32}$$

遞減生長量收穫預定法理論基礎與哈夫雷納材積配分法（Hufnagl method）相似，主要差別為遞減生長量法以輪伐期為經理期，哈夫雷納法則以輪伐期的半數為經理期。此外，遞減生長量收穫預定法的理論公式也可由奧國式（Kameraltaxe formula）誘導而來，二者的關係請詳註解 14.4。

(二) 應用性質

A. 適用於同齡林及異齡林。可適用於同齡林與異齡林伐採量之查定，但精準度較差。

B. 臺灣自日據時代即採用遞減生長量法，以預定林木伐採量。

C. 伐採的木材材積包括一部份老熟林木材積和半數老熟木之連年生長量。若野外調查生長量時，未能注意將幼林木排除在外，則會產生較大誤差。

註解 14.7：遞減生長量法與奧國式的關係

　　承奧國式的法正年伐量 $E = Z + \dfrac{V_W - V_N}{a}$，以及法正蓄積量理論：法正蓄積量等

於法正林全林一年的生長量與輪伐期乘積之半數，

$$V_N = \frac{u \cdot m_u}{2} = \frac{u \cdot Z}{2} \ ;$$

當以輪伐期為奧國式的整理期，亦即 $a = u$，則奧國式可改寫成為遞減生長量式。二者的相對關係以數式分析如下：

$$
\begin{aligned}
E &= Z + \frac{V_W - V_N}{a} \\
&= Z + \frac{V_W - \frac{1}{2}uZ}{u} \\
&= \frac{uZ + V_W - \frac{1}{2}uZ}{u} \\
&= \frac{\frac{1}{2}uZ + V_W}{u} \\
&= \frac{Z}{2} + \frac{V_W}{u}
\end{aligned}
$$

14.9 應用收穫預定法控制非木質產品的收穫量

　　本章前幾個章節主要著重於木材生產量的控制技術，雖然是傳統的收穫預定方法，但是這些傳統技術仍可應用於森林規劃作業，例如野生動物棲地以及其他的非木材產品資源。以野生動物經營為例，為保育特定野生動物，森林的經營過程中，必須維持滿足野生動物棲息生存的最小棲地面積，雖然要決定野生動物必要的最小棲地面積非常困難，可能需要許多的科學證據以及長期實務操作的印證資料，才能合理建立長期所需的棲地面積。

　　野生動物長期棲地經營的「合理面積」是一個觀念，也是一個數值；在森林經營的規劃作業中，可以利用合理的棲地面積最為森林經營的規劃控制因子。以面積為基礎的

收穫預定法，與維持棲地最小需求面積的目標具有很直接的關係；而以材積為基礎的收穫預定法來控制棲地面積將會有較大的困難，尤其是需要知道「棲地成長速率」的控制技術，因為野生動物棲地的成長速率很難決定。

假設透過適當的經營措施或控制經營下，我們可以將土地發展成為適合野生動物棲息的環境，如果這個「適生棲地面積的成長量」是可以預測的，則我們仍可應用以材積為基礎的控制技術來決定野生動物適生棲地的問題。亦即當經營者能以適當的方法估測得到兩個參數時：1. 現實森林中既有的適生棲地「現有面積」，2. 野生動物經營所需要的棲地面積「未來面積」；則我們可以奧地利公式（Austrian formula）以及海耶爾公式（Heyer formula）為指導公式，用來決定現實森林應該建立的棲地面積，以及決定在一個調整期中應逐年建立的棲地面積目標值。

應用奧地利公式結構於野生動物棲息地面積的控制，核心的關鍵在於將奧地利公式所定義的「木材年伐採量 E」修正成為「棲地面積年增加量 ABUH」、「材積較差量 V_W-V_N」改以「棲地面積較差量 Gr-Ga」，以及「材積生長量 Z」改以「適生棲地面積成長量 I」取代之。由於適生棲地面積成長量是很自然地發生的，可使棲地面積較差量縮小，此將同時減少森林經營者必須在經理期間 (a) 內新增建立的適生棲地面積，亦即在控制公式中必須將 I 減去。野生動物經營的適生棲地面積年增量（Annual build-up of habitat (ABUH), ha/yr）之公式結構請詳 14.33。

$$\text{奧地利公式：} E = Z_W + \frac{V_W - V_N}{a}$$

$$\text{野生動物棲地面積控制公式：} ABUH = \frac{Gr - Ga}{a} - I \qquad (14.33)$$

假定有一國有林經營森林，在現有的林分結構中有 1000 英畝的林地面積是適合於北美大啄木鳥（註解 14.5）棲息繁殖的環境，同時這種適生的棲地面積以每年 10 英畝的速率增加，若經營者希望在 10 年後可以將適生棲地環境的面積擴大到 1500 英畝，則在給定林分結構的成長條件下，利用奧地利修正式（12.33），可以決定：經營者必須每年建立 40 英畝適合於大啄木鳥棲息的面積。據此，經營者必須透過主動經營措施以及使用適當的營林作業方法，以順利達成此一保育經營目標。

$$ABUH = \frac{Gr - Ga}{a} - I$$

$$= \frac{1500 - 1000}{10} - 10$$

$$= 40\,(ha\,/\,yr)$$

註解 14.8：Pileated Woodpecker 棲地的保育經營

　　The Pileated Woodpecker（*Dryocopus pileatus*）分布於北美洲地區一種大型的啄木鳥，是一種永久性的留鳥（a permanent resident），在國際自然資源保育聯盟（International Union for the Conservation of Nature and Natural Resources, IUCN）的紅皮書中列為生存受到威脅的物種，屬於保育類稀有物種。成鳥體形狀碩，40-49 公分長，250-350 克重，羽毛黑色，頭頂紅色冠毛。原始分部於主要分布於加拿大、美國東部以及太平洋西岸地區的成熟林（mature forest），通常會在老熟林分內的枯木樹幹上，這種啄木鳥會再既有的洞穴上挖掘出大型的巢穴，完成繁殖養育幼鳥的行為；而且經常每年會挖掘一個新巢穴，所以，在北美大型啄木鳥棲息地內常會建立大型的洞穴鳥巢。利用設置於地面 15 呎以上的鳥巢箱，也可以吸引這種啄木鳥棲息，也已經適應生存於次生林中。主要食物為昆蟲（特別是甲蟲幼蟲 beetle larvae 以及黑蟻 carpenter ants）、果實、漿果以及堅果，通常會在樹幹上啄出大洞取實枯木內的昆蟲，生活習性也已經適應使用次生林（second-growth stands）與大型樹木密集的公園。

北美啄木鳥及其在森林枯木上的巢穴

（資料來源：http://en.wikipedia.org/wiki/Pileated_Woodpecker (a); https://www.epa.gov/wetlands/bottomland-hardwoods (b)）

第十五章 法正林理論（Normal forest）

15.1 緒論

一、法正林觀念之由來

法正林（normal forest）係以永續經營森林為基準，每一定期自森林中取得定量的木材或經濟收入為目標之觀念，法正林是一種理想森林（ideal forest）。這種理念，可以利用銀行定存取息的觀念說明之。設現行年利率為 10%，若欲每年由銀行取得 10000 元的利息收入，則應投入多少資本？

假設應投入資本為 V，則 V×0.1 = 10000，所以

$$V = \frac{10000}{0.1} = 100000 \text{（元）}$$

此類用定量的資本以取得定量利息之問題，是屬於量的問題。

同理，森林為再生性自然資源，林主於經營森林時，可根據林木之生長潛能而要求於每年或一定期間內，得到定量的林木收穫，此即為法正林經營的概念。例如，一森林之成熟期或輪伐期 u = 70 年，欲每年得到 70 年生成熟林木之收入（A_{70}），該森林就必須具備 $A_{70} + A_{69} + A_{68} + \cdots + A_2 + A_1$ 之蓄積資本，因有林木生長潛能之補充，所以每年可有 70 年生成熟林木可供伐採，且對蓄積資本並無影響。整個森林以輪伐期施行伐採（秋伐春植），林分具有從一年生至伐期齡（cutting age）之各齡階林分，稱為全齡林（all aged forest）。

森林的生長量會受到外在環境及經營管理措施的影響，因此欲得每年有一定量成熟林木之收入，以行法正經營，實際上必須考慮到森林之量的問題與質的問題，因為森林質的條件會影響其生長量。以森林的組織觀之，若以 u = 70 年，而全林皆為 35 年生之林木（以 $A_{35} \times 70$ 表示），缺乏各齡級林木時，無法每年取得 A_{70} 的成熟林木，即不呈法正狀態；這種情況將會有如下之不良影響：

• 伐採會有青黃不接的情形，亦即在整個輪伐期間所施行的伐採將無以為繼。

- 生長量無以維持（生長量＝蓄積量 × 生長率）。

　　而且，森林之經營常因： 1. 危害因素多　2. 經營時間長　3. 經營面積大，故不得不從其量與質兩方面來加以考慮，故在組織方面應維持其生長量及其組織形態。

一、法正林之意義

　　法正林為具備法正狀態之森林，其林齡之大小、佔有之位置以及發育之狀態等，均有一定之規律，足以施行嚴正保續作業者。故法正林應具備下列四個條件：

㈠ 法正齡級面積分配

　　全林具備有自幼苗一年生以至輪伐期年齡的各種年齡之林木，亦即齡階數（gradation age, n）與輪伐期（rotation age, u）相等，而且各齡階林木所佔面積相等，稱為法正齡級面積分配（normal distribution of age classes）。設全林面積為 F，則每一齡階之面積為 F/u，此一面積稱為法正年伐面積。

㈡ 法正林木排列

　　所謂法正林木排列，又稱法正林分排列或法正林分空間部署（normal arrangement of stands），係指全林由幼木至老林各齡階有一定順序的位置排列，即各年齡林木間之關係要求為和諧的。所謂和諧的關係，可分為積極的和消極的意義；積極的關係係指各齡級林木間可相互保護，消極的關係則指對林木之生長不會相互妨礙。林木生長於原野山林，容易因為環境因素或氣象因素造成危害，同時，在採運過程中，亦可能因為地形、林木配置以及伐木倒向等因素，造成林木受害；所以，法正林木排列需要注意各齡級林木於採伐時，伐木集材及搬運不會有困擾且對其他鄰接林分不會招致危害，同時能滿足林分能容易且安全的更新。有關氣象為害及採運觀點與伐採方向之關係可示如圖 15.1 至圖 15.4。

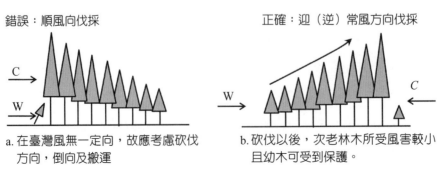

錯誤：順風向伐採　　　　　　　　正確：迎（逆）常風方向伐採

C　　　　　　　　　　　　　　　　　W　　　　　　　　　　　　　C

W

a. 在臺灣風無一定向，故應考慮砍伐　　b. 砍伐以後，次老林木所受風害較小
　 方向，倒向及搬運　　　　　　　　　　且幼木可受到保護。

圖 15.1　風害方向與伐採方向之關係

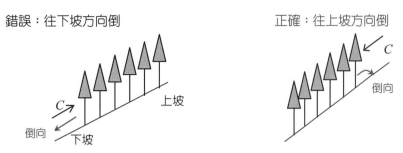

圖 15.2　運採觀念與伐採方向之關係

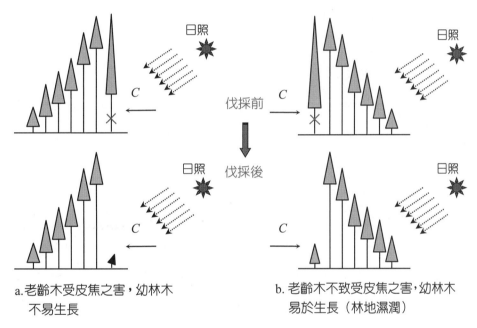

a.老齡木受皮焦之害，幼林木　　　　　b. 老齡木不致受皮焦之害，幼林木
　不易生長　　　　　　　　　　　　　　 易於生長（林地濕潤）

圖 15.3　熱害與伐採方向之關係

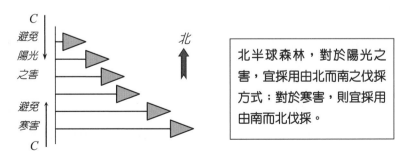

北半球森林，對於陽光之
害，宜採用由北而南之伐採
方式；對於寒害，則宜採用
由南而北伐採。

圖 15.4　寒害與伐採方向之關係

㈣ 法正生長量

在適地適木以及健全的林分經營管理情況下，具有完全齡階森林能發育成健全的立木度以及林分結構，則各年齡林分的連年生長量之合計，稱為法正生長量（normal increment or normal growth）。法正狀態的森林，全林林木依其年齡以及土地生產力所提供的法正生長量，每年均為一定數量且相等。

㈤ 法正蓄積量

森林具有法正齡級面積分配、法正林木排列以及法正生長等狀態，則其所有齡階林木的材積合計就是法正蓄積量（normal growing stock）。森林若具備齡級、排列以及生長等三個基本條件，即可自然形成法正蓄積量。

註解 15.1：法正林的意義

具備(1)法正齡級面積分配、(2)法正林木排列、(3)法正生長量以及(4)法正蓄積量等四個條件的森林，稱為法正林。其中，法正齡級面積分配和法正林木排列是屬「質」的條件，而法正生長量和法正蓄積量是屬「量」的條件，且1、2、3為主要條件，4為次要條件(因素)。

具備法正狀態的森林，全林地必為適於該立地的樹種所支配，林分蓄積能夠永續的提供大量有價值的木材；妥適的森林經營措施，例如林分密度管理以及每年定量的伐採收穫等等，均為維持法正林的基本要求。法正林經營雖以木材經濟為主體，但仍可使森林得以適度的發揮森林多目標功能。

二、法正林經營之目的

法正林是一種完全的規整林（fully regulated forest），是一種理想化的森林。法正狀態森林，林地全由適於立地之樹種所支配，林木材積生長量及蓄積量，可以永續提供大量有價值的木材。森林狀態由於無法預知的自然因素干擾之影響，致其生長隨時可能發生變化，因此，當森林已呈法正狀態時，若不努力維持並妥善經營管理，將導致法正狀態之破壞。

妥適的森林經營管理，應確使營林的作業組織合理化，包含森林區劃、林道路

網、水系、土壤、林地被覆、森林作業法、木材收穫與規整、林產物的利用與管理等，如此方得以保障營林基本目標的達成。但是，請讀者理解「法正林並不能為林業帶來額外的利益」，但不按法正林經營者則會產生下列不良影響：

- 經營毫無規章，生長量無法控制。
- 伐採量未能依生長量決定，間接影響蓄積量。
- 無法維繫生長量、伐採量及蓄積量之平衡。
- 難以達成林業經營基本的經濟目標。

15.2 各種作業之法正齡級面積分配

一、皆伐作業

(一) 觀念

一森林欲達成法正林經營，其第一個條件就是各個齡級（age classes）林木的面積分配要法正。以一輪伐期 u = 60 年之森林言，就必須具備 1、2、3、…、60 年生之林木分布，而且若設每一齡級編入的齡階數（n）為 10 年，則全林可分為 6 個齡級，如果各齡級林木的面積相等，即符合法正齡級面積分配之條件。

(二) 法正齡級面積之分配

若設全林面積為 F (ha)，輪伐期為 u 年，為使森林經營可達保續作業目標，每一齡階之面積（A_g）應為

$$A_g = \frac{F}{u} \tag{15.1}$$

若以一個齡級含有 n 個齡階，則此一森林可分割的齡級數為

$$N_c = \frac{u}{n} \tag{15.2}$$

一個含有 n 個齡階的齡級稱為完全齡級，其齡級面積（A_f）為

$$A_f = A_g \times n = \frac{F}{u} \times n \qquad (15.3)$$

若依公式 15.2，輪伐期與齡階數無法整除，如公式 15.4 所示，則全林可分割為 Q 個完全齡級以及一個最老齡級，最老齡級的齡階數為 s，最老齡級的面積為 A_s（公式 15.5）。

$$\frac{u}{n} = Q...s \qquad (15.4)$$

$$A_s = A_g \times s = \frac{F}{u} \times s \qquad (15.5)$$

一個輪伐期為 u 的森林，當一個齡級所編入的齡階數分別為 10 年或 20 年，則齡階與齡級分配情形可示如表 15.1。若森林每一齡級之面積皆相等，便具備了法正齡級面積分配。但是，若每一齡級之面積不相等，即不具備法正齡級面積分配，便會產生下列問題：

• 依林木成熟即予伐採之觀點，每年之伐採面積不會相等，即無法達到保續經營作業之原則；

• 若嚴以每年之伐採面積相等，則會發生老齡木延遲伐採或幼齡木提早伐採之缺點；
   因此，永續經營林業觀念下的法正林，要求於每一齡級內之面積應相等。

表 15.1　齡級與齡階分配對照表

u = 60，n = 10		u = 60，n = 20		u = 90，n = 20	
齡階	齡級	齡階	齡級	齡階	齡級
1~10	I	1~20	I	1~20	I
11~20	II	21~40	II	21~40	II
21~30	III	41~60	III	41~60	III
31~40	IV			61~80	IV
41~50	V			81~90	最老齡級
51~60	VI				

註解：每一齡級編入之齡階數 (n) 通常為 10 或 20，齡級之順序由幼木為始至老林木，以羅馬數字 I、II、III、…等表示之。若輪伐期 u 非為 n 之整數倍，則剩餘齡階的老齡木編為另一齡級，稱為最老齡級。

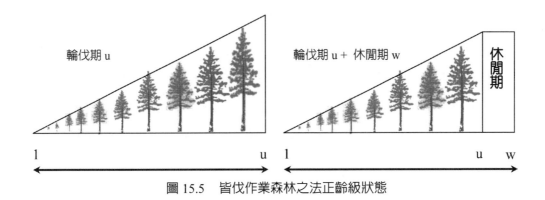

圖 15.5　皆伐作業森林之法正齡級狀態

　　若就輪伐期 u 年之森林，令增加休閒期 w 年之設置，亦即老林木伐採後，伐採跡地閒置 w 年後再造林。因此設有休閒期的森林，全林面積應劃分為 u + w 區，其法正年伐面積（A_g：即為每一齡階之面積）、完全齡級法正面積（A_f）以及休閒級法正面積（A_w）各為：

$$A_g = \frac{F}{(u+w)} \tag{15.6}$$

$$A_f = \frac{F}{(u+w)} \times n \tag{15.7}$$

$$A_w = \frac{F}{(u+w)} \times w \tag{15.8}$$

其中休閒級法正面積的林地稱為法正未立木地（normal opening）。

㈢改位面積

　　一森林無論其全林各區的地位是否有差異，全林均按一定的伐期齡或輪伐期經營，其法正年伐面積為 A_g 公頃。假設全林林地之地位是相等的，則各齡階之林木可以得到理想的生長量，各齡級之材積收穫也可以相等，故可達成永續作業的經營目標，亦即木材供應年年相等或伐採面積年年相等。法正齡級面積分配條件下的每一年伐區（$i = 1 \cdots u$），其面積 A_i 等於 $A_g = \dfrac{F}{u}$。

　　但是若全林林地之地位（或生產力）差異很大，其林木生長量相差懸殊，則為使森林經營達到永續作業的經營目標，有必要針對地位級較佳的林區面積酌以調降（$A_i \leq A_g$），地位級較差的林地面積酌以增加（$A_i \geq A_g$），亦即可以適度地調整不同地位級齡

級的面積配比，以控制每年伐採的材積在一固定量的水準。此種因應林地特性差異而調整不同齡級的法正面積，稱為改位面積。

　　改位面積的方法雖可調整森林生長量以維持每年的法正伐採額，但在經營上仍顯粗糙。因此理想的方法是將全林依地位等級之不同，分割為數個集團的森林，以作業級的觀念，集合相同地位級、樹種以及伐期齡的林區作為一個經營單位，再進行法正齡級面積分配。

註解 15.2：齡級面積情境規劃模擬

案例一：若設全林面積 F = 3600 公頃，輪伐期 u = 90 年，每一齡級編入的齡階數 n=20 年，則各齡級的面積應為多少？

　　解題：(1) 齡級數 $N_c = \dfrac{u}{n} = \dfrac{90}{20} = 4...10$，

　　　　　故全林應區分為 I、II、III、IV 等四個完全齡級以及一個最老齡級；完全齡級的齡階數為 20，最老齡級的齡階數為 10。

　　　　(2) 各個具完全齡階（n = 20）之齡級面積 A_f

$$A_f = \frac{F}{u} \times n = \frac{3600}{90} \times 20 = 800(ha)$$

　　　　(3) 最老齡級的面積 A_s

$$A_s = \frac{F}{u} \times s = \frac{3600}{90} \times 10 = 400(ha)$$

案例二：森林面積 F 為 3600ha，輪伐期 u = 60 年，休閒期 w = 5 年，每一齡級編入的齡階數 n = 10，試求其法正齡級面積。

　　解題：(1) 齡級數 $N_c = \dfrac{u}{n} = \dfrac{60}{10} = 6$，休閒級 w = 5

　　　　(2) 完全齡級 I、II、III、…、VI 之法正面積

$$A_f = \frac{F}{u+w} \times n = \frac{3600}{60+5} \times 10 = 553.8(ha)$$

　　　　(3) 休閒級之法正面積

$$A_w = \frac{F}{u+w} \times w = \frac{3600}{60+5} \times 5 = 276.9(ha)$$

二、矮林作業

係利用萌芽更新方式來更新下一代林木，此種作業森林之法正齡級面積分配與皆伐作業者同。矮林作業森林之輪伐期較短，通常以 5 齡階為一齡級。

若設全林面積為 F (ha)，輪伐期為 u 年，每一齡階之面積 (A_g) 及法正齡級面積 (A_f) 各為

$$A_g = \frac{F}{u} \ \text{及} \ A_f = \frac{F}{u} \times n$$

三、漸伐作業

㈠觀念

在森林作業法一章中，我們討論到傘伐作業法主要是利用預備伐、下種伐以及後伐等一系列的伐採方式，將老林分收穫以促進建造一個基本上是同齡林的新林分。在老樹的保護下，所建造完成的新林分必須推行各項林分撫育措施，使得新林分可以長成理想的森林，能夠在未來同樣地施行相同的收穫作業。傘伐作業法的主要目的在於保護及遮蔽仍處於發展中的更新幼樹。

假設一實行漸伐作業之森林圖 15.6，於 90 年生時施行預備伐，95 年生時施行下種伐，115 年生時施行後伐，則此森林之成熟期 h 為 90 年，更新期 v 為 25 年，其中無幼樹期 m = 5 年，有幼樹期 v − m = 20 年，則各齡級的分布狀態可示如圖 15.7。

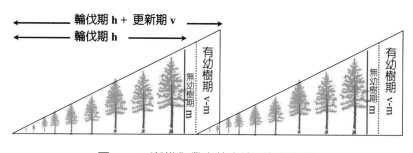

圖 15.6　漸伐作業森林之法正齡級狀態

圖 15.7　假設漸伐作業森林之齡級分布狀態

㈡法正齡級面積之分配

　　若施行傘伐作業的森林，全林面積為 F (ha)，輪伐期為 h 年，更新期為 v 年，其無幼樹期和有幼樹期各為 m 和 v-m 年，則全林應劃分為 h+m 個（成熟期與無幼樹期的合計）年伐區，每個年伐區（齡階）的面積為

$$A_g = \frac{F}{(h+m)} \tag{15.9}$$

　　若一個完全齡級編入的齡階數為 n，則此一傘伐作業森林可分劃的齡級數為 Q 個完全齡級（齡階數為 n）、一個最老齡級（齡階數為 s）以及一個更新齡級（齡階數為 v），

$$N_c = \frac{h}{n} = Q...s \tag{15.10}$$

每一完全齡級的法正齡級面積（A_f）為

$$A_f = \frac{F}{(h+m)} \times n \tag{15.11}$$

最老齡級的法正齡級面積（A_s）為

$$A_s = \frac{F}{(h+m)} \times s \tag{15.12}$$

更新齡級的法正齡級面積（A_s）為

$$A_v = \frac{F}{(h+m)} \times v \tag{15.13}$$

更新齡級無幼樹級的法正面積（A_m）為

$$A_m = \frac{F}{(h+m)} \times m \tag{15.14}$$

更新齡級有幼樹級的法正面積（$A_{v\text{-}m}$）為

$$A_{v\text{-}m} = \frac{F}{(h+m)} \times (v-m) \tag{15.15}$$

　　漸伐作業森林之更新級內老幼林木混生，更新級面積越大。通常更新級之有幼樹級會與含完全齡階的較低齡級混合在一起，而較低齡級法正面積中，扣除有幼樹級法正面積後之面積，可利用公式 10.16 求得；式中 n 為齡階數，k 為齡級別，若 $k = 1$ 代表第 I 齡級，若 $k = 2$ 代表第 II 齡級。

$$A_k = \frac{F}{h+m} \times [k \times n - (v-m)] \tag{15.16}$$

註解 15.3：傘伐作業齡級面積分配情境規劃模擬

<u>案例一</u>：森林面積 F 為 3800ha，輪伐期 h = 90 年，更新期 v = 25 年，無幼樹期（休閒期）m = 5 年，每一齡級編入的齡階數 n = 20，試求其法正齡級面積。

　<u>解題</u>：全林面積 F = 3800 ha，應劃分為 h + m = 90 + 5 = 95 個年伐區，n = 20，因為

$N_c = \dfrac{h}{n} = \dfrac{90}{20} = 4\ldots10$，所以全林可分為四個完全齡級，一個最老齡級，以及一個更新級。各齡級對應的齡階如下：

h = 90，n = 20	
齡階	齡級
1~20	I
21~40	II
41~60	III
61~80	IV
81~90	最老齡級
91~115	更新級

$$每一齡階面積 = \frac{F}{h+m} = \frac{3800}{95} = 40ha$$

$$每一完全齡級面積 = \frac{F}{h+m} \times 20 = 40 \times 20 = 800ha$$

$$最老齡級面積 = \frac{F}{h+m} \times 10 = 40 \times 10 = 400ha$$

$$更新級之面積 = \frac{F}{h+m} \times v = 40 \times 25 = 1000ha$$

$$無幼樹級面積 = \frac{F}{h+m} \times m = 40 \times 5 = 200ha$$

$$有幼樹級面積 = \frac{F}{h+m} \times (v-m) = 40 \times (25-5) = 800ha = I\,齡級法正面積$$

四、中林作業

㈠ 觀念

A. 中林作業係同時經營喬林和矮林作業的森林，其中施行喬林作業之林木稱為上木，施行矮林作業經營之林木稱為下木。

B. 中林作業之法正年伐面積係依下木之輪伐期 u 而定，故其每年之伐採面積為 $\frac{F}{u}(ha)$。下木之法正齡級面積分配與矮林作業森林的法正齡級面積分配相同，亦即 $A = \frac{F}{u} \times n$。

C. 中林作業之上木通常係採擇伐作業方式經營，其回歸期之設定均以下木之輪伐期為標準（$\ell = u$），故上木之成熟期或輪伐期 h 為下木輪伐期 u 之數倍。每一齡級可編入的齡階數 n 等於下木輪伐期 u，齡級分配示如圖 15.8。

$$上木齡級數 AC = \frac{上木成熟期}{下木輪伐期} = \frac{上木成熟期}{上木回歸期} = \frac{h}{\ell}$$

D. 中林作業之上木 I 齡級與下木混在一起，難以區分，故不視為上木齡級，故不計其法正齡級面積。換言之，計算法正齡級面積的上木之齡級數為 AC-1。

E. 中林作業上木法正齡級面積分配係依株數為標準，以平均每株林木的覆蓋面積計其法正面積。

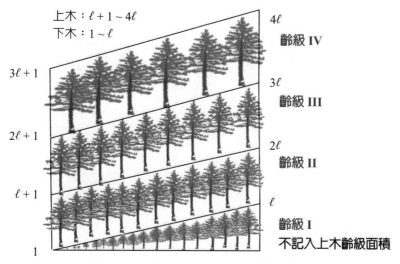

上木：$\ell + 1 \sim 4\ell$
下木：$1 \sim \ell$

4ℓ 齡級 IV

$3\ell + 1$

3ℓ 齡級 III

$2\ell + 1$

2ℓ 齡級 II

$\ell + 1$

ℓ 齡級 I

1 不記入上木齡級面積

圖 15.8 中林作業森林的法正齡級狀態

設有一同時經營喬林和矮林作業之森林（圖 15.8），矮林以皆伐作業經營，下木的輪伐期為 15 年，喬林以擇伐作業經營，上木的輪伐期為 60 年，迴歸期 $\ell = 15$ 年。此一中林作業的森林，在 15 年回歸期的條件下，將成為一個具有四段林相的中林作業擇伐林，林分的齡級分布可示如圖 15.9，複層林相示如圖 15.10。通常，上木可針對最老年伐區第四齡級上木施行主伐，其他齡級上木施行間伐，對下木施行主伐。

下木　　　上木

1		1	*2*		2	*3*		3	*4*		4	*5*		5
16	31	46	17	32	47	18	33	48	19	34	49	20	35	50
6		6	*7*		7	*8*		8	*9*		9	*10*		10
21	36	51	22	37	52	23	38	53	24	39	54	25	40	55
11		11	*12*		12	*13*		13	*14*		14	*15*		15
26	41	56	27	42	57	28	43	58	29	44	59	30	45	60

最老年伐

圖 15.9 中林作業之四段林相擇伐林及矮林之齡級分布圖

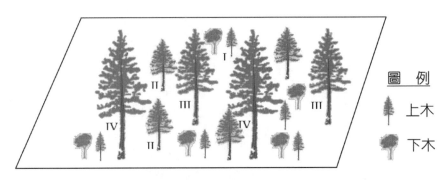

圖 15.10　中林作業森林最老年伐區上木及下木之齡級分配及複層林相

（二）法正齡級面積之分配

若施行中林作業的森林，全林面積為 F(ha)，上木的輪伐期為 u1 年，回歸期為 ℓ 年，下木的輪伐期為 u2，其中 ℓ = u2，則全林可分劃的齡級數為 u1/ℓ，可分劃的年伐區數量為 ℓ，每一年伐區的面積為 F/ℓ（ha）。

假設上木輪伐期 u1 = 60 年，ℓ = 15 年，亦即每一齡級編入的齡階數（齡級大小）n = 15，則中林作業森林各齡級的分配狀態請詳表 15.2，則中林作業森林各齡級的法正齡級面積分配可依下列步驟決定之：

A. 中林作業之上木 I 級，因其與下木混在一起難以區分，故計算法正齡級面積時，不予求算。

B. 設中林作業之上木 II 級林木株數為 n_2，III 級之林木株數為 n_3，IV 級之林木株數為 n_4。

C. 中林作業擇伐林，各級林木之間伐伐採率常為一定數，其中上木 I 級之間伐伐採率為 10%，上木 II 級之間伐伐採率亦為 10%，III 級之間伐伐採率為 20%，因此 II、III、IV 級之林木株數具有一線性的比例關係，可表示如10.7和10.8公式。

表 15.2　中林作業森林各齡級齡階分配狀態

齡級	下木級	上木 I	上木 II	上木 III	上木 IV
齡階分布	1 - 15	1 - 15	16 - 30	31 - 45	46-60
疏伐率	-	10%	10%	20%	-

$$n_2 = \frac{1}{0.9} n_3 = \frac{1}{0.9} \times \frac{1}{0.8} n_4 = 1.3889 n_4 = \alpha \cdot n_4 \qquad (15.17)$$

$$n_3 = \frac{1}{0.8} n_4 = 1.25 n_4 = \beta \cdot n_4 \qquad (15.18)$$

D. 依實地調查上木各齡級內每株林木之樹冠面積，求取各齡級林木的單木平均樹冠面積，並設其結果為：II 齡級每株林木之樹冠面積平均為 S_2，III 齡級每株林木之樹冠面積平均為 S_3，IV 齡級每株林木之樹冠面積平均為 S_4。

E. 決定各齡級法正面積

II 齡級所佔面積 $A_2 = n_2 \cdot S_2 = \alpha \cdot n_4 S_2$ $\qquad (15.19)$

III 齡級所佔面積 $A_3 = n_3 \cdot S_3 = \beta \cdot n_4 S_3$ $\qquad (15.20)$

IV 齡級所佔面積 $A_4 = n_4 \cdot S_4$ $\qquad (15.21)$

若設全林面積為 F，則

$$\begin{aligned}
F &= n_2 S_2 + n_3 S_3 + n_4 S_4 \\
&= \alpha \cdot n_4 S_2 + \beta \cdot n_4 S_3 + n_4 S_4 \\
&= n_4 (\alpha \cdot S_2 + \beta \cdot S_3 + S_4)
\end{aligned} \qquad (15.22)$$

$$\therefore n_4 = \frac{F}{\alpha \cdot S_2 + \beta \cdot S_3 + S_4} \qquad (15.23)$$

將公式（15.23）所得 n_4 代入公式（15.19）及（15.20），即可求得上木 II 齡級、III 齡級之法正齡級面積。

F. 實務應用

中林作業之林木，必屬中性林木，其幼木需上層林木之保護，所佔林地非常小，甚不佔林地、不具舉足輕重之地位。

中林作業法正齡級面積分配之計算，可由已知的森林面積 F，實地調查得知各齡級（i）的平均單株立木樹冠面積 S_i，以及利用經驗法則求得 II、III 齡級立木株數為 IV 齡級立木株數的倍數，此一經驗數約為 $\alpha = 1.40$、$\beta = 1.25$。

五、擇伐作業

設擇伐作業森林全林面積 F，林木成熟期（輪伐期）為 u，回歸期為 ℓ，則全林的伐區數量、伐區面積以及編成齡級均應以回歸期為基準，亦即全林應設置的年伐區數量為 ℓ，每一年伐區面積（年擇伐面積）為 F/l，全林的齡級數為 u/ℓ。

圖 15.11 所示為擇伐作業森林的法正齡級分配，各齡級的法正齡級面積可依中林作業上木法正齡級面積決定之，亦即利用立木株數為標準決定法正齡級面積。擇伐作業森林亦可以林木直徑級取代齡級作為法正面積之計算標準，因為擇伐作業森林通常以直徑肥大級（直徑級）作為收穫統制之目標，故有法正肥大級面積分配。

以人工林為例，若造林時採用的栽植密度為每公頃 2500 株，則第 I 齡級林木的立木株數 n_1 等於 2500，以第 I、II、III 齡級的疏伐率各為 10%、10%、20% 的標準施行林分密度管理，則各齡級的立木株數可以表示為第 I 齡級立木株數的函數，詳如公式（15.24-15.26）。

$$n_2 = (1-0.1) \cdot n_1 = 0.9n_1 \qquad (15.24)$$

$$n_3 = (1-0.1) \cdot n_2 = 0.9 \times 0.9n_1 = 0.81n_1 \qquad (15.25)$$

$$n_4 = (1-0.2) \cdot n_3 = 0.8 \times 0.81n_1 = 0.648n_1 \qquad (15.26)$$

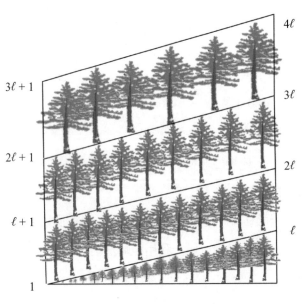

圖 15.11　擇伐作業之齡級分配狀態

15.3 **法正林木排列**

　　森林雖有法正齡級面積分配，在一般的情形下林木可依其地力與生育空間進行生長，但是森林因曝露於大自然下，外在環境危害因子之威脅與侵害，可能招致各齡級林木之生長無法達到法正狀態；因此林木空間順序若能排列適當，亦即林木排列法正（normal arrangement of stands），使林木彼此具有保護作用，則自可有利法正狀態之維持與保續收穫之達成。

一、法正林排列之要件

　　法正林木排列既以保護、育林以及伐採搬運之觀點，要求每一林分之伐採與更新，應有一定的順序，但在實際經營作業中很難兼顧同時滿足這些要求。一般的原則均以防禦風害為第一要義。

- 保護觀點：老林木伐採後，留存之幼林木不受風害、熱害、凍害之影響。
- 育林觀點：老林木伐採後，伐採跡地容易造林更新，無風害、熱害。
- 伐採運搬觀點：老林木伐採後搬運便利且無損害幼林木之虞。以圖 15.3 為例，在斜坡上的伐採方向宜由坡面的上方向下方進行，且向上坡方向倒下。

　　假設暴風來自西方，則其有效排列為使幼林木立於前方，較老林木依序列於較幼林木之後方，建構一斜起平滑的林冠結構，可以順勢將暴風強度減弱。同時，林木的伐採順序應與暴風方向相反，即應由東向西伐採（圖 15.12），正規式的伐採齡級分布與法正林木排列的關係詳示如圖 15.13。若西風強勁，則可採用間隔伐採方式，伐採方向仍為由東而西。間隔伐採之各齡級分布與法正林木排列之各齡級分布與法正林木排列之關係示如圖 15.14。

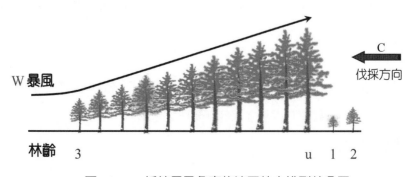

圖 15.12　抵抗暴風危害的法正林木排列林分圖

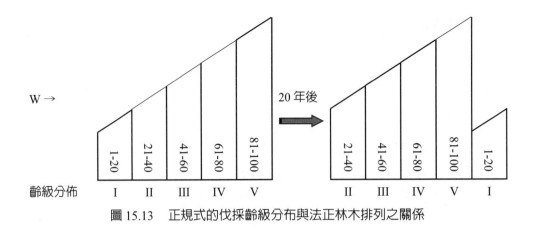

圖 15.13　正規式的伐採齡級分布與法正林木排列之關係

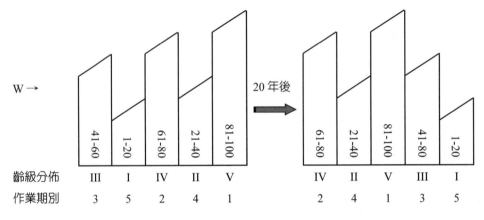

圖 15.14　間隔式的伐採齡級分布與法正林木排列之關係

（伐採安全度變得愈高，可應付西風，逐年伐採）

二、皆伐作業

　　皆伐作業以造成同齡林為目的，對風之抵抗力較弱。因此，對皆伐作業而言，法正林排列之要點乃在使伐採跡地造林之幼林木，對暴風、冷風等常能享有側方保護。若利用側方天然下種更新時，務使主伐木在種子成熟季節時，位於風來之處。

三、漸伐作業

　　漸伐作業係利用上方天然下種更新，故風之來向對其下種並無影響，但是實行更新伐之後，留存的樹木至高齡時將成疏立狀態（疏開之老齡木），其對風之抵抗力很弱，是否會受風害應加以注意。

四、矮林作業

　　矮林作業對外界危害之抵抗力特強，若林木排列對伐採木之運搬無妨，而且在有強冷寒風之處，慮及對萌芽之保護，即為具有法正林木排列。

五、擇伐作業

　　擇伐作業以造成異齡林為主，對於風害和病蟲害之抵抗力較強，故對於於風害無須加以考慮，所應考慮者為伐採搬運是否便利。

六、中林作業

　　中林作業對外界危害因素之抵抗力較強，惟上木至高齡時成疏立木狀態，易受風害，且應注意伐採搬運是否便利。

15.4 法正生長量

　　林木依其年齡及立地而應有之（desired）生長量稱為法正生長，即年齡不同其生長量亦不同，立地不同其生長量亦不同。一森林法正生長量之達成仍有賴於適合立地的造林樹種，撫育得宜、立木分布完全以及適時的伐採與更新等條件。

一、皆伐作業

㈠全林一年之生長量

　　施行連年作業之森林，若輪伐期為 u，則為使森林經營能達保續收穫目標，全林必須具備 1, 2, 3, …, u-2, u-1, u 年生等完整齡階之林木，各年生林木材積以 $m_1, m_2, m_3, ..., +m_{u-2}, m_{u-1}, m_u$ 表示（如圖 15.15），各年生林木（各齡階林分）的連年生長量各為 $z_1, z_2, z_3, ..., z_{u-2}, z_{u-1}, z_u$，則全林一年的生長量 Z 為各齡階林分連年生長量之合計，亦即

$$\begin{aligned}
Z = \sum_{i=1}^{u} z_i &= z_1 + z_2 + z_3 + ... + z_{u-1} + z_u \\
&= (m_1 - m_0) + (m_2 - m_1) + (m_3 - m_2) + ... + (m_{u-1} - m_{u-2}) + (m_u - m_{u-1}) \\
&= m_u - m_0 \\
&= m_u
\end{aligned} \tag{15.27}$$

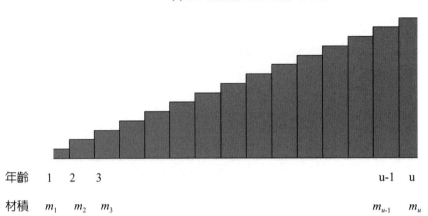

(a) 秋天蓄積齡級材積分布狀態

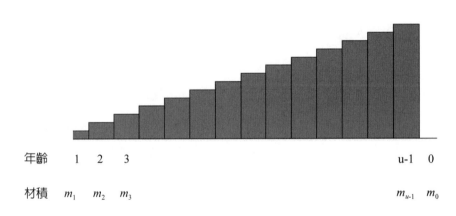

(b) 春天蓄積齡級材積分布狀態

圖 15.15　法正林之齡階與蓄積分布

　　在「秋伐春植」的森林經營造林模式之下，法正林全林一年的生長量，亦可應用林分蓄積量的觀念說明之。具備 1, 2, 3, …, u 年生等完整齡階林木的森林，各齡階的林木材積為 $m_1, m_2, m_3, ..., m_{u-2}, m_{u-1}, m_u$，故可得秋天蓄積（normal growing stock for autumn, Va）以及春天蓄積（normal growing stock for spring, Vs）如下：

$$秋天蓄積 V_a = m_1 + m_2 + ... + m_{u-1} + m_u \qquad (15.28)$$

$$春天蓄積 V_s = m_0 + m_1 + m_2 + ... + m_{u-1} \qquad (15.29)$$

全林一年之生長量為秋天蓄積與春天蓄積之差，亦即

$$
\begin{aligned}
Z &= V_a - V_s \\
&= (m_1 + m_2 + ... + m_{u-1} + m_u) - (m_0 + m_1 + ... + m_{u-1}) \\
&= m_u - m_0 \\
&= m_u \\
&= 最老林木之蓄積量 \\
&= 一年之伐採量
\end{aligned}
\qquad（15.30）
$$

　　林木的材積生長為林齡的函數，一般均可利用 S 型曲線的生長模式具體描述林木的材積生長量變化趨勢。第九章「森林生長」介紹了林木的連年生長與平均生長觀念，前段討論到全林一年的生長量為各齡階林木的連年生長量之合計，所以，理論上我們也可以利用平均生長量的觀念來表示法正森林全林一年的生長量。

　　因此，依據林木法正生長量理論，全林一年的法正生長量等於最老齡階林木的蓄積量 m_u，亦等於輪伐期 u 與伐期齡的林木平均生長量 Z_h（簡稱伐期平均生長量或伐期年平均生長量）之乘積，亦即等於 uZ_h（註解 10.2）。以伐期平均生長的觀念表示連年作業森林的法正生長量，可以更具體的以各年齡林分的平均生長量解析如下：

1 年生林木蓄積為 m_1，其一年平均生長量為

$$
Z_h = \frac{m_1}{1} \quad \Rightarrow \quad m_1 = Z_h
$$

2 年生林木蓄積為 m_2，其一年平均生長量

$$
Z_h = \frac{m_2}{2} \quad \Rightarrow \quad m_2 = 2Z_h
$$

$$\vdots$$

u-1 年生林木蓄積為 m_{u-1}，其一年平均生長量

$$
Z_h = \frac{m_{u-1}}{u-1} \quad \Rightarrow \quad m_{u-1} = (u-1)Z_h
$$

u 年生林木蓄積為 m_u，其一年平均生長量

$$Z_h = \frac{m_u}{u} \quad \Rightarrow \quad m_u = uZ_h$$

所以，連年作業森林的 u 年生林木之一年生長量為 uZ_h，等於最老林木之蓄積量，亦等於全林一年的生長量。亦即 $Z = m_u = uZ_h$。

因此，具備 1、2、3、…、u-1、u 年生完整齡階的連年作業森林，施行保續作業時，其全林一年的生長量等於一年之伐採量，也等於最老林木蓄積量；在此伐生平衡狀態下，森林可以永續經營。法正林經營狀態的森林，一年的伐採材積量稱為法正伐採額或法正收穫量（normal yield），計為 Y_N。

註解 15.4：法正生長量與連年生長量及平均生長量的關係

輪伐期為 u 的皆伐作業森林，全林一年的法正生長量為各齡階林分林木連年生長量之合計，也就是全林的連年生長量（current annual increment, CAI）；皆伐作業森林之伐期平均生長量就是全林的平均生長量（mean annual increment, MAI）。

$$CAI = m_u = \sum_{i=1}^{u} z_i = Z$$

$$MAI_u = \frac{m_u}{u} = Z_h$$

(二) 全林在輪伐期間之生長量

法正林全林一年之生長量為 u 年生最老林木之蓄積量 m_u，也是其每年被伐採的材積量。所以，法正林經營的森林，在一個 u 年期間被伐採的材積量等於全林一年生長量與輪伐期之乘積，等於法正林在一個輪伐期間的總生長量（total growth in a rotation period, TGR）。亦即，

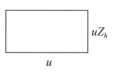

$$TGR = u \cdot m_u = u \cdot u \cdot Z_h \qquad\qquad (15.31)$$

法正林經營狀態的森林，在一個輪伐期 u 年所伐採的總材積（total yielded volume, TY）等於全林在輪伐期間的總生長量，亦即 TY = TGR。

(三) 全輪伐期總生長量之來源

林分蓄積原文為 growing stock，意指蓄積為林分生長的資本；因此，提供林分法正生長量的全林木材蓄積量，即可視為法正蓄積量（normal growing stock）。據此，森林因為伐採收穫的時期不同，法正蓄積可能稍有不同。例如，於秋天實施林木的伐採收穫作業，因為已經過一個完整的生長季節，故「秋天蓄積」（normal growing stock for autumn）為一年生林分至 u 年生林分等所有齡階的林分蓄積所組成，所以 $V_a = m_1 + m_2 + m_3 + ... + m_{u-1} + m_u$；但是，若於春天施行伐採作業，則於春天當季的森林蓄積相較於「秋天蓄積」少了一個 m_u，使得「春天蓄積」（normal growing stock for spring），亦即 $V_s = m_0 + m_1 + m_2 + ... + m_{u-1}$。因此，我們利用秋天蓄積與春天蓄積的平均值代表法正林的法正蓄積，並稱其為夏天蓄積（normal growing stock for summer）。

我們利用夏天蓄積的觀念，解析法正狀態的森林在一個輪伐期間，全林的總生長量來源如下：

$$
\begin{aligned}
秋天蓄積\ V_a &= 1Z_h + 2Z_h + 3Z_h + \cdots + uZ_h \\
&= Z_h(1 + 2 + 3 + ... + u) \\
&= Z_h\left[\frac{u}{2}(1 + u)\right] \\
&= \frac{u}{2} \cdot uZ_h + \frac{u}{2} \cdot Z_h
\end{aligned}
\qquad（15.32）
$$

$$
\begin{aligned}
春天蓄積\ V_s &= 0Z_h + 1Z_h + 2Z_h + ... + (u-1)Z_h \\
&= Z_h[0 + 1 + 2 + ... + (u-1)] \\
&= Z_h\left[\frac{u}{2}(0 + u - 1)\right] \\
&= \frac{u}{2} \cdot uZ_h - \frac{u}{2}Z_h
\end{aligned}
\qquad（15.33）
$$

直接利用秋天蓄積減去最老齡階林木的蓄積量 $u \cdot Z_h$ 亦可得到春天蓄積，亦即

$$
\begin{aligned}
V_s &= V_a - uZ_h \\
&= \left(\frac{u}{2} \cdot uZ_h + \frac{u}{2}Z_h\right) - uZ_h \\
&= \frac{u}{2} \cdot uZ_h - \frac{u}{2}Z_h
\end{aligned}
$$

夏天蓄積（法正蓄積 V_N）為秋天蓄積和春天蓄積二者之平均，亦即

$$
\begin{aligned}
V_N &= \frac{1}{2}(V_a + V_s) \\
&= \frac{1}{2}\left[\left(\frac{u}{2}\cdot uZ_h + \frac{u}{2}\cdot Z_h\right) + \left(\frac{u}{2}\cdot uZ_h - \frac{u}{2}\cdot Z_h\right)\right] \\
&= \frac{u}{2}\cdot uZ_h \\
&= \frac{u}{2}\cdot m_u
\end{aligned}
\tag{15.34}
$$

由公式（15.31），法正林在輪伐期間的總生長量（TGR）等於 $u \cdot m_u$，所以公式（15.34）可以證明：法正蓄積即為全輪伐期總生長量之半。亦即，全輪伐期生長量半屬舊蓄積（$u \cdot uZ_h/2$），為舊林木生長量；半屬新蓄積（$u \cdot uZ_h/2$），為新林木生長量。此一關係可示如圖 15.16：

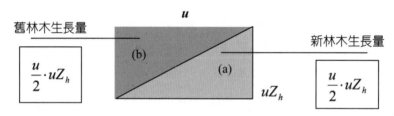

圖 15.16　全輪伐期總生長量之組成

在全輪伐期總生長量新舊林木生長量之關係可以圖 15.17 說明如下：

A. 新林木生長量隨輪伐期（時間）增加而增加，但達終期即不再生長。

新林木生長量 > 舊林木生長量 $\Rightarrow (a) > \frac{u}{2}\cdot uZ_h$ and $(b) < \frac{u}{2}\cdot uZ_h$

B. 新林木生長量之增加速度初期慢，長到一定時間還是很慢的上升。

$$新林木生長量 < 舊林木生長量 \ \Rightarrow \ (a) < \frac{u}{2} \cdot uZ_h \ \text{and} \ (b) > \frac{u}{2} \cdot uZ_h$$

C. 舊林木與新林木之生長量各佔一半，即各等於 $\frac{u}{2} \cdot uZ_h$。

註解 15.5：法正林生長量與蓄積量關係的觀念整理

1. 法正林全林一年之生長量為 u 年生最老林木之蓄積量 m_u，也是其每年被伐採的材積量。

2. 法正林在輪伐期間的總生長量等於 $u \cdot m_u$，法正林經營的森林，在一個 u 年輪伐期間所伐採的總材積等於全林在輪伐期間的總生長量。

3. 法正蓄積即為全輪伐期總生長量之半，$V_N = u \cdot m_u / 2$。

註解 15.6：輪伐期間木材伐採額來源分析

案例：設一皆伐作業森林之全林面積 100 公頃，輪伐期為 50 年，且經調查得其最老林木木材蓄積為 925 立方公尺，試求其於一輪伐期間之木材伐採額？若經查定其法正蓄積 $V_N = 21000m^3$，則該木材伐採額各有多少來自舊林木之生長和新林木之生長？

解題：皆伐作業森林全林在輪伐期間之生長量（TGR）為最老林木蓄積與輪伐期之乘積，因此，

$$\begin{aligned}
TGR &= u \times m_u \\
&= 50 \times 925 \\
&= 46250 \, (m^3) \\
&= TY
\end{aligned}$$

$$舊蓄積之生長量 = TGR - V_N$$
$$= u \times m_u - V_N$$
$$= 46250 - 21000$$
$$= 25250\,(m^3)$$

$$新蓄積之生長量 = TGR - 舊蓄積之生長量$$
$$= u \times m_u - 舊蓄積之生長量$$
$$= 46250 - 25250$$
$$= 21000\,(m^3)$$
$$= V_N$$

此一森林的新舊蓄積生長量非平均分配為 $u \cdot uZ_h / 2 = 23125\ m^3$。

二、傘伐作業

傘伐作業森林將全林的伐採區分為預備伐、下種伐以及後伐。自預備伐開始進入森林的更新期（regeneration period），預備伐以前的期間稱為非更新期；所以，漸伐作業森林之法正生長量，可分為非更新期間和更新期間二個部份說明之。

㈠ 非更新期間之林木法正生長量即為皆伐作業森林全林一年之法正生長量

以圖 15.17 為例，傘伐作業森林的成熟期為 90 年，更新期為 25 年，所以非更新期間的法正生長量 Z 等於 90 年生林木的材積（m_{90}）。

$$Z = m_u = m_{90}$$

㈡ 更新期間之林木法正生長量

傘伐作業更新期間林木的法正生長量，可分成「老林木」與「新林木」二個組成；

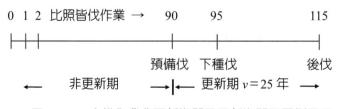

圖 15.17　傘伐作業非更新期間及更新期間配置例示圖

要量化老林木與新林木的在更新期間的生長量，我們必須有兩個假設條件：

- 假設 1：更新級內老林木分別在 v 年內伐採完畢，且每年的伐採量為 $1/v$（面積），亦即蓄積每年減少 $1/v$，最終為零。新林木每年增加 $1/v$ 的量（面積）；

- 假設 2：更新級內老林木一年的生長量為 Z，幼林木一年的生長量為 Z'；

A. 老林木生長量

1. 秋伐（老林木於秋天伐採後之生長）

老林木於秋天伐採時，因其經過春天生長季，故得有 Z 之生長量，而老林木於秋天伐採之後，第二年老林木面積減少 $1/v$，故第二年老林木之生長量亦減少 $1/v$ 倍，成為 $Z - \frac{1}{v} \times Z$，所以，更新級內老林木逐年於秋天伐採時，於更新期之各年間，更新級老林木生長量為：

第一年之老林木生長量 $= Z$

第二年之老林木生長量 $= Z - \frac{1}{v} \times Z$

第三年之老林木生長量 $= Z - \frac{2}{v} \times Z$

$$\vdots$$

第 v 年之老林木生長量 $= Z - \frac{(v-1)}{v} \times Z$，

所以，秋天伐採時，更新級老林木在 v 年間的生長合計（growth of matured trees in regenerateion period for autumn cutting, Z_{Ma}）為

$$
\begin{aligned}
Z_{Ma} &= Z + (Z - \frac{1}{v}Z) + \cdots + (Z - \frac{v-1}{v}Z) \\
&= (Z + Z + \cdots + Z) + (0 - \frac{1}{v}Z - \frac{2}{v}Z - \cdots - \frac{v-1}{v}Z) \\
&= v \times Z - \frac{Z}{v}[0 + 1 + 2 + \cdots + (v-1)] \\
&= vZ - \frac{Z}{v}\left[(0 + (v-1)) \times \frac{v}{2}\right] \qquad (15.35) \\
&= vZ - \frac{Z}{2}(v-1) \\
&= vZ - \frac{vZ}{2} + \frac{Z}{2} \\
&= \frac{vZ}{2} + \frac{Z}{2}
\end{aligned}
$$

2. 春伐（老林木於春天伐採後之生長）

春伐時更新級老林木在 v 年間的生長合計（growth of matured trees in regeneration period for spring cutting, Z_{Ms}）等於秋伐時老林木在 v 年間的生長合計（Z_{Ma}）減去老林木一年的生長量 Z，亦即

$$\begin{aligned} Z_{Ms} &= Z_{Ma} - Z \\ &= \frac{vZ}{2} + \frac{Z}{2} - Z \\ &= \frac{vZ}{2} - \frac{Z}{2} \end{aligned}$$ （15.36）

3. 老林木在更新期間之生長

更新級老林木在更新期間的生長量（Z_M）等於秋伐時 v 年間老林木生長合計（Z_{Ma}）與春伐時 v 年間之老林木生長合計（Z_{Ms}）之平均，亦即

$$\begin{aligned} Z_M &= \frac{1}{2}(Z_{Ma} + Z_{Ms}) \\ &= \frac{1}{2} \times \left[(\frac{vZ}{2} + \frac{Z}{2}) + (\frac{vZ}{2} - \frac{Z}{2}) \right] \\ &= \frac{vZ}{2} \end{aligned}$$ （15.37）

4. 結語

傘伐作業森林在更新期間的老林木生長量，等於全更新面積在 v 年間總生長量（vZ）的一半，或等於更新期之半的生長量。

傘伐作業森林在更新期間（v 年間）之伐採額（total yield, TY），等於更新期開始前之最老林木蓄積量 M 與 v 年間老林木生長量之合計，亦即伐採額 $M + \frac{vZ}{2}$。

註解 15.7：傘伐作業更新期間遞減生長量及年伐量解析

案例：傘伐作業森林之林木成熟期為 80 年，更新期間 v 為 20 年，經調查得老齡林分之林木蓄積 m_{80} 為 8000 立方公尺，試求其在更新期間之遞減生長量及每年平均伐採量（Y_{avg}）？

解題：老林木平均伐期生長為

$$Z_h = \frac{m_u}{u} = \frac{8000}{80} = 100\,(m^3 / yr)$$

老林木在更新期間之生長量為

$$Z_M = \frac{vZ}{2} = \frac{20 \times 100}{2} = 1000\,(m^3)$$

傘伐作業森林在更新期間之總伐採額為

$$TY = M + Z_M$$
$$= 8000 + 1000$$
$$= 9000\,(m^3)$$

更新期間平均每年木材收穫量為

$$Y_{avg} = \frac{9000}{20} = 450\,(m^3 / yr)$$

$$老林木連年生長率 = \frac{老林木平均伐期生長量}{老林木之蓄積量} = \frac{Z_h}{m_u} = \frac{100}{8000} = 0.0125\,(\%)$$

B. 幼林木生長量

設幼林木取代老林木時，所有幼林木一年生長合計為 Z'（Z' 可用伐期平均生長求出）。

1. 秋伐（老林木於秋天伐採，幼林木之生長情形）

老林木於秋天伐採時，於生長期之前（尚未有幼林木發生），幼林木生長量為 0（zero），第二年老林木面積減少 $1/v$，幼林木面積增加 $1/v$，故得有幼林木生長量 $\frac{Z'}{v}$，以後逐年增加幼林木面積 $1/v$，故幼林木生長量逐年增加，一直到第 v 年，幼林木生長量為 $\frac{v-1}{v} \times Z'$。所有的老林木均為幼林木所取代。所以，更新級內老林木逐年於秋天伐採時，幼林木於更新期間的生長量為：

第一年之幼林木生長量 = 0（秋伐春植，故第一年之幼林木生長量為 0）

第二年之幼林木生長量 = $\frac{Z'}{v}$

第三年之幼林木生長量 = $\frac{2Z'}{v}$

$$\vdots$$

第 v 年之幼林木生長量 = $\frac{v-1}{v} \times Z'$

所以，秋天伐採時，更新級幼林木在 v 年間的生長合計（growth of regenerated trees in regenerateion period for autumn cutting, Z_{Ra}）為

$$
\begin{aligned}
Z_{Ra} &= 0 + \frac{Z'}{v} + \frac{2Z'}{v} + \cdots + \frac{(v-1)Z'}{v} \\
&= \frac{Z'}{v}\left[0 + 1 + 2 + \cdots\cdots + (v-1)\right] \\
&= \frac{Z'}{v} \times \frac{v}{2}\left[0 + (v-1)\right] \\
&= \frac{vZ'}{2} - \frac{Z'}{2}
\end{aligned}
\qquad（15.38）
$$

2. 春伐（老林木於春天伐採，幼林木之生長情形）

春伐時更新級幼林木在 v 年間的生長合計（growth of regenerated trees in regeneration period for spring cutting, Z_{Rs}）等於秋伐時老林木在 v 年間的生長合計（Z_{Ra}）加上幼林木一年的生長量 Z'，亦即

第一年之幼林木生長量 $= \dfrac{Z'}{v}$（春伐春植，故伐採當年就有一年生的幼林木存在）

第二年之幼林木生長量 $= \dfrac{2Z'}{v}$

$$\vdots$$

第 v 年之幼林木生長量 $= \dfrac{vZ'}{v}$（即：最後一年所有的老林木全部為幼林木所取代）
所以，v 年間幼林木生長之合計為

$$
\begin{aligned}
Z_{Rs} &= \frac{Z'}{v} + \frac{2Z'}{v} + \cdots + \frac{vZ'}{v} \\
&= \frac{Z'}{v}(1 + 2 + \cdots + v) \\
&= \frac{Z'}{v} \times \frac{v}{2}(1 + v) \\
&= \frac{vZ'}{2} + \frac{Z'}{2}
\end{aligned}
\qquad（15.39）
$$

v 年間幼林木生長之合計直接利用 Z_{Ra} 求得，亦即

$$Z_{Rs} = Z_{Ra} + Z'$$
$$= \frac{vZ'}{2} - \frac{Z'}{2} + Z'$$
$$= \frac{vZ'}{2} + \frac{Z'}{2}$$

（15.40）

　　3. 幼林木在更新期間之生長

　　幼林木在更新期間之生長（Z_R）為老林木於秋天伐採時 v 年間幼林木生長合計（Z_{Ra}）與老林木與春天伐採時 v 年間幼林木生長合計（Z_{Rs}）之平均，亦即

$$Z_R = \frac{1}{2}\left[\left(\frac{vZ'}{2} - \frac{Z'}{2}\right) + \left(\frac{vZ'}{2} + \frac{Z'}{2}\right)\right]$$
$$= \frac{vZ'}{2}$$

（15.41）

C. 更新期間老幼林木生長量之比較

　　傘伐作業森林於更新期間，因每年伐採老林木 $1/v$ 的量，則其蓄積量每年減少 $1/v$，所以，老林木之生長量每年減少 $1/v$ 是為遞減生長。而幼林木之生長在 v 年間每年增加 $1/v$ 的量，是為遞增生長。

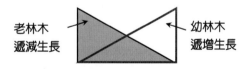

　　老林木在 v 年間之生長量 $\frac{vZ}{2}$，幼林木在 v 年間之生長量為 $\frac{vZ'}{2}$。若 $Z = Z'$，則兩者之生長貢獻各為一半，但一般幼林木之生長潛能較老林木為大，故一般為 $Z' > Z$。

三、中林作業級之法正生長量

　　設一中林作業森林，下木之輪伐期 u = 15 年，上木之成熟期 h 為 60 年，採擇伐作業經營，固定其回歸期 ℓ = 15 年，各齡級的齡階分布為：I 齡級 1~15 年生、II 齡級 16~30 年生、III 齡級 31~45 年生、IV 齡級 46~60 年生。擇伐經營的中林作業森林的林相及齡階分布示如圖 15.13。其中，最老年伐區為下木 15 年生及上木 15、30、45、60 年生的年伐區。

1	1	16	*2*	2	17	*3*	3	18	*4*	4	19	*5*	5	20
	31	46		32	47		33	48		34	49		35	50
6	6	21	*7*	7	22	*8*	8	23	*9*	9	24	*10*	10	25
	36	51		37	52		38	53		39	54		40	55
11	11	26	*12*	12	27	*13*	13	28	*14*	14	29	*15*	15	30
	41	56		42	57		43	58		44	59		45	60

迴歸期 l =15年

最老年伐區

粗斜體字：矮林作業下木；細體字：擇伐作業上木

圖 15.18　擇伐經營中林作業森林之四段林相及各齡階上下木配置圖

假設中林作業擇伐林的最老區各齡級的林木株數及平均每株材積各為：

I 齡級 15 年生林木：株數為 n_0，平均每株材積為 v_0，

II 齡級 30 年生林木：株數為 n_1，平均每株材積為 v_1，

III 齡級 45 年生林木：株數為 n_2，平均每株材積為 v_2，

IV 齡級 60 年生林木：株數為 n_3，平均每株材積為 v_3；

每次施行擇伐時，均對最老林木實施主伐以及對各齡級之上木實施選擇疏伐，使得各齡級上木株數由 n_0 變為 n_1，n_1 變為 n_2，n_2 變為 n_3；則

最老年伐區伐採前之材積合計為：

$$V_u = n_0 v_0 + n_1 v_1 + n_2 v_2 + n_3 v_3 \tag{15.42}$$

伐採後之材積合計為：

$$V_0 = n_1 v_0 + n_2 v_1 + n_3 v_2 \tag{15.43}$$

∵ $n_0 \to n_1$ 但 v_0 不變，$n_1 \to n_2$ 但是 v_1 不變，$n_2 \to n_3$ 而 v_2 也不變。

設由 V_0 至 V_u 之材積生長呈等差數列增加，故全林秋天積蓄 V_a 和春天積蓄 V_s 各為：

$$V_a = \frac{\ell + 1}{2}(V_0 + V_u) - V_0 \tag{15.44}$$

$$V_s = \frac{\ell+1}{2}(V_0 + V_u) - V_u \tag{15.45}$$

中林作業一年之生長量合計＝秋天蓄積－春天蓄積，亦即

$$
\begin{aligned}
Z &= V_a - V_s \\
&= \left[\frac{\ell+1}{2}(V_0 + V_u) - V_0\right] - \left[\frac{\ell+1}{2}(V_0 + V_u) - V_u\right] \\
&= V_u - V_0 \\
&= (n_0 v_0 + n_1 v_1 + n_2 v_2 + n_3 v_3) - (n_1 v_0 + n_2 v_1 + n_3 v_2) \\
&= n_1(v_1 - v_0) + n_2(v_2 - v_1) + n_3(v_3 - v_2)
\end{aligned} \tag{15.46}
$$

> 註：式中之 $n_0 v_0$ 因其與 15 年生之下木並存，故不計。

註解 15.8：擇伐作業森林法正生長量

- 中林作業森林因不計下木蓄積，實際採計對象只有上木的擇伐作業森林，故公式（15.46）即為擇伐作業森林法正生長量。

15.5 法正蓄積

一、皆伐作業

(一) 伐期平均生長量法：(即假設以算術級數累加者)

伐期平均生長量法的主要假設為在輪伐期內的林木生長為算術級數之增加方法。所謂伐期平均生長量（Z_h）乃指輪伐期為 u 的皆伐作業森林，在 u 個年伐區單位面積上之生長量，等於 u 年生林木之材積與其年齡之商，亦即 $Z_h = m_u/u$。所以，依據伐期平均生長量理論，全林各單位面積上林木之材積為其年齡與平均生長量之乘積（詳表 15.3），而最老林木於秋天伐採或春天伐採的法正蓄積量，可表示如下：

表 15.3　皆伐作業森林各單位面積林木之蓄積

年伐區編號	1	2	3	…	u-1	u
林木年齡（yr）	1	2	3	…	u-1	u
材積（m³）	$1Z_h$	$2Z_h$	$3Z_h$	…	$(u\text{-}1)Z_h$	uZ_h

A. 秋天法正蓄積量 V_a（最老林木於秋天伐採或老林木伐採前）為

$$
\begin{aligned}
V_a &= Z_h + 2Z_h + 3Z_h + ... + uZ_h \\
&= Z_h(1 + 2 + 3 + ... + u) \\
&= Z_h \times \frac{u}{2}(1 + u) \\
&= \frac{u}{2} \cdot uZ_h + \frac{u}{2} \cdot Z_h
\end{aligned}
\tag{15.47}
$$

B. 春季法正蓄積量 V_s（最老林木於春天伐採或老林木伐採後）為秋天法正蓄積與最老林木蓄積（$m_u = uZ_h$）之差，亦即

$$
\begin{aligned}
V_S &= V_a - uZ_h \\
&= \frac{u}{2} \cdot uZ_h + \frac{u}{2} \cdot Z_h - uZ_h \\
&= \frac{u}{2} \cdot uZ_h - \frac{u}{2} \cdot Z_h
\end{aligned}
\tag{15.48}
$$

C. 夏天法正蓄積 V_N 為

$$
\begin{aligned}
V_N &= \frac{V_a + V_s}{2} \\
&= \frac{\left(\dfrac{u}{2} \cdot uZ_h + \dfrac{u}{2} \cdot Z_h\right) + \left(\dfrac{u}{2} \cdot uZ_h - \dfrac{u}{2} \cdot Z_h\right)}{2} \\
&= \frac{u}{2} \cdot uZ_h \\
&= \frac{u}{2} \cdot m_u
\end{aligned}
\tag{15.49}
$$

故伐期平均生長量法所求得之皆伐作業法正蓄積等於最老林木之材積與輪伐期半數之乘積（圖 15.19），該結果代表各齡階林木之蓄積為其年齡與伐期平均生長量之乘積，換言之，林木自造林開始以至輪伐期，各年齡的材積生長量是呈直線方式增加

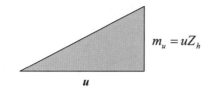

圖 15.19　伐期平均生長量法決定的皆伐作業森林法正蓄積

的，這種結果與實際的林木生長曲線是不相符合的。故此法所求得之法正蓄積並不準確。

㈡材積收穫表法

某一樹種在某一生長條件下之生長歷程表稱為材積收穫表（yield table），材積收穫表可分為地方材積收穫表及一般材積收穫表。地方材積收穫表係以某一特定地點的生長資料編製而成，僅適用於該地點；一般材積收穫表則係以全省調查綜合之資料編製而成，應用範圍較廣，但較地方材積收穫表不準確。

調查製作材積收穫表的林分，通常表示林分在該地位上能有近乎最高的生長量，因此林分的材積蓄積量可以代表法正狀態的蓄積，故可稱材積收穫表為法正收穫表（normal yield table）。傳統上，材積收穫表並未完全顯示林分各齡階的蓄積量，而是以每隔 n 年（通常為 5 或 10 年）記載林分齡階的蓄積量；同時，收穫表法也假設：在該時間間隔內，林分的材積生長呈等差數列。

所以，若設春季時第 0 年之林分材積為 m_0，第 n 年之材積 m_n，第 2n 年之材積為 m_{2n}，…，第 u 年之材積為 m_u，若以 5 個齡階（n = 5）為間隔，整個林分林齡可以分

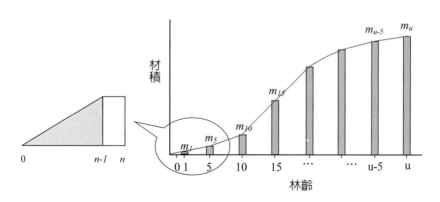

圖 15.20　收穫表法正蓄積圖解（n = 5）

成 k 個階段,則各階段林分材積的增加趨勢,可示如圖 15.20。各個林齡階段的蓄積量（$V_{S1} \sim V_{Sk}$）說明如下:

由春季造林開始,第 0 年至第 n-1 年（第一階段 S_1）之 n 年間的材積合計 V_{S1},因為沒有第 n-1 年材積 m_{n-1} 可資利用,所以,我們利用第 0 年之林分材積為 m_0 以及第 n 年之材積 m_n,以梯形算法求其材積合計後,再減去 m_n 即可得到 V_{S1}(詳 15.50 公式)。

$$
\begin{aligned}
V_{S1} &= V_{m_0 \sim m_{n-1}} \\
&= \sum_{i=0}^{n-1} m_i \\
&= \sum_{i=0}^{n} m_i - m_n \\
&= \frac{n+1}{2}\left(m_0 + m_n\right) - m_n
\end{aligned}
\tag{15.50}
$$

同理,第 n 年至第 2n-1 年（第二階段 S_2）之 n 年間的材積合計 V_{S2} 為

$$
\begin{aligned}
V_{S2} &= V_{m_n \sim m_{2n-1}} \\
&= \sum_{i=n}^{2n} m_i - m_{2n} \\
&= \frac{n+1}{2}\left(m_n + m_{2n}\right) - m_{2n} \\
&\quad\quad \vdots
\end{aligned}
\tag{15.51}
$$

第 u-n 年至第 u-1 年（第 k 階段 S_k）之 n 年間的材積合計 V_{Sk} 為

$$
\begin{aligned}
V_{Sk} &= V_{m_{u-n} \sim m_{u-1}} \\
&= \sum_{i=u-n}^{u} m_i - m_u \\
&= \frac{n+1}{2}\left(m_{u-n} + m_u\right) - m_u
\end{aligned}
\tag{15.52}
$$

合計全部 k 個階段林齡的林分蓄積,即可求得森林之春天法正蓄積 V_s 為

$$
\begin{aligned}
V_S &= V_{S1} + V_{S2} + \cdots + V_{Sk} \\
&= \frac{n+1}{2}\left[m_0 + 2m_n + 2m_{2n} + ... + 2m_{u-n} + m_u\right] - (m_n + m_{2n} + ... + m_{u-n} + m_u) \\
&= (n+1)(m_n + m_{2n} + \cdots + m_{u-n} + \tfrac{1}{2}m_u) - (m_n + m_{2n} + ... + m_{u-n} + m_u) \\
&= n(m_n + m_{2n} + ... + m_{u-n} + \tfrac{1}{2}m_u) + (m_n + m_{2n} + ... + m_{u-n} + \tfrac{1}{2}m_u) \\
&\quad - (m_n + m_{2n} + ... + m_{u-n} + m_u) \\
&= n(m_n + m_{2n} + ... + m_{u-n} + \tfrac{1}{2}m_u) - \tfrac{1}{2}m_u
\end{aligned}
\tag{15.53}
$$

秋天法正蓄積 V_a 為春天法正蓄積 V_s 與最老齡階材積 m_u 之合計，所以

$$
\begin{aligned}
V_a &= V_S + m_u \\
&= \left[n(m_n + m_{2n} + ... + m_{u-n} + \tfrac{1}{2}m_u) - \tfrac{1}{2}m_u\right] + m_u \\
&= n(m_n + m_{2n} + ... + m_{u-n} + \tfrac{1}{2}m_u) + \tfrac{1}{2}m_u
\end{aligned}
\tag{15.54}
$$

夏天法正蓄積為秋天法正蓄積與春天法正蓄積之平均，所以

$$
\begin{aligned}
V_N &= \frac{1}{2}(V_a + V_s) \\
&= \frac{1}{2}\left\{\begin{array}{l}\left[n(m_n + m_{2n} + ... + m_{u-n} + \tfrac{1}{2}m_u) + \tfrac{1}{2}m_u\right] \\ + \left[n(m_n + m_{2n} + ... + m_{u-n} + \tfrac{1}{2}m_u) - \tfrac{1}{2}m_u\right]\end{array}\right\} \\
&= n(m_n + m_{2n} + ... + m_{u-n} + \tfrac{1}{2}m_u)
\end{aligned}
\tag{15.55}
$$

二、中林作業

中林作業森林，若設上木輪伐期為 $u = 60$ 年，下木輪伐期為 $r = 15$ 年，回歸期 $\ell = r$，則全林可區劃為 15 個年伐區，每個伐區均為具有四段林相的複層林。各伐區的齡階配置詳如圖 5.21 所示。

假設各年生的材積為 m_j，$j = 1 \cdots u$，各年伐區的材積合計為 V_i，$i = 1 \cdots \ell$，最老年伐區（$i = \ell$）施行主伐收穫伐採以及其他上木施行間伐收穫伐採前，所有上木的材積合計為秋天材積，記為 V_u，代表第 ℓ 個年伐區的秋天材積 $V_u = V_{i=15} = V_\ell$；最老年伐區施行

主伐以及間伐收穫伐採之後，所有上木的材積合計為春天材積，記為 V_0；代表第 ℓ 個年伐區上，u 年生最老林木變成第 0 年生最幼林木的春天材積 $V_0 = V_{i=0}$。林木組成及其材積變化請見圖 10.21 及圖 10.22。假設所有年伐區的材積增加呈等差數列，則中林作業森林，全林的秋天蓄積及春天蓄積可由公式 10.56 及 10.57 求得。

$$\begin{aligned} V_a &= \sum_{i=1}^{\ell} V_i \\ &= \sum_{i=0}^{\ell} V_i - V_0 \\ &= \frac{\ell+1}{2}(V_0 + V_u) - V_0 \end{aligned} \tag{15.56}$$

$$\begin{aligned} V_s &= \sum_{i=0}^{\ell-1} V_i \\ &= \sum_{i=0}^{\ell} V_i - V_\ell \\ &= \frac{\ell+1}{2}(V_0 + V_u) - V_u \end{aligned} \tag{15.57}$$

最幼年伐區

1　1　16 31　46	*2*　2　17 32　47	*3*　3　18 33　48	*4*　4　19 34　49	*5*　5　20 35　50	迴歸期 ℓ=15年
6　6　21 36　51	*7*　7　22 37　52	*8*　8　23 38　53	*9*　9　24 39　54	*10*　10　25 40　55	秋天蓄積
11　11　26 41　56	*12*　12　27 42　57	*13*　13　28 43　58	*14*　14　29 44　59	*15*　15　30 45　60	最老 年伐區

↓

1　1　16 31　46	*2*　2　17 32　47	*3*　3　18 33　48	*4*　4　19 34　49	*5*　5　20 35　50	迴歸期 ℓ=15年
6　6　21 36　51	*7*　7　22 37　52	*8*　8　23 38　53	*9*　9　24 39　54	*10*　10　25 40　55	春天蓄積
11　11　26 41　56	*12*　12　27 42　57	*13*　13　28 43　58	*14*　14　29 44　59	*0*　15　30 45　0	最幼 年伐區

圖 15.21　擇伐經營中林作業森林主伐前後的齡階材積變化示意圖

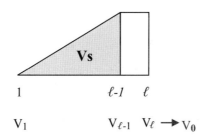

圖 15.22 中林作業森林秋天蓄積及春天蓄積的改變示意圖

所以，夏天法正蓄積 V_N 可由秋天法正蓄積及春天法正蓄積之平均值表示之，如公式 （15.58）。

$$
\begin{aligned}
V_N &= \frac{1}{2}(V_a + V_s) \\
&= \frac{1}{2}\left[\left(\frac{\ell+1}{2}(V_0 + V_u) - V_0\right) + \left(\frac{\ell+1}{2}(V_0 + V_u) - V_u\right)\right] \\
&= \frac{1}{2}\left[(\ell+1)(V_0 + V_u) - (V_0 + V_u)\right] \\
&= \frac{1}{2}\left[(\ell+1-1)(V_0 + V_u)\right] \\
&= \frac{\ell}{2}(V_0 + V_u)
\end{aligned}
\tag{15.58}
$$

回想「法正林木生長量」一節中有關最老年伐區各齡級的林木材積配置狀態，我們知道：最老年伐區伐採前的林木蓄積為 $V_u = n_0v_0 + n_1v_1 + n_2v_2 + n_3v_3$（公式 15.42），伐採後的林木蓄積為 $V_0 = n_1v_0 + n_2v_1 + n_3v_2$（公式 15.43），將 V_u 及 V_0 代入公式（15.58），可得到中林作業森林的夏季法正蓄積為

$$
\begin{aligned}
V_N &= \frac{\ell}{2}\left[(n_0v_0 + n_1v_1 + n_2v_2 + n_3v_3) + (n_1v_0 + n_2v_1 + n_3v_2)\right] \\
&= \frac{\ell}{2}\left[n_1(v_0 + v_1) + n_2(v_1 + v_2) + n_3(v_2 + v_3)\right]
\end{aligned}
\tag{15.59}
$$

公式（15.59）中，n_0, n_1, n_2, n_3 各代表最老區各齡級林木株數，v_0, v_1, v_2, v_3 各代表最老區各齡級之平均每株林木材積；n_0v_0 因其與 15 年生下木並存，混合在一起，通常可以不計；n_1v_0 因 15 年生之上木被擇伐後變為 16 年生者，無與下木混合，故應計算。

中林作業森林的下木材積若計入法正蓄積，則可以利用皆伐作業森林的法正蓄積法

計算之，加入公式（15.59）即可。本節首段提及：中林作業森林的上木回歸期 l 等於下木輪伐期 r，所以，依據皆伐作業森林的夏季法正蓄積理論 V_N 等於最老年伐區林木材積與輪伐期乘積之半數；所以，中林作業下木的夏季法正蓄積量為

$$
\begin{aligned}
V_{N下木} &= \frac{1}{2}\left(下木輪伐期 \times 下木最老年伐區材積\right) \\
&= \frac{1}{2}\left(r \cdot m_r\right) \\
&= \frac{1}{2}\left(\ell \cdot m_\ell\right)
\end{aligned}
\tag{15.60}
$$

所以，合計上木及下木的中林作業森林夏季法正蓄積量為

$$
\begin{aligned}
V_N &= \frac{\ell}{2}\left[\left(n_0 v_0 + n_1 v_1 + n_2 v_2 + n_3 v_3\right) + \left(n_1 v_0 + n_2 v_1 + n_3 v_2\right)\right] + \frac{1}{2}\left(\ell \cdot m_\ell\right) \\
&= \frac{\ell}{2}\left[n_1\left(v_0 + v_1\right) + n_2\left(v_1 + v_2\right) + n_3\left(v_2 + v_3\right) + m_\ell\right]
\end{aligned}
\tag{15.61}
$$

15.6 法正伐採額與生長及蓄積之關係

一、法正伐採額的意義

法正伐採額（normal yield），記為 Y_N，為法正林保續供給之收穫量，故又稱為法正收穫量。森林的法正收穫量等於森林在法正狀態下每年的法正生長量。森林經營時，為保持森林之法正狀態使每年之生長機能可以充分發揮維持其法正蓄積，必須每年伐採其法正生長量；而且，法正收穫量僅伐採利用森林的法正生長量，不至於破壞法正狀態，可使森林維持正常生育機能，不會影響法正蓄積量。法正伐採額若以一年計算者，稱為法正年伐採額或法正年收穫量（normal annual yield），若以每 n 年之伐採材積表示者，則稱為定期法正伐採額或定期法正收穫量（normal period yield）。法正收穫量（Y_N）一般以材積表示，法正收穫量若以面積表示者，稱為法正收穫面積或法正面積伐採額（Y_{NA}）。

二、各種作業之法正收穫量

㈠ 皆伐作業

A. 法正材積收穫量

輪伐期為 u 年的皆伐作業森林，其材積法正伐採額為全林一年的法正生長量，亦即等於 u 年生最老林木之材積，亦即 $Y_N = m_u$。

B. 法正面積收穫量

法正狀態經營的皆伐作業森林，若全林面積為 F (ha)，輪伐期為 u 年，則面積的法正伐採額為全林面積與輪伐期之商，等於年伐區面積。

$$Y_{NA} = \frac{F}{u} = \frac{全林面積}{輪伐期} = A_g \qquad (15.62)$$

㈡ 漸伐作業

漸伐作業森林在更新期間的老林木生長量，等於全更新面積在 v 年間總生長量的一半，亦即 $vZ/2$，連同伐期齡最老林木的生長量 M，可得定期伐採額為 $M + vZ/2$，平均的年材積伐採額等於 $(M + vZ/2)/v$。法正面積伐採額等於 F/u，此法將因更新期加長而愈不準確。

㈢ 矮林作業

矮林作業森林的法正蓄積量與生長量與皆伐作業森林相同，因此，矮林作業的法正伐採額決定方法與皆伐作業相同。所以，矮林作業森林的面積伐採額等於全林面積與輪伐期之商，等於年伐區面積；材積伐採額等於最老年伐區的林木材積，等於年伐區上的材積量。

㈣ 中林作業

假設全林面積為 F (ha)，矮林作業樹種的輪伐期為 r 年，喬林擇伐作業樹種的輪伐期為 u 年，回歸期為 ℓ，則全林應劃分為 r 個年伐區，上木及下木的每個齡階面積均為 F/u (ha)，u 個齡階的上木則應依年齡序分別放在 r 個年伐區內，而成為 ℓ/r 段的複層林相結構。

中林作業同時經營矮林作業及喬林作業兩種森林，在一個林分內同時存在著矮林作

業的下木以及喬林作業的上木，因此，中林作業森林法正伐採額可分別為下木及上木兩類表示之。

A. 下木

矮林作業樹種的種植面積相當於在各個年伐區內的上木最小齡階的面積，所以，下木的面積伐採額等於法正年伐面積 $Y_{AN} = F/u$ (ha)。下木的材積伐採額等於最老齡階（r）下木的材積（$m_r = m_l$）。

B. 上木

喬林擇伐作業的上木法正伐採面積 $Y_{AN} = F/u$ (ha)。雖然上木的法正伐採面積與下木法正伐採面積相等，但是二者所配置的位置是不同的，因為下木是配置於最小齡階上木的位置。

材積伐採額等於在法正伐採面積上的伐期齡（最老齡階）林木材積與相同年伐區上的其他齡階疏伐木材積之合計，亦即

$$
\begin{aligned}
Y_N &= m_u + C_{thinning} \\
&= n_1(v_1 - v_0) + n_2(v_2 - v_1) + n_3(v_3 - v_2) \\
&= Z
\end{aligned}
\tag{15.63}
$$

結合上木及下木材積伐採額，中林作業森林的法正材積伐採額為

$$
Y_N = n_1(v_1 - v_0) + n_2(v_2 - v_1) + n_3(v_3 - v_2) + m_r
\tag{15.64}
$$

(五) 擇伐作業

擇伐作業森林的法正伐採額與中林作業森林的上木法正伐採額是相同的，其面積伐採額等於 $Y_{AN} = F/u$ (ha)；擇伐作業對所經營森林達到伐期齡老林木施行主伐收穫更新性質的伐採時，也同時對其他齡階林木施行間伐收穫性質的伐採，該擇伐措施遍及最老年伐區所有齡級或齡階林木，因此，若考量道主伐及間伐收穫的伐採對象遍及整個年伐區，則可以定義擇伐作業森林的法正面積伐採額等於 $Y_{AN} = F/\ell$ (ha)。材積伐採額等於法正伐採面積上的伐期齡林木材積與相同年伐區上的其他齡階疏伐木材積之合計，如公式 15.63 所示。

三、森林利用率

材積法正伐採額等於 u 個單位面積上林木的平均生長量之總和，亦即 $Y_N = u \cdot Z_h$；也是法正林伐期齡最老林木的材積 $Y_N = m_u$，等於法正林各齡階林木連年生長的總和。材積法正伐採額相對於法正蓄積的比率，特稱為利用率（utilization percentage or using percentage），亦稱為材積利用率、伐採率以及收穫率，以 P 表示之。

$$P = \frac{Y_N}{V_N} \times 100 \qquad (15.65)$$

依據定義，皆伐作業森林的利用率可表示如公式 15.65；依利用率之定義，如果一森林之生長愈快，V_N 增加快速，Y_N / V_N 之比值會愈小，則利用率會愈小。所以皆伐作業法正林的利用率具有下列特性：

- 依年齡分：幼齡林之利用率較小。
- 依樹種分：陽性樹利用率小於陰性樹利用率。
- 依地位分：優良地位級林地利用率小於劣等地位級林地。
- 依輪伐期分：長輪伐期的利用率小於短輪伐期。

如果引入材積法正伐採額與法正生長量的關係，則可將皆伐作業法正林的利用率表示為輪伐期的函數，如公式 15.66。而擇伐作業森林的利用率則為輪伐期及回歸期的函數，如公式 15.67。

擇伐作業森林的利用率 P 與 ℓ 兩者成正比，P 愈大，ℓ 愈長，年伐區數愈多，年伐區之面積愈小，伐採量相對地大於大面積的年伐區，擇伐後的年伐區內留存木愈少（稀疏）。反之，P 愈小，ℓ 愈短，全林應區化的年伐區數量越少，年伐區之單位面積愈大，伐採量愈少，留存木愈多（密）。

$P = 200ℓ/u$，所以 $ℓ = uP/200$，在輪伐期固定時，當給定擇伐林之利用率後，即可決定其回歸期之大小。

由 $P = 200/u$ 與 $P = 200ℓ/u$ 兩公式形態可看出，擇伐作業級之利用率大於皆伐作業級之利用率，因此，可以得知高度的林業國家採用擇伐作業，而粗放作業之國家採用皆伐作業原因之所在。

$$P = \frac{Y_N}{V_N} \times 100$$

$$= \frac{m_u}{V_N} \times 100$$

$$= \frac{u \cdot Z_h}{\frac{u}{2} \cdot u \cdot Z_h} \times 100 \qquad (15.66)$$

$$= \frac{200}{u}$$

$$P = \frac{200}{u} \times \ell \qquad (15.67)$$

註解 15.9：皆伐作業森林利用率與輪伐期二者可能的關係

　　皆伐作業森林利用率可因各年齡林木蓄積之增加趨勢是否呈等差數列而異，利用率與輪伐期之關係概可具有 $P > or = or < \dfrac{200}{u}$。

1. 若各年齡林木之蓄積（材積增加）呈等差數列

　　亦即：法正蓄積 $V_N = \dfrac{u}{2} \cdot u \cdot Z_h$，則 $P = 200/u$

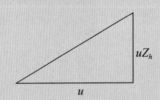

2. 若各年齡林木之蓄積非呈等差數列，則有如下二種情形：

　(1) $V_N > \dfrac{u}{2} \cdot u \cdot Z_h$，則 $P < 200/u$　　(2) $V_N < \dfrac{u}{2} \cdot u \cdot Z_h$，則 $P > 200/u$

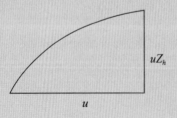 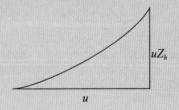

註解 15.20：法正林理論應用之省思

1. 法正林理論與稀有樹種保育經營之關係？

2. 應用法正林理論經營森林可以達成稀有樹種保育之目標嗎？

3. 法正林理論與森林生態系生物多樣性經營之關係？

第十六章 現實林之改良
（Improrement of actual froest）

現實林（actual forest）即指未具備完全法正狀態之森林。普通經營之森林概為非法正林或原始林，但經營森林既是一種產業，自是希望每年或定期可以得到固定的收益，法正林可以保證每年得有定量的木林價金收入，符合企業永續經營的利益目標。現實林若偏離法正林的程度太大，則所經營林業難以滿足企業經營目標，因此現實林之改良是有其必要性的，而改良現實林的方法則可由法正林的四個條件著手。

一般林木長至成熟期時即應該伐採，此林木該伐採的年齡稱為伐期齡；但是在某些狀況下，林木並未等到其成熟期時即予伐採，或留置超過成熟期時方予伐採，此林木實際伐採的年齡稱為伐採齡。一般經濟林地之森林經營係以創造企業利潤為目標，林木成熟期均以經濟方法決定之；所以當林木未能於成熟期伐採時，伐採齡與伐期齡相差愈大，經濟損失就會愈大。

16.1 齡級面積不法正之改良

一、齡級面積不法正的種類

齡級面積不法正的情形可分為二類，其一為各齡級的面積不相等，其二為各齡級的面積相等但成熟期不相同。

㈠ 各齡級面積不相等

假設有一個栽植某經濟樹種的單純林，森林面積為 F = 3600ha，輪伐期 u = 90 年，則法正年伐區面積應等於 F/u = 40ha。若以 20 年為一個齡級，則全林可分為四個齡級以及一個最老齡級，具有完全齡階的齡級面積為 800ha，不具有完全齡階的最老齡級面積為 400ha。

表 16.1　經濟林現實林分的齡級面積分配不法正狀態之一

齡階分配	齡級別	法正分配的齡級面積	現實林齡級面積分配	伐採狀態
1～20	I	800ha	800ha	如期
21～40	II	800ha	300ha	如期
41～60	III	800ha	500ha	延遲
61～80	IV	800ha	1100ha	延遲
81～90	最老級	400ha	900ha	如期／延遲

若實際森林的各齡級面積分配各為 800ha、300ha、500ha、1100ha 以及 900ha，如表 16.1 所示，則該現實林分的齡級面積分配為不法正狀態。在樹種的經濟輪伐期為 80 年的前提下，實際的伐採收穫可能有二種情形：

A. 固定於林木成熟期施行伐採

若依據成熟期對林木施行伐採收穫，則全林分所有各齡級的林木均在其達成熟期時進行伐採，會使得每年的伐採額（收穫量）以及經濟收入變化很大，較不符永續穩定的林業收穫目標。

B. 每年伐採額或收穫量均維持相同

若為維持每年均有一定的伐採額，則林木實際的伐採齡必定不等於林木輪伐期（伐期齡），如果現實林分的齡級面積分配偏離法正狀態太大，將形成嚴重的林木延遲伐採或提前伐採的情形。當最老齡級的面積過大時，就會發生老林木延遲伐採的情形，過熟的老林木可能發生腐朽造成材積損失；如果最老齡級面積太小，就有可能發生未熟木提早伐採的情形，未達輪伐期的林木可能因為提早伐採，造成林木生長量的不足或收穫材質不符合用材目標。因此，延遲伐採以及提早伐採均可能造成林業經營者重大的經濟損失。

㈡齡級面積雖相等但成熟期不同

假設有一個栽植某經濟樹種的單純林，森林面積 F = 3600ha，輪伐期 u = 100 年，則法正年伐區面積應等於 F/u = 36ha。若以 20 年為一個齡級，則全林可分為五個具有完全齡階的齡級，每一齡級面積為 720ha。

表 16.2　經濟林現實林分的齡級面積分配不法正狀態之二

齡階分配	齡級別	法正齡級面積	現實林齡級面積	成熟期（年）	伐採狀態
1-20	I	720ha	720ha	90	延遲
21-40	II	720ha	720ha	110	提早
41-60	III	720ha	720ha	120	提早
61-80	IV	720ha	720ha	80	延遲
81-100	V	720ha	720ha	100	如期

依據表 16.2 所示，經濟林分的五個齡級面積均符合法正齡級面積分配的原則，但是，各齡級林分的林木成熟期各為 90、110、120、80 以及 100 年，各林分的平均伐期齡為 100 年，一般原則均以平均伐期齡為所經營林分的輪伐期（u）；所以，在 u = 100 年的條件下，依據「法正面積伐採額」實施伐採收穫時，在第一個 20 年第 V 齡級的林木可以如期伐採，但在第二個 20 年時期內，原來第 IV 齡級的林分變成第 V 齡級，因為林木成熟期為 80 年，將會延遲至 100 年才伐採，以致有超熟林木發生，同理，第三個及第四個 20 年，均會有「未成熟林木」（因為成熟期大於 100 年）提早伐採，而第五個 20 年會發生延遲伐採的情形。

如果林木延遲或提早伐採的情形嚴重，將可能造成很大的經濟損失，林主可以將相近似的部分林分合併為作業級，以成熟期較接近者決定作業級的平均伐期齡作為其輪伐期，以降低損失。

二、齡級面積不法正之改良方法

改善現實林齡級面積不法正的方法可分為嚴正的法正伐採額改良法與整理期改良法。若現實林的齡級面積分配不法正的情形不嚴重，屬於輕微者，則嚴正的法正伐採額改良法不失為一良好的方法。但是，若現實齡級面積分配不法正情形屬於嚴重者，例如林齡及面積之分布偏老或偏幼，通常採用二階段改良的方式，第一階段先採用整理期改良法，使現實林的齡級面積分配做適度的調整之後，再採用嚴正的法正伐採額改良法，經過一個輪伐期，就可完成法正齡級面積分配的目標。改良方法的意義及實施方法，說明如下：

(一)嚴正的法正伐採額改良法

嚴正的法正伐採額改良法不管全林齡級面積分布偏離法正狀態的程度，一律依據面積的法正伐採額（$Y_{NA} = F/u$）為標準，使每年伐採林木之面積與法正年法面積相等，伐採後隨即以適當樹種造林，在「適地適木」原則以及適當的撫育作業下，林木得有理想的生長，則歷經一個輪伐期之後，全林得有法正齡級面積分配及法正的林木排列。

以表 16.3 所示為例，假設森林面積 F = 3600 公頃，輪伐期 u = 90 年，一個齡級編入 20 個齡階，共可分為五個齡級（I、II、III、IV、最老齡級），法正伐採面積為

$$Y_{NA} = \frac{F}{u} = \frac{3600}{90} = 40 \ (ha/yr)；$$

依據法正伐採面積為標準，每年伐採 40 公頃林木，隨即造林，則經過一個輪伐期（u 年）後，現實林即可達到法正狀態。

採用嚴正的法正伐採額方法改良現實林的法正齡級面積分配，林分各齡級的伐採齡與伐期齡不會一致，二者的偏離程度，可利用平均伐採齡與伐期齡檢視之。以現實林第 V 齡級（最老齡級，為未具備完全齡階的齡級）為例，900 公頃的最老林木，在第一個 10 年伐採 400ha 後，尚有 500 公頃的最老林木留待伐採，其中的 400 公頃留在第二個 10 年伐採，最後有 100 公頃在第三個 10 年伐採，若第 V 齡級林木年齡均為 90 年生（u），則第 V 齡級林木每 10 年的平均伐採齡（A_i）可利用公式（11.1）求得（請詳表 16.4），齡級的平均伐採齡則可利用公式 16.2 求得。

表 16.3　現實齡級面積經嚴正的法正伐採額改良後之法正齡級面積分配比較表

(a) 現實林			(b) 法正林		
齡級別	齡階分配	面積（ha）	齡級別	齡階分配	面積（ha）
I	1～20	800ha	I	1～20	800ha
II	21～40	300ha	II	21～40	800ha
III	41～60	500ha	III	41～60	800ha
IV	61～80	1100ha	IV	61～80	800ha
最老級	81～90	900ha	最老級	81～90	400ha

表 16.4　齡級平均伐採齡之計算

齡級 （面積）	年伐 面積	年階數 （n）	伐採 面積	伐序 代碼	序號 （i）	平均伐採齡（A_i）
V （900ha）	40	10	400	1_1	1	$90 + (10/2) = 95$
	40	10	400	1_2	2	$90 + (1 \times 10) + (10/2) = 105$
	40	10	100	2_1	3	$90 + (2 \times 10) + \left(\frac{100}{400} \times \frac{10}{2}\right) = 111.25$

$$A_i = u + (i - 1) \cdot n + n/2 \qquad (16.1)$$

$$最老級林木之平均伐採齡 = \frac{\sum\left(伐採面積 \times 伐採齡\right)}{\sum 伐採面積} \qquad (16.2)$$

$$= \frac{400 \times 95 + 400 \times 105 + 100 \times 111.25}{400 + 400 + 100}$$

$$= \frac{91125}{900}$$

$$= 101.25 > u$$

⑵ **整理期改良法**

　　在現實林齡級面積分配極不法正狀態下，為避免採用嚴正的法正伐採額改良法將招致的嚴重損失，整理期改良法將較老齡級或接近成熟期以上的齡級設定為整理期改良對象。在所設定的整理期間內，分批伐採較老齡級林木，並調整其齡級面積的分配狀況，當完成一個整理期的改良後，較幼齡級林木的成熟度也可以同時獲得提升，而使全林較接近法正狀態。

　　整理期改良法可以避免幼齡林木之提早伐採，也可調節老齡林木的收穫量，可使經濟損失降到最低，是一種較溫和的改良方法，但將延遲達成法正齡級面積分配的時間。達成法正齡級面積分配的時間至少為一個或數個整理期的年數，若要在一個整理期達成法正齡級面積分配，則此法等同於嚴正的法正伐採額改良法。

　　利用整理期改良法改正現實林齡級分配狀態時，整理期的長短，是影響經濟損益的重要因素，因此，決定整理期時，宜應先行評估可能的經濟損益，森林經營者可以依據整理期的訂定原則，就不同的整理期所造成的現實林齡級面積分配改變的情況，模擬製作現實林的齡級移動表，據以比較並決定適當的整理期。訂定整理期改良法之整理

期,有下列三個原則:

1. 若 n 為齡級內之齡階數,則整理期應為輪伐期的 $1/n$ 或齡級數的整數倍。

2. 整理期間每年的伐採量與應有年伐量或法正伐採額不可相差太大。

3. 整理結束後的各齡級平均伐採齡與輪伐期不可差太遠。

三、實例分析

設有一輪伐期(u)為 70 年的森林,全林面積(F)為 6957.77 公頃,經過林齡查定,得知該森林最大齡級為 80-90 年生林木,最小齡級為 1-10 年生,現實林的齡級面積分布情況示如表 16.5。

依法正齡級面積分配觀念,全林應分劃為 70 個年伐區,每個年伐區的面積等於 A_g = F/u = 6597.77/70 = 99.397 公頃;若以 10 個齡階($n = 0$)編入一個齡級,則全林可分為 7 個齡級(因為 $u/n = 70/10 = 7$),每年的面積法正伐採額等於年伐區面積,亦即 Y_{NA} = F/u = 99.397 公頃,具有完全齡階的所有齡級,齡級的法正面積為 993.97 公頃。

㈠ 現實林齡級面積結構分析

依據法正齡級面積分配理論,法正林以輪伐期齡階所屬齡級為最大齡級,因此,在 10 個齡階為一個齡級的條件下,由現實林的齡級分布(表 16.2)可知,因為現實林經濟樹種的輪伐期為 70 年,故符合法正齡級分配理論的最老齡級之林木齡階為 61-70 年,40-50 年生齡級的林木偏離成熟期林齡約 1/3 以上,木材材質可能無法提供製材使用,51 年生以上林木材質相對地會比較穩定,可供木材製品之應用,故可決定:本現實林接近成熟階段齡級之齡階分布為 51-60 年。因此,我們將現實林中所有的 51 年生以上

表 16.5　現實林齡級面積分配

齡級	I	II	III	IV	V	VI	VII	VIII	IX
齡階	1-10	11-20	21-30	31-40	41-50	51-60	61-70	71-80	81-90
面積(ha)	766.56	1243.41	1778.10	1369.02	424.88	135.28	529.23	456.44	252.85
比率(%)	11.02	17.88	25.56	19.68	6.11	1.94	7.61	6.56	3.64
法正面積	993.97	993.97	993.97	993.97	993.97	993.97	993.97	-	-
面積率差 *	-22.88	25.10	78.89	37.73	-57.25	-86.39	-46.76	-	-

*:面積率差為現實林齡級面積(A)相對於法正林齡級面積(B)的不足比率或超額比率,其值等於 [(A-B)/B]*100%。

林木（表 16.2 所列 VI、VII、VIII、IX 四個齡級）均定義為較老級林木，設定為整理期改良對象。

　　合計在整理期間需要改良的較老級林木面積為 135.28 + 529.23 + 456.44 + 252.85 = 1373.80 ha，約佔全林面積的 1/5，相對地，較幼齡級的林木面積約佔全林面積的 4/5，故此森林為偏向幼齡林之現實林。由於本現實林的齡級面積分配極不法正，故宜採用二階段改良法，亦即先利用整理期改良法，調整較老齡級林木的面積分配狀況，同時提升較幼齡級林木的成熟度之後，再採取嚴正的法正伐採額改良法進行第二階段的改良。

(二) 改良工作

A. 決定整理期年伐面積

　　假設需要整理的較老級林木面積為 F'，整理期為 a 年，則整理期間較老級林木之年伐面積 E 為

$$E = \frac{F'}{a} \tag{16.3}$$

B. 齡級變動分析決定整理期

1. 假設整理期 $a = 20$ 年

　　利用公式（16.3）所決定的整理期間年伐面積 $E = F'/a = 1373.80/20 = 68.69ha$，配合每一齡級之齡階數（n = 10 年），可以將整理期 20 年分為前期 10 年和後期 10 年等二個分期，每一分期的伐採面積為 $10E' = 10 \times 68.69 = 686.90(ha)$；亦即，前期結束後，伐採了 686.90ha 的較老級林木，後期結束後，也伐採了 686.90ha 的較老級林木。此一經濟樹種現實林的齡級面積經過 20 年後，成為表 11.6 的齡級面積分布。

表 16.6　現實林經 20 年整理期後的齡級面積分布狀態

齡級	I	II	III	IV	V	VI	VII	VIII	IX
齡階	1-10	11-20	21-30	31-40	41-50	51-60	61-70	71-80	81-90
原始面積（ha）	766.56	1243.41	1778.10	1369.02	424.88	135.28	529.23	456.44	252.85
前期 10 年 *	686.90	766.56	1243.41	1778.10	1369.02	424.88	135.28	529.23	22.39
後期 10 年 *	686.90	686.90	766.56	1243.41	1778.10	1369.02	424.88		

*：代表前期 10 年或後期整理期實施後的之齡級面積分配，齡級面積移動詳見圖 16.1。

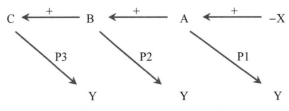

圖 16.1　齡級面積移動軌跡示意圖

註解 16.1：整理期齡級面積移動的軌跡

　　依據圖 11.1 所示，整理期改良法所決定的每個分期的整理面積為 X，設最大齡級的面積為 A，其次齡級面積為 B、C...，為方便計算，我們假設齡級內各齡階林木的面積比例相等，並以齡級的末端齡階作為齡級林齡計算的依據，則 10 年分期過後的齡級面積 Y，可定義為

$$\text{if } A > X, \text{ then } Y = A - X \text{ and Age(Y)} = \text{Age(A)} + 10 \tag{16.4}$$

$$\text{if } A + B > X, \text{ then } Y = A + B - X \text{ and Age (Y)} = \text{Age (A)} \tag{16.5}$$

$$\text{if } A + B + C > X, \text{ then } Y = A + B + C - X \text{ and Age(Y)} = \text{Age(B)} \tag{16.6}$$

---

2. 假設整理期 $a = 30$ 年

　　整理期 30 年所決定的整理期間年伐面積 $E = 1373.80/30 = 45.793(ha/yr)$，同樣地配合每一齡級之齡階數，將整理期 30 年分為前期 10 年、中期 10 年、後期 10 年等三個分期，每一分期的伐採面積為 457.93 ha，故於前中後三分期結束後，全林原來的齡級面積分配變為表 11.7。

表 16.7　現實林經 30 年整理期後之齡級面積分配表

齡級	I	II	III	IV	V	VI	VII	VIII	IX
齡階	(1-10)	(11-20)	(21-30)	(31-40)	(41-50)	(51-60)	(61-70)	(71-80)	(81-90)
原始面積（ha）	766.56	1243.41	1778.10	1369.02	424.88	135.28	529.23	456.44	252.85
前期 *	457.93	766.56	1243.41	1778.10	1369.02	424.88	135.28	529.23	251.35
中期 *	457.93	457.93	766.56	1243.41	1778.10	1369.02	424.88	135.28	322.65
後期 *	457.93	457.93	457.93	766.56	1243.41	1778.10	1369.02	424.88	

＊：代表 30 年整理期於前、中、後期三個 10 年分期實施後的現實林齡級面積分配

3. 平均伐期齡之計算

全林面積 F = 6957.77ha，輪伐期 u = 70 年，齡階數 n = 10 年，年伐面積 = 99.397 ha，每 10 年伐採面積 = 993.97 ha。各齡級面積於法正伐採額之標準下，整理期 *a* = 20 年之平均伐採齡請詳見表 11.8；整理期 *a* = 30 年之平均伐採齡請詳見表 11.9。

4. 平均伐採齡變異與伐採量綜合比較

以 20 年整理期改良法，整理期結束後各齡級的平均伐期齡分布自 66 年至 78 年，而且所有齡級林木的平均伐採齡（亦即全林平均伐採齡）72.71 年與 70 年的輪伐期相差約 3 年，相對於 30 年整理期的改良法，整理期結束後的各齡級林木之平均伐採齡介於 70 年至 88 年之間，全林平均伐採齡 80.75 年與輪伐期相差約 11 年，因此，就整理期後的森林齡級面積結構而言，20 年整理期改良法較優於 30 年整理期改良法。

以整理期間的面積年伐量比較，20 年整理期改良法的面積年伐量 68.69 ha 與面積的年法正伐採額 99.397 ha 相差約 30.707 ha，30 年整理期改良法的面積年伐量 45.793 ha，與法正伐採額相差約 53.604 ha；因此就整理期的年伐量與法正伐採額相近程度比較，仍以 20 年整理期改良法優於 30 年整理期改良法。

整理期之決策：採用 20 年整理期改良法，經過 20 年後，在施行嚴正的法正伐採額改良法。

整理期 *a* = 20 年　平均伐採齡　78 年 ⎫ ＋8
　　　　　　　　　　　　　　　　　　⎬ 70 年輪伐期
　　　　　　　　　　　　66 年 ⎭ −4

整理期 *a* = 30 年　平均伐採齡　88 年 ⎫ ＋18
　　　　　　　　　　　　　　　　　　⎬ 70 年輪伐期
　　　　　　　　　　　　70 年 ⎭ −0

圖 16.2　整理期終齡級平均伐採齡偏離輪伐期程度比較圖

表 16.8　實施 20 年整理期後現實林的預期齡級面積的平均伐採齡分析表

齡級	I	II	III	IV	V	VI	VII
齡階（年）	1~10	11~20	21~30	31~40	41~50	51~60	61~70
面積（ha）	686.9	686.9	766.56	1243.41	1778.10	1369.02	424.88
法正伐採額	686.9	305.05, 381.85	612.12, 154.44	839.53, 403.88	590.09, 993.97, 194.04	799.93, 569.09	424.88
經過年數	60	60, 50	50, 40	40, 30	30, 20, 10	10, 0	0
伐採齡	70	80, 70	80, 70	80, 70	80, 70, 60	70, 60	70
平均伐採齡 *	70	74.44 (75)	77.98 (78)	76.75 (77)	72.22 (73)	65.84 (66)	70
全林平均伐採年齡	72.71 (73)						

*：平均伐採齡 $= \dfrac{\sum 伐採面積 \times 伐採齡}{\sum 伐採面積}$ ；例如，II 齡級 686.9 公頃之平均伐採齡 $= \dfrac{305.05 \times 80 + 381.85 \times 70}{686.9} = 74.44 \approx 75$ 年。

表 16.9　實施 30 年整理期後現實林的預期齡級面積的平均伐採齡分析表

齡級	I	II	III	IV	V	VI	VII	VIII
齡階（年）	1~10	11~20	21~30	31~40	41~50	51~60	61~70	71~80
面積（ha）	457.93	457.93	457.93	766.56	1243.41	1778.10	1369.02	424.88
法正伐採額	457.93	457.93	76.08, 381.85	612.12, 154.44	839.53, 403.88	590.09, 993.97, 194.04	799.93, 569.09	424.88
經過年數	60	60	60, 50	50, 40	40, 30	30, 20, 10	10, 0	0
伐採齡	70	80	90, 80	90, 80	90, 80	90, 80, 70	80, 70	80
平均伐採齡	70	80	81.66 (82)	87.98 (88)	86.75 (87)	82.23 (83)	75.84 (76)	80
全林平均伐採年齡	80.75 (81)							

16.2 林木排列不法正

一、林木排列不法正之情形

A. 林木之排列參差不齊，即各齡級之林木，漫無秩序

主風向 →

B. 主風向來自西方，兩個大面積的同齡級林木（同齡林）排在一起

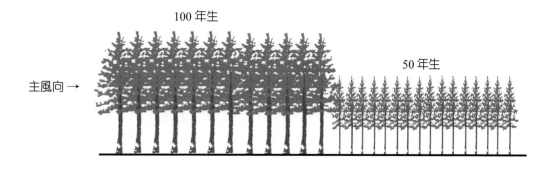

100 年生

50 年生

主風向 →

C. 主風向來自西方，鄰接的林木年齡差異懸殊，兩者之面積並不大，老林木位於風首，幼林木於後

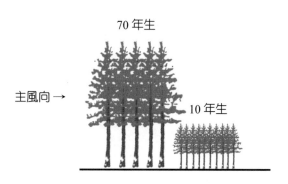

70 年生

10 年生

主風向 →

D.主風向來自西方，林木之排列恰與本法正林木排列順序相反

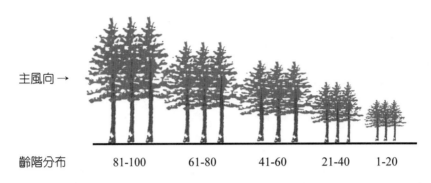

主風向 →

齡階分布　　　81-100　　　61-80　　　41-60　　　21-40　　　1-20

（此種林木排列如欲急著改良，其經濟損失最大，惟此種為非常不可能有之情形）

二、改良方法

　　林分排列不法正之改良，宜採取漸進的方式，應該同時考慮現實林木之成熟度、可能招致經濟損失的程度以及避免傷及鄰接林木。林木成熟時始予伐採，方能保證木材品質可符合工業或製材之應用，但現實林林木排列不法正時，難使林業經營利益獲得保障，因此，改良不法正排列時，仍應以適度伐採為宜，不要實施太過激烈的伐採改正措施。

　　對於現實林的各齡級林木排列漫無秩序、大面積同齡林並列、鄰接的小面積林分林齡差異懸殊以及林木成反法正排列順序時，可以利用被覆保護、林衣保護或林衣暨被覆保護等方法進行改良。各種方法之特性及實施方式分述如下：

　　㈠ 被覆保護法

　　被覆保護係不管現實林之林木排列情況，完全依據法正伐採額為標準，每年伐採 F/u 的林木面積，而且伐採方向與主風方向相反，伐木後即行造林，則經過一個輪伐期之後，森林即可成為法正林木排列（圖 16.3）。年年伐採，年年造林均可成功為其先決條件，若年年伐採但有少數面積未能造林成功亦可視為法正林木排列，此法雖然最具時效，但經濟損失太大，關於改良工作應從那一區開始，則以經濟損失最小者從之。

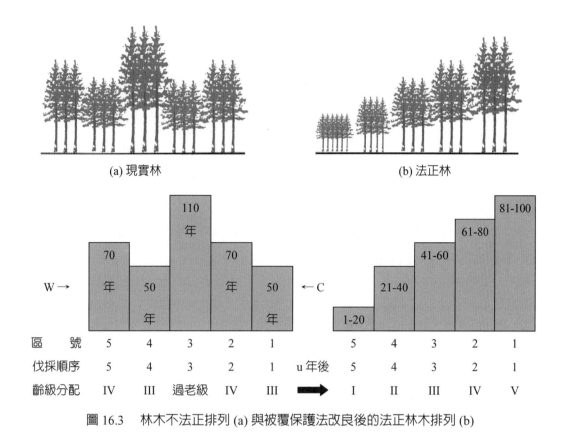

圖 16.3　林木不法正排列 (a) 與被覆保護法改良後的法正林木排列 (b)

假設一現實林全林面積為 F，輪伐期為 100 年，每一齡級組成的齡階數 n 為 20 年，各齡級林木排列的分布為不法正狀態，其第 1 區至第 5 區林木之平均年齡 x 為 50、70、110、50 及 70 年，而且主風來自西方，現實林各齡級林木排列狀態詳見圖 16.3(a) 所示。

利用被覆保護法改良林木排列不法正之觀念與方法，解析如下：

A. 觀念解析

被覆保護法不論從哪一區開始改良，只要每年伐採 F/u 公頃，且造林成功且未受強大颱風或其他災害影響，則經過一個輪伐期必能造就法正林木排列。採行被覆保護改良法之前，必須進行經濟損失分析。經濟損失分析係由全林各區（各齡級分區）之平均伐採齡（expectation of actual cutting age, EAC）與林木成熟期（輪伐期 u）的差值比較之；二者之差距愈小，經濟損失愈小。各齡級的平均伐採齡之計算可利用 $EAC = x + n/2$ 簡式求知，其中 x 為每齡級的平均年齡，n 為每齡級的齡階數。

B. 不同方案的起使伐採區經濟損失評估

1. 方案 A

由第 1 區開始，依 1-2-3-4-5 區號的順序進行伐採，每年伐採法正伐採額（F/u 公頃）的林木，則各區林木的平均伐採齡為：

1:50+10（年）、2:70+20+10（年）、3:110+40+10（年）、4:50+60+10（年）、5:70+80+10（年），全林各區平均伐採齡介於 60 年至 160 年，最大平均伐採齡與最小平均伐採齡差距（全距 R）為 100 年；平均伐採齡平均值（M_{EAC}）與標準偏差（SD_{EAC}）各等於 120 年及 34.64 年，各區林木平均伐採齡與輪伐期差距（EAC-u）介於 –40～60 年，差距幅度 $R_{(EAC-u)}$ 為 100 年。

2. 方案 B

由第 2 區開始，依 2-3-4-5-1 區號的順序進行伐採，每年以面積的法正伐採額實施林木伐採作業，則各區林木的平均伐採齡為：

2:70+10（年）、3:110+20+10（年）、4:50+40+10（年）、5:70+60+10（年）、1:50+80+10（年），全林各區平均伐採齡介於 80 年至 140 年，最大平均伐採齡與最小平均伐採齡差距（全距 R）為 60 年；平均伐採齡平均值（M_{EAC}）與標準偏差（SD_{EAC}）各等於 120 年及 23.09 年，各區林木平均伐採齡與輪伐期差距（EAC-u）介於 -20～40 年，差距幅度 $R_{(EAC-u)}$ 為 60 年。

3. 方案 C

由第 3 區開始，依 3-4-5-1-2 區號的順序進行伐採，每年伐採林木面積法正伐採額，則各區林木的平均伐採齡為：

3:110+10（年）、4:50+20+10（年）、5:70+40+10（年）、1:50+60+10（年）、2:70+80+10（年），全林各區平均伐採齡介於 80 年至 160 年，最大平均伐採齡與最小平均伐採齡差距（全距 R）為 80 年；平均伐採齡平均值（M_{EAC}）與標準偏差（SD_{EAC}）各等於 120 年及 23.09 年，與由第 2-3-4-5-1 區伐採的方案 2 相同，但是其各區林木平均伐採齡與輪伐期差距（EAC-u）介於 -20～60 年，差距幅度 $R_{(EAC-u)}$ 為 80 年，稍大於方案 2。

4. 方案 D

由第 4 區開始，依 4-5-1-2-3 區號的順序進行伐採，每年伐採法正伐採額的林木面

積，則各區林木的平均伐採齡為：

4:50+10（年）、5:70+20+10（年）、1:50+40+10（年）、2:70+60+10（年）、3:110+80+10（年），全林各區平均伐採齡介於 60 年至 200 年，最大平均伐採齡與最小平均伐採齡差距（全距 R）為 140 年；平均伐採齡平均值（M_{EAC}）與標準偏差（SD_{EAC}）各等於 120 年及 43.20 年，各區林木平均伐採齡與輪伐期差距（EAC-u）介於 -40～100 年，差距幅度 $R_{(EAC-u)}$ 為 140 年。

5. 方案 E

由第 5 區開始，依 5-1-2-3-4 區號的順序進行伐採，每年伐採法正伐採額的林木面積，則各區林木的平均伐採齡為：

5:70+10（年）、1:50+20+10（年）、2:70+40+10（年）、3:110+60+10（年）、4:50+80+10（年），全林各區平均伐採齡介於 80 年至 180 年，最大平均伐採齡與最小平

表 16.10　被覆保護法起始伐區經濟損失評估比較表

區號（平均年齡）		5（70）	4（50）	3（110）	2（70）	1（50）	R_{EAC}	SD_{EAC}	$R_{(EAC-u)}$	決策
A	順伐採序	5	4	3	2	1	100	34.64	100	X
	EAC	160	120	160	100	60				
	EAC-u	60	20	60	0	−40				
B	伐採順序	4	3	2	1	5	60	23.09	60	1
	EAC	140	100	140	80	140				
	EAC-u	40	0	40	−20	40				
C	伐採順序	3	2	1	5	4	80	23.09	80	2
	EAC	120	80	120	160	120				
	EAC-u	20	−20	20	60	20				
D	伐採順序	2	1	5	4	3	140	43.20	140	X
	EAC	100	60	200	140	100				
	EAC-u	0	−40	100	40	0				
E	伐採順序	1	5	4	3	2	100	34.64	100	X
	EAC	80	140	180	120	80				
	EAC-u	−20	40	80	20	−20				

均伐採齡差距（全距 R）為 100 年；平均伐採齡平均值（M_{EAC}）與標準偏差（SD_{EAC}）各等於 120 年及 34.64 年，各區林木平均伐採齡與輪伐期差距（EAC-u）介於 -20～80 年，差距幅度 $R_{(EAC-u)}$ 為 100 年。而且，由於主風方向為西，由第 5 區開始施行改良伐採，則新造林木易受風害，造林不易成功。

C. 最適方案的決定

依據表 11.10，雖然五個方案所得到的全林各分區伐採的平均伐採齡均為 120 年，若以各區的平均伐採齡標準偏差 SD_{EAC} 指標評估時，顯示方案 B 及方案 C 較之其他方案，可以得到較佳的 SD_{EAC} 指標值；依據兩個方案施行被覆保護改良林木排列時，各區平均伐採齡偏離全林平均伐採齡的程度是相同的。

評估指標 R_{EAC} 及 $R_{(EAC-u)}$ 的資訊可以提供林主更精準的資訊，作為決定最適當的伐採順序的依據。從表 11.10 可以知道，方案 B 各區的平均伐採齡介於 80～140 年，平均伐採齡差異幅度 R_{EAC} 為 60 年，相較於方案 C 之 80～160 年的平均伐採齡以及 80 年的 R_{EAC}，方案 B 較優於方案 C；同時，方案 B 之全林各區的平均伐採齡與輪伐期差異幅度 $R_{(EAC-u)}$ = 60 年亦小於方案 C 之 $R_{(EAC-u)}$ = 80 年。

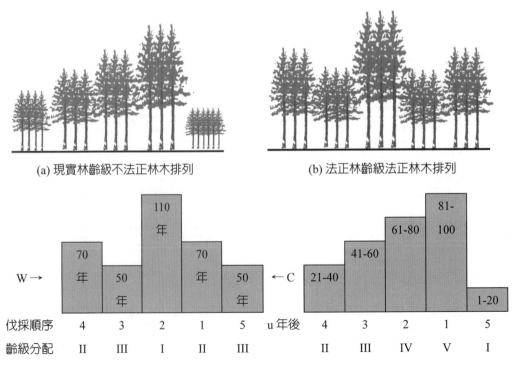

圖 16.4　採用方案 B 被覆保護法改良現實林 (a) 成為法正林木排列結果 (b) 之比較

顯然地，綜合 R_{EAC} 及 $R_{(EAC-u)}$ 兩種指標的資訊，我們可以知道方案 B 所建議的 2-3-4-5-1 伐採順序是最適當的本案現實林實施被覆保護改良的方案，它代表由第 2 區開始並依據 2-3-4-5-1 區順序進行改良伐採，所可能造成的林木提早伐採（林木未成熟）或延後伐採（林木過熟）之情形最輕微，所發生的經濟損失最小。圖 16.4 所示為方案 B 所建議的林木排列改良工作成果，由第 2 區開始施行被覆保護法，經過一個輪伐期後可得到法正的林木排列。

(二) 林衣保護法

林衣保護法主要應用於兩個林齡差異懸殊同時並列在一起的同齡林分，主要目的為促使不法正排列的同齡小面積林分能各自獨立、不相依賴的一種林木排列改良方法。如果老林分位於面對主風的方向，幼林木位於老林木之後方，幼齡的同齡林分可以受到前方老齡的同齡林分之保護，但是，當老林木伐採後，幼齡林分將直接受風害。因此，對於林齡差異很大的兩個並列的同齡林分，在對老林木施行主伐前，可於兩個林分的交接處，先對老林木施行獨立伐（liberation cutting），亦即對老林木實行「狹條帶狀式」的伐採，狹帶寬度約 10-12 公尺，伐採後狹帶不予造林，以促使幼齡林分邊緣的林木可以自接近地面的主幹上，在林分的外側方向長出側方枝條，並使幼齡林木有較佳的肥大生長以及高生長，形成林衣，而使幼林分具有較強的抵抗風害之能力（圖 16.5）。

幼齡的同齡林分因緊鄰老齡林分，側方光線很弱，主幹枝條受到自然修枝作用的影響，側枝較少，冠層長度較小，因此，當對老齡林分施行狹帶條狀伐採後，老齡林木所釋放的林分空間，造成較大能量的日照進入幼齡林分，特別是幼齡林分側方的立木，因為得到較高的日照度，生長較優於林分內立木，而且側方枝條可於短期內大量增生，形成林衣，如同使林分得以獨立，故稱此一性質的伐採為獨立伐。因此，獨立伐具有如下特點：

1. 以造成林衣為目的，而且獨立伐跡地不造林。

2. 成熟老林木的更新，必須等待後方幼林木長成林衣足以自保時，方得以實施。

3. 經過輪伐期後，林分不法正的情況依然存在；此法只是權宜之計。

4. 為避免前方較老齡的同齡林分生長量受損，獨立伐的狹條帶狀寬度不可太寬。

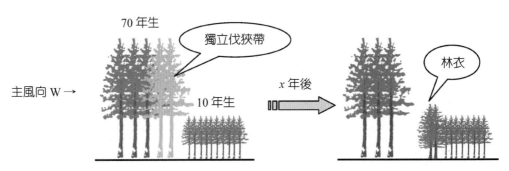

圖 16.5　不法正排列之同齡老幼林分施行林衣保護法之情形

㈢ 林衣暨被覆保護法

　　林衣暨被覆保護法主要應用於兩個大面積同齡林並列在一起的森林，它是結合林衣保護法以及被覆保護法的改良方法；主要目的是在促使分割兩個不法正排列的林分，同時完成排列不法正狀態的改良。

　　對於位於老林分後方的較幼林分，為確保幼林分於老林分伐採後能夠具有抗風的能力，先對老林木施行狹條帶狀的伐採，狹帶寬度約 10-20 公尺，伐採後隨即對伐木跡地進行造林，完成更新；同時所釋放出林分空間，可以提供充足的日照，促使較幼同齡林的林分邊緣立木可以自接近地面的主幹上，在林分的外側方向長出側方枝條，形成林衣，而達培養其較強的抵抗風害之能力（圖 16.6）。將兩個排列不法正的大面積同齡木加以條狀伐採，使其分開作成兩個獨立的法正排列林木，此種伐採特稱為離伐（severance cutting）。

　　林衣暨被覆保護法的施行步驟如下：

1. 先於老幼林木交接處，對老林木施行狹帶伐採並即以適當樹種造林，完成林木更新，狹帶寬度約 10-20m。
2. 待後方幼林木長成林衣足以自保時，漸次伐採前方老林木，以做成法正排列之林木。
3. 後方幼林木亦適時由東而西漸次伐採，作成另一法正排列之林木。

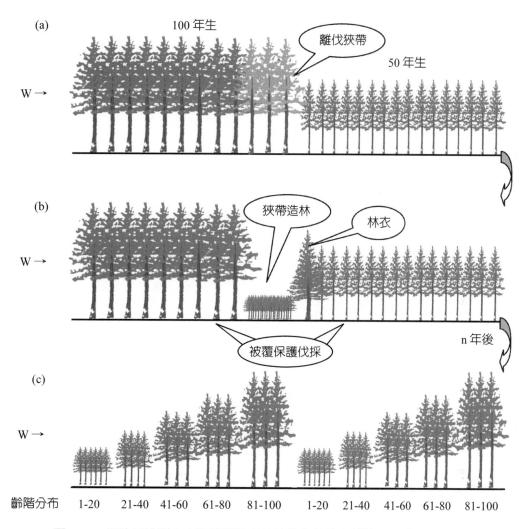

圖 16.6 不法正排列之大面積同齡老幼林分施行林衣暨被覆保護法之情形

㈣ 離伐與獨立伐之異同點之比較

1.風來自西方,老林木均於前方,幼林木位於後方,此為其相同點,惟離伐為大面積的同齡老林位於大面積同齡幼林木前方,而獨立伐為小面積的同齡老林木位於小面積的幼林木前方,兩者年齡相差很大。

2.對於所伐採之狹帶跡地,離伐立刻造林,而獨立伐不造林。

3.經過伐採後離伐可改良成法正排列林木,而獨立伐仍然存在著不法正排列。

16.3 生長不法正

林木依其年齡和立地而應有之生長量稱為法正生長量，而現實林之生長量與此條件有差距者，即為生長不法正。

一、生長不法正原因

1. 樹種選擇不當（非適地適木）。
2. 林地多空隙（栽植密度不當）。
3. 不當的兼營事業（畜牧）。
4. 濫取枯枝落葉。
5. 林地過於潮濕或乾燥。
6. 稀疏老林木留存過久或不適當的作業方法（經常採用皆伐作業）而使水土保　持不良。
7. 其他招致生長不良的原因如病蟲害、森林火災。

二、改良方法

1. 若林木年齡不大（幼齡階段）可予廢除，而選擇適當的林木重新造林若已達　壯齡則可施行強度間伐。
2. 多空隙之幼林或新植地迅速補植。
3. 稀疏林栽植下木或混植其他樹種以保護地力。
4. 林地過濕或過乾施以適當排水或引水工事。
5. 疏立老林木雖施以相當技術，仍無望促進生長或保護地力者，採用適當樹種　速行造林。
6. 有損地力之皆伐作業應儘可能避免，儘量利用天然更新，藉以保護地力或造　成適當樹種之混淆林。
7. 林地之落葉採取或自由放牧，務宜限制或禁止之。
8. 其他一切招致生長不良之原因悉行除去。

16.4 蓄積不法正

法正蓄積為法正林之次要條件，當森林具備了法正齡級面積分配、法正林木排列和法正生長等主要條件，法正蓄積即可達成。故蓄積不法正均可能由該三個主要條件之不法正所致。因此，蓄積不法正在森林經營上可由量與質的觀念討論之：

● **量的觀念**

森林蓄積量為森林的投資資本，是維持森林生長的基礎，只有適當且健康的蓄積，才能維持森林生產力，並獲得優良的林木生長；因此，森林經營必須注意不能因為不當的收穫而消耗森林蓄積，降低森林之生產力。

● **質的觀念**

森林蓄積量可因為組成樹種的混淆情形以及林木的齡級分配狀態等而異，依適地適木觀念，當樹種適生於立地環境時，林木才能健全發育。由均勻的老壯幼齡級分配所組成的森林蓄積，才能發揮完全之生產機能。因此，對於森林之蓄積組成及齡級分配，足以促成林木健全的發育或林木生長機能的發揮，不會降低森林生產力時，這種森林蓄積量特稱為經濟蓄積（economic volume）。

16.4.1 改良方法

森林之生產力繫於森林蓄積與組成，蓄積變動會影響森林生長量與蓄積量之關係。維持森林生產力是森林經營計劃的重心，也是現實林蓄積不法正時改良蓄積方法的基本準則。

改良林分蓄積不法正的核心觀念，建構於森林的現實蓄積（actural volume, AV）與法正蓄積（desired volume, DV）的差異程度以及森林全林一年的林木生長量（Z），如果現實蓄積高於法正蓄積，實際的年伐量（actual yield, AY）可高於生長量，反之，則實際的年伐量應低於生長量。現實蓄積量與法正蓄積量相比時，其差額或餘額的材積量通常可以控制在一段特定的經理期間（adjustment period or regulation period, a）調整之，使於經理期後，森林的現實蓄積可以等於法正蓄積；此一調控森林蓄積或改良現實蓄積的基本觀念示如公式 16.7。

$$AY = Z + \frac{AV - DV}{a} \qquad (16.7)$$

利用現實蓄積與法正蓄積差距以改善森林蓄積不法正的理論，源自於 1788 年奧國森林學家所發展的奧國式（Austrian formula），也稱為 Kameraltaxe method），這種方法後來被引用於森林經營的收穫預定工作。如公式 16.8 所示，若現實林蓄積量為 V_W 全林一年的生長量為 Z，法正蓄積量 V_N，希望於更正期 a 內完成蓄積改良，則現實林的伐採量 E 應為

$$E = Z + \frac{V_W - V_N}{a} \qquad (16.8)$$

現實林蓄積量與法正蓄積量相對大小，對於現實林的年伐採量之影響如下：

- 若 $V_W > V_N$，則在 a 年間的伐採量大於生長量（E > Z），現實林的蓄積量會逐漸減少，直至 $V_W = V_N$ 時為止。

- 若 $V_W < V_N$，則在 a 年間的伐採量小於生長量（E < Z），現實林的蓄積量會逐漸增加，直至 $V_W = V_N$ 時為止。

- 若 $V_W = V_N$，則伐採量等於生長量（E = Z），現實林的蓄積量仍能維持與法正蓄積量相等的狀態，此時的森林就可達到伐生平衡的境界。

註解 16.2：更正期（a）長短之決定

1. 改良期間之伐採量與改良後之伐採量不要相差太遠。

2. 老林木偏多，a 宜短，即應多量伐採。

3. 老林木偏少，a 宜長，即應少量伐採。

16.4.2 現實林蓄積之測定

現實林蓄積之測定方法必須與法正蓄積的計算方法一致，以減少誤差。如果法正蓄積法係以伐期平均生長法計算者，則應以伐期平均生長測定現實林的蓄積；若以法正收

穫表（normal yield table）計算法正蓄積，則需以收穫表法查定現實蓄積。

一、伐期平均生長法

假設一森林各林分年齡為 a_1、a_2、…、a_n，面積為 f_1、f_2、…、f_n，各林分立地之伐期平均生長為 z_1、z_2、…、z_n，則現實蓄積 V_w 為

$$V_w = a_1 f_1 z_1 + a_2 f_2 z_2 + ... + a_n f_n z_n \qquad (16.9)$$

二、法正收穫表法

法正收穫表係以法正林或全立木度林分（fully stocked stand）主要樹種為編製依據，同時依據森林的地位與林木年齡、主副林木等，調查單位面積之材積蓄積量（m³/ha）、各林齡之立木株數（stems/ha）、林木胸高斷面積（m²/ha）、林分平均直徑（cm）、林分高（m）、連年生長（m³/ha/yr）、平均生長（m³/ha/yr）以及材積生長率（%）等。利用數學函數、生長模型或迴歸方法建立各類型預測模式，並將所有模式的資料整合成表格式的收穫表。臺灣林學文獻資料顯示，臺大實驗林柳杉人工林林分的長期試驗觀察資料（表 16.11）可視為比較完整的法正收穫表之代表。

觀念上，使用收穫表決定現實林蓄積時，需先測定各林分的年齡及林分高，以決定林地的地位級（site index or site class），並選擇適當地位級的收穫表，以現實林林分胸高斷面積與法正林林分胸高斷面積之比值為現實林立木度，整合林齡及法正林蓄積量估測現實林林分蓄積。假設法正收穫表法估測的各林分單位面積材積為 m_1、m_2、…、m_n，面積為 f_1、f_2、…、f_n，則現實林全林的蓄積量 V_w 為

$$V_w = f_1 m_1 + f_2 m_2 + \cdots + f_n m_n \qquad (16.10)$$

實務上，應用法正收穫表估測現實林林分材積蓄積量及材積生長量之流程如下：

A. 調查林分年齡（years）、林分高（m）及林分胸高斷面積（m²/ha）

• 若有可信資料顯示林分年齡，可直接據以決定林齡，否則可選出林分平均木（average-size trees），分析計數其地際部年輪為實際林齡，或以胸高年齡（BHA）＋年齡基距（YBH）決定之。

- 以樣區法（0.03ha）選取直徑約為林分平均直徑的林分優勢木及次優勢木 3-5 株，計其平均樹高為林分高（m）。

- 計算林分斷面積（m²/ha）。

B. 以林齡及林分高決定林地位級（site class）

- 依據林齡及林分高可直接由地位指數曲線圖判讀之。

- 對已知很貧瘠的林地，例如土壤很淺薄，即使所判讀的地位級較佳，仍應判定為地位級 3。特別是年輕林分。

C. 計算現實林分立木度因子（the stocking factor）

- 由法正收穫表讀取相同林齡的林分斷面積（m²/ha）

- 如果法正收穫表無此林齡資料（sparse table），利用線性內插方法求取之。

- 立木度（f, %）＝現實林分斷面積／法正林分斷面積 *100，（值域 0-100%），或立木度（f）＝現實林分斷面積／法正林分斷面積，（值域 0.0-1.0）。

表 16.11　台大實驗林柳杉人工林法正收穫表（SI=26m）*

Age (yrs)	DBH (cm)	H (m)	N (stems/ha)	BA (m²/ha)	V (m³/ha)	CAI (m³/ha/yr)	MAI (m³/ha/yr)	Pm (%)
10	9.86	8.49	1894	14.48	73.209		7.321	
15	15.06	12.68	1408	25.08	177.167	20.792	11.811	24.37
20	18.90	15.98	1173	32.88	278.271	20.221	13.914	11.95
25	21.99	18.52	1031	39.12	365.944	17.535	14.638	7.17
30	24.63	20.68	931	44.34	442.602	15.332	14.753	5.00
35	26.97	22.50	853	48.80	510.330	13.546	14.581	3.80
40	29.16	24.09	787	52.69	571.766	12.287	14.294	3.07
45	31.22	25.53	732	56.18	627.656	11.178	13.948	2.65
50	33.15	26.83	687	59.39	679.636	10.396	13.593	2.20
55	35.01	27.96	648	62.44	727.946	9.661	13.235	1.92
60	36.78	29.97	615	65.44	772.046	8.821	12.867	1.67

*：本表摘錄自楊榮啟、林文亮（2001），但省略主林木收穫及副林木收穫等資料。

• 斷面積法的修正因子會稍大於蓄積法，而且因林分狀況變化，故需訓練培養判斷能力，以增實務應用可靠性。

D. 以供計算實際材積蓄積量（m^3/ha）及生長量

• 現實林林分蓄積 = 立木度 * 法正林分蓄積，亦即 $V_w = f \ V_n$

• CAI（m^3/ha/yr）

• MAI（m^3/ha/yr）

• Pm（材積生長率，%）

註解 16.3：收穫表應用的基本觀念

一、收穫表的類型

　　收穫表基本資料來源有二種，其一為永久樣區定期調查資料，調查的時間密度通常為 5 年或 10 年一次，其二為廣泛設置臨時樣區的調查資料，調查密度為當年一次調查完成。若資料來源涵蓋全國森林地的樣區，則稱為一般收穫表；相對的，若資料來自國內特定地理區域的樣區，則稱為地方收穫表。應用收穫表預測林分材積收穫量等屬性時，必須考慮收穫表類型及適用對象，以免造成太大的預測誤差。

二、收穫表在森林經營上之主要應用

　　法正收穫表係一表格記錄樹種於其生長期間，在已施業同齡林（managed evenaged forest）全立木度林分（a fully stocked forest）的定期生長資料，可供下列用途：

1. 根據現實林林分高與林齡，查定林地位級。

2. 根據現實林林齡及林分斷面積，查定林分立木度。

3. 根據林分高、年齡及立木度，估測現實林林分蓄積。

4. 依據林齡及林分蓄積估測值查定現實林林木生長狀況，以預測未成熟施業林的材積生長率及伐期齡時可能的收穫量。

5. 收穫表查定現實林的材積收穫量，可轉換為生物量（tonnes/ha）及碳量（t.C/ha 或 t.CO$_2$/ha）。

6. 材積收穫量可依材種品級單價計算立木價金（stumpage），標售木材來自不同的林分，可依各林分的特性採用不同的收穫表計算材積收穫量，或者以面積加權方

法決定總收穫量及立木價金。

三、注意事項

1. 森林收穫作業方法的改變可能會使物質收穫或金錢收穫的量發生變化，所以森林規劃人員通常需要調整或更新收穫表以符合實際的應用需要。

2. 如果市場上對某種品級的圓木需求量有變化，林主通常會彈性調整木材收穫量，如果森林內各種等級木材的材積不足，必須將某種等級的材積量改分配為其他等級的材積量，這種方法稱為木材等級再分類，林主必須應用再分類（regrades）的方法調整生產有關等級圓木，以保證滿足市場的材積最低需求量。

3. 規劃木材等級的資訊必須由林分內實際的木材等級及數量整合得到，因此林主必須注意依據實際森林現有的收穫表所列的各種等級木材數量以更新產生新的收穫表。

註解 16.4：變動密度收穫預測法

　　現實林所處林地環境以及林木狀態存在著變異性，以立木度規範法正收穫表材積收穫量估測值，可能因林分條件變異性的影響，造成實務應用上的困難。收穫表的編制有改以模式取代表格形式的變化趨勢，以加拿大為例，1990 年代採用變動密度收穫預測法（variable density yield projection, VDYP）將林分密度因子納入林分材積模式（公式 16.12），利用地理區域別以及樹種別事前將林分分層，再利用林分材積模式估測林分收穫量。當以航測技術取得林分資料為預測變數時，則公式（16.12）的林分斷面積 BA 可用林分鬱閉度（crown closure, CC, %）、林齡及地位指數估測之（公式 16.13），林分直徑則以二次均值直徑（QMD）表示，並以 TA、CC 及 SI 建立模型估計之。

$$\text{VOL} = f\,(\text{TA, BA, QMD, SI}) \tag{16.12}$$

$$\text{BA} = f\,(\text{TA, CC, SI}) \tag{16.13}$$

$$\text{QMD} = f\,(\text{TA, CC, SI}) \tag{16.14}$$

變動密度收穫預測新法（revised variable density yield projection, RVDYP）明確地以預測模式的資料來源分類，發展出所謂的航測法（16.15）及地面調查法（16.16）二類，而未來林分胸高斷面積則以林分胸高斷面積現值、未來林齡及林分高為估測變數（16.17）估計之。

$$VOL = f(TA, TH, CC) \text{ for air approach} \qquad (16.15)$$

$$VOL = f(TA, TH, BA) \text{ for ground approach} \qquad (16.16)$$

$$BA(future) = f(BA(current), TA(future), TH) \qquad (16.17)$$

參考文獻

楊榮啟、林文亮。2001。森林測計學。國立編譯館。309 頁。

周楨。1968。森林經理學。630 頁。

Martin, P., 1991. Growth and Yield Prediction Systems, B.C. Ministry of Forests. 38 p.

附錄一 臺灣現行有關森林經營法律規章

森林法（The Forestry Act）（105.11.30）

第一章 總則

第 1 條　為保育森林資源，發揮森林公益及經濟效用，並為保護具有保存價值之樹木及其生長環境，制定本法。

第 2 條　本法所稱主管機關：在中央為行政院農業委員會；在直轄市為直轄市政府；在縣（市）為縣（市）政府。

第 3 條　森林係指林地及其群生竹、木之總稱。依其所有權之歸屬，分為國有林、公有林及私有林。森林以國有為原則。

第 3-1 條　森林以外之樹木保護事項，依第五章之一規定辦理。

第 4 條　以所有竹、木為目的，於他人之土地有地上權、租賃權或其他使用或收益權者，於本法適用上視為森林所有人。

第二章 林政

第 5 條　林業之管理經營，應以國土保安長遠利益為主要目標。

第 6 條　荒山、荒地之宜於造林者，由中央主管機關商請中央地政主管機關編為林業用地，並公告之。

經編為林業用地之土地，不得供其他用途之使用。但經徵得直轄市、縣（市）主管機關同意，報請中央主管機關會同中央地政主管機關核准者，不在此限。

前項土地為原住民土地者，除依前項辦理外，並應會同中央原住民族主管機關核准。

土地在未編定使用地之類別前，依其他法令適用林業用地管制者，準用第二

項之規定。

第 7 條　公有林及私有林有左列情形之一者，得由中央主管機關收歸國有。但應予補償金：

一、國土保安上或國有林經營上有收歸國有之必要者。

二、關係不限於所在地之河川、湖泊、水源等公益需要者。

前項收歸國有之程序，準用土地徵收相關法令辦理；公有林得依公有財產管理之有關規定辦理。

第 8 條　國有或公有林地有左列情形之一者，得為出租、讓與或撥用：

一、學校、醫院、公園或其他公共設施用地所必要者。

二、國防、交通或水利用地所必要者。

三、公用事業用地所必要者。

四、國家公園、風景特定區或森林遊樂區內經核准用地所必要者。

違反前項指定用途，或於指定期間不為前項使用者，其出租、讓與或撥用林地應收回之。

第 9 條　於森林內為左列行為之一者，應報經主管機關會同有關機關實地勘查同意後，依指定施工界限施工：

一、興修水庫、道路、輸電系統或開發電源者。

二、探採礦或採取土、石者。

三、興修其他工程者。

前項行為以地質穩定、無礙國土保安及林業經營者為限。

第一項行為有破壞森林之虞者，由主管機關督促行為人實施水土保持處理或其他必要之措施，行為人不得拒絕。

第 10 條　森林有左列情形之一者，應由主管機關限制採伐：

一、林地陡峻或土層淺薄，復舊造林困難者。

二、伐木後土壤易被沖蝕或影響公益者。

三、位於水庫集水區、溪流水源地帶、河岸沖蝕地帶、海岸衝風地帶或沙丘區域者。

四、其他必要限制採伐地區。

第 11 條　主管機關得依森林所在地之狀況，指定一定處所及期間，限制或禁止草皮、樹根、草根之採取或採掘。

第三章　森林經營及利用

第 12 條　國有林由中央主管機關劃分林區管理經營之；公有林由所有機關或委託其他法人管理經營之；私有林由私人經營之。

中央主管機關得依林業特性，訂定森林經營管理方案實施之。

第 13 條　為加強森林涵養水源功能，森林經營應配合集水區之保護與管理；其辦法由行政院定之。

第 14 條　國有林各事業區經營計畫，由各該管理經營機關擬訂，層報中央主管機關核定實施。

第 15 條　國有林林產物年度採伐計畫，依各該事業區之經營計畫。

國有林林產物之採取，應依年度採伐計畫及國有林林產物處分規則辦理。

國有林林產物之種類、處分方式與條件、林產物採取、搬運、轉讓、繳費及其他應遵行事項之處分規則，由中央主管機關定之。

森林位於原住民族傳統領域土地者，原住民族得依其生活慣俗需要，採取森林產物，其採取之區域、種類、時期、無償、有償及其他應遵行事項之管理規則，由中央主管機關會同中央原住民族主管機關定之。

天然災害發生後，國有林竹木漂流至國有林區域外時，當地政府需於一個月內清理註記完畢，未能於一個月內清理註記完畢者，當地居民得自由撿拾清理。

第 16 條　國家公園或風景特定區設置於森林區域者，應先會同主管機關勘查。劃定範圍內之森林區域，仍由主管機關依照本法並配合國家公園計畫或風景特定區計畫管理經營之。前項配合辦法，由行政院定之。

第 17 條　森林區域內，經環境影響評估審查通過，得設置森林遊樂區；其設置管理辦法，由中央主管機關定之。

森林遊樂區得酌收環境美化及清潔維護費，遊樂設施得收取使用費；其收費標準，由中央主管機關定之。

第 17-1 條　為維護森林生態環境，保存生物多樣性，森林區域內，得設置自然保護區，並依其資源特性，管制人員及交通工具入出；其設置與廢止條件、管理經營方式及許可、管制事項之辦法，由中央主管機關定之。

第 18 條　公有林、私有林之營林面積五百公頃以上者，應由林業技師擔任技術職務。造林業及伐木業者，均應置林業技師或林業技術人員。

第 19 條　經營林業者，遇有合作經營之必要時，得依合作社法組織林業合作社，並由當地主管機關輔導之。

第 20 條　森林所有人因搬運森林設備、產物等有使用他人土地之必要，或在無妨礙給水及他人生活安全之範圍內，使用、變更或除去他人設置於水流之工作物時，應先與其所有人或土地他項權利人協商；協商不諧或無從協商時，應報請主管機關會同地方有關機關調處；調處不成，由主管機關決定之。

第 21 條　主管機關對於左列林業用地，得指定森林所有人、利害關係人限期完成造林及必要之水土保持處理：

　　一、沖蝕溝、陡峻裸露地、崩塌地、滑落地、破碎帶、風蝕嚴重地及沙丘散在地。

　　二、水源地帶、水庫集水區、海岸地帶及河川兩岸。

　　三、火災跡地、水災沖蝕地。

　　四、伐木跡地。

　　五、其他必要水土保持處理之地區。

第四章　保安林

第 22 條　國有林、公有林及私有林有左列情形之一者，應由中央主管機關編為保安林：

　　一、為預防水害、風害、潮害、鹽害、煙害所必要者。

　　二、為涵養水源、保護水庫所必要者。

　　三、為防止砂、土崩壞及飛沙、墜石、泮冰、頹雪等害所必要者。

　　四、為國防上所必要者。

　　五、為公共衛生所必要者。

六、為航行目標所必要者。

七、為漁業經營所必要者。

八、為保存名勝、古蹟、風景所必要者。

九、為自然保育所必要者。

第 23 條　山陵或其他土地合於前條第一款至第五款所定情形之一者，應劃為保安林地，擴大保安林經營。

第 24 條　保安林之管理經營，不論所有權屬，均以社會公益為目的。各種保安林，應分別依其特性合理經營、撫育、更新，並以擇伐為主。

保安林經營準則，由中央主管機關會同有關機關定之。

第 25 條　保安林無繼續存置必要時，得經中央主管機關核准，解除其一部或全部。前項保安林解除之審核標準，由中央主管機關定之。

第 26 條　保安林之編入或解除，得由森林所在地之法人或團體或其他直接利害關係人，向直轄市、縣（市）主管機關申請，層報中央主管機關核定。但森林屬中央主管機關管理者，逕向中央主管機關申請核定。

第 27 條　主管機關受理前條申請或依職權為保安林之編入或解除時，應通知森林所有人、土地所有人及土地他項權利人，並公告之。

自前項公告之日起，至第二十九條第二項公告之日止，編入保安林之森林，非經主管機關之核准，不得開墾林地或砍伐竹、木。

第 28 條　就保安林編入或解除，有直接利害關係者，對於其編入或解除有異議時，得自前條第一項公告日起三十日內，向當地主管機關提出意見書。

第 29 條　直轄市或縣（市）主管機關，應將保安林編入或解除之各種關係文件，轉中央主管機關核定，其依前條規定有異議時，並應附具異議人之意見書。保安林之編入或解除，經中央主管機關核定後，應由中央、直轄市或縣（市）主管機關公告之，並通知森林所有人。

第 30 條　非經主管機關核准或同意，不得於保安林伐採、傷害竹、木、開墾、放牧，或為土、石、草皮、樹根之採取或採掘。

除前項外，主管機關對於保安林之所有人，得限制或禁止其使用收益，或指定其經營及保護之方法。

違反前二項規定，主管機關得命其造林或為其他之必要重建行為。

第 31 條　禁止砍伐竹、木之保安林，其土地所有人或竹、木所有人，以所受之直接損害為限，得請求補償金。

保安林所有人，依前條第二項指定而造林者，其造林費用視為前項損害。

前二項損害，由中央政府補償之。但得命由因保安林之編入特別受益之法人、團體或私人負擔其全部或一部。

第五章　森林保護

第 32 條　森林之保護，得設森林警察；其未設森林警察者，應由當地警察代行森林警察職務。

各地方鄉（鎮、市）村、里長，有協助保護森林之責。

第 33 條　森林外緣得設森林保護區，由主管機關劃定，層報中央主管機關核定，由當地主管機關公告之。

第 34 條　森林區域及森林保護區內，不得有引火行為。但經該管消防機關洽該管主管機關許可者不在此限，並應先通知鄰接之森林所有人或管理人。

經前項許可引火行為時，應預為防火之設備。

第 35 條　主管機關應視森林狀況，設森林救火隊，並得視需要，編組森林義勇救火隊。

第 36 條　鐵道通過森林區域及森林保護區者，應有防火、防煙設備；設於森林保護區附近之工廠，亦同。電線穿過森林區域及森林保護區者，應有防止走電設備。

第 37 條　森林發生生物為害或有發生之虞時，森林所有人，應撲滅或預防之。

前項情形，森林所有人於必要時，經當地主管機關許可，得進入他人土地，為森林生物為害之撲滅或預防，如致損害，應賠償之。

第 38 條　森林生物為害蔓延或有蔓延之虞時，主管機關得命有利害關係之森林所有人，為撲滅或預防上所必要之處置。

前項撲滅預防費用，以有利害關係之土地面積或地價為準，由森林所有人負擔之。但費用負擔人間另有約定者，依其約定。

第 38-1 條　森林之保護管理、災害防救、保林設施、防火宣導及獎勵之辦法，由中央主管機關定之。

前項國有林位於原住民族傳統領域土地者，有關造林、護林等業務之執行，應優先輔導當地之原住民族社區發展協會、法人團體或個人辦理，其輔導經營管理辦法，由中央主管機關會同中央原住民族主管機關定之。

第五章之一　樹木保護

第 38-2 條　地方主管機關應對轄區內樹木進行普查，具有生態、生物、地理、景觀、文化、歷史、教育、研究、社區及其他重要意義之群生竹木、行道樹或單株樹木，經地方主管機關認定為受保護樹木，應予造冊並公告之。

前項經公告之受保護樹木，地方主管機關應優先加強保護，維持樹冠之自然生長及樹木品質，定期健檢養護並保護樹木生長環境，於機關專屬網頁定期公布其現況。

第一項普查方法及受保護樹木之認定標準，由中央主管機關定之。

第 38-3 條　土地開發利用範圍內，有經公告之受保護樹木，應以原地保留為原則；非經地方主管機關許可，不得任意砍伐、移植、修剪或以其他方式破壞，並應維護其良好生長環境。

前項開發利用者須移植經公告之受保護樹木，應檢附移植及復育計畫，提送地方主管機關審查許可後，始得施工。

前項之計畫內容、申請、審核程序等事項之辦法，及樹冠面積計算方式、樹木修剪與移植、移植樹穴、病蟲害防治用藥、健檢養護或其他生長環境管理等施工規則，由中央主管機關定之。地方政府得依當地環境，訂定執行規範。

第 38-4 條　地方主管機關受理受保護樹木移植之申請案件後，開發利用者應舉行公開說明會，徵詢各界意見，有關機關（構）或當地居民，得於公開說明會後十五日內以書面向開發利用單位提出意見，並副知主管機關。

地方主管機關於開發利用者之公開說明會後應舉行公聽會，並將公聽會之日期及地點，登載於新聞紙及專屬網頁，或以其他適當方法廣泛周知，任何民

眾得提供意見供地方主管機關參採；其經地方主管機關許可並移植之受保護樹木，地方主管機關應列冊追蹤管理，並於專屬網頁定期更新公告其現況。

第 38-5 條 受保護樹木經地方主管機關審議許可移植者，地方主管機關應命開發利用者提供土地或資金供主管機關補植，以為生態環境之補償。

前項生態補償之土地區位選擇、樹木種類品質、生態功能評定、生長環境管理或補償資金等相關辦法，由地方主管機關定之。

第 38-6 條 樹木保護與管理在中央主管機關指定規模以上者，應由依法登記執業之林業、園藝及相關專業技師或聘有上列專業技師之技術顧問機關規劃、設計及監造。但各級政府機關、公營事業機關及公法人自行興辦者，得由該機關、機構或法人內依法取得相當類科技師證書者為之。

中央主管機關應建立樹木保護專業人員之培訓、考選及分級認證制度；其相關辦法由中央主管機關會商考試院及勞動部等相關單位定之。

第六章　監督及獎勵

第 39 條 森林所有人，應檢具森林所在地名稱、面積、竹、木種類、數量、地圖及計畫，向主管機關申請登記。森林登記規則，由中央主管機關定之。

第 40 條 森林如有荒廢、濫墾、濫伐情事時，當地主管機關，得向所有人指定經營之方法。違反前項指定方法或濫伐竹、木者，得命令其停止伐採，並補行造林。

第 41 條 受前條第二項造林之命令，而怠於造林者，該管主管機關得代執行之。

前項造林所需費用，由該義務人負擔。

第 42 條 公有、私有荒山、荒地編入林業用地者，該管主管機關得指定期限，命所有人造林。

逾前項期限不造林者，主管機關得代執行之；其造林所需費用，由該義務人負擔。

第 43 條 森林區域內，不得擅自堆積廢棄物或排放汙染物。

第 44 條 國、公有林林產物採取人應設置帳簿，記載其林產物種類、數量、出處及銷路。

前項林產物採取人，應選定用於林產物之記號或印章，申報當地主管機關備案，並於林產物搬出前使用之。

第一項林產物採取人不得使用經他人申報有案之相同或類似記號或印章。

第 45 條　凡伐採林產物，應經主管機關許可並經查驗，始得運銷；其伐採之許可條件、申請程序、伐採時應遵行事項及伐採查驗之規則，由中央主管機關定之。

主管機關，應在林產物搬運道路重要地點，設林產物檢查站，檢查林產物。

前項主管機關或有偵查犯罪職權之公務員，因執行職務認為必要時，得檢查林產物採取人之伐採許可證、帳簿及器具材料。

第 46 條　林業用地及林產物有關之稅賦，依法減除或免除之。

第 47 條　凡經營林業，合於下列各款之一者，得分別獎勵之：

一、造林或經營林業著有特殊成績者。

二、經營特種林業，其林產物對國防及國家經濟發展具有重大影響者。

三、養成大宗林木，供應工業、國防、造船、築路及其他重要用材者。

四、經營苗圃，培養大宗苗木，供給地方造林之用者。

五、發明或改良林木品種、竹、木材用途及工藝物品者。

六、撲滅森林火災或生物為害及人為災害，顯著功效者。

七、對林業林學之研究改進，有明顯成就者。

八、對保安國土、涵養水源，有顯著貢獻者。

前項獎勵，得以發給獎勵金、匾額、獎牌及獎狀方式為之；其發給條件、程序及撤銷獎勵之辦法，由中央主管機關定之。

第 47-1 條　凡保護或認養樹木著有特殊成績者，準用前條第二項之獎勵。

第 48 條　為獎勵私人、原住民族或團體造林，主管機關免費供應種苗、發給獎勵金、長期低利貸款或其他方式予以輔導獎勵，其辦法，由中央主管機關會同中央原住民族主管機關定之。

第 48-1 條　為獎勵私人或團體長期造林，政府應設置造林基金；其基金來源如下：

一、由水權費提撥。

二、山坡地開發利用者繳交之回饋金。

三、違反本法之罰鍰。

四、水資源開發計畫工程費之提撥。

五、政府循預算程序之撥款。

六、捐贈。

七、其他收入。

前項第一款水權費及第四款水資源開發計畫工程費之提撥比例，由中央水利主管機關會同中央主管機關定之；第二款回饋金應於核發山坡地開發利用許可時通知繳交，其繳交義務人、計算方式、繳交時間、期限與程序及其他應遵行事項之辦法，由中央主管機關擬訂，報請行政院核定之。

第 49 條　國有荒山、荒地，編為林業用地者，除保留供國有林經營外，得由中央主管機關劃定區域放租本國人造林。

第七章　罰則

第 50 條　竊取森林主、副產物，收受、搬運、寄藏、故買或媒介贓物者，處六月以上五年以下有期徒刑，併科新臺幣三十萬元以上三百萬元以下罰金。

前項竊取森林主、副產物之未遂犯罰之。

第 51 條　於他人森林或林地內，擅自墾殖或占用者，處六月以上五年以下有期徒刑，得併科新臺幣六十萬元以下罰金。

前項情形致釀成災害者，加重其刑至二分之一；因而致人於死者，處五年以上十二年以下有期徒刑，得併科新臺幣一百萬元以下罰金，致重傷者，處三年以上十年以下有期徒刑，得併科新臺幣八十萬元以下罰金。

第一項之罪於保安林犯之者，得加重其刑至二分之一。

因過失犯第一項之罪致釀成災害者，處一年以下有期徒刑，得併科新臺幣六十萬元以下罰金。

第一項未遂犯罰之。

犯本條之罪者，其供犯罪所用、犯罪預備之物或犯罪所生之物，不問屬於犯罪行為人與否，沒收之。

第 52 條　犯第五十條第一項之罪而有下列情形之一者，處一年以上七年以下有期徒

刑，併科贓額五倍以上十倍以下罰金：

一、於保安林犯之。

二、依機關之委託或其他契約，有保護森林義務之人犯之。

三、於行使林產物採取權時犯之。

四、結夥二人以上或僱使他人犯之。

五、以贓物為原料，製造木炭、松節油、其他物品或培植菇類。

六、為搬運贓物，使用牲口、船舶、車輛，或有搬運造材之設備。

七、掘採、毀壞、燒燬或隱蔽根株，以圖罪跡之湮滅。

八、以贓物燃料，使用於礦物之採取，精製石灰、磚、瓦或其他物品之製
造。

前項未遂犯罰之。

第一項森林主產物為貴重木者，加重其刑至二分之一，併科贓額十倍以上
二十倍以下罰金。

前項貴重木之樹種，指具高經濟或生態價值，並經中央主管機關公告之樹
種。

犯本條之罪者，其供犯罪所用、犯罪預備之物或犯罪所生之物，不問屬於犯
罪行為人與否，沒收之。

第五十條及本條所列刑事案件之被告或犯罪嫌疑人，於偵查中供述與該案
案情有重要關係之待證事項或其他正犯或共犯之犯罪事證，因而使檢察官得
以追訴該案之其他正犯或共犯者，以經檢察官事先同意者為限，就其因供述
所涉之犯罪，減輕或免除其刑。

第 53 條 放火燒燬他人之森林者，處三年以上十年以下有期徒刑。

放火燒燬自己之森林者，處二年以下有期徒刑、拘役或科新台幣三十萬元以
下罰金；因而燒燬他人之森林者，處一年以上五年以下有期徒刑。

失火燒燬他人之森林者，處二年以下有期徒刑、拘役或科新台幣三十萬元以
下罰金。

失火燒燬自己之森林，因而燒燬他人之森林者，處一年以下有期徒刑、拘役
或科新台幣十八萬元以下罰金。

第一項未遂犯罰之。

第 54 條　毀棄、損壞保安林，足以生損害於公眾或他人者，處三年以下有期徒刑、拘役或科新台幣三十萬元以下罰金。

第 55 條　於他人森林或林地內，擅自墾殖或占用者，對於他人所受之損害，負賠償責任。

第 56 條　違反第九條、第三十四條、第三十六條、第三十八條之三及第四十五條第一項之規定者，處新臺幣十二萬元以上六十萬元以下罰鍰。

第 56-1 條　有下列情形之一者，處新台幣六萬元以上三十萬元以下罰鍰：

　　一、違反第六條第二項、第十八條、第三十條第一項、第四十條及第四十三條之規定者。

　　二、森林所有人或利害關係人未依主管機關依第二十一條規定，指定限期完成造林及必要之水土保持處理者。

　　三、森林所有人未依第三十八條規定為撲滅或預防上所必要之處置者。

　　四、林產物採取人於林產物採取期間，拒絕管理經營機關派員監督指導者。

　　五、移轉、毀壞或汙損他人為森林而設立之標識者。

第 56-2 條　在森林遊樂區、自然保護區內，未經主管機關許可，有左列行為之一者，處新臺幣五萬元以上二十萬元以下罰鍰：

　　一、設置廣告、招牌或其他類似物。

　　二、採集標本。

　　三、焚毀草木。

　　四、填塞、改道或擴展水道或水面。

　　五、經營客、貨運。

　　六、使用交通工具影響森林環境者。

第 56-3 條　有左列情形之一者，處新臺幣一千元以上六萬元以下罰鍰：

　　一、未依第三十九條第一項規定辦理登記，經通知仍不辦理者。

　　二、在森林遊樂區或自然保護區內，有下列行為之一者：

　　　　㈠採折花木，或於樹木、岩石、標示、解說牌或其他土地定著物加刻文字或圖形。

㈡經營流動攤販。

㈢隨地吐痰、拋棄瓜果、紙屑或其他廢棄物。

㈣汙染地面、牆壁、樑柱、水體、空氣或製造噪音。

三、在自然保護區內騷擾或毀損野生動物巢穴。

四、擅自進入自然保護區內。

原住民族基於生活慣俗需要之行為，不受前條及前項各款規定之限制。

第 56-4 條 本法所定之罰鍰，由主管機關處罰之；依本法所處之罰鍰，經限期繳納，屆期仍不繳納者，移送法院強制執行。

第八章　附則

第 57 條　本法施行細則，由中央主管機關定之。

第 58 條　本法自公布日施行。

二、森林法施行細則（The Enforcernerit Rules for the Forestry Act） （95.03.01）

第 1 條　本細則依森林法（以下簡稱本法）第五十七條規定訂定之。

第 2 條　森林所有權及所有權以外之森林權利，除依法登記為公有或私有者外，概屬國有。

第 3 條　本法第三條第一項所稱林地，範圍如下：

一、依非都市土地使用管制規則第三條規定編定為林業用地及非都市土地使用管制規則第七條規定適用林業用地管制之土地。

二、非都市土地範圍內未劃定使用分區及都市計畫保護區、風景區、農業區內，經該直轄市、縣（市）主管機關認定為林地之土地。

三、依本法編入為保安林之土地。

四、依本法第十七條規定設置為森林遊樂區之土地。

五、依國家公園法劃定為國家公園區內，由主管機關會商國家公園主管機關認定為林地之土地。

第 4 條　本法第三條第一項所稱國有林、公有林及私有林之定義如下：

一、國有林，指屬於國家所有及國家領域內無主之森林。

二、公有林，指依法登記為直轄市、縣（市）、鄉（鎮、市）或公法人所有之森林。

三、私有林，指依法登記為自然人或私法人所有之森林。

第 5 條　本法第六條第一項所稱荒山、荒地，指國有、公有、私有荒廢而不宜農作物生產之山岳、丘陵、海岸、沙灘及其他原野。

第 6 條　公有林依本法第七條第一項規定收歸國有者，中央主管機關應於收歸前三個月通知該管公有林管理經營機關。接收程序完成前，該管理經營機關仍負保護之責。

該管公有林管理經營機關對於前項通知有異議時，應於收受通知之次日起一個月內敘明理由，報請中央主管機關核辦。

第 7 條　公有林或私有林收歸國有之殘餘部分，其面積過小或形勢不整，致不能為相當之使用時，森林所有人，得請求一併收歸國有。

第 8 條　依本法第八條第一項規定，申請出租、讓與或撥用國有林地或公有林地者，應填具申請書載明下列事項，檢附有關證件，經由林地之管理經營機關，在國有林報請中央主管機關，在公有林報請直轄市、縣（市）主管機關會商有關機關辦理：

一、申請者之姓名或名稱。

二、需用林地之所在地、使用面積及比例尺五千分之一實測位置圖（含土地登記謄本、地籍圖及用地明細表）。

三、需用林地之現況說明。

四、興辦事業性質及需用林地之理由。

五、經目的事業主管機關核定之使用計畫。

前項申請案件，依環境影響評估法規定應實施環境影響評估，或依水土保持法規定應提出水土保持計畫或簡易水土保持申報書者，經各該主管機關審查核定後，始得辦理出租、讓與或撥用程序。

第 9 條　依本法第九條第一項規定申請於森林內施作相關工程者，應填具申請書載明下列事項，檢附有關證件，經由主管機關會同有關機關辦理：

一、申請人之姓名或名稱。

二、工程或開挖需用林地位置圖、面積及各項用地明細。

三、工程或開挖用地所在地及施工圖說。

四、屬公、私有林者，應檢附公、私有林所有人之土地使用同意書。

第 10 條　主管機關依本法第十一條規定為限制或禁止處分時，應公告之，並通知森林所有人、土地所有人及土地他項權利人。

第 11 條　國有林劃分林區，由中央主管機關會同該管直轄市或縣（市）主管機關勘查後，由中央主管機關視當地狀況，就下列因素綜合評估劃分之：

一、行政區域。

二、生態群落。

三、山脈水系。

四、事業區或林班界。

第 12 條　國有林林區得劃分事業區，由各該林區管理經營機關定期檢訂，調查森林面

積、林況、地況、交通情況及自然資源，擬訂經營計畫報請中央主管機關核定後實施。供學術研究之實驗林，準用前項規定辦理。

第 13 條　本法第十二條第一項所定受委託管理經營公有林之法人，應具有管理經營森林能力，並以公益為目的。

第 14 條　森林所有人依本法第二十條規定因搬運森林設備、產物等使用他人土地之必要，報請主管機關會同地方有關機關調處時，應敘明理由並載明下列事項：

一、使用計畫。

二、使用土地位置圖。

三、使用面積。

四、使用期限。

五、土地所有人或他項權利人之姓名、住址。

六、土地之現狀及有無定著物。

七、協商經過情形。

第 15 條　森林所有人依本法第二十條規定在無妨礙給水及他人生活安全之範圍內，使用、變更或除去他人設置於水流之工作物，報請主管機關會同地方有關機關調處時，應敘明理由並載明下列事項：

一、使用、變更或除去工作物之計畫。

二、使用、變更或除去工作物之種類及所在位置等。

三、使用、變更或除去工作物之所有人或他項權利人之姓名、住址。

四、使用、變更或除去工作物之日期及期限。

五、協商經過情形。

第 16 條　國有林或公有林之管理經營機關對於所轄之國有林或公有林，認有依本法第二十二條規定，編為保安林之必要者，應敘明理由，並附實測圖，報經中央主管機關核定後，函知該管直轄市或縣（市）主管機關。

第 17 條　依本法第二十六條規定申請保安林編入或解除，應填具申請書並檢附位置圖，載明下列事項：

一、申請編入或解除保安林之名稱、位置及其面積。

二、編入或解除之理由。

　　　三、申請人姓名、住址，係法人或團體者，其名稱、地址及其代表人、負責
　　　　　人之姓名。

第 18 條　本法第三十一條規定之補償金，由當地主管機關調查審核。

　　　　　前項補償金額，以竹、木山價或造林費用價計算，由當地主管機關報請中央
　　　　　主管機關核定補償之。

第 19 條　森林發生生物為害或有發生之虞時，森林所有人，除自行撲滅或預防外，得
　　　　　請求當地國有林管理經營機關予以指導及協助。

第 20 條　依本法第四十六條規定請求減稅或免稅者，應依各該稅法規定之程序，向主
　　　　　管稅捐稽徵機關申請。

第 21 條　本細則自發布日施行。

三、臺灣森林經營管理方案（The Regulations for Forest Management Plan）（86.05.13）

第 1 條　臺灣林業係採保續經營原則，為國民謀取福利，積極培育森林資源，注重國土保安，配合農工業生產，並發展森林遊樂事業，以增進國民之育樂為目的。

第 2 條　國有林事業區之經營管理，應依據永續作業原則，將林地作不同使用之分級，以分別發展森林之經濟、保安、遊樂等功能，並配合集水區經營之需要，種植長伐期優良深根性樹種，延長林木輪伐期，釐訂森林經營計畫。

各事業區經營計畫，應每五至十年檢討一次，嚴格執行，並建立林地地理資訊系統，加以追蹤及考核。

第 3 條　公私有林之經營應積極作有計畫之造林及經營之輔導，對私人造林給予補助，以激發民間造林興趣。

第 4 條　為發揮保安林之效用，對公路、鐵路、水庫、電源、水源、集水區、沿海等地區，依照社會環境之需要，重新檢討予以擴大，編入保安林。

凡經編入為保安林之森林，不論所有權屬，非因林木更新之需要，不予採伐，如林相衰老或遭受破壞者，並應限期復舊造林。私有保安林之造林費用由政府負擔。

第 5 條　森林區之開發、採取土石及探、採礦有危害水土保持、森林及具有價值之自然資源者，應予禁止。

第 6 條　加強辦理集水區治山防洪及野溪防沙治理工程。主要溪流兩岸，應設置不少於五十公尺寬之保護林帶。

第 7 條　為加強森林經營管理之需要，新設林道應予整體規劃，提高設計施工標準、已設之林道，應作妥善之維護及水土保持設施。部分簡陋或暫不使用林道考慮予以封閉。

第 8 條　自八十七年度至九十年度四年間，每年度伐木量，以不超過二十萬立方公尺為原則，每一伐區皆伐面積不得超過五公頃。

全面禁伐天然林、水庫集水區保安林、生態保護區、自然保留區、國家公

園、及無法復舊造林地區。實驗林或試驗林，非因研究或造林撫育之需要，不得砍伐。

為發揮森林之公益功能及經濟效用，林業主管機關應依據森林經營計畫及實際需要，訂定年度造林計畫，加強造林撫育，促進天然更新，除伐木與火災跡地、濫墾收回地及海岸防風林地應即實施造林外，超限利用之山坡地，應積極輔導推行造林。

第 9 條　國有林事業區之林地，除依森林法第八條規定辦理，配合政策之推行經行政院專案核准，及已出租林地另案檢討者外，不再放租、解除或交換使用。

第 10 條　為永久保護森林資源，發揮多功能效益，森林區域內禁止濫墾盜伐之規定應予嚴格執行，同時加強防範森林火災、病害、蟲害，積極充實各項保林設備，以提高機動能力，發揮工作效率。

第 11 條　為因應國民休閒及育樂之需要，林業主管機關應積極規劃開發森林遊樂區，充實必要之遊樂設施。

第 12 條　為保存自然景觀之完整，維護珍貴稀有動植物之繁衍，應積極依法劃定自然、生態保護區及野生動物保護區，並供科學研究及教育之用。

第 13 條　為謀求改進林業技術及發展森林事業，林業研究工作應獲有充足之經費，特別加強實用方面之試驗與成果之推廣。

第 14 條　林業主管機關應擬定四十年為期之林木資源發展目標，據以研討十年為期之木材供需長期計畫。其內容應包括人工林與天然林之面積、蓄積、年伐採量及木材之用途別需要量、國內自產量、國外輸入量等。

第 15 條　本方案經核定後，有關業務主管機關應訂定或修訂細部計畫付諸實施。

第 16 條　本方案經核定後，有關業務主管機關應訂定或修訂細部計畫付諸實施。

四、環境影響評估法（Environmental Impact Assessment Act）（102.01.08）

第一章　總則

第 1 條　　為預防及減輕開發行為對環境造成不良影響，藉以達成環境保護之目的，特制定本法。本法未規定者，適用其他有關法令之規定。

第 5 條　　下列開發行為對環境有不良影響之虞者，應實施環境影響評估：

一、工廠之設立及工業區之開發。

二、道路、鐵路、大眾捷運系統、港灣及機場之開發。

三、土石採取及探礦、採礦。

四、蓄水、供水、防洪排水工程之開發。

五、農、林、漁、牧地之開發利用。

六、遊樂、風景區、高爾夫球場及運動場地之開發。

七、文教、醫療建設之開發。

八、新市區建設及高樓建築或舊市區更新。

九、環境保護工程之興建。

十、核能及其他能源之開發及放射性核廢料儲存或處理場所之興建。

十一、其他經中央主管機關公告者。

前項開發行為應實施環境影響評估者，其認定標準、細目及環境影響評估作業準則，由中央主管機關會商有關機關於本法公布施行後一年內定之，送立法院備查。

五、開發行為應實施環境影響評估細目及範圍認定標準（102.09.12）

第 16 條　依森林法規定之林地或森林之開發利用，其砍伐林木有下列情形之一者，應實施環境影響評估：

一、位於野生動物保護區或野生動物重要棲息環境。但皆伐面積五百平方公尺以下或同一保護區或重要棲息環境最近五年內累積皆伐面積二千五百平方公尺以下，經野生動物保護區或野生動物重要棲息環境主管機關及林業主管機關同意者，不在此限。

二、位於國家重要濕地。但皆伐面積五百平方公尺以下或同一濕地最近五年內累積皆伐面積二千五百平方公尺以下，經國家重要濕地主管機關及林業主管機關同意者，不在此限。

三、位於臺灣沿海地區自然環境保護計畫核定公告之自然保護區。但皆伐面積五百平方公尺以下或同一自然保護區最近五年內累積皆伐面積二千五百平方公尺以下，經臺灣沿海地區自然環境保護計畫核定公告之自然保護區主管機關及林業主管機關同意者，不在此限。

四、位於海拔高度一千五百公尺以上。但皆伐面積五百平方公尺以下，經林業主管機關同意者，不在此限。

五、位於山坡地或臺灣沿海地區自然環境保護計畫核定公告之一般保護區，皆伐面積二公頃以上。

六、皆伐面積四公頃以上。

前項屬平地之人工造林、受天然災害或生物為害之森林，經林業主管機關同意者，免實施環境影響評估。

六、環境影響評估施行細則（104.07.03）

第一章　總則

第 5 條　本法所定縣（市）主管機關之權限如下：

一、有關縣（市）環境影響評估工作之規劃及執行事項。

二、有關縣（市）環境影響評估相關規章之訂定、審核及釋示事項。

三、依第十二條第一項分工所列之環境影響說明書、評估書、環境影響調查報告書及其他環境影響評估書件之審查事項。

四、有關縣（市）主管機關審查通過或由中央主管機關移轉管轄權至縣（市）主管機關之開發行為環境影響說明書、評估書及審查結論或環境影響調查報告書及其因應對策執行之監督事項。

五、有關縣（市）環境影響評估資料之蒐集、建立及交流事項。

六、有關縣（市）環境影響評估之研究發展事項。

七、有關縣（市）環境影響評估宣導事項。

八、其他有關縣（市）環境影響評估事項。

第 5-1 條　各級主管機關依本法第三條所定之環境影響評估審查委員會（以下簡稱委員會）組織規程，應包含委員利益迴避原則，除本法所定迴避要求外，另應依行政程序法相關規定迴避。

本法第三條第二項所稱開發單位為直轄市、縣（市）政府或直轄市、縣（市）政府為促進民間參與公共建設法之主辦機關，而由直轄市、縣（市）政府辦理環境影響評估審查時，直轄市、縣（市）政府機關委員應全數迴避出席會議及表決，委員會主席由出席委員互推一人擔任之。

委員應出席人數之計算方式，應將迴避之委員人數予以扣除，作為委員總數之基準。

第 6 條　本法第五條所稱不良影響，指開發行為有下列情形之一者：

一、引起水汙染、空氣汙染、土壤汙染、噪音、振動、惡臭、廢棄物、毒性物質汙染、地盤下陷或輻射汙染公害現象者。

二、危害自然資源之合理利用者。

三、破壞自然景觀或生態環境者。

四、破壞社會、文化或經濟環境者。

五、其他經中央主管機關公告者。

第二章　評估、審查及監督

第 7 條　本法所稱開發單位，指自然人、法人、團體或其他從事開發行為者。

第 8 條　本法第六條第一項之規劃，指可行性研究、先期作業、準備申請許可或其他
　　　　經中央主管機關認定為有關規劃之階段行為。

　　　　前項認定，中央主管機關應會商中央目的事業主管機關為之。

第 11 條　開發單位依本法第七條第一項提出環境影響說明書者，除相關法令另有規定
　　　　程序者外，於開發審議或開發許可申請階段辦理。

第 11-1 條　目的事業主管機關收到開發單位所送之環境影響說明書或評估書初稿後，應
　　　　釐清非屬主管機關所主管法規之爭點，並針對開發行為之政策提出說明及建
　　　　議，併同環境影響說明書或第二階段環境影響評估之勘察現場紀錄、公聽會
　　　　紀錄、評估書初稿轉送主管機關審查。

　　　　目的事業主管機關未依前項規定辦理者，主管機關得敘明理由退回環境影響
　　　　說明書或評估書初稿。

　　　　本法及本細則所規範之環境影響評估流程詳見附圖。

第 12 條　主管機關之分工依附表一定之。必要時，中央主管機關得委辦直轄市、縣
　　　　（市）主管機關。

　　　　二個以上應實施環境影響評估之開發行為，合併進行評估時，主管機關應合
　　　　併審查。涉及不同主管機關或開發基地跨越二個直轄市、縣（市）以上之開
　　　　發行為，由中央主管機關為之。

　　　　不屬附表一之開發行為類型或主管機關分工之認定有爭議時，由中央主管機
　　　　關會商相關直轄市、縣（市）主管機關認定之。

　　　　前三項規定施行後，受理審查中之環境影響評估案件，管轄權有變更者，原
　　　　管轄主管機關應將案件移送有管轄權之主管機關。但經開發單位及有管轄權
　　　　主管機關之同意，亦得由原管轄主管機關繼續辦理至完成環境影響說明書審
　　　　查或評估書認可後，後續監督及變更再移送有管轄權主管機關辦理。

第 12-1 條　本法所稱之目的事業主管機關，依開發行為所依據設立之專業法規或組織法規定之。

前項目的事業主管機關之認定如有爭議時，依行政程序法規定辦理。

第 13 條　主管機關依本法第七條第二項規定就環境影響說明書或依本法第十三條第二項規定就評估書初稿進行審查時，應將環境影響說明書或評估書初稿內容、委員會開會資訊、會議紀錄及審查結論公布於中央主管機關指定網站（以下簡稱指定網站）。

前項環境影響說明書或評估書初稿內容及開會資訊，應於會議舉行七日前公布；會議紀錄應於會後三十日內公布；審查結論應於公告後七日內公布。

第 15 條　本法第七條及第十三條之審查期限，自開發單位備齊書件，並向主管機關繳交審查費之日起算。

前項所定審查期限，不含下列期間：

一、開發單位補正日數。

二、涉目的事業主管機關法令釋示或與其他機關 (構) 協商未逾六十日之日數。

三、其他不可歸責於主管機關之可扣除日數。

第 16 條　本法第七條第二項但書及第十三條第三項但書所稱情形特殊者，指開發行為具有下列情形之一者：

一、開發行為規模龐大，影響層面廣泛，非短時間所能完成審查者。

二、開發行為爭議性高，非短時間所能完成審查者。

第 17 條　本法第七條第三項所稱許可，指目的事業主管機關對開發行為之許可。

第 18 條　開發單位依本法第七條第三項舉行公開之說明會，應於開發行為經目的事業主管機關許可後動工前辦理。

第 19 條　本法第八條所稱對環境有重大影響之虞，指下列情形之一者：

一、依本法第五條規定應實施環境影響評估且屬附表二所列開發行為，並經委員會審查認定。

二、開發行為不屬附表二所列項目或未達附表二所列規模，但經委員會審查環境影響說明書，認定下列對環境有重大影響之虞者：

（一）與周圍之相關計畫，有顯著不利之衝突且不相容。

（二）對環境資源或環境特性，有顯著不利之影響。

（三）對保育類或珍貴稀有動植物之棲息生存，有顯著不利之影響。

（四）有使當地環境顯著逾越環境品質標準或超過當地環境涵容能力。

（五）對當地眾多居民之遷移、權益或少數民族之傳統生活方式，有顯
　　　著不利之影響。

（六）對國民健康或安全，有顯著不利之影響。

（七）對其他國家之環境，有顯著不利之影響。

（八）其他經主管機關認定。

開發單位於委員會作成第一階段環境影響評估審查結論前，得以書面提出自
願進行第二階段環境影響評估，由目的事業主管機關轉送主管機關審查。

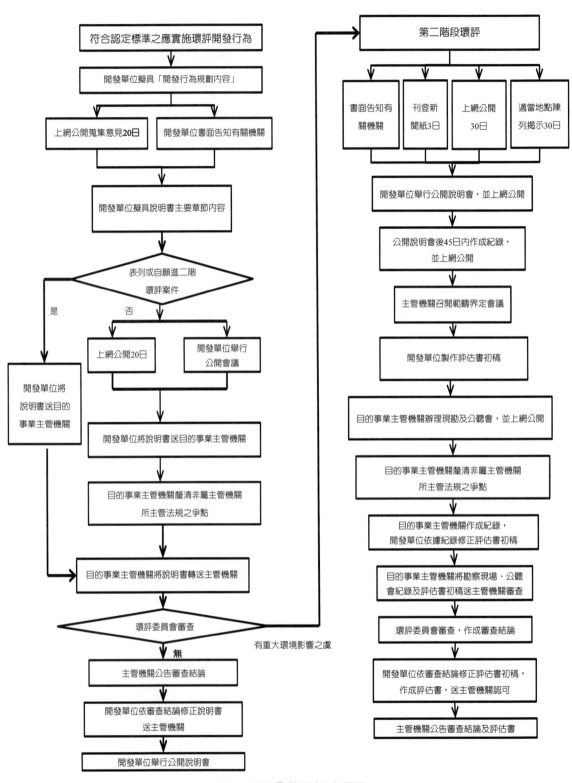

附圖：環境影響評估流程圖

附表一：環境影響評估審查及監督主管機關分工表

開發行為類型	環境影響評估審查及監督主管機關	
	中央主管機關	直轄市、縣（市）主管機關
一、工廠之設立及工業區之開發	(一)國營事業工廠之設立。 (二)園區開發面積逾三十公頃。	(一)非國營事業工廠之設立。 (二)園區開發面積三十公頃以下。
二、道路、鐵路、大眾捷運系統、港灣及機場之開發	(一)國道、省道及跨越二直轄市、縣（市）以上之道路。 (二)鐵路。 (三)大眾捷運系統。 (四)商港、軍港、漁港、工業專用港、遊艇港。 (五)機場。	市道、縣道、區道、鄉道、市區道路及其 他位於直轄市、縣（市）內之道路。
三、土石採取及探礦、採礦	探礦、採礦。	(一)採取土石。 (二)土石採取碎解、洗選場。 (三)採取窯業用土。
四、蓄水、供水、抽水、引水及防洪排水工程之開發	(一)蓄水工程。 (二)越域引水工程。 (三)海水淡化廠工程。 (四)中央管河川之河川水道變更及疏濬工程。 (五)跨越二直轄市、縣（市）以上之水利工程。 (六)國營自來水事業之工程。 (七)專供工業用之給水處理廠。	(一)直轄市、縣（市）管河川之河川水道變更及疏濬工程。 (二)直轄市、縣（市）轄區內之水利工程。 (三)非國營自來水事業之工程。
五、農、林、漁、牧地之開發利用。	國有林之砍伐林木。	(一)休閒農場或農產品加工場所。 (二)公有林或私有林之砍伐林木。 (三)魚塭或魚池。 (四)畜牧場。
六、遊樂、風景區、高爾夫球場及運動場地之開發。	(一)位於國家公園或國家風景區之遊樂區。 (二)國有林森林遊樂區之育樂設施區之開發。 (三)高爾夫球場。	(一)非位於國家公園或國家風景區之遊樂區。 (二)公有林或私有林森林遊樂區之育樂設施區之開發。 (三)運動場地。 (四)動物園。

開發行為類型	環境影響評估審查及監督主管機關	
	中央主管機關	直轄市、縣（市）主管機關
七、文教、醫療建設之開發。		㈠文化、教育、訓練設施或研究機構。 ㈡教育或研究機構附設畜牧場。 ㈢學校或醫院以外之研究機構。 ㈣宗教之寺廟、教堂。 ㈤醫療建設。
八、新市區建設及高樓建築或舊市區更新	新市鎮興建或擴建。	㈠社區興建。 ㈡高樓建築。 ㈢舊市區更新。
九、環境保護工程之興建	㈠一般廢棄物或一般事業廢棄物再利用機構。 ㈡除再利用外，以焚化、掩埋或其他方式處理事業廢棄物之中間處理或最終處置設施，且為中央目的事業主管機關輔導設置之廢棄物清除處理設施或許可之共同清除、處理機構。 ㈢有機汙泥、汙泥混合物或有害事業廢棄物再利用機構。	㈠水肥處理廠。 ㈡汙水下水道工程。 ㈢堆肥場。 ㈣廢棄物轉運站。 ㈤一般廢棄物或一般事業廢棄物掩埋場或焚化廠。 ㈥焚化、掩埋、堆肥或再利用以外之一般廢棄物或一般事業廢棄物處理場。 ㈦一般廢棄物之垃圾分選場。 ㈧除再利用外，以焚化、掩埋或其他方式處理事業廢棄物之中間處理或最終處置設施，且非為中央目的事業主管機關輔導設置之廢棄物清除處理設施或許可之共同清除、處理機構。 ㈨以物理方式處理混合五金廢料之處理場或設施。 ㈩棄土場、棄土區等土石方資源堆置處理場、營建混合物資源分類處理場或裝潢修繕廢棄物分類處理場。

開發行為類型	環境影響評估審查及監督主管機關	
	中央主管機關	直轄市、縣（市）主管機關
十、核能及其他能源之開發及放射性核廢料儲存或處理場所之興建	（一）核能電廠。 （二）水力發電廠。 （三）火力發電廠。 （四）風力、太陽光電、潮汐、潮流、海流、波浪、溫差及地熱等再生能源發電。 （五）放射性廢棄物貯存或處理設施。	火力發電之自用發電設備或汽電共生廠。
十一、其他經中央主管機關公告者	（一）輸電線路工程。 （二）超高壓變電所。 （三）港區申請設置水泥儲庫。 （四）輸送天然氣或油品管線工程。 （五）軍事營區、海岸（洋）巡防營區、飛彈試射場、靶場或雷達站等國防工程。 （六）設置液化天然氣接收站（港）。 （七）人工島嶼之興建或擴建工程。 （八）核子反應器設施之除役。 （九）纜車之興建或擴建。 （十）矯正機關、保安處分處所或其他以拘禁、感化為目的之收容機構。 （十一）深層海水之開發利用。 （十二）氣象雷達站。 （十三）於海域築堤排水填土造成陸地。 （十四）於海域設置固定之氣象、海象或地震等觀測設施。	（一）綜合工業分區、物流專業分區、工商服務及展覽分區、修理服務分區、購物中心分區等工商綜合區、購物專用區或大型購物中心。 （二）展覽會、博覽會或展示會場。 （三）公墓。 （四）殯儀館、骨灰（骸）存放設施。 （五）屠宰場。 （六）動物收容所。 （七）地下街。 （八）安養中心、護理機構或長期照護機構、養護機構、安養機構等老人福利機構。 （九）觀光（休閒）飯店、旅（賓）館。 （十）火化場。 （十一）工廠變更用地作為非工廠開發使用。 （十二）設置石油管理法所定之石油、石油製品貯存槽。 （十三）其他位於直轄市、縣（市）內之開發行為。

附表二　應進行第二階段環境影響評估之開發行為

一、園區之開發

　　(一) 石化工業區面積達五十公頃以上。

　　(二) 其他園區面積達一百公頃以上。

二、道路之開發

　　(一) 高速公路或快速道（公）路之新建。

　　(二) 高速公路或快速道（公）路之延伸工程，長度達三十公里以上。

三、鐵路之開發

　　(一) 高速鐵路新建。

　　(二) 鐵路之開發或延伸工程長度達三十公里以上。

四、大眾捷運系統之開發（不含輕軌）

　　(一) 大眾捷運系統路網新建工程。

　　(二) 大眾捷運系統路線延伸工程，長度達三十公里以上。

五、商港、漁港、工業專用港、遊艇港新建工程。

六、機場跑道新建工程。

七、新增探礦、採礦工程，面積達五十公頃以上。

八、水利工程之開發

　　(一) 水庫工程之新建。

　　(二) 越域引水工程。

九、一般廢棄物、一般事業廢棄物或有害事業廢棄物掩埋場或焚化廠之新建（園區內之開發不在此限）。

十、核能電廠新建或添加機組擴建工程。

十一、放射性廢棄物處置設施之新建。

十二、新建火力電廠、汽電共生廠或自用發電設備，屬以燃油、燃煤或其他非燃氣燃料發電，裝置容量一百萬瓩以上者。

十三、三百四十五千伏或一百六十一千伏輸電線路架空或地下化線路鋪設長度五十公里以上者。

十四、超高壓變電所新建工程。

十五、水力發電廠，裝置或累積裝置容量五萬瓩以上。

十六、海域築堤排水填土造成陸地面積達五十公頃以上者，或減少自然海岸線長度一公里以上。

十七、新市鎮開發。

七、原住民基本法（The Indigenous Peoples Basic Law）（104.12.16）

第 14 條　政府應依原住民族意願及環境資源特性，策訂原住民族經濟政策，並輔導自
　　　　　然資源之保育及利用，發展其經濟產業。

第 19 條　原住民得在原住民族地區依法從事下列非營利行為：

　　　　　一、獵捕野生動物。

　　　　　二、採集野生植物及菌類。

　　　　　三、採取礦物、土石。

　　　　　四、利用水資源。

　　　　　前項各款，以傳統文化、祭儀或自用為限。

第 20 條　政府承認原住民族土地及自然資源權利。

　　　　　政府為辦理原住民族土地之調查及處理，應設置原住民族土地調查及處理委
　　　　　員會；其組織及相關事務，另以法律定之。

　　　　　原住民族或原住民所有、使用之土地、海域，其回復、取得、處分、計畫、
　　　　　管理及利用等事項，另以法律定之。

第 21 條　政府或私人於原住民族土地或部落及其周邊一定範圍內之公有土地從事土地
　　　　　開發、資源利用、生態保育及學術研究，應諮商並取得原住民族或部落同意
　　　　　或參與，原住民得分享相關利益。

　　　　　政府或法令限制原住民族利用前項土地及自然資源時，應與原住民族、部落
　　　　　或原住民諮商，並取得其同意；受限制所生之損失，應由該主管機關寬列預
　　　　　算補償之。

　　　　　前二項營利所得，應提撥一定比例納入原住民族綜合發展基金，作為回饋或
　　　　　補償經費。

　　　　　前三項有關原住民族土地或部落及其周邊一定範圍內之公有土地之劃設、諮
　　　　　商及取得原住民族或部落之同意或參與方式、受限制所生損失之補償辦法，
　　　　　由中央原住民族主管機關另定之。

第 22 條　政府於原住民族地區劃設國家公園、國家級風景特定區、林業區、生態保育
　　　　　區、遊樂區及其他資源治理機關時，應徵得當地原住民族同意，並與原住民

族建立共同管理機制；其辦法，由中央目的事業主管機關會同中央原住民族主管機關定之。

八、水土保持法（Sore and water conservation Act）

第一章　總則

第 1 條　為實施水土保持之處理與維護，以保育水土資源，涵養水源，減免災害，促進土地合理利用，增進國民福祉，特制定本法。水土保持，依本法之規定；本法未規定者，適用其他法律之規定。

第 2 條　本法所稱主管機關：在中央為行政院農業委員會；在直轄市為直轄市政府；在縣（市）為縣（市）政府。

第 3 條　本法專用名詞定義如下：

一、水土保持之處理與維護：係指應用工程、農藝或植生方法，以保育水土資源、維護自然生態景觀及防治沖蝕、崩塌、地滑、土石流等災害之措施。

二、水土保持計畫：係指為實施水土保持之處理與維護所訂之計畫。

三、山坡地：係指國有林事業區、試驗用林地、保安林地，及經中央或直轄市主管機關參照自然形勢、行政區域或保育、利用之需要，就合於下列情形之一者劃定範圍，報請行政院核定公告之公、私有土地：

㈠標高在一百公尺以上者。

㈡標高未滿一百公尺，而其平均坡度在百分之五以上者。

四、集水區：係指溪流一定地點以上天然排水所匯集地區。

五、特定水土保持區：係指經中央或直轄市主管機關劃定亟需加強實施水土保持之處理與維護之地區。

六、水庫集水區：係指水庫大壩（含離槽水庫引水口）全流域稜線以內所涵蓋之地區。

七、保護帶：係指特定水土保持區內應依法定林木造林或維持自然林木或植生覆蓋而不宜農耕之土地。

八、保安林：係指森林法所稱之保安林。

第 8 條　下列地區之治理或經營、使用行為，應經調查規劃，依水土保持技術規範實施水土保持之處理與維護：

一、集水區之治理。

二、農、林、漁、牧地之開發利用。

三、探礦、採礦、鑿井、採取土石或設置有關附屬設施。

四、修建鐵路、公路、其他道路或溝渠等。

五、於山坡地或森林區內開發建築用地，或設置公園、墳墓、遊憩用地、運動場地或軍事訓練場、堆積土石、處理廢棄物或其他開挖整地。

六、防止海岸、湖泊及水庫沿岸或水道兩岸之侵蝕或崩塌。

七、沙漠、沙灘、沙丘地或風衝地帶之防風定砂及災害防護。

八、都市計畫範圍內保護區之治理。

九、其他因土地開發利用，為維護水土資源及其品質，或防治災害需實施之水土保持處理與維護。

前項水土保持技術規範，由中央主管機關公告之。

第 9 條　各河川集水區應由主管機關會同有關機關進行整體之治理規劃，並針對水土資源保育及土地合理利用之需要，擬定中、長期治理計畫，報請中央主管機關核定後，由各有關機關、機構或水土保持義務人分期分區實施。

前項河川集水區由中央主管機關會同有關機關劃定之。

第 10 條　宜農、宜牧山坡地作農牧使用時，其水土保持之處理與維護，應配合集水區治理計畫或農牧發展區之開發計畫，由其水土保持義務人實施之。

第 11 條　國、公有林區內水土保持之處理與維護，由森林經營管理機關策劃實施；私有林區內水土保持之處理與維護，由當地森林主管機關輔導其水土保持義務人實施之。

第 12 條　水土保持義務人於山坡地或森林區內從事下列行為，應先擬具水土保持計畫，送請主管機關核定，如屬依法應進行環境影響評估者，並應檢附環境影響評估審查結果一併送核：

一、從事農、林、漁、牧地之開發利用所需之修築農路或整坡作業。

二、探礦、採礦、鑿井、採取土石或設置有關附屬設施。

三、修建鐵路、公路、其他道路或溝渠等。

四、開發建築用地、設置公園、墳墓、遊憩用地、運動場地或軍事訓練場、

堆積土石、處理廢棄物或其他開挖整地。

前項水土保持計畫未經主管機關核定前，各目的事業主管機關不得逕行核發開發或利用之許可。

第一項各款行為申請案依區域計畫相關法令規定，應先報請各區域計畫擬定機關審議者，應先擬具水土保持規劃書，申請目的事業主管機關送該區域計畫擬定機關同級之主管機關審核。水土保持規劃書得與環境影響評估平行審查。

第一項各款行為，屬中央主管機關指定之種類，且其規模未達中央主管機關所定者，其水土保持計畫得以簡易水土保持申報書代替之；其種類及規模，由中央主管機關定之。

第 14 條　國家公園範圍內土地，需實施水土保持處理與維護者，由各該水土保持義務人擬具水土保持計畫，送請主管機關會同國家公園管理機關核定，並由主管機關會同國家公園管理機關監督水土保持義務人實施及維護。

第三章　特定水土保持之處理與維護

第 16 條　下列地區，應劃定為特定水土保持區：

一、水庫集水區。

二、主要河川上游之集水區須特別保護者。

三、海岸、湖泊沿岸、水道兩岸須特別保護者。

四、沙丘地、沙灘等風蝕嚴重者。

五、山坡地坡度陡峭，具危害公共安全之虞者。

六、其他對水土保育有嚴重影響者。

前項特定水土保持區，應由中央或直轄市主管機關設置或指定管理機關管理之。

第 19 條　經劃定為特定水土保持區之各類地區，其長期水土保持計畫之擬定重點如下：

一、水庫集水區：以涵養水源、防治沖蝕、崩塌、地滑、土石流、淨化水質，維護自然生態環境為重點。

二、主要河川集水區：以保護水土資源，防治沖蝕、崩塌，防止洪水災害，維護自然生態環境為重點。

三、海岸、湖泊沿岸、水道兩岸：以防止崩塌、侵蝕、維護自然生態環境、保護鄰近土地為重點。

四、沙丘地、沙灘：以防風、定砂為重點。

五、其他地區：由主管機關視實際需要情形指定之。

經劃定為特定水土保持區之各類地區，區內禁止任何開發行為，但攸關水資源之重大建設、不涉及一定規模以上之地貌改變及經環境影響評估審查通過之自然遊憩區，經中央主管機關核定者，不在此限。

前項所稱一定規模以上之地貌改變，由中央主管機關會同有關機關訂定之。

第 20 條 經劃定為特定水土保持區之水庫集水區，其管理機關應於水庫滿水位線起算至水平距離三十公尺或至五十公尺範圍內，設置保護帶。其他特定水土保持區由管理機關視實際需要報請中央主管機關核准設置之。

前項保護帶內之私有土地得辦理徵收，公有土地得辦理撥用，其已放租之土地應終止租約收回。

第一項水庫集水區保護帶以上之區域屬森林者，應編為保安林，依森林法有關規定辦理。

第 21 條 前條保護帶內之土地，未經徵收或收回者，管理機關得限制或禁止其使用收益，或指定其經營及保護之方法。

前項保護帶屬森林者，應編為保安林，依森林法有關規定辦理。

第一項之私有土地所有人或地上物所有人所受之損失得請求補償金。補償金估算，應依公平合理價格為之。

第三項補償金之請求與發放辦法，由中央主管機關定之，並送立法院核備。

第四章　監督及管理

第 22 條 山坡地超限利用者，或從事農、林、漁、牧業，未依第十條規定使用土地或未依水土保持技術規範實施水土保持之處理與維護者，由直轄市或縣（市）主管機關會同有關機關通知水土保持義務人限期改正；屆期不改正或實施不

合水土保持技術規範者，得通知有關機關依下列規定處理：

一、放租、放領或登記耕作權之土地屬於公有者，終止或撤銷其承租、承領或耕作權，收回土地，另行處理；其為放領地者，所已繳之地價予以沒入。

二、借用、撥用之土地屬於公有者，由原所有或管理機關收回。

三、土地為私有者，停止其開發。

前項各款之地上物，由經營人、使用人或所有人依限收割或處理；屆期不為者，主管機關得會同土地管理機關逕行清除。其屬國、公有林地之放租者，並依森林法有關規定辦理。

第七章　罰則

第 32 條　在公有或私人山坡地或國、公有林區或他人私有林區內未經同意擅自墾殖、占用或從事第八條第一項第二款至第五款之開發、經營或使用，致生水土流失或毀損水土保持之處理與維護設施者，處六月以上五年以下有期徒刑，得併科新臺幣六十萬元以下罰金。但其情節輕微，顯可憫恕者，得減輕或免除其刑。

前項情形致釀成災害者，加重其刑至二分之一；因而致人於死者，處五年以上十二年以下有期徒刑，得併科新臺幣一百萬元以下罰金；致重傷者，處三年以上十年以下有期徒刑，得併科新臺幣八十萬元以下罰金。

因過失犯第一項之罪致釀成災害者，處一年以下有期徒刑，得併科新臺幣六十萬元以下罰金。

第一項未遂犯罰之。

犯本條之罪者，其墾殖物、工作物、施工材料及所使用之機具，不問屬於犯罪行為人與否，沒收之。

第 34 條　因執行業務犯第三十二條或第三十三條第三項之罪者，除依各該條規定處罰其行為人外，對僱用該行為人之法人或自然人亦科以各該條之罰金。

第 35 條　本法所定之罰鍰，由直轄市或縣（市）主管機關處罰之。

第 36 條　依本法所處之罰鍰，經通知限期繳納，逾期仍未繳納者，移送法院強制執

行。

第八章　附則

第 37 條　本法施行細則，由中央主管機關定之。

第 38 條　為落實本法保育水土資源，減免災害之目的，主管機關應擬定輔導方案，並於五年內提出實施水土保持之成效報告。

前項輔導方案，由中央主管機關定之，並送立法院核備。

附錄二　與森林永續經營有關的國際協議

一、里約宣言（Rio Declaration）（June, 1992）

1. 揭示永續發展理念，強化公民參與並兼顧未來世代。
2. 各國可基於主權且不損害他國的前提下使用其自然資源。
3. 強化全球技術與資訊合作，慎用國際貿易手段達成永續發展。

二、二十一世紀議程（Agenda 21）（June, 1992）

1. 針對全球社會經濟問題、資源的保育及管理、各主要團體角色與貢獻的發揮以及各種實施方法等四大議題，規劃如何於 1993 年至 2000 年執行永續發展的工作藍圖，以邁入二十一世紀。
2. 專章探討「對抗毀林（combating deforestation）」問題，具體描述針對世界上各種森林類型所規劃的保育及永續發展行動計畫。
3. UNCED 秘書長 Maurice Strong 在大會上提出「森林保育與發展」報告，對世界森林現況與威脅進行評估，這些行動、文件與協議，為第一次全球森林議題的共識，奠定國際林業合作的基礎。

三、森林原則（Forest Principles）（June, 1992）

1. **森林主權與公平原則**

   (1) 依照聯合國憲章和國際法原則，各國具有按照其環境政策開發其資源的主權權利，同時亦負有責任，確保在它管轄或控制範圍內的活動，不致對其他國家的環境或其本國管轄範圍以外地區的環境引起損害。

   (2) 為取得森林的保存和可持續開發帶來的利益，其議定的全部增加費用需要國際合作的加強和由國際社會公平分擔。

2. **森林合理利用與保護原則**

(1) 各國擁有根據其發展需要和水平和根據與可持續發展和法律相一致的國家政策，使用、管理和開發其森林的主權和不可剝奪權利，包括在總的社會經濟發展計畫範圍內，根據合理的土地使用政策，把這些地區改作其他用途。

(2) 森林資源和森林土地應以可持續的方式管理，以滿足這一代人和子孫後代在社會、經濟、文化和精神方面的需要。這些需要是森林產品和服務，例如木材和木材產品、水、糧食、桐料、醫藥、燃料、住宿、就業、娛樂、野生動物住區、風景多樣性、碳的彙和庫以及其他森林產品。應採取措施來保護森林，使其免受汙染的有害影響，包括空氣汙染、火災、蟲害和疾病，以便保持它們全部的多種價值。

(3) 應確保及時提供可靠和準確的關於森林和森林生態系統的資料，這是促進大眾的認識和作出有根據的決策所必不可少的。

(4) 各國政府應促進和提供機會，讓有關各方包括地方社區和土著居民、工商界、勞工界、非政府組織和個人、森林居民和婦女，參與制定、執行和規劃國家森林政策。

3. **國際合作原則**

(1) 國家政策和戰略應提供一個便於作出更多努力的框架，包括建立和加強各種體制，制定各種方案以便管理、保存和可持續地開發森林和林區。

(2) 在現有的國際組織和機制上，應斟酌情況促進森林領域內的國際合作。

(3) 環境保護和社會與經濟發展中所有與森林和林區有關的方面均應加以一體化和全面化。

4. **建立生態系統與資料庫原則**

應認識到各種森林在地方、國家、區域和全球各級上維持生態過程和平衡的重要作用，特別是包括在保護脆弱的生態系統、水域和淡水資源方面的作用，作為生物多樣性和生物資源的豐富資料庫以及用來生產生物技術產品的遺傳物質和光合作用的來源。

5. 公眾參與與福利原則

⑴ 應國家森林政策應確認土著居民、地方社區和森林居民，對他們的認同、文化和權利給予正當的支持。為這些群體創造適當條件，使他們在森林使用方面獲得經濟利益，進行經濟活動，實現和保持其文化特徵和社會組織，以及適當的生活水平和福利，包括通過土地永遠使用安排，作為對森林進行可持續管理的獎勵。

⑵ 應積極促進婦女在森林的管理、保存和可持續開發領域充分參與一切方面的工作。

6. 促進可持續經營森林多目標利用原則

⑴ 所有類型的森林，特別是在發展中國家，由於提供可再生生物能源，對滿足能源需求起了重要作用，家用和工業用薪材的需求必須通過可持續的森林管理和植樹造林來滿足。為此，應認識到種植本地樹種和外來樹種對提供燃料和工業用木材的可能貢獻。

⑵ 國家政策和方案應考慮到森林的保存、管理和可持續開發與生產、消費、再迴圈和／或森林產品的最終處置有關的一切方面之間的關係。

⑶ 對森林產品和勞務以及對環境的代價和利益的經濟和非經濟價值進行全面評價，應在確實可靠程度內有利於就森林的保存、管理和可持續開發問題作出決定。應促進制定和改進這類評價的方法學。

⑷ 應肯定、加強和推廣一種認識，即植林和永久性的農作物作為可持續的和無害環境的可再生能源和工業原料的使用。應認識和提高它們對維持生態過程、抵消對原始林／老森林的壓力以及提供區域就業和有當地居民充分參與的發展的貢獻。

⑸ 自然森林也是貨物和勞務的來源，應促進它們的保存、可持續管理和使用。

7. 發展森林綠色經濟與消除貧窮原則

⑴ 應努力促進有助於國家持久且無害環境地發展森林的國際經濟氣氛，包括促進可持續的生產與消費形式，根除貧窮，促進糧食保障。

⑵ 應向那些有大片森林區並建立保護包括原始林在內的林區方案的發展中國家提供具體的財政資源。這些資源應明顯地用在那些可以刺激經濟活動和社會替代活動的經濟部門。

8. **促進森林復育以及維護森林生態人文價值與生產力平衡的原則**

   (1) 應致力於綠化全世界的工作。所有國家，特別是發達國家，應採取積極明確行動，酌情從事造林、重新造林和保護現有森林的工作。

   (2) 應通過在貧瘠的、退化和經過濫伐的土地上進行復原工作、重新造林、再植林，並通過管理現有森林資源等資源生態、經濟和社會上健全的方式，努力保持並增加森林覆蓋面，提高林區生產力。

   (3) 森林管理、保存和持續開發的政策和方案的執行，特別是發展中國家，應受到國際上財政和技術合作的支援，包括適當私營部門的支援。

   (4) 可持續的森林管理和利用應當依照國家發展政策和優先事項，並根據無害環境的國家準則進行。在擬訂這種準則時，應當斟酌情況在適當的時候考慮到國際公認的有關方法和標準。

   (5) 森林管理應與毗鄰區域的管理相結合，以便保持生態平衡和可持續的生產力。

   (6) 森林的管理、保存和持續開發的國家政策和／或法律應包括保護生態上能存活的代表性的或獨特的森林，如原始古老森林和文化、精神、歷史、宗教和在其他方面具有獨特價值和在國家一級有重要性的森林。

   (7) 生物資源，包括遺傳材料的取得，應適當顧及森林所在國的主權權利，並應依照共同議定的條件分享從這些資源所獲得生物技術產品的技術和利益。

   (8) 國家政策應確保在行動有可能對重要森林資源產生嚴重不利影響和這種行動須由國家主管當局作出決定時進行環境影響評價。

9. **維護依賴森林生存區域的使用權利以及降低或解決握不環境壓力的原則**

   (1) 國際社會應支援發展中國家為加強管理、保存和可持續地開發其森林資源而做的努力，要考慮到調整其外債的重要性，特別是因向發達國家淨轉移資源而加重外債，以及因森林產品、特別是加工產品進入市場機會改善而代替價值降低所產生的問題。在這方面，也應特別注意正在向市場經濟過渡的國家。

   (2) 各國政府和國際社會應設法解決保存和可持續地利用森林資源的工作遭遇的阻力以及地方一級特別是經濟和社會上依賴森林和森林資源的貧困都市和農村人口缺少其他選擇等問題。

(3) 國家所有類型森林政策的制訂應考慮到森林部門外部的影響因素對森林生態系統和資源所施加的壓力和要求，並應設法尋求處理這些壓力和要求的跨部門手段。

10. 提供發展中國家財政支援降低森林開發與土壤退化影響的原則

應向發展中國家提供新的額外的財政資源，使它們能以可持續的方式管理、保存和開發森林資源，包括植林和重新造林，以及遏止砍伐森林和森林與土壤的退化。

11. 協助發展中國家取得無害環境營林技術的原則

為了使特別是發展中國家能夠加強本國能力和更完善地管理、保存和開發其森林資源，應當斟酌情況促進、協助和資助依照《二十一世紀議程》各項有關規定，以優厚的條件，包括減讓性和優惠性條件，獲得和轉讓無害環境的技術及相關的專門技能。

12. 強化國際間森林可持續經營科技交流以及區域知識經濟利益回饋

(1) 國家機構在適當考慮到生物、物理、社會和經濟變數的情況下所進行的科學研究、森林資源清查和評估以及在可持續的森林管理、保存和開發領域方面的技術發展及其應用應通過國際合作等有效模式予以加強。在這方面也應注意可持續收成的非林木產品的研究和發展。

(2) 國家和在適當情況下區域和國際機構所具有的森林和林木管理的教育、培訓、科學、技術、經濟、人類學和社會能力是保存和可持續地開發森林的主要因素，應予以加強。

(3) 國際之間應加強和擴大森林和森林管理的研究和發展成果的資料交流，並在適當情況下，充分利用教育和培訓機構，包括私有部門的教育和培訓機構。

(4) 有關保存和可持續地開發森林的適當本國能力和地方知識應通過機構和財務支助並在有關的當地社區居民的合作下獲得承認、尊重、登記、發展和在適當情況下納入方案的執行。因此，利用本國知識所得利益應由這些人民公平均分。

13. 林產品貿易機制應納入環境成本與效益，降低林產品關歲障礙促進自由貿易的原則

(1) 森林產品的貿易應該根據非歧視性的多邊商定條例和程式以及符合國際貿易法和慣例的規定。在這方面，應推動林產品公開的自由國際貿易。

(2) 降低或消除關稅壁壘和阻礙，提供附加值較高的林產品及其本地加工品進入市場的機會和有利的價格均應予鼓勵，以便使生產國更好地保存和管理其可再生的森

林的資源。

(3) 將環境成本和效益納入市場力量和機制內，以便實現森林保存和可持續開發，是在國內和國際均應予以鼓勵的工作。

(4) 森林保存和可持續開發政策應與經濟、貿易和其他有關政策結合。

(5) 應避免可能導致森林退化的財務、貿易、工業、運輸和其他政策和做法。應鼓勵旨在管理、保存和可持續地開發森林的適當政策，包括適當情況下提供獎勵。

14. 各國應消除與國際協定牴觸的單方面林產品交易限制措施

與國際義務或協議有所牴觸的限制或禁止木材或其他森林產品國際貿易的單方面措施應當撤銷或避免，以求實現長期可持續的森林管理。

15. 控制空中載具排放汙染物造成酸性降水的影響

危害地方、國家、區域和全球一級森林生態系統的健全的汙染物，特別是氣載汙染物（air-borne pollutants），包括產生酸性沉澱的汙染，應加以控制。

綜合評論：

(1) 關於所有種類的森林之管理、保育與永續發展的全球共識之原則的不具法律約束的政府聲明。

(2) 森林原則的目標是要促進森林的管理、保存和可持續開發，並使它們具有多種多樣和互相配合的功能和用途。關於林業問題及其機會的審議應在環境與發展的整個範圍內總體且均衡地加以進行，要考慮到包括傳統用途在內森林的多種功能和用途和當這些用途受到約束或限制時可能對經濟和社會產生的壓力，以及可持續的森林管理可提供的發展潛力。

(3) 森林原則為有關森林問題的全球協商一致的意見，應該適用於所有地理區域和氣候帶，包括南方森林（austral forest）、北方森林（boreal forest）、亞溫帶林（subtemperate forest）、溫帶林（temperate forest）、亞熱帶（subtropical forest）和熱帶（tropical forest）的天然林和人工林。所有類型森林包含各種既複雜又獨特的生態過程（ecological processes）。良好的森林管理和保存是擁有這些森林的國家政府所關切的問題，對當地社會和整個環境十分重要。森林是經濟發展和維持所有生物所必不可少的，必須確認許多國家的森林管理、保存和可持續開發責任是分配給各

聯邦、國家、州、省和地方一級的政府，而每個國家根據其憲法和／或國家立法應在適當的政府級別上實行這些原則。

四、生物多樣性公約（Convention on Biological Diversity）（June, 1992）

1. 確保生物多樣性的保育與其成分的永續利用，透過適當的基金，公平合理分配基因資源使用所獲得的利益，包括基因資源取得的管道及相關科技的移轉。

2. 各締約國應配合其特殊國情與能力，整合相關部門的策略、計畫及方案以達生物多樣性保育及永續利用。

3. 恢復與重建瀕臨絕滅的物種，採行措施以保護區域內的多樣性生物資源。

五、氣候變遷綱要公約（Framework Convention on Climate Change, UNFCCC）（June, 1992）

1. 氣候變遷綱要公約的目標，是將大氣中的二氧化碳與其它溫室氣體的濃度，抑制在不會危害氣候系統的水平，使生態體系有足夠時間自然調整適應氣候變遷，確保糧食生產不受威脅，並促使經濟發展達永續性發展之目標。

2. 強調對應氣候變遷是世界各國責任，但因各國發展狀況不同，容許各國負有不同的責任。

3. 締約國成員（共 38 個，包括 OECD24 國、13 個經濟轉型國家及歐盟）於 2000 年將二氧化碳等溫室氣體減量至 1990 年水準。

六、京都議定書（Kyoto Protocol）（December, 1997）

　　京都議定書是依據聯合國氣候變化綱要公約架構（UNFCCC）訂定的國際協議，其主要目標在透過各締約國依其溫室氣體（greenhouse gases, GHGs）排放量、經濟及技術能力，以控制並降低溫室氣體排放量。所謂 GHGs 係指二氧化碳（CO_2）、甲烷（CH_4）、氧化亞氮（N_2O）、氫氟碳化物（HFCS）、全氟化碳（PFCS）及六氟化硫（SF6）等氣體。管制三十八個已開發國家及歐洲聯盟的溫室氣體排放，管制目標：在 2008 至 2012 年間溫室氣體排放量比 1990 減少 5.2%，其中歐盟削減 8%、美國 7%、日本 6%。任何締約方可彼此進行碳排貿易，轉讓或購買減少排放量，以符合排放限量目標。京都議定書有關條文，摘要如下：

第二條　每一締約方在實現減少 GHGs 排放的承諾時，應根據本國情況執行和／或進一步制訂政策和措施，採用森林可持續經營作業（sustainable management practices）、新植造林（afforestation）及再造林（reforestation），並促進農業可持續經營，研究、促進、開發和增加使用新能源和可再生的能源、二氧化碳固碳技術及有益於環境的先進創新技術。

第三條　• 締約方應個別地或共同地確保其在附件 A 中所列溫室氣體的人為二氧化碳當量（CO$_2$ equivalent, CO2e）排放總量不超過附件 B 中所載的 GHGs 排放量限制，以 1990 年為基準期，該年的 GHGs 排放量為基準量，締約方在第一個承諾期（2008-2012）的排放量不得高於 1990 年排放量的 95%。

　　　　• 締約方應核查自 1990 年以來，直接由人引起的土地利用變化和新植造林、再造林及森林開發等林業活動所產生的碳源和碳匯，作為每個承諾期可核查的碳儲存量的變化，以衡量締約方實其減排的承諾。有關溫室氣體排放源及清除匯，應以透明且可核查的方式作出報告並予以審評。

　　　　• 締約方應提供資料供所屬科技資訊機構審議，以便確定其 1990 年的碳貯存量及估計其以後各年的碳貯存量的變化。其中有關各種溫室氣體排放源（GHGs emission sources）及清除溫室氣體的匯（GHGs sinks）（或簡稱為碳源及碳匯）的計量方法應考慮到各種不確定性、報告的透明度、可核查性、政府間氣候變化專門委員會方法學方面的工作、附屬科技諮詢機構提供的諮詢意見以及締約方會議的決定。

　　　　• 締約方為履行其承諾，應使用該基準年或基準期，其他有意參與締約方為履行其依本條規定的承諾，可使用 1990 年或以外的某一歷史基準年或基準期。

　　　　• 1990 年碳排計算基準為 CO2e 淨排放量等於各種人為排放源的 CO2e 總量減去各種土地利用變化的清除匯 CO2e 總量。

　　　　• 訂定碳排放量可交易行為，締約方 A 可將其獲得的減排量和分配量之部分轉讓給締約方 B，轉出量必須從轉出者的分配量中減去，轉入者的分配量得以增加。假設締約方 A 及 B 依據基準期規範，其在承諾期內的可排放量為 X$_A$ 及 X$_B$，透過碳權交易，締約方 A 自 B 取得碳排放量權利為 Y，

則 A 的分配可排放量為 $X_A + Y$，而 B 的可排放量為 $X_B - Y$。

第六條　　1. 為履行第三條減排承諾，任一締約方可向其他締約方轉讓（transfer to）或取得（acquire from）其減排單位（emission reduction units, ERUs）以符合碳排減量目標（emission reduction target）。所謂減排單元即為 1 ton CO_2e，乃係締約方經濟部門為減少人為碳源或增加碳匯有關專案所產出的結果，但：

(a) 任何此類項目須經有關締約方批准；

(b) 任何此類專案須能減少碳源或增加碳匯，此一減少或增加，對任何以其它方式發生的減少或增加是額外的；

(c) 締約方如果不遵守其依第五條和第七條規定的義務，則不可以獲得任何減少排放單位；

(d) 減少排放單位的獲得應是對為履行依第三條規定的承諾而採取的本國行動的補充。

第十一條　• UNFCCC 附件二所列發達國家締約方和其它發達締約方也可以通過雙邊、區域和其它多邊管道，提供發展中國家締約方獲取資金，以履行制訂、執行、公布和定期更新載有減緩氣候變化措施和有利於充分適應氣候變化措施的國家的方案以及在適當情況下區域的方案。

第十二條　• 訂定一種清潔發展機制（clean development mechanism, CDM）以協助非締約方國家，實現可持續發展和有益於實現本議定書的最終目標，並協助締約方實現遵守第三條規定的碳排放量限制和減少排放的承諾。

• 非締約方將獲益於 CDM 減排項目的活動，每一專案活動所產生的減少排放，須經本議定書締約方會議指定的經營實體，根據以下各項作出證明：

(a) 專案活動必須是自願參加的且經每一有關締約方批准；

(b) 專案活動必須與減緩氣候變化有關，而且必須為實際的、可測量的和具有長期效益的；

(c) 所產生的減少排放必須是額外的，而非原本就有的。

• 如有必要，清潔發展機制應協助安排經證明的專案活動的籌資。

- 對專案活動應有獨立審計和核查的機制，以確保透明度、效率和可靠性。

- 對於清潔發展機制的參與，包括所指的專案活動及獲得證明的減少排放的參與，可包括私有和／或公有實體。

第十七條　UNFCCC 締約方會議應就排放貿易（emissions trading）的核查（verification）、報告（reporting）和責任（accountability），確定相關的原則、方式、規則和指南。為履行實踐減排承諾之目的，本議定書附件 B 所列締約方可以參與排放貿易，而任何的排放貿易應是締約方為實現減少排放承諾的補充行動。

第二十五條　• 議定書生效條件為締約方必須不少於 55 個，其合計的二氧化碳排放量至少占附件一所列締約方 1990 年二氧化碳排放總量的 55%。

　　　　　　• 議定書生效日為符合上列條件締約方交存其批准、接受、核准或加入的文書之日後第九十天起。

七、巴黎協議（Paris Agreement）（December, 2015）

第五條　一、締約方應當採取行動酌情維護和加強 UNFCCC 所述的溫室氣體匯和庫，包括森林。

　　　　二、鼓勵締約方採取行動，包括通過基於成果的支付，執行和支持在 UNFCCC 下已確定的有關指導和決定中提出有關以下方面的現有框架：為減少毀林和森林退化造成的排放所涉活動採取的政策方法和積極獎勵措施，以及發展中國家養護、可持續管理森林和增強森林碳儲存量的作用；執行和支持替代政策方法，如關於綜合和可持續森林管理的聯合減緩及適應方法，同時重申酌情獎勵與這些方法相關的非碳效益的重要性。

第七條　五、締約方承認，適應方法應該遵循一種國家驅動、注重性別問題、參與形式與充分透明的方法，同時考慮到脆弱群體、社區及生態系統，並應當基於和遵循現有的最佳科學，以適當的傳統知識、原住民知識和地方知識系統，以期將適應方法酌情納入相關的社會經濟和環境政策及行動

中。

綜合評論：由巴黎協定的主要內涵談自然資源經營的策略目標

⑴ 巴黎協定的主要內涵

目標：以工業化前全球平均氣溫為基準，將全球平均氣溫升幅控制在 2℃ 以下（能達成 ≤1.5℃ 更佳）

方法：Bottom-up and flexible approach

* 共同但有區別的責任（common but differentiated responsibility）
* 由下而上與不可逆的原則（bottom-up approach and non-backsliding principle）
* 透明化的碳排減量「量測 - 報告 - 驗證」機制（MRV transparency framework）
* 碳排交易機制（carbon-emission trade）
  * 清潔發展機制（Clean Development Mechanism, CDM）
  * 聯合執行機制（Joint Implementation, JI）
  * 排放交易機制（Emissions Trading, ET）

關鍵

* 締約國家本其意願自行規劃 > 五年一期的具有法律效力的國家自願減排承諾計畫（intended nationally determined contributions, NDC）
* 如何建立一套全球一致的透明化的 MRV 機制 > 可具體量測、報告、複查及審查碳排減量的方法。
* 聯合國糧農組織及非官方組織以技術為基礎的稽核方法進行雙重稽核。

生效門檻：55 個以上締約國交存其批准、接受、核准或加入的文書，而且締約國總排放量 ≥ 全球 GHGs 總排放量的 55%。

生效日期：2016 年 11 月 4 日。截至 2017 年 11 月 15 日，出席巴黎協議 197 個國家中有 170 個國家已交付其批准、接受、核准的文書。

⑵ 自然資源經營策略目標

* 應建立適當的減緩碳排行動方案（appropriate mitigation action）的架構，並確保具備科學上可量測、可報告及可查證的方法論。
* 經營目標以維護森林地景完整性，以平衡生物多樣性保育經營、碳匯經營以及木

質材料供應等多面向功能的提供。

- 依據可持續經營的森林碳存量以及 MRV 機制，謹慎訂定新植造林（afforestation）、再造林（reforestation）及森林開發（deforestation）等 LULUCF 活動。

國家圖書館出版品預行編目資料

森林經營學理論釋義／林金樹著. －－初
版. －－臺北市：五南，2018.03
　面；　公分
ISBN 978-957-11-9596-4(平裝)
1.林業管理
436.7　　　　　　　　　107001517

5P38

森林經營學理論釋義

作　　　者 ― 林金樹（123.8）

發 行 人 ― 楊榮川

總 經 理 ― 楊士清

副總編輯 ― 王俐文

責任編輯 ― 金明芬

封面設計 ― 姚孝慈

出 版 者 ― 五南圖書出版股份有限公司

地　　　址：106台北市大安區和平東路二段339號4樓

電　　　話：(02)2705-5066　　傳　　　真：(02)2706-6100

網　　　址：http://www.wunan.com.tw

電子郵件：wunan@wunan.com.tw

劃撥帳號：01068953

戶　　　名：五南圖書出版股份有限公司

法律顧問　林勝安律師事務所　林勝安律師

出版日期　2018年3月初版一刷

定　　　價　新臺幣850元